中国冬季大范围持续性低温事件研究

布和朝鲁　彭京备　谢作威　施　宁　等　著

内 容 简 介

本书在季节内尺度上系统总结了中国冬季大范围持续性极端低温事件及其关键环流特征，主要内容包括中国冬季大范围持续性极端低温事件的界定；大范围持续性极端低温事件与寒潮过程的关系和区别；大范围持续性极端低温事件与关键环流系统（包括大型斜脊斜槽、阻塞高压、东亚低涡以及遥相关波列）的关系；其对流层和平流层前兆信号；中国南方冬季极端降水事件与副热带环流系统（南支槽、MJO等）和中高纬环流系统的关系以及与冬季大范围持续性极端低温事件的对应关系；极涡活动和北极涛动（AO）与中国气温变化的关系；中国冬季低温气候特征及其外强迫特征。

书中涉及的一些理论和方法是国内外气象研究中比较成熟的，所得结论有助于认识冬季大范围持续性冷空气活动的特征及其成因机理，并为其中期和延伸期预报提供科学依据。本书可供从事中长期天气预报和短期气候预测的业务人员及大专院校相关专业的师生参考。

图书在版编目(CIP)数据

中国冬季大范围持续性极端低温和降水事件研究 /布和朝鲁等著.
—北京：气象出版社，2015.2
ISBN 978-7-5029-6094-0

Ⅰ.①中… Ⅱ.①布… Ⅲ.①冬季—低温—研究—中国
②冬季—降水—研究—中国 Ⅳ.①P425.5②P426.6

中国版本图书馆CIP数据核字(2015)第036604号

Zhongguo Dongji Dafanwei Chixuxing Diwen Shijian Yanjiu

中国冬季大范围持续性低温事件研究

布和朝鲁　彭京备　谢作威　施　宁　等著

出版发行：	气象出版社		
地　　址：	北京市海淀区中关村南大街46号	**邮政编码：**	100081
总 编 室：	010-68407112	**发 行 部：**	010-68409198
网　　址：	http://www.qxcbs.com	**E-mail：**	qxcbs@cma.gov.cn
责任编辑：	李太宇	**终　　审：**	章澄昌
封面设计：	易普锐	**责任技编：**	赵相宁
印　　刷：	中国电影出版社印刷厂		
开　　本：	787 mm×1092 mm　1/16	**印　　张：**	15
字　　数：	380千字		
版　　次：	2015年7月第1版	**印　　次：**	2015年7月第1次印刷
定　　价：	80.00元		

前　言

《中国冬季大范围持续性低温事件研究》一书，是国家科技支撑计划项目“持续性异常气象事件预测业务技术研究”中第二课题“中高纬大气持续性异常信号提取和预报技术研究”(2009BAC51B02)的重要成果。在第2～5章，针对中国大范围持续性低温事件，揭示了其中高纬环流系统的关键特征，如大型斜脊斜槽、阻塞高压、切断低压、低频波列等，并分析了与之对应的平流层环流异常特征。在第6章，着重分析了冬季南方持续性极端降水事件与中高纬异常环流、副热带急流扰动、南支槽、西太平洋副热带高压以及MJO(Madden-Julian Oscillation，Madden-Julian振荡)活动的关系，并讨论了持续性极端降水事件与大范围持续性低温事件之间的相互联系。书中的第7和8章，在年际变化尺度上讨论了亚洲大陆大型冷空气活动与北半球环流(包括极涡和北极涛动)、海温以及极冰的联系，这一部分内容实际上提供了EPECE(Extensive Persistent Extreme Cold Event，大范围持续性极端低温事件)发生的背景环流和外强迫条件。

这些新成果揭示了冬季大范围持续性极端低温事件和持续性极端降水事件发生发展的关键特征及其机理，并为其中期－延伸期预报提供新的依据和思路。我们相信，这些成果对大范围强冷空气活动的中高纬环流影响信号和前兆信号的识别和监测以及延伸期(10～30天)预报都具有重要的参考价值。目前，课题取得的科研成果已在业务部门得到应用，具体成果转化和应用包括：(1)大范围持续性极端低温事件的客观界定；(2)大型斜脊斜槽的客观判识方法；(3)大范围持续性极端低温事件的对流层前兆信号指数等。这些方法和指标均已应用于国家气候中心的日常监测业务。

本书由布和朝鲁、彭京备、谢作威等著，各章节的作者信息如下：第1章由布和朝鲁、孙淑清、纪立人撰写；第2章由彭京备、布和朝鲁、谢作威撰写；第3章由布和朝鲁、彭京备、谢作威、张庆云撰写；第 4 章由施宁、杨辉、宋洁撰写；第 5 章由刘实，李尚锋撰写；第 6 章由宗海锋、陈烈庭、卫捷、布和朝鲁撰写；第 7 章由柳艳菊、施宁、李栋梁、张婧雯撰写；第 8 章由张庆云、李超撰写；第 9 章由布和朝鲁撰写。

在专著的出版过程中，得到了气象出版社李太宇编审的大力帮助，特此致谢。本书的出版也得到了公益性行业(气象)科研专项课题“北半球中高纬度遥相关型持续性及其对中国北方地区冬季气候的影响研究”(项目编号：GYHY201106015)和国家自然科学基金项目“冬季欧亚大陆大型斜脊的形成和维持机理及与中国大范围持续性低温事件的关系”(项目编号：41375064)的资助，在此一并感谢。

著者

2015 年 2 月 4 日于北京

目　录

第1章 引 论

1.1 冬季风研究回顾

东亚冬季风是季风系统的重要组成部分。它是北半球冬季最活跃的关键大气环流系统。所以我们在研究冬季亚洲大陆的温度异常时就离不开冬季风这个角色。许多早期学者常常把冬季风的强度用温度来定义,并紧密地与寒潮活动联系在一起。20世纪90年代,郭其蕴(1994)研究了东亚冬季风的两个指标,都与我国冬季气温紧密联系。一个是用10°—60°N间每10纬度上的海(以160°E为代表)陆(以110°E为代表)气压差来表示,主要反映冬季风在大陆东岸向南扩展的程度。差值愈大(指绝对值),表示冬季风向南扩展愈明显。另一个则用气候平均的西伯利亚高压中心附近3点(60°N,100°E、60°N,90°E、50°N,100°E)平均的海平面气压距平来表示,它反映了冬季风在源地的强度。气压正距平值愈大,冬季风愈强,反之,负距平值大,冬季风弱。用这样的定义能较全面地反映在西伯利亚高压影响下,冷空气的强度及它所能南扩的纬度,实际上反映了我国大部分地区冬季降温的程度。在年际变化和年代际变化这两个时间尺度上,上述两个指标之间存在非常好的相关。她的这两个定义,特别是前者,一直以来被人们所引用。王遵娅和丁一汇等(2006)用各种冬季风定义,对近半个世纪中国寒潮过程进行研究,发现它们与冬季风强度有极好的联系。特别是Chen等(2000)定义的冬季风指标(11月—次年3月地面经向风),能很好地表征寒潮的强度。他们的研究还表明,在气候变暖的大背景下,西伯利亚高压和冬季风强度的减弱使得冬季中国地表温度持续升高,而温度的这种变化与中国寒潮频次及其相伴随的大风频次的减少均有密切的联系。西伯利亚高压和冬季风强度的减弱,西伯利亚冷堆温度和中国地表温度的显著升高是中国寒潮及其相伴随大风频次减少的可能原因。以上研究说明,冬季风的活动或它的异常,紧密地联系着中国冬季的气温变化和寒潮活动。但是人们发现针对不同区域或不同的天气对象,冬季风定义的设定是很有差别的。张自银和龚道溢等(2012)在考察了已有十几种冬季风指数定义之后发现,在总体上它们是一致的。各种不同定义的指数反映了东亚冬季风整体性,而某一个或某几个要素的侧重点是不同的。就我国东部温度而言,能反映西伯利亚高压强度的指标,其相关性最好。这也与郭其蕴(1994)的工作结果相吻合。张自银和龚道溢等还指出,冬季风与气温关系与海温状态有关系,这种相关性在El Niño和La Niña年有较大的差别。

用冬季风指数来表征寒潮时受到指数定义的限制,所以在讨论区域性降温或温度变化时应该选择某一种特定的冬季风定义。比如,在讨论青藏高原冬季气温的变化时,定义的冬季风指数就选取比较偏西的目标系统。刘青春(2006)选取了500hPa上我国东部沿岸地区(20°—35°N,110°—130°E)、乌拉尔山地区(40°—50°N,60°—80°E)、北太平洋地区(50°—60°N,150°E—180°)槽脊的综合强度代表能影响高原的冬季风。该冬季风指数越大,欧亚太平洋地区经向环流发展越强，相应的冬季风也越强。通过该指数与高原单点气温的相关分析发现，冬季风指数与同期高原冬季温度相关较好。这种做法提示我们在讨论冬季风与寒潮关系的时候，不能固守一种定义，要根据研究的地区和对象来进行设计。

最近，人们在研究冬季风与气温关系时，不是笼统地把冬季风作为一个整体，而是细致地研究它们影响的程度和路径。刘舸等(2013)发现，东亚冬季风在不同纬带的强度变化不总是一致的。当中高纬地区冬季风偏强时，低纬度冬季风不一定偏强；同样地，当中高纬地区冬季风偏弱时，低纬度冬季风也不一定偏弱，两者在一定程度上具有独立性。很多情况下，中高纬东亚冬季风环流与低纬度东亚冬季风环流的强弱变化甚至相反。而且这两种指数所反映的东亚冬季大气环流形势既有相似之处，又有一定的差别。在对流层低层，代表低纬度的冬季风指数(EAWM-L)与中国南海、菲律宾附近环流的关系密切，而代表中高纬的冬季风指数(EAWM-M)与贝加尔湖高压脊的关系更为密切；在对流层中层，EAWM-M 同样显示与贝加尔湖高压脊的联系更为紧密。在对流层高层，副热带西风急流强度变化通过调制次级环流进而与 EAWM-L 联系紧密，而 EAWM-M 强弱变化主要与副热带西风急流北界的位置有关。更重要的是它们分别反映了中国东部不同的天气气候状况：代表中高纬的冬季风指数能较好地反映中国东部气温的变化，而低纬度指数则能更多地描述冬季降水的异常情况。这提示我们，在探讨冬季风与我国气温关系时，不能仅分析整个纬度上东亚冬季风的强弱变化，还应该综合考虑东亚中纬度和低纬度冬季风各自的影响。而且不同纬度的东亚冬季风指数对应着不同的大气环流特征。康丽华等(2006)的研究还指出，东亚冬季风可能存在南北两个子系统，它们对应的环流形势具有一定相似性，却又不尽相同。其中北部系统更多地受 AO(北极涛动)等中高纬大气环流系统变异的影响，而南部系统则主要受 ENSO(厄尔尼诺(El Niño)与南方涛动(Southern Oscillation)的英文缩略词)等低纬度因子的影响。Wang 等(2010)所得到的东亚冬季风的北方模态和南方模态事实上就分别反映了冬季风这两个子系统的变化。陈文等(2013)对冬季风路径的研究还表明，在气候平均意义上，东亚冬季风的低层西北风在朝鲜半岛附近分为两支，一支沿南支路径到达赤道，一支沿东支路径进入北太平洋。这种路径的年际变化可以引起东亚气温的南北反位相振荡，这是中国冬季气温南北反相变化的重要原因。

从以上的介绍可以看出：冬季风不仅与中国气温有十分密切的关系，而且这种关系是比较复杂的。它不仅与其强度、南扩程度有关，还与它的多模态的变化以及南下的路径有关。它的这些变化直接影响到我国不同纬度带，不同区域冬季温度的异常分布。

由于冬季风在冬季气候中所扮演的重要角色，近年来，许多学者对它有了很多深入的多方位的研究。如对冬季风指数设定的合理性，相关指标间的比较，它的年代际变化及近百年来的强度突变，影响它变异的中高层环流，特别是平流层环流形势及海温、海冰等的强迫作用，这些都应该是冬季低温研究需要密切关注的内容。近年来对冬季风存在区域性差别的研究也值得关注。除了上面介绍的关于冬季风的纬度带差异和相应的两个子系统外，韦道明和李崇银(2009)还对冬季风进行了区域划分。即为蒙古区、日本区及中国东部三个地区。分析 3 个分区的区域平均 1000 hPa 温度、海平面气压、风场和降水随时间的变化特征后，发现各个分区的物理量演变存在非常明显的差异，因此认为对冬季风活动进行区划研究是必要的；同时发现风场中风向在冬季风的建立和撤退时较易出现突变特征。这些对东亚冬季风的过细的深入研究不仅大大加深了我们对东亚冬季风活动的认识，而且也提醒我们把它与中国冬季各地区气候异常(比如低温、降水)相联系时必须作针对性的区别对待，才能取得更好的结果。本书在研究持续性极端低温过程时，这方面的工作尚是一个较为薄弱的环节，有待以后深入关注。

1.2 寒潮研究

冬季我国大部分地区频繁出现寒潮天气。早在20世纪50年代，陶诗言先生(1955,1957)系统分析了影响中国大陆的不同寒潮过程，并根据冷空气源地、路径和典型环流特征对它们进行了分类。这对寒潮过程的中期预报提供了重要的思路和方法。

到了20世纪80年代，"寒潮(低温)中期预报的理论研究和方法研究"课题组在天气事实、波数域动力学分析和数值模拟等方面对寒潮过程的机制进行了较为广泛的研究。《中期天气预报》一书(仇永炎,1985)对这些研究成果进行了总结。仇永炎(1985)特别指出，对于影响我国大陆的大型冷空气活动不能只关注乌拉尔阻塞高压，应研究北大西洋和北太平洋这两大洋的脊及其向极区和欧亚大陆高纬地区嵌入的现象，其物理含义包括两个方面：(1)两大洋脊向极区伸入(与高纬2波对应)，使极涡分裂，使其一部分向东亚地区移动，形成"倒Ω"流型；(2)高纬2波通过其能量的净边界通量，使中纬度地区的纬圈平均有效位能和动能增强，继而通过涡动热量和涡动动量的经向输送，将能量分配给天气波(或称脉冲波，主要为4～8波)，进而通过天气涡动的强迫过程，形成3波环流。3波环流的一个重要标志就是乌拉尔山脊(或阻塞高压)的建立。这一系列动力学过程表明，两大洋的脊向极区和欧亚大陆高纬地区嵌入的现象是乌拉尔山脊(或阻塞高压)建立和发展的一个重要前提条件。这些研究不仅对已获得的经验事实给予解释，而且对寒潮过程预报方案的建立也提供了有益的线索和方法(仇永炎,1985)。

寒潮研究也非常注重西伯利亚高压本身在月内尺度上的发展过程，包括对流层低层的环流特征及辐射效应引起的热量收支特征。通过热量收支分析，Ding 和 Krishnamurti(1987)和 Ding(1990)指出，较强的非绝热冷却过程及其伴随的大尺度下沉运动导致西伯利亚高压的快速建立和加强，随后，大范围冷空气向东亚地区爆发。Ding(1990)认为，在实质上西伯利亚高压向东南移动过程是时间尺度为10～20天的低频现象。Hsu 和 Wallace(1985)和 Hsu(1987)也讨论了寒潮活动中西伯利亚高压沿青藏高原背风坡向东南移动的特征。强寒潮活动有时可导致中国南海地区的低温天气，有时可影响到海洋大陆地区的对流活动(Lau and Chang,1987;Ding and Krishnamurti,1987)。

许多研究指出，与寒潮活动相伴随的西伯利亚高压的发展演变过程与欧亚大陆对流层中上层的波列活动有密切的联系(Suda,1957;Joung and Hitchman,1982;Lau and Lau,1984;Hsu and Wallace,1985;Hsu,1987)。他们指出，该波列在欧亚大陆大部分地区呈正压结构，只在东亚沿岸地区呈斜压结构，这与青藏高原地形与海陆差异有关。

然而，关于西伯利亚高压与其上空波列之间的相互作用，这些研究并没有给出详细的动力学解释。Takaya 和 Nakamura(2005)使用位涡反演方法深入地研究了这个问题。他们指出，在月内尺度上西伯利亚高压的发展，是其与对流层上空准定常 Rossby 波相互作用的结果。其中有两个重要的前提条件：1)西伯利亚关键区已有冷堆及地面高压；2)欧亚大陆上空准定常 Rossby 波的传播以及乌拉尔阻塞型环流的发展成熟。关键区冷高压能以地面热力 Rossby 波和地形 Rossby 波的形式沿青藏高原背风坡向东南移动，但在没有对流层中上层环流显著影响的情况下，冷高压不会发展。当与欧亚大陆准定常 Rossby 波有关的乌拉尔阻塞型环流发展时，它通过冷平流加强西伯利亚高压，并且阻碍其向东南移动。反过来，西伯利亚高压的存在，在对流层中上层，通过负位涡的向北平流作用使乌拉尔阻塞型异常环流及其下游的气旋式异常环流中心得以进一步发展，同时也减缓该波列的向东移动速度。其结果，发展的西伯利亚高压和乌拉尔阻塞型环流相互垂直耦合，相互锁定，促使西伯利亚高压充分发展和成熟，为其随后向东亚地区爆发奠定了基础。

1.3 大范围持续性极端低温及降水事件

受北半球大气环流年代际变化的影响，20 世纪 70 年代末至 21 世纪初东亚冬季风显著减弱。因此，20 世纪 80 年代末以来的一段时期，国内针对大型冷空气活动(如寒潮和大范围持续性低温过程)的研究并没有受到广泛关注。但是，2008 年初的持续性低温雨雪冰冻事件敲响了警钟，引起国内业务和研究部门的高度重视。2010 年科技部启动了国家科技支撑计划项目“持续性异常气象事件预测业务技术研究”，旨在研发针对此类持续性灾害事件的延伸期预报技术和方法。值得注意的是，与以往的寒潮研究有所不同，此次项目研究更为注重低温事件的持续性和大范围特征。由此，仅仅着眼于导致寒潮爆发的乌拉尔阻塞高压与关键区西伯利亚高压的相关研究，已经不能满足针对大范围持续性低温过程的延伸期预报迫切需求。

2008 年 1 月 10 日至 2 月 3 日，我国南方地区 20 多个省市在连续 20 多天时间里遭遇了持续性低温雨雪冰冻天气事件，其持续时间之长、影响范围之广，历史罕见，对我国交通运输、电力供应以及人民生命财产等造成极其严重的影响。2009 年 12 月 11 日—2010 年 1 月 20 日，在我国北方地区受到持续性低温事件的袭击，人民生活各个方面都受到了严重的影响。特别是，从 2012 年 1 月下旬开始的持续性极寒天气席卷了整个欧亚大陆，给多个国家带来严重损失。欧美媒体甚至称此事件为“小冰期”来临的征兆。总之，近年来在欧亚大陆范围内频繁出现的持续性极端低温事件及其成因机理，已成为一个目前国际上备受关注的热点问题。因此，对此类事件的关键环流特征及其相关问题的深入研究无疑具有重要的科学意义。

研究表明，乌拉尔山和西伯利亚地区的阻塞高压活动异常是 2008 年初低温雨雪冰冻事件的一个重要原因(陶诗言和卫捷，2008；纪立人等，2008；布和朝鲁等，2008；Wen *et al.*，2009；Zhou *et al.*，2009；Bueh *et al.*，2011a)。但是，仅以局地阻塞高压活动本身，难以解释此类极端低温事件的两个关键特征，即大范围和持续性。符仙月(2011)和 Bueh 等(2011b)考察了我国 1950 年以来的 38 次大范围持续性低温事件(Peng and Bueh，2011)。在这些事件中均存在大型斜脊在欧亚大陆中高纬地区上空持续维持的现象。这清楚地表明，欧亚大陆大型斜脊是引发此类大范围持续性低温事件的关键环流系统。Peng 和 Bueh(2012)的研究也进一步证实了这一事实。众所周知，对流层中层天气尺度波(4～8 波)的冷平流主要发生在脊前槽后，其冷空气影响范围上限大致在 30 经距左右(5～6 波的半个波长)。而欧亚大陆大型斜脊指的是，盘踞在欧亚大陆中高纬地区上空，纬向空间尺度大于 30 个经距，且呈西南—东北向倾斜的行星尺度脊。大型斜脊在其维持阶段有时也呈东西向的“横脊”特征，为方便起见将其统称为大型斜脊。有时，其纬向尺度大于北半球定常行星波脊(60 个经距)，甚至可达 120 个经距。大型斜脊系统与大家熟知的影响我国寒潮活动的阻塞高压(如乌拉尔阻高)系统并不相同。大型斜脊不像阻塞高压那样局限于某一地区，其建立和衰亡过程也具有缓慢变化特征，这与阻塞高压的建立和崩溃过程形成鲜明对比。

关于欧亚大陆大型斜脊与我国大范围持续性低温事件的关系，已有不少典型个例研究。

在2008年初的持续性低温事件的不同阶段，乌拉尔山地区和西伯利亚地区的上空出现了持续性较强的阻塞型环流，它们相互匹配形成了一个大型斜脊，导致冷空气大范围南侵我国大陆（陶诗言和卫捷，2008；纪立人等，2008；布和朝鲁等，2008；Wen *et al.*，2009；Zhou *et al.*，2009；Bueh *et al.*，2011a）。在1954年12月26日—1955年1月17日，里海至白令海峡（西南一东北方向）长时间维持一个大型斜脊，引导大范围冷空气长时间入侵我国，导致全国性持续性低温事件（符仙月，2011；Peng and Bueh，2012）。值得注意的是，我国大范围持续性低温事件的前期环流型及其演变特征也与北大西洋/北欧脊和北太平洋脊向极区和欧亚大陆高纬地区嵌入的现象相联系（Peng and Bueh，2012）。与典型寒潮过程（仇永炎，1985）不同的是，两大洋脊向极区和欧亚大陆高纬地区伸入（2波环流）之后，不会像典型寒潮过程那样演变为3波环流，而是两大洋脊与乌拉尔山弱脊合并成一个大型斜脊。因此，对大型冷空气活动的中期和延伸期预报而言，与乌拉尔阻塞高压相联系的大型斜脊的形成可能比阻塞高压活动本身更加重要。

可以认为，欧亚大陆大型斜脊是与阻塞高压既有联系，但在形态、结构以及时间和空间尺度上都不同的一类环流系统，至今对其研究还不多。我们对其形成、维持和影响的细节还不清楚，有待深入研究。

低温雨雪冰冻事件是我国大范围持续性低温事件中的一个独特问题，迫切需要专门的研究。2008年初低温雨雪冰冻事件中，在连续20多天时间里我国南方地区接连出现了四次强烈的雨雪冰冻天气过程，全国20多省市受到影响。其中，除了低温过程以外，异常降水事件扮演了极其重要的角色。研究表明，南支槽的加深和西太平洋副热带高压的加强和北进是2008年初持续性极端降水事件的主要原因（陶诗言和卫捷，2008；赵思雄和孙建华，2008；孙建华和赵思雄，2008；纪立人等，2008；布和朝鲁等，2008；Wen *et al.*，2009；Zhou *et al.*，2009）。尽管冬季南支槽活动和西太平洋副热带高压系统各自受到多种大气内动力学过程和外强迫过程的影响，但是沿亚洲副热带急流传播的低频Rossby波活动是这两个系统同时出现异常的一个很重要原因。Zong等（2012）提出，源于北大西洋/欧洲的低频Rossby波沿亚洲副热带急流传播是冬季我国南方出现持续性极端降水事件的主要原因。

1.4 本书研究的若干问题

在冬季大范围持续性极端低温事件和持续性极端降水事件方面，我国气象工作者在长期的研究和预报实践中广泛关注，并从不同角度有所涉及，但还缺乏针对性的系统研究，有待解决的问题还很多。

本书试图从以下几个基本问题入手，探讨冬季大范围持续性极端低温事件和持续性极端降水事件发生发展的关键特征及其机理，为其中期一延伸期预报提供依据和思路。

（1）如何客观地识别和界定大范围持续性低温事件？如何根据其不同的低温区域特征加以分类？

（2）大范围持续性低温事件的关键环流系统是什么？如何建立刻画关键环流系统的定量化指标？关键环流系统的维持和演变过程特征是什么？关键环流系统与阻塞高压活动和切断低压活动有何联系？

（3）大范围持续性低温事件形成的对流层和平流层前兆信号。这些前兆信号与极涡活动和中高纬低频遥相关有何联系？

(4)冬季我国南方持续性异常降水事件的界定及其中高纬和副热带环流特征。它的发生与中高纬异常环流、副热带急流扰动、南支槽、西太平洋副热带高压以及MJO活动的关系是什么？它一般与哪类大范围持续性低温事件相互联系？

(5)在月和季度时间尺度上，我国冬季区域性低温事件如何与北半球中高纬异常环流和外强迫相联系？从更长时间尺度上揭示冬季区域性低温事件的成因，将有助于理解中期—延伸期尺度大范围持续性低温事件形成的背景环流特征。

下面各章将围绕这些问题展开。如按时间尺度分，大体上又可将其分为两个部分。前面第2章～第5章，主要针对中期到延伸期的EPECE事件，涵盖这类事件的界定、分类、对流层和平流层环流特征和演变过程，其中着重探讨了亚洲大陆上大型斜脊/斜槽的形成和影响，并因此提出EPECE发生的前期信号。而后一部分，则涉及低温事件的月、季度及其年际变化特征，例如极涡和AO的演变等。它既是EPECE发生的背景环流条件，也是对前几章的补充，也可看成是对这类事件短期气候预测问题的初步探讨。最后一章则是对全书的简短总结，并从中提出有待深入的问题。

参考文献

布和朝鲁，纪立人，施宁. 2008. 2008年初我国南方雨雪低温天气的中期过程分析Ⅰ：亚非副热带急流低频波. 气候与环境科研究，**13**(4)：419-433.

陈文，魏科，王林，等. 2013. 东亚冬季风气候变异和机理以及平流层过程的影响. 大气科学，**37**(2)：425-438，doi：10.3878/j.issn.1006－9895.2012.12309.

仇永炎等. 1985. 中期天气预报. 北京：科学出版社.

符仙月. 2011. 中国大范围持续性低温事件的大气环流特征. 中国科学院大气物理所硕士论文. 导师：布和朝鲁.

郭其蕴. 1994. 东亚冬季风的变化与中国气温异常的关系. 应用气象学报，**5**(2)：218-225.

纪立人等. 2008. 2008年初我国南方雨雪低温天气的中期过程分析Ⅲ：青藏高原－孟加拉湾气压槽. 气候与环境科研究，**13**(4)：446-458.

康丽华，陈文，魏科. 2006. 我国冬季气温年代际变化及其与大气环流异常变化的关系. 气候与环境研究，**11**(3)：330-339.

刘舸，纪立人，孙淑清，辛羽飞. 2013. 关于东亚冬季风指数的一个讨论－东亚中、低纬冬季风的差异. 大气科学，**37**(3)：755-764，doi：10.3878/j.issn.1006－9895.2012.12054.

刘青春. 2006. 东亚冬季风和青藏高原气温降水的关系. 青海气象，(3)：2-5.

孙建华，赵思雄. 2008. 2008年初南方雨雪冰冻灾害天气静止锋与层结结构分析. 气候与环境研究，**13**(4)：368-384，doi：10.3878/j.issn.1006－9585.2008.04.03.

陶诗言. 1955. 东亚冬半年冷空气活动的经验研究. 中央气象台油印本.

陶诗言. 1957. 阻塞形势破坏时期的一次东亚寒潮过程. 气象学报，**28**：63-74.

陶诗言，卫捷. 2008. 2008年1月我国南方严重冰雪灾害过程分析. 气候与环境科研究，**13**(4)：337-350.

王遵娅，丁一汇. 2006. 近53年中国寒潮的变化特征及其可能原因. 大气科学，**30**：1068-1076.

韦道明，李崇银. 2009. 东亚冬季风的区域差异和突变特征. 高原气象，**28**(5)：1149-1157.

张自银，龚道溢，胡淼等. 2012. 多种东亚冬季风指数及其与中国东部气候关系的比较. 地理研究，**31**(6)：987-1003.

赵思雄，孙建华. 2008. 2008年初南方雨雪冰冻天气的环流场与多尺度特征. 气候与环境研究，**13**(4)：351-367.

Bueh, Cholaw, Shi N, Xie Z. 2011a. Large-scale circulation anomalies associated with persistent low temperature over Southern China in January 2008. *Atmos. Sci. Lett.*, **12**(3): 273-280, doi:10. 1002/asl. 333.

Bueh Cholaw, Fu Xianyue, Xie Zuowei. 2011b. Large-Scale Circulation Features Typical of Wintertime Extensive and Persistent Low Temperature Events in China. *Atmospheric and Oceanic Science Letters*, **4**(4): 235-241.

Chen Wen, Graf H F, Huang Ronghui. 2000. The interannual variability of East Asian winter monsoon and its relation to the summer monsoon. *Advances in Atmospheric Sciences*, **17**(1): 48-60.

Ding Y, Krishnamurti T N. 1987. Heat budget of the Siberian high and the winter monsoon. *Mon. Wea. Rev.*, **115**(10): 2428-2449.

Ding Y. 1990. Build-up, air mass transformation and propagation of Siberian high and its relations to cold surge in East Asia. *Meteor. Atmos. Phys.*, **44**:281-292.

Hsu H H. 1987. Propagation of low-level circulation features in the vicinity of mountain ranges. *Mon. Wea. Rev.*, 115:1864-1892.

Hsu H H, Wallace J M. 1985. Vertical structure of wintertime teleconnection patterns. *J. Atmos. Sci.*, **42**: 1693-1710.

Joung C H, Hitchman M H. 1982. On the role of successive downstream development in East Asian polar air outbreaks. *Mon. Wea. Rev.*, **110**: 1224-1237.

Lau K M, Chang C P. 1987. Planetary scale aspects of the winter monsoon and atmospheric teleconnections. *Monsoon Meteorology*, C. — P. Chang and T. N. Krishnamurti, Eds., Oxford University Press, 161-202.

Lau N C, Lau K M. 1984. The structure and energetics of mid-latitude disturbances accompanying cold—air outbreaks over East Asia. *Mon. Wea. Rev.*, **112**:1309-1327.

Peng Jingbei Bueh Cholaw. 2011. The Definition and Classification of Extensive and Persistent Extreme Cold Events in China. *Atmospheric and Oceanic Science Letters*, **4**(5): 281-286.

Peng Jingbei, Bueh Cholaw. 2012. Precursory Signals of the Extensive and Persistent Extreme Cold Events in China. *Atmospheric and Oceanic Science Letters*, **5**(3): 252-257.

Suda K. 1957. The mean pressure field characteristic to persistent cold waves in the Far East. *J. Meteor. Soc. Japan*, **35**:192-198.

Takaya K, Nakamura H. 2005. Mechanisms of intraseasonal amplification of the cold Siberian high. *J. Atmos. Sci.*, **62**: 4423-4440.

Wang L, Chen W, Zhou W, *et al*. 2010. Effect of the climate shift around mid1970s on the relationship between wintertime Ural blocking circulation and East Asian climate. *International Journal of Climatology*, **30**(1): 153-158.

Wen M, Yang S Kumar A, *et al*. 2009. An analysis of the large scale climate anomalies associated with the Snowstorms affecting China in January 2008. *Mon. Wea. Rev.*, **137**: 1111-1131.

Zhou W, Chan J C L, Chen W J, *et al*. 2009. Synoptic-scale controls of persistent low temperature and icy weather over South China in January2008. *Mon. Wea. Rev.*, **137**: 3978-3991.

Zong Haifeng, Bueh Cholaw, Chen Lieting, *et al*. 2012. A Typical Mode of Seasonal Circulation Transition: A Climatic View of the Abrupt Transition from Drought to Flood over the Middle and Lower Reaches of the Yangtze River Valley in the Late Spring and Early Summer of 2011. *Atmospheric and Oceanic Science Letters*, **5**(5): 349-354.

第 2 章 冬季大范围持续性极端低温事件的界定

要研究大范围持续性极端低温事件(Extended Persistent Extreme Cold Event,以下简称EPECE),首先要对它进行客观界定。目前对极端低温事件的定义方法主要分为三类。第一类是定义单站低温阈值,当气温低于阈值时,即出现单站极端低温事件(Horton *et al.*,2001;Yan *et. al.*,2002)。第二类是选取某个地区作为研究对象,根据区域平均的气温序列定义极端事件(Walsh *et al.*,2001)。第三类定义极端高(低)温事件的方法是首先定义单站极端高(低)温,根据单站极端事件的范围定义极端事件。Zhang 和 Qian(2011)以相邻 5 站均达到低温标准作为区域性低温事件的标准。第一和第二类方法不能描述发生在不同地区、水平范围不同的极端事件。第三类定义方法可以选出发生不同区域、满足同样水平范围条件的极端事件,较适合研究我们所关注的大范围持续性极端低温事件。但 Zhang 和 Qian(2011)选定的标准——相邻 5 站——对“0801”这样的 EPECE 来说,范围较小,需重新定义。

另外,研究表明,极端低温事件的发生往往具有区域性特征。如 1954 年冬季,全国大部分地区均出现了持续的低温天气(国家气候中心气候应用室,1981)。“0801”事件中,极端低温主要集中在我国南方地区,同期东北地区气温较常年偏高(陶诗言和卫捷,2008)。因此,有必要对 EPECE 进行分类研究。在此基础上,本章还对 EPECE 做了比较仔细和系统的分析和研究。

寒潮是冬季造成我国大范围降温的重要天气过程,常伴随大风、冻雨和降雪(Ding,1994)。它与 EPECE 有密切关系,又有区别。如连续两次强寒潮过程造成了 1954/1955 年冬季长时间的低温(国家气候中心气候应用室,1981)。而在持续 40 多天的“0801”事件中,仅在 2008 年 1 月 13—16 日有一次中等强度寒潮影响我国(周宁芳,2008)。所以,需要对 EPECE 与寒潮在基本特征,同期环流及前兆信号等方面进行讨论。但目前这方面的研究还较少。本章将在客观界定中期－延伸期尺度的 EPECE 的基础上,对其进行分类,并讨论它与寒潮天气的联系及差异。

2.1 大范围持续性极端低温事件定义及分类

2.1.1 定义

采用国家气候中心提供的 1951—2009 年共 59 年全国 756 站逐日日平均气温资料来界定 EPECE。站点分布见图 2.1.1。

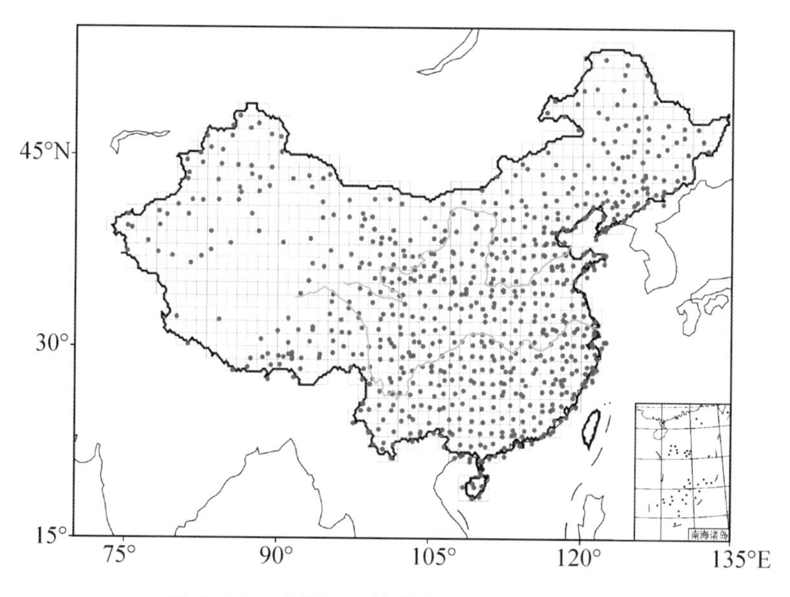

图 2.1.1　全国756站分布及1°×1°网格分布

我们分三个步骤来界定EPECE：

1)测站极端低温阈值。采用通用的做法(Jones 等,1999),对于每个测站,以某日及其前后各2天,将1951—2009年每年这5天的气温连起来,得到一个样本数为5天×59年=295的序列。将这个序列按升序排列,取第10个百分位值作为该站这天达到极端低温天气的阈值。

2)极端低温面积。由于站点资料的空间分布不均匀性,准确计算极端低温台站所占的面积非常困难。为避免台站分布不均匀的问题,类似积雪面积的定义方法(Dewey *et al.*,1981),以1°×1°网格覆盖中国地区,将每天全国极端低温台站所占的网格数定义为该日的极端低温面积指数(以下简称S)。这在全国暖冬面积指数的定义中也有应用(陈峪等,2009)。当单日S超过全国总网格数(1012个)的10%,即认为这一天发生了EPECE。为了保证界定的极端事件水平范围足够大,我们再要求EPECE持续时间内S的最大值(简称峰值)超过全国总网格的20%。实际上,如果将1951/1952—2008/2009年冬季所有S按升序排列,全国面积的10%和20%分别相当于S的第83个百分位值和第96个百分位值。这也说明我们选取的大范围标准是非常高的。

3)持续性。当S维持上述大范围的标准8天以上(中间允许有连续不超过2天低于标准),且S峰值超过全国总网格的20%,则确定为一次EPECE。把S超过(少于)全国总网格数10%的日期定为事件的开始(结束)。持续8天大致为S超过全国总网格数10%的第88百分位值。

按照上述的标准,在1951/1952—2008/2009年冬季,共有52次EPECE。每次事件的起讫时间、峰值时间、S峰值(格点数)、持续天数等结果见表2.1.1。

表 2.1.1　利用 756 站气温资料确定的 52 次冬季 EPECE 的起讫时间、峰值时间、S 峰值(格点数,单位:个)、持续天数和类型。* 表示由 756 站资料和均一化资料定义不一致的极端事件。括号内数字表示对应的均一化资料结果(与 756 站资料有差异的 5 次极端事件)

序号	起讫时间	峰值时间	S 峰值	持续天数	类型
1	1952 年 12 月 1—9 日	1952 年 12 月 3 日	216	9	全国类
2	1954 年 3 月 3—14 日	1954 年 3 月 5 日	251	12	全国类
3	1954 年 12 月 1—16 日	1954 年 12 月 9 日	272	16	全国类
4	1954 年 12 月 26 日—1955 年 1 月 17 日	1955 年 1 月 6 日	274	23	全国类
5	1956 年 12 月 7—25 日	1956 年 12 月 15 日	233	19	全国类
6	1957 年 2 月 5—19 日	1957 年 2 月 11 日	368	15	全国类
7	1957 年 3 月 5—16 日	1957 年 3 月 14 日	304	12	东部类
8	1959 年 1 月 4—12 日	1959 年 1 月 10 日	309	9	西北—江南类
9	1959 年 12 月 17—26 日	1959 年 12 月 25 日	248	10	西北—江南类
10	1960 年 11 月 22 日—12 月 1 日	1960 年 11 月 26 日	338	10	东部类
11	1961 年 1 月 10—17 日	1961 年 1 月 11 日	294	8	东北—华北类
12	1962 年 3 月 21—29 日	1962 年 3 月 22 日	259	9	西北—江南类
13	1962 年 11 月 20 日—12 月 3 日	1962 年 11 月 28 日	297	14	西北—江南类
14	1964 年 2 月 8—27 日	1964 年 2 月 21 日	345	20	全国类
15	1966 年 12 月 20 日—1967 年 1 月 17 日	1966 年 12 月 27 日	343	29	全国类
16	1967 年 11 月 26 日—12 月 15 日	1967 年 11 月 30 日	390	20	全国类
17	1968 年 1 月 30 日—2 月 22 日	1968 年 2 月 7 日	354	24	全国类
18	1969 年 1 月 27 日—2 月 7 日	1969 年 2 月 4 日	381	12	全国类
19	1969 年 2 月 13 日—3 月 4 日	1969 年 2 月 21 日	354	20	东部类
20	1970 年 2 月 25 日—3 月 25 日	1970 年 3 月 17 日	353	29	全国类
21	1970 年 11 月 21—30 日	1970 年 11 月 29 日	235	10	东北—华北类
22*	1971 年 1 月 27 日—2 月 7 日	1971 年 1 月 29 日	209	12	西北—江南类
23	1971 年 2 月 27 日—3 月 14 日	1971 年 3 月 7 日	265	16	东部类
24	1972 年 2 月 3—11 日	1972 年 2 月 8 日	319	9	中东部类
25	1974 年 3 月 20—27 日	1974 年 3 月 26 日	244	8	西北—江南类
26	1974 年 12 月 3—21 日	1974 年 12 月 14 日	256	19	西北—江南类
27	1975 年 12 月 7—23 日	1975 年 12 月 12 日	399	17	全国类
28	1976 年 3 月 17—24 日	1976 年 3 月 19 日	377	8	全国类
29	1976 年 11 月 10—27 日	1976 年 11 月 14 日	412	18	全国类
30	1976 年 12 月 25 日—1977 年 1 月 15 日	1976 年 12 月 28 日	415	22	全国类
31	1977 年 1 月 26 日—2 月 10 日	1977 年 1 月 30 日	429	16	全国类
32	1978 年 2 月 9—18 日	1978 年 2 月 15 日	337	10	全国类
33	1979 年 11 月 10—29 日	1979 年 11 月 18 日	410	20	全国类

续表

序号	起讫时间	峰值时间	S峰值	持续天数	类型
34	1980年1月29日—2月9日	1980年2月5日	408	12	全国类
35	1981年11月1日—10日	1981年11月7日	463	10	全国类
36	1984年1月19日—2月10日	1984年2月6日	263	23	东北-华北类
37	1984年12月16—30日	1984年12月24日	402	15	全国类
38	1985年2月16—24日	1985年2月18日	219	9	东部类
39	1985年3月4—21日	1985年3月9日	357	18	东部类
40	1985年12月6—17日	1985年12月11日	321	12	东部类
41	1987年11月26日—12月7日	1987年11月30日	424	12	全国类
42	1988年2月27日—3月8日	1988年3月3日	344	10	全国类
43*	1991年12月26日—1992年1月2日	1991年12月28日	351	8	中东部类
44*	1992年3月16—27日	1992年3月17日	213	12	中东部类
45	1993年1月14—24日	1993年1月16日	343	11	中东部类
46	1993年11月17—24日	1993年11月21日	364	8	东部类
47	1993年12月14—22日	1993年12月15日	218	9	中东部类
48*	1994年3月9—16日	1994年3月14日	256	8	西北-江南类
49	1996年2月17—24日	1996年2月20日	298	8	中东部类
50*	1999年12月18—25日	1999年12月21日	294	8	中东部类
51	2000年1月24日—2月2日	2000年1月31日	276	10	中东部类
52	2008年1月14日—2月15日	2008年2月1日	306	33	西北-江南类

2.1.2　验证

值得注意的是，756站资料并未经过均一化处理。由于观测台站迁址等问题，756站的观测资料可能包含一些虚假信息，需要对界定的极端事件的可信性和代表性进行检验校订。此外，我们的定义方法是否稳定也需要使用不同的数据来验证。

用549站均一化气温资料(Li *et al*.，2009)重复上述过程。与非均一化资料的756个站相比，均一化资料所占全国的网格数较少(见表2.1.2)。因此，如果也采用S要超过全国总网格数(1012个)的10%才算大范围极端事件，均一化资料确定的极端事件势必减少，两者不好比较。在使用756站界定EPECE时，我们采用S的第83个百分位值和第96个百分位值作为大范围和极端事件峰值的标准。对均一化资料，我们也取同样的S标准(见表2.1.2)。

结果由均一化资料确定的1960/1961—2007/2008年冬季EPECE有43次，非均一化资料确定的1960/1961—2007/2008年极端事件也有43次。对比43次极端事件的起讫时间发现，两套资料完全一致的有31次。开始或结束日期相差1天的有6次。起讫时间相差较大的有1次，为1985年3月的一次极端低温事件。756站资料确定的是1985年3月4—21日，549站资料确定的是3月3—15日。我们认为756站资料和549站资料确定的这些EPECE是基本一致的，共38次，占88.4%。

另外，756站资料确定，而549站均一化资料不能选中的极端低温事件有5次。相反地，仅549站资料选中的极端低温事件也有5次。下面我们就来看看这些极端事件。表2.1.3给出了756站资料和549站资料不一致的10次极端低温事件的大范围极端低温出现时间、持续天数、S峰值出现时间和S峰值大小。这里说的大范围极端低温出现时间是指S超过大范围标准的时间。从表2.1.3的结果可以看出，在这10次极端低温事件中，两套数据都能反映出同时段内的大范围极端低温过程。它们确定的S峰值出现时间完全一致，除1994年3月中旬的过程，二者相差1天。产生界定结果差异主要由于两套资料分别得到的大范围极端低温持续天数或S峰值不能满足条件。由于不能满足大范围极端低温持续天数不能满足条件的有7次。S峰值不能满足条件的有3次。从上面的分析看出，756站资料和549站资料确定的EPECE基本一致。不一致的极端事件与选定标准有密切关系。因此，可以认为我们的定义方法稳定，结果可信。

此外，我们还对比了历史上出现严重低温灾害的冬季。黄荣辉等(1997)统计了1951—1990年间我国四季的灾害分布，并选出三个最强的华南寒潮冬季，依次是：1975/1976年冬、1954/1955年冬和1976/1977年冬；三个新疆、内蒙古、青海、西藏四省区中雪灾最严重的三个冬季，依次是：1968/1969年冬、1978/1979年冬和1972/1973年冬。在我们选出的极端事件年中，包含了这三个最强的华南寒潮冬季和北方雪灾最严重的冬季。所以，我们认为这里对EPECE的定义是合理的，利用756站资料确定的EPECE是可信的。

表 2.1.2　756站气温资料和549站均一化气温资料的大范围S标准和峰值S标准(单位：个)。括号内数字为各自的百分位

	大范围标准	峰值标准	所占全国1°×1°网格数
756站气温资料	101(83)	202(96)	566
549站气温资料	89(83)	181(96)	466

表 2.1.3　756站资料和549站资料不一致的10次极端低温事件的大范围极端低温出现时间、持续天数、S峰值出现时间和S峰值(单位：个)。括号内为549站资料的结果。* 号表示未达标的指标

序号	大范围极端低温起讫时间	峰值时间	峰值 S	大范围极端低温持续天数
1	1963年1月5—15日(1963年1月5—15日)	1963年1月12日 (1963年1月12日)	198 * (190)	11 (11)
2	1968年12月31日—1969年1月5日 (1968年12月31日—1969年1月7日)	1969年1月1日 (1969年1月1日)	254 (234)	6 * (8)
3	1969年12月8—14日 (1969年12月2—14日)	1969年12月8日 (1969年12月8日)	232 (210)	7 * (13)
4	1971年1月27日—1971年2月7日 (1971年1月28日—2月6日)	1971年1月29日 (1971年1月29日)	209 (169 *)	12 (10)
5	1983年12月28日—1984年1月1日 (1983年12月28日—1984年1月4日)	1983年12月29日 (1983年12月29日)	259 (214)	5 * (8)
6	1991年12月26日—1992年1月2日 (1991年12月26—31日)	1991年12月28日 (1991年12月28日)	351 (290)	8 (6 *)

（续表）

序号	大范围极端低温起讫时间	峰值时间	峰值 S	大范围极端低温持续天数
7	1992 年 3 月 16—27 日 （1992 年 3 月 16—24 日）	1992 年 3 月 17 日 （1992 年 3 月 17 日）	213 （159 *）	12 （9）
8	1994 年 3 月 9—16 日 （1994 年 3 月 9—15 日）	1994 年 3 月 14 日 （1994 年 3 月 15 日）	256 （225）	8 （7 *）
9	1998 年 1 月 17—20 日 （1998 年 1 月 17—24 日）	1998 年 1 月 19 日 （1998 年 1 月 19 日）	318 （283）	4 * （8）
10	1999 年 12 月 18—25 日 （1999 年 12 月 18—24 日）	1999 年 12 月 21 日 （1999 年 12 月 21 日）	294 （253）	8 （7 *）

2.1.3　分类

根据上面定义的 S 峰值时间（见表 2.1.1），检查 52 次极端事件峰值日极端低温的分布，发现不同事件有不同的分布特点。考虑到不同的极端低温分布可能对应于不同的天气过程和大气环流异常，为了探讨极端低温事件的成因和预测，有必要对它们进行分类讨论。

分类针对 52 次极端事件峰值日极端低温的分布进行，即将具有相似的极端低温空间分布特点归为一类。具体做法如下：记峰值日极端低温台站为 1，非极端低温台站为 0，计算两两极端事件台站分布之间的欧氏距离（dist），即

$$\mathrm{dist}_{ij} = \sqrt{\sum_{m=1}^{756} (\mathrm{ind}_{mi} - \mathrm{ind}_{mj})^2}, i,j = 1,\cdots,52$$

其中 $\mathrm{ind}=\begin{cases}1, \text{极端低温台站} \\ 0, \text{非极端低温台站}\end{cases}$，$i,j$ 为极端事件，m 为台站。如果两次极端事件的极端低温分布越相似，dist 越小；反之，dist 越大。我们以 dist 为基础，利用聚类分析方法，对这 52 次极端事件进行分类。

常用的聚类方法有很多。最小距离法将每个对象各成一类，然后根据对象之间距离最小的原则，逐级归并（施能，2002）。重心法则是选择若干对象作为估计分类中心，然后按距离最小原则，将距离最近的对象与对应的估计分类中心合并，得到聚类结果（Hartigan *et al.*，1979）。不论什么样的聚类分析方法，最终都会将所有的对象归为一类。这就需要确定什么样的聚类结果是合适的。确定合适的聚类结果需要两个基本条件：1）确定一类中的所有成员，2）类与类之间有差异（Mo *et al.*，1988）。也就是说同类成员之间的距离尽量小，不同类的成员之间距离尽量大。通常，当分的类数越多，类内最大距离越小，类间最小距离越大，即类内成员差别越小，类与类之间差别越明显。当类数变化，而类间最小距离和类内最大距离基本不变时，则分类基本稳定，是我们要寻找的结果。

为了尽量保证分类结果的客观，首先用最小距离法选出类别相距较远的极端事件，作为重心法的估计聚类中心，用重心法对 52 个 EPECE 进行分类。从分 25 类开始，到 2 类结束，对不同的聚类结果，分别计算类内最大距离和类间最小距离。图 2.1.2 是类内最大距离和类间最小距离随着分类数量的变化。其中，当分类数为 5 时，类内最大距离和类间最小距离都基本不变（图中黑点所示位置）。因此，最终将 52 次 EPECE 分为 5 类。具体分类结果见表 2.1.1。

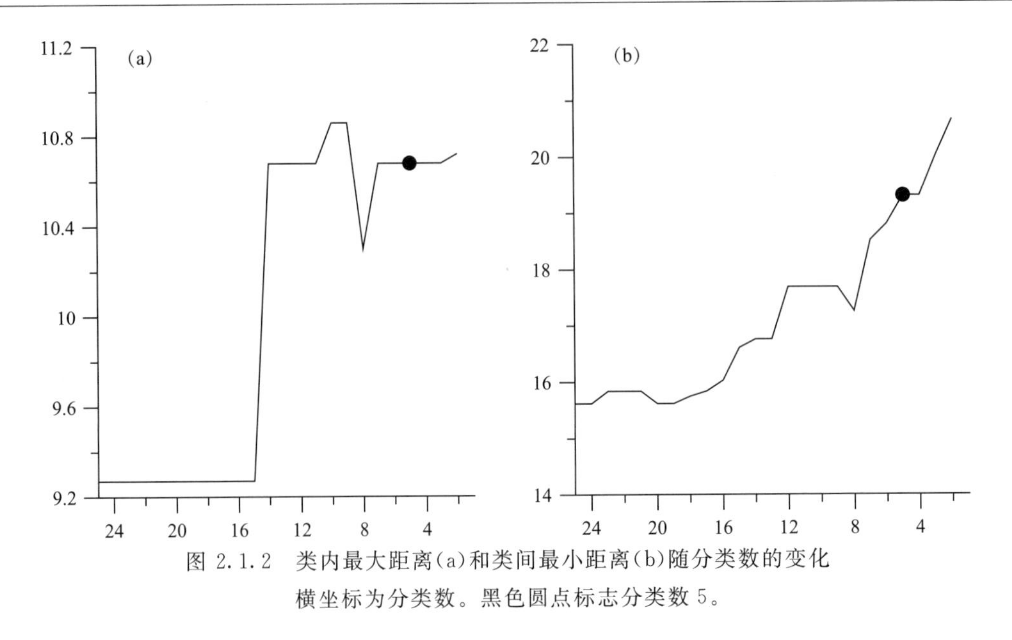

图 2.1.2　类内最大距离(a)和类间最小距离(b)随分类数的变化

横坐标为分类数。黑色圆点标志分类数 5。

我们给出图 2.1.3 和图 2.1.4 说明各类 EPECE 的特征。图 2. 1.3 是典型个例的极端低温分布。图 2.1.4 是各类 EPECE 中极端低温台站出现的频率 f

$$f=\frac{\sum_{n=1}^{k}\mathrm{ind}_n}{k}$$

其中 k 为一类中 EPECE 的个数。图 2.1.4 刻画的是各类 EPECE 中出现极端低温的集中区。它与图 2.1.3 可以互相印证。

下面我们分别说明每类 EPECE 中极端低温的分布特点。

第一类称为“全国类”。这是 EPECE 中最常见的一类,共 24 个,占所有 EPECE 的 46.2%。这类的主要特点是极端低温集中在除青藏高原、东北中部和北部外的中国大部分地区,呈现出绕高原分布的特点。这一点从典型个例(1976 年 12 月 28 日,图 2.1.3a)和 f 的分布(图 2.1.4a)上都可以看出。

第二类称为“西北－江南类”。这类 EPECE 有 9 个。其典型事件为 2008 年 2 月 1 日(图 2.1.3b)。极端低温分为南北两支。南支位于长江以南地区,北支位于河套及其以西的西北地区。长江流域和东北地区极端低温台站稀少。对比全国类与西北－江南类 EPECE 的 f 分布(图 2.1.4a 和图 2.1.4b),发现二者的主要差别出现在东北、华北和我国中部地区。在全国类 EPECE 中,这些地区是极端低温出现的高频区;而在西北－江南类极端事件中,这里是低频区。

第三类称为“中东部类”,共 8 个。其典型个例为 1992 年 3 月 17 日。它的极端低温分布(图 2.1.3d)与其 f 分布(图 2.1.4d)非常相似。极端低温集中在黄河中下游到华南地区北部的我国中东部地区。

第四类称为“东部类”。这类 EPECE 也有 8 个。1971 年 3 月 7 日是这类 EPECE 的典型个例。从图 2.1.3c、图 2.1.4c 可以看出,东部类 EPECE 中极端低温集中在 110 °E 以东的东部地区,包括东北西部、华北、长江流域、华南和西南地区东部,呈现出经向分布的特征。

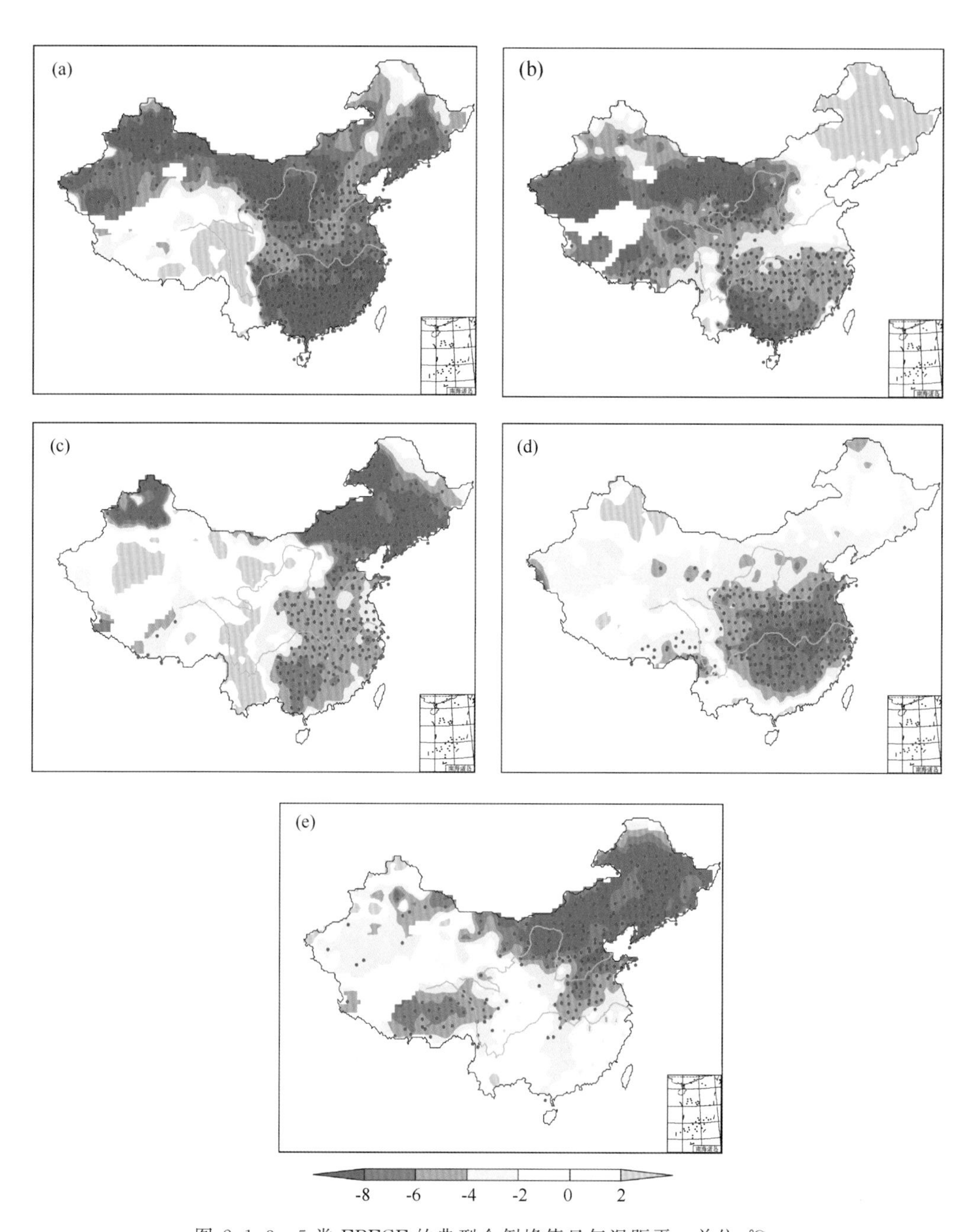

图 2.1.3　5类 EPECE 的典型个例峰值日气温距平。单位：℃。
(a)全国类—1976 年 12 月 28 日；(b)西北一江南类—2008 年 2 月 1 日；
(c)东部类—1971 年 3 月 7 日；(d)中东部类—1992 年 3 月 17 日；
(e)东北一华北类—1970 年 11 月 29 日。图中红点表示极端低温台站。
阴影部分如标尺所示。空白区为缺测

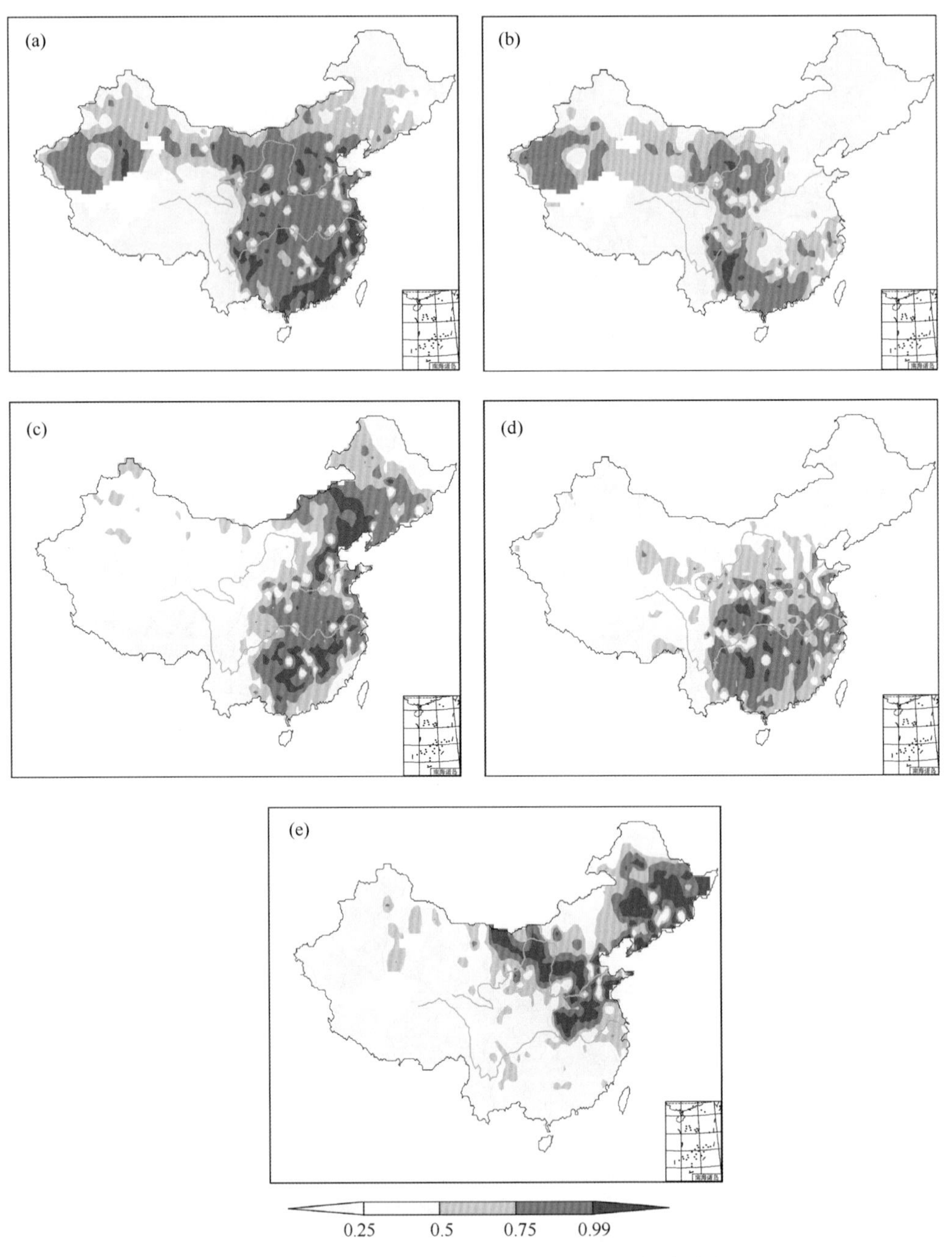

图 2.1.4　5类极端事件中极端低温出现的频率分布
(a)全国类;(b)西北—江南类;(c)东部类;
(d)中东部类;(e)东北—华北类。
阴影部分如标尺所示

第五类称为“东北－华北类”。这类 EPECE 最少，只有三个，占所有 EPECE 的 5.8%。不论是典型个例(1970 年 11 月 29 日)中的极端低温分布(图 2.1.3e)还是 f 分布(图 2.1.4e)都表现出和西北－江南类 EPECE 相反的分布。极端低温主要出现在河套以东地区、东北、华北到江淮流域一带。这类 EPECE 之所以最少，可能与该类极端低温局限于华北－东北地区、绝对面积就比较小、极端低温事件难于满足大范围的标准有关。

从上面的分析可以看出，我国冬季的 EPECE 是多态的。按照峰值日极端低温分布特点可以将它们分为五种类型。全国类出现得最多，有 24 例，约占总数的 46.2%；极端低温分布范围也最广，出现在除东北和高原地区之外的我国大部分地区，极端低温台站占了总台站数的 55%以上。西北－江南类的极端低温集中在河套及其以西的西北地区和长江以南地区。中东部类的极端低温集中在我国中东部地区，呈块状分布。东部类的极端低温集中在我国东部，呈经向分布。这三类出现极端低温的面积都约为全国类的 1/3 左右。东北－华北类只有 3 例，占总数的 5.7%，其极端低温集中在东北、华北。各类 EPECE 中极端低温集中地区总结在表 2.1.4。

表 2.1.4　5 类 EPECE 峰值日中极端低温的主要集中区。括号内的数字为这类 EPECE 中的个例数

类别	极端低温主要集中区
全国类(24 个)	除青藏高原、东北中部和北部外的中国大部分地区。
西北－江南类(9 个)	分为南北两支。北支集中在西北地区—河套地区，南支集中在长江以南地区。
中东部类(8 个)	黄河中下游到华南地区北部的我国中东部地区。
东部类(8 个)	110°E 以东的东部地区，包括东北西部、华北、长江流域、华南和西南地区东部，呈现出经向分布的特征。
东北－华北类(3 个)	河套以东地区、华北、东北到江淮流域一带。

2.2　EPECE 与寒潮过程的异同

2.2.1　强度和持续时间的异同

根据中央气象台的标准，以过程降温和温度距平相结合来划分冷空气活动的强度。寒潮可分为单站寒潮、区域性寒潮和全国性寒潮。单站寒潮的标准为：过程降温≥10℃，且温度距平≤－5℃ 。全国性寒潮的标准为：达单站寒潮标准的南方站点数和北方站点数分别占当年总南方站点数和总北方站点数的 1/3 和 1/4；或者达单站寒潮标准的站数占全国总站数的 30%以上，并且过程降温≥7℃。温度距平≤－3℃的站数占全国总站数的 60% 以上。区域性寒潮的标准为：除全国性寒潮外，达单站寒潮标准的站数占全国总站数的 15%以上，并且过程降温≥7℃，温度距平≤－3℃的站数占全国总站数的 30% 以上。其中，过程降温是指冷空气影响过程中，日平均气温的最高值与最低值之差；温度距平指冷空气影响过程中最低日平均气温与该日所在旬的多年旬平均气温之差。南北方的分界线取 32°N(王遵娅和丁一汇，2006)。寒潮根据这样的定义，1951/1952—2008/2009 年冬季共识别寒潮 545 次。其中全国性寒潮 204 次，区域性寒潮 341 次。

EPECE 都和寒潮过程有密切联系。统计显示，在 52 次 EPECE 中，51 次伴随有寒潮过程。其中全国性寒潮 48 次和区域性寒潮 11 次。寒潮次数大于 EPECE 次数是因为有的 EPECE 中发生了 2 次或 3 次寒潮过程。而且，大部分 EPECE 与有关的全国性寒潮过程(42/48)发生在 EPECE 开始阶段。

但寒潮和 EPECE 在强度和持续时间上又有不同。这表现在三个方面：(1)绝大部分寒潮过程(545 次寒潮过程中的 486 次)都没出现 EPECE。(2)每年的发生频次。EPECE 平均每年发生 0.9 次；寒潮过程平均发生 9.4 次/a。(3)持续时间。EPECE 平均持续 14.3 天。寒潮过程平均持续 4.6 天。

2.2.2　环流特征的异同

所有 24 个全国类 EPECE 均伴随有寒潮过程。其中全国性寒潮 23 次，区域性寒潮 7 次。且这 23 次全国性寒潮过程中有 20 次发生在 EPECE 开始前。可以看出，大部分全国性寒潮过程发生在全国类 EPECE 的开始阶段。挑选只在开始阶段发生全国性寒潮过程的 EPECE，共 20 个。为简单起见，再剔除 2 个伴随有两次或两次以上寒潮过程的 EPECE。最终选取 18 个全国类 EPECE。

共有 181 个全国性寒潮事件与全国类 EPECE 无关。它们的环流形势十分复杂(朱乾根等，1992)。前人的研究显示，西伯利亚高压的加强和向东亚突然移动是寒潮过程的主要特点(Ding and Krishnamurti，1987；Takaya and Nakamura2005；Park *et al.*，2010)。Takaya 和 Nakamura(2005)指出欧亚大陆上某些地区，如乌拉尔山地区的对流层中、高层高压脊东移发展可引起西伯利亚高压加强和欧亚大陆冷堆发展。因此，我们根据，从乌拉尔山地区(40°—60°N，40°—70°E)的 Z_{500} 异常超过 40 gpm 的全国类寒潮事件中，挑选 20 个发生单站寒潮最多的个例，与全国类 EPECE 进行比较。记事件开始日为 0 天，发生前(后)第 n 天为 $-n$ (n) 天。

比较全国类 EPECE 和全国性寒潮同期和前期环流，发现二者存在较大差异。图 2.2.1 是 18 个全国类 EPECE 合成的 500 hPa 位势高度及其距平场，可以看出，在 EPECE 发生前 12 天，北欧到北极地区有高压脊出现，并伴随有显著的高度正距平，距平中心位于欧洲—巴伦支海地区。该北欧高压脊使得极涡分裂成两个中心，分别位于北美东北部和欧亚大陆北部。同时，里海和东北亚地区分别有一浅槽。到 EPECE 开始前 9 天和前 6 天，随着北欧高压脊向东北方向发展和里海低槽向西南方加深，形成一对宽阔的东北—西南走向的斜脊和斜槽。其位置在 EPECE 中典型斜脊和斜槽的西侧。与高层槽脊演变相对应，海平面气压(图 2.2.2 左栏)在 EPECE 发生前一周左右，欧亚大陆北部出现了西伯利亚高压加强和冷空气堆积。并随着斜脊和斜槽东移，西伯利亚高压和冷空气堆加强，并向东南方向移动。冷空气向南大举入侵我国，导致我国长江以北地区出现大范围降温。我国北方地区的温度距平达到−5～−10℃(图 2.2.3 左栏)。值得注意的是，在 EPECE 开始后，东北—西南走向的斜脊和斜槽维持，有利于冷空气不断影响我国，形成大范围持续性低温天气。

图 2.2.4 给出了 20 个全国性寒潮事件中 Z_{500} 及其距平的演变。与全国类 EPECE 的情况不同，在全国性寒潮开始前 12～前 9 天，欧洲大陆上没有明显的高压脊或 Z_{500} 正距平(图 2.2.4)。直到−6 天，欧亚大陆才出现两脊一槽的环流形势。乌拉尔山和东亚地区为高压脊，贝加尔湖地区为低压槽。这是寒潮前期的欧亚大陆上典型波列结构(Park *et al.*，2010)。

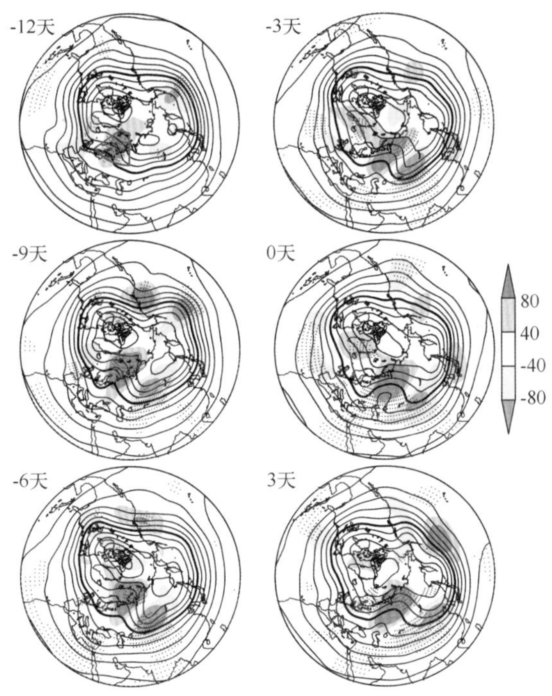

图 2.2.1　18 个全国类 EPECE 中 500 hPa 高度场(等值线)及其距平(阴影区) 合成(单位:gpm)。左列自上而下分别为－12 天、－9 天、－6 天,右列自上而下分别为－3 天、0 天和第 3 天。等值线间隔 80 gpm。粗实线为 5440 gpm。阴影区如标尺所示。紫色点区表示合成的 500 hPa 高度距平通过 95%信度检验。蓝色方框表示北欧—巴伦支海关键区

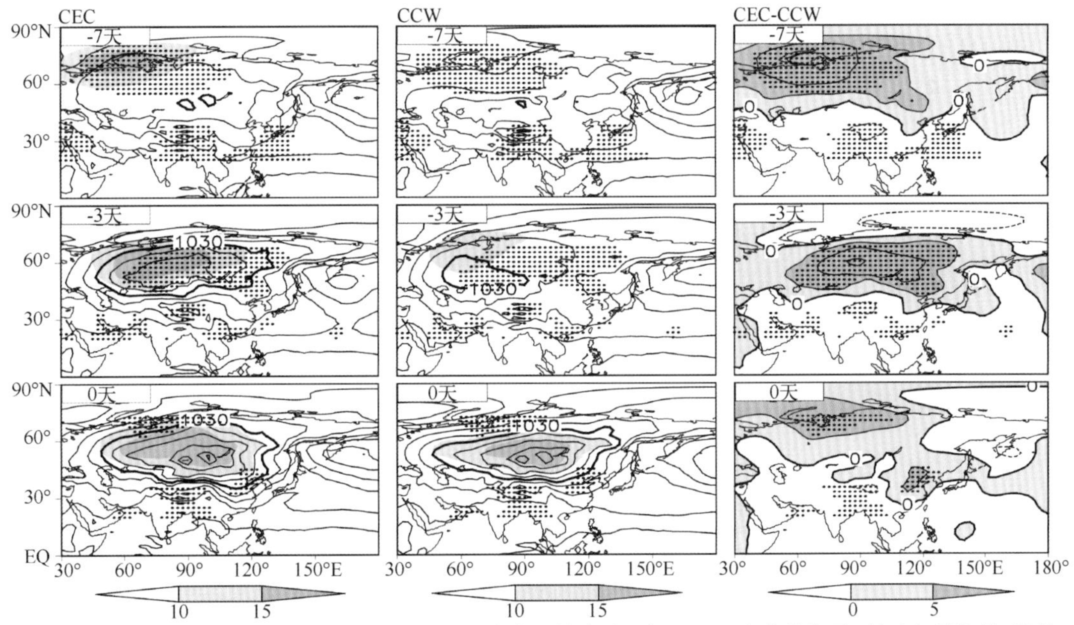

图 2.2.2　18 个全国类 EPECE(左,CEC)、20 个全国性寒潮(中,CCW)合成的海平面气压(等值线)及其距平(阴影区)演变,以及 EPECE 与寒潮差异(右,CEC－CCW,单位:hPa)。在左栏和中栏,等值线为海平面气压原场,阴影为距平。等值线间隔 5 hPa,粗实线为 1030 hPa。右栏中,等值线和阴影区均为 EPECE 与寒潮过程中海平面气压距平的差值。等值线间隔为 2 hPa,粗实线为 0 线。圆点表示合成的海平面气压距平通过 95%信度检验

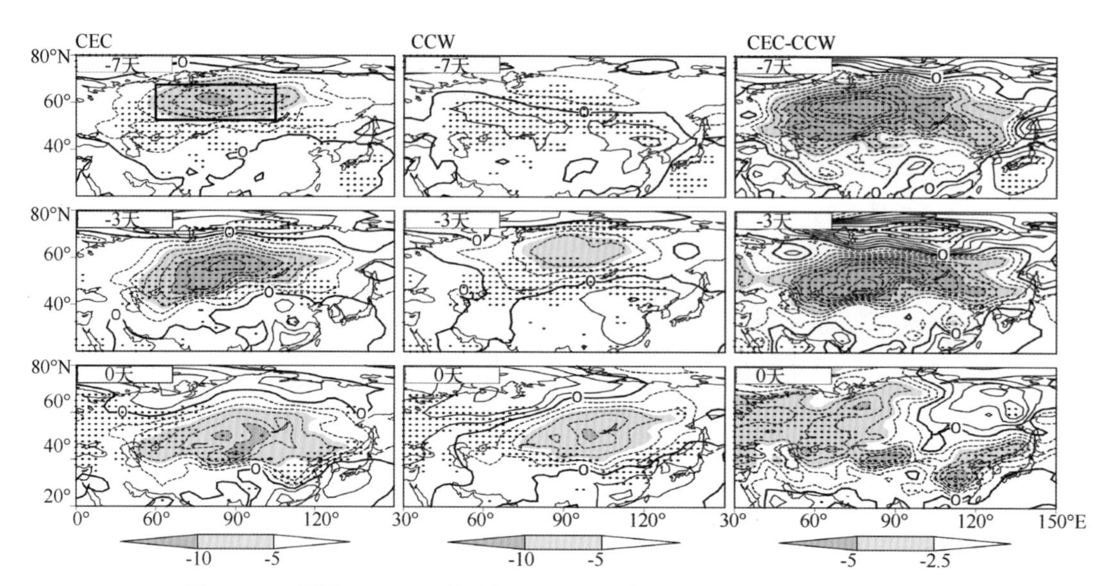

图 2.2.3　同图 2.2.2，只是对气温距平。左栏和中栏的等值线间隔为 2℃，右栏的为 1℃。方框表示欧亚大陆北部关键区

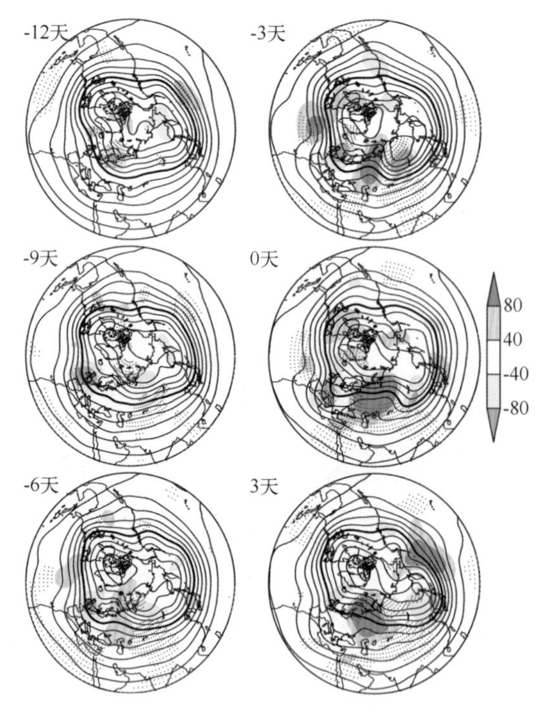

图 2.2.4　同图 2.2.1。但为 20 个全国性寒潮事件的合成

在 SLP 场上，全国性寒潮发生前也出现了西伯利亚高压加强和欧亚大陆北部的冷堆发展（图 2.2.2 中栏和图 2.2.3 中栏），但与全国类 EPECE 的情况相比，它们出现的时间晚，强度较弱（图 2.2.2 右栏和图 2.2.3 右栏）。

在全国性寒潮发生前－6天～0天，高空槽脊东移南压，强度加强，西伯利亚高压和冷堆发展(图2.2.4)。值得注意的是，在0天，全国性寒潮的SLP和SAT距平分布于全国类EPECE的非常相似。但相较EPECE时，寒潮发生时的贝加尔湖低压槽偏北偏东(图2.2.1和图2.2.4的0天)。因此寒潮时的冷堆南缘也较EPECE时的偏北，冷堆强度较弱(图2.2.2的左下和中下)。

因此，EPECE和寒潮既有密切的关系，又有所不同。大部分EPECE的开始阶段都伴随有寒潮事件。但有寒潮爆发不一定出现EPECE。从环流来看，全国类EPECE和全国性寒潮中，虽然均有西伯利亚冷高压的加强和欧亚大陆北部的冷堆建立，随着高空低压槽的东移南压，冷空气向南爆发，影响我国。但是在EPECE中，西伯利亚冷高压的强度要强于寒潮中的，欧亚大陆北部冷堆的建立和维持时间也要早于和长于寒潮中的。我们的分析表明，这与EPECE中欧亚大陆中高纬度地区大型斜脊斜槽的建立有密切关系。它们有助于西伯利亚冷高压的持续加强和冷空气不断的堆积，对我国产生持续的影响。而寒潮爆发虽然也是一定环流形式下的产物，且也有一定的相似性。但是EPECE中，流型的稳定更加显著，致使对我国的影响强度更强，事件更持久。

2.2.3　阻塞高压活动的异同

叶笃正等(1962)指出冬季乌拉尔山阻塞高压的崩溃是造成东亚大范围寒潮过程的主要因素。李艳等(2010)研究了欧亚大陆阻塞高压三个关键区即乌拉尔山、贝加尔湖和鄂霍次克海地区的阻塞高压活动特征及其天气影响，结果发现中国寒潮与乌拉尔山地区的阻塞高压关系最为密切。上一小节环流分析揭示了全国类EPECE和全国类寒潮在环流演变的不同，特别是北欧地区的高压脊，这意味着它们欧亚大陆上的阻塞高压活动可能不尽相同。本小节将讨论两类事件的阻塞高压活动特征的异同。

我们采用Small等(2014)改良的准三维阻塞事件的界定方法，他是基于500 hPa至150 hPa平均位涡异常场上定义的。采用这种方法能很好地表征阻塞高压事件的时间和空间的分布特征。从气候态来看(图2.2.5)，冬季阻塞高压频率主要发生两大洋区即：北大西洋至贝加尔湖地区和东北太平洋至北美西部，这结果与Tibaldi和Molteni(1990)和Small等(2014)一致。

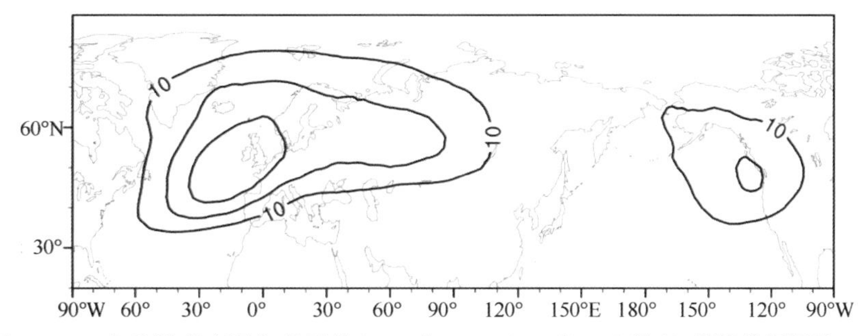

图2.2.5　冬季阻塞高压气候平均(1951/1952—2008/2009)频率，等值线间隔为10%

通过对比全国类EPECE和全国性寒潮阻塞高压活动特征，发现二者存在较大差异。由于阻塞高压在各类事件中出现的时间和地点并不完全吻合，首先，我们对每个事件的前12天至第11天进行每4天平均，如－12天～－9天平均，－8天～－5天平均等，然后相应地合成。如图2.2.6所示，可以看出，在全国类EPECE事件发生第－12至－9天里，两大洋区的阻塞高压活动频率加强，值得注意的是，斯堪的纳维亚半岛的南侧有一闭合的阻塞高压高频活动区。随后这一闭合的高频区加强并东移，在第－4至－1天移至乌拉山地区，并呈东北—西南倾斜。在EPECE事件开始的0～第3天，乌拉山地区的阻塞高压进一步加强并东扩至110°E以东。从第4天至第11天，乌拉尔山地区的阻塞高压有所减弱，向东南扩至贝加尔湖及其以东。

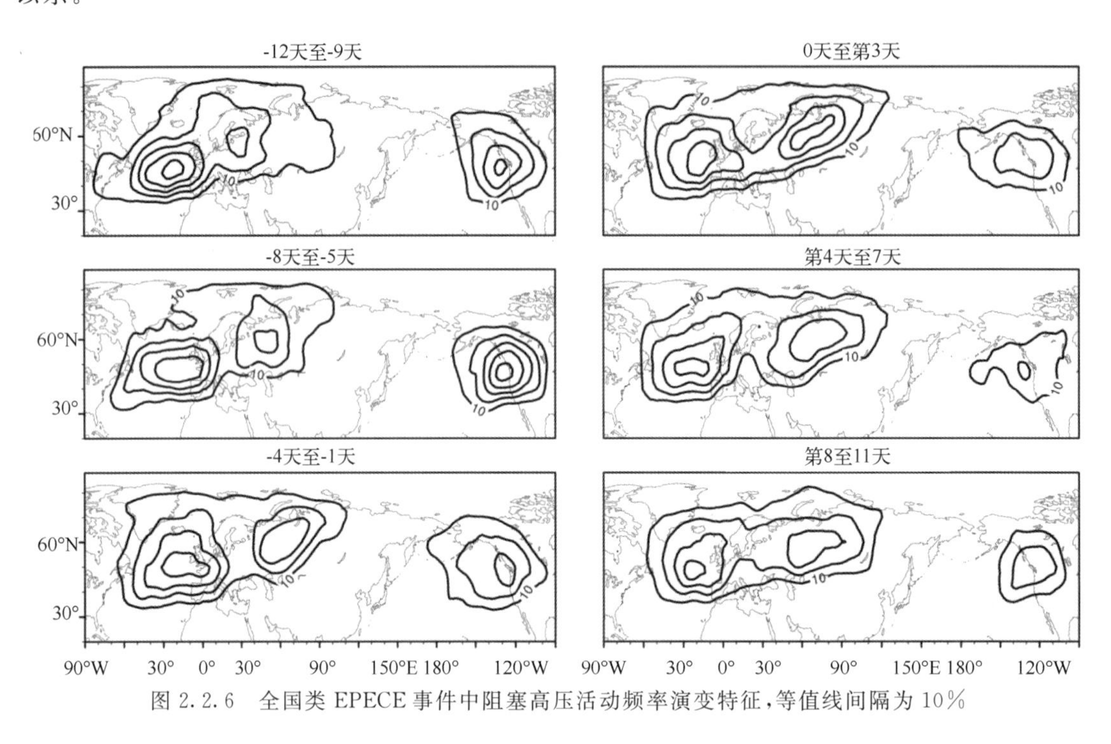

图 2.2.6 全国类EPECE事件中阻塞高压活动频率演变特征，等值线间隔为10%

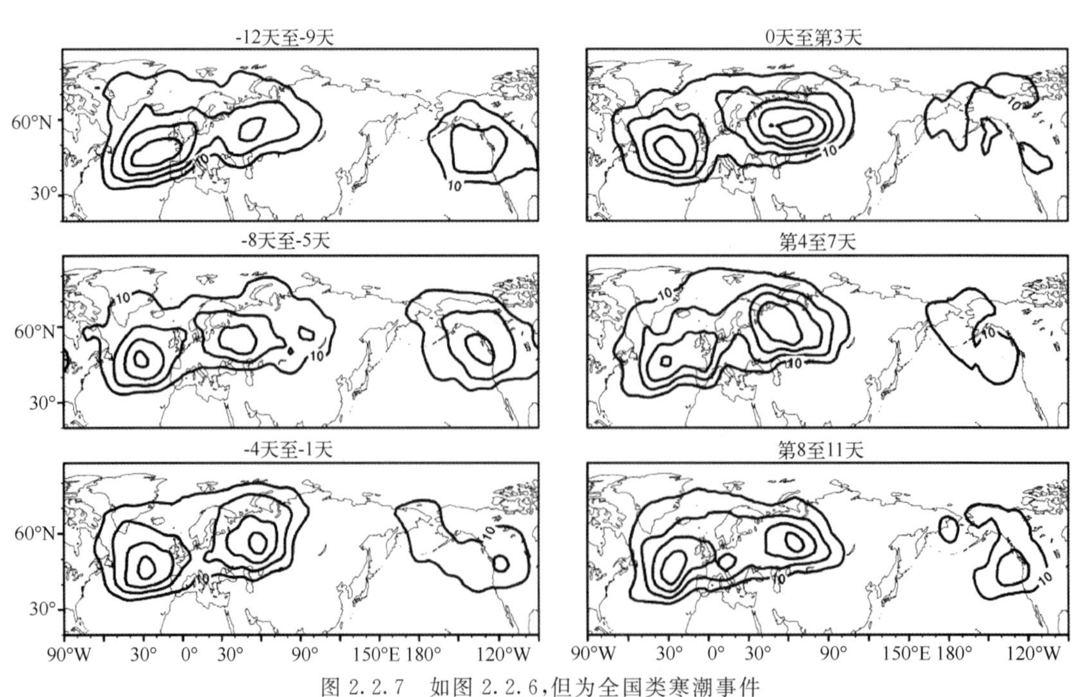

图 2.2.7 如图 2.2.6，但为全国类寒潮事件

而对于全国类寒潮而言，在第－12至－9天，与EPECE事件类似，两大洋区的阻塞高压活动频率加强；与EPECE有所不同的是，另一活动中心位于乌拉尔山地区。从第－8至－1天，可以发现，乌拉尔山地区的阻塞高压活动中心有所加强，但其中心仍位于乌拉尔山附近。在全国类寒潮开始后，乌拉尔山的阻塞高压活动明显加强，并有所东扩，但呈现为纬向型。之后，乌拉尔山地区的阻塞高压活动逐渐减弱，没有明显的东扩。

总之，这两类事件均与北大西洋中纬度地区阻塞高压活动的加强为前提条件，在全国类EPECE事件中，阻塞高压逐步扩展至乌拉尔山以东，活动中心呈西南一东北方向扩展分布，这使得冷空气的空间尺度更大。而全国类寒潮事件中阻塞高压活动主要位于乌拉尔山附近，具有明显的局地特征。

2.3　小结

我们根据低温事件的强度、面积和持续性，在中期一延伸期尺度上，客观界定了大范围持续性极端低温事件(EPECE)。1951—2009年间，共发生52次EPECE。在极端低温面积最大日，不同EPECE的极端台站分布不尽相同，呈现出多态性。根据峰值日极端低温分布特点可以将它们分为5种类型。全国类出现得最多，极端低温分布范围较广，出现在除东北和高原地区之外的我国大部分地区，极端低温台站占了总台站数的55%以上。西北一江南类的极端低温集中在河套及其以西的西北地区和长江以南地区。中东部类的极端低温集中在我国中东部地区，呈块状分布。东部类的极端低温集中在我国东部，呈经向分布。东北一华北类的极端低温则集中在东北、华北。

分析表明，EPECE和寒潮事件既有联系又有不同。大部分EPECE都伴随有寒潮事件。但绝大部分的寒潮事件与EPECE无关。从环流来看，二者也有明显差别。不论是全国类EPECE还是全国性寒潮，均有西伯利亚高压的加强和欧亚大陆北部的冷堆建立，随着高空低压槽的东移南压，冷空气向南爆发，影响我国。但在EPECE的西伯利亚高压更强，欧亚大陆北部冷堆更早建立。欧亚大陆中高纬度地区大型斜脊的建立有利于西伯利亚高压的加强和冷堆的建立，及EPECE的发生。

进一步分析阻塞高压在EPECE和寒潮中演变特征，发现，这两类事件均与北大西洋中纬度地区阻塞高压活动的加强为前提条件。在全国类EPECE事件中，阻塞高压逐步扩展至乌拉尔山以东，活动中心呈西南一东北方向扩展分布，这使得冷空气的空间尺度更大。而全国类寒潮事件中阻塞高压活动主要位于乌拉尔山附近，具有明显的局地特征。

从上面的分析看出，EPECE和寒潮是既有联系又有很大不同的事件。需要对EPECE的环流特征进行专门的研究。在下面的章节中，将分析EPECE事件中对流层和平流层环流演变，重点讨论EPECE中关键环流系统的定义、发生发展机理等。

参考文献

陈峪，任国玉，王凌，等．2009．近 56 年我国暖冬气候事件变化．应用气象学报，**20**（5）：539-545.

国家气候中心气候应用室．1981．1951—1980，寒潮年鉴．北京：气象出版社．

黄荣辉，郭其蕴，孙安健，等．1997．中国气候灾害分布图集．北京：海洋出版社．

李艳，金荣华，王式功．2010．1950—2008 年影响中国天气的关键区阻塞高压统计特征．兰州大学学报(自然科学版)，**46**（6）：47-55.

施能．2002．气象科研与预报中的多元分析方法(第二版)．北京：气象出版社，224-225.

陶诗言，卫捷．2008．2008 年 1 月我国南方严重冰雪灾害过程分析．气候与环境研究，**13**(4)：337-350.

王遵娅，丁一汇．2006．近 53 年中国寒潮的变化特征及其可能原因．大气科学，**30**(6)：1068-1076.

叶笃正，陶诗言，朱抱真等．1962．北半球冬季阻塞形势的研究．北京：科学出版社，1-10.

周宁芳．2008．全国大部气温明显偏低南方低温雨雪冰冻肆虐——2008 年 1 月．气象，**34**(4)：127-132.

朱乾根，林锦瑞，寿绍文，等．2000．天气学原理和方法(第三版)．北京：气象出版社，379-380.

Dewey K F，Heim J R. 1981. Satellite Observations of Variations in Northern Hemisphere Seasonal Snow Cover. NOAA Technical Report NESS 87. Washington D. C.，83pp.

Ding Y H. 1994. *Monsoon over China*，Kluwer Academic Publishers，Dordrecht，432.

Ding Y H，Krishnamurti T N. 1987. Heat budget of the Siberian High and the winter monsoon. *Monthly Weather Review*，**115**(10)：2428-2449.

Hartigan J A，Wong M A. 1979. Algorithm AS 136. A K－means clustering algorithm. *Applied Statistics*，**28**(1)：100-108.

Horton E B，Folland C K，Parker D E. 2001. The changing incidence of extremes in worldwide and Central England temperatures to the end of the twentieth century. *Climatic Change*，**50**(3)：267-295.

Jones P D，Horton E B，Folland C K，*et al*. 1999. The Use of Indices to Identify Changes in Climatic Extremes. *Weather and Climate Extremes*. Springer Netherlands. 131-149.

Li Z，Yan Z W. 2009. Homogenized China daily mean/maximum/minimum temperature series 1960—2008. *Atmospheric and Oceanic Science Letters*，**2**(4)：237-243.

Mo K C，Ghil M. 1988. Cluster analysis of multiple planetary flow regimes. *J. Geophys. Res.*，**930**(D9)：10927-10952.

Park T W，Ho C H，Yang S. 2010. Relationship between the Arctic Oscillation and Cold Surges over East Asia. *Journal of Climate*，**24**(1)：68-83.

Small D，Atallah E，Gyakum J R. 2014：An objectively determined blocking index and its Northern Hemisphere climatology. *J. Climate*，**27**：2949-2970.

Takaya K，Nakamura H. 2005. Mechanisms of intraseasonal amplification of the cold Siberian High. *J. Atmos. Sci.*，**62**(12)：4423-4440.

Tibaldi S，Molteni F，1990：On the operational predictability of blocking. *Tellus*，**42**A：343-365.

Walsh J E，Phillips A S，Portis D H，*et al*. 2001. Extreme cold outbreaks in the United States and Europe，1948－99. *J. Climate*，**14**(12)：2642-2658.

Yan Z，Jones P D，Davies T D，*et al*. 2002. Trends of extreme temperatures in Europe and China based on daily observations. *Clim. Change*，**53**，355-392.

Zhang Z J，Qian W H. 2011. Identifying regional prolonged low temperature events in China. *Adv. Atmos. Sci.*，**28**(2)：338-351.

第 3 章　大范围持续性极端低温事件的对流层环流特征

本章首先讨论大范围持续性极端低温事件(EPECE)中的关键影响环流系统,包括欧亚大陆大型斜脊斜槽、阻塞高压、切断低压(或低涡)以及季节内尺度遥相关波列等;然后探讨这些关键影响系统的演变过程与 EPECE 的形成和维持过程的具体联系。同时,本章也给出一些重要的关键影响环流系统的客观识别方法,特别是欧亚大陆大型斜脊斜槽的识别方法以及东亚低涡的识别方法。

3.1　EPECE 对流层环流特征

本节研究使用资料包括:1)中国气象局气象信息中心提供的 1951－2009 年全国 756 站的逐日日平均气温;2)1951—2009 年 NCEP 再分析的逐日 500 hPa 位势高度场 (Kalnay *et al.*, 1996)。气候平均值为 1951—2009 年。

3.1.1　各类 EPECE 环流的演变特征

3.1.1.1　EPECE 分类检查和个例选择

在 2.1 节中,我们根据 EPECE 峰值日(以下简称 L 天)时出现极端低温的台站分布,利用聚类分析将 52 次 EPECE 事件分为 5 类,分别为:全国类、西北－江南类、东部类、中东部类和东北－华北类。本节中,我们将用经验函数正交展开方法(Empirical Orthogonal Function Analysis,以下简称 EOF)对 EPECE 分类的合理性和各类分布型在我国极端低温事件中的相对重要性进行检查。

以每个 EPECE 个例 L 天的我国标准化日平均气温作为时间函数,对 52 个 EPECE 的 L 天我国标准化日平均气温做 EOF 分析,结果如图 3.1.1 所示。可以看出,EOF1 表现了全国温度一致变化,与全国类的分布相似。EOF2 表现了西北和江南地区与东北和华北地区气温的反相变化。检查 EOF2 对应的时间序列,发现 Peng 等(2011)定义的西北－江南类和东北－华北类个例对应的时间系数反号,即 EOF2 表现了西北－江南类和东北－华北类的气温分布。EOF3 显示低温区集中在我国中东部地区,与中东部类吻合。EOF4 中的低温区集中我国东部地区,与东部类相近。其中 EOF1 解释 85%的总体方差,EOF2 解释 4%,EOF3 和 EOF4 均解释 2%的总方差。前 4 个 EOF 累计解释方差百分率到达 93%。这不仅证实了原先分类的存在性,而且也说明了这 5 个类型是我国极端低温分布最主要的模型。下面我们就针对这 5 类 EPECE 事件,分别对它们的环流进行合成。

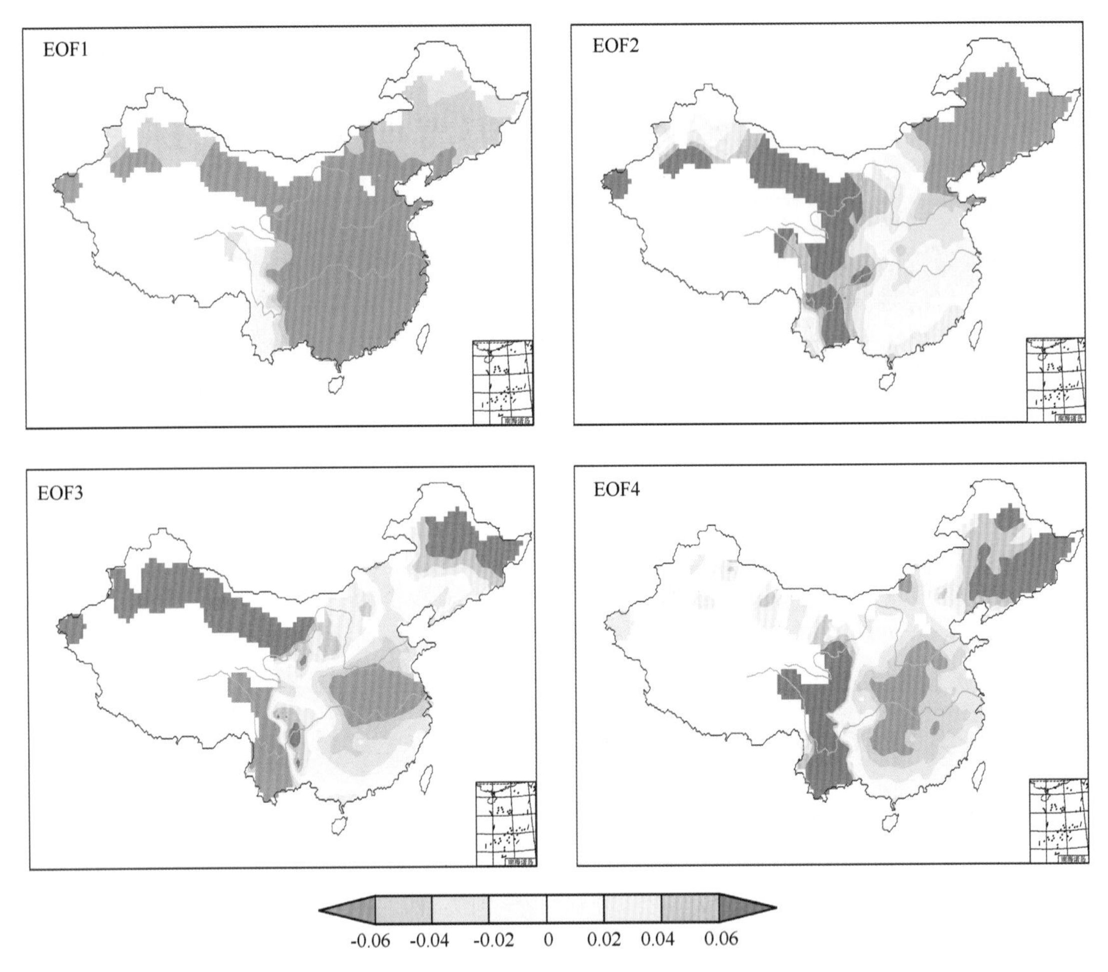

图 3.1.1　52 个 EPECE 峰值日我国 756 站标准化日平均气温 EOF 前 4 个特征向量分布
阴影部分如标尺所示

由图 2.1.4 可知，各类 EPECE 个例的 L 天出现极端低温的台站分布有所不同。下面我们对每类 EPECE 分别进行 EOF 分解(图 3.1.2)。每类 EPECE 的 EOF1 解释方差都在 80%以上(见表 3.1.1)。这说明它们对同一类型极端低温的分布具有很好的代表性的。由于这里我们的 EOF 分析是把 EPECE 序列作为时间函数，所以主分量值的大小所反映实际上是各个 EPECE 解释方差的多少。贡献越大，说明该 EPECE 与该类 EOF1 的低温分布程度越相似。因此，根据主分量值大小，我们可以从每个类型中选出一些比较典型的 EPECE;对这些典型事件的大气环流进行合成分析。根据 EOF 分解得到的主分量，我们从 24 次全国类 EPECE 中选出 15 次典型个例，9 次西北—江南类、8 次东部类和 8 次中东部类中各选出 5 次，作为典型事件。3 次东北—华北类个例较少，不做选择。根据每类 EPECE 的典型个例，对 EPECE 开始前 15 日(记为－15 天)至开始日(记为 0 天)对应的环流进行合成分析。

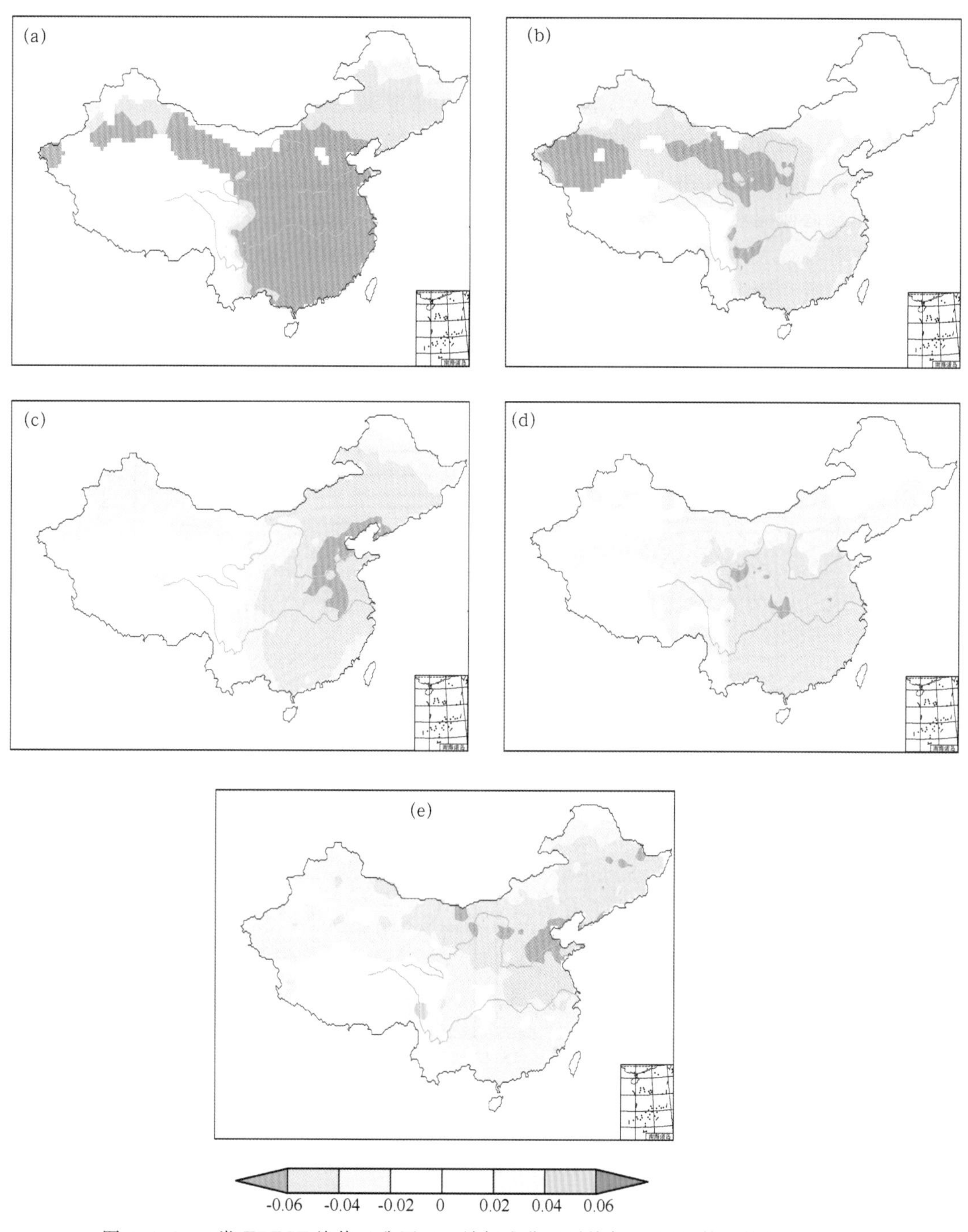

图 3.1.2 5类EPECE峰值日我国756站标准化日平均气温EOF第一特征向量分布
(a)全国类;(b)西北—江南类;(c)东部类;(d)中东部类;(e)东北—华北类

表 3.1.1 5类EPECE峰值日标准化日平均气温的EOF第一模态的解释方差百分比

	全国类	西北—江南类	东部类	中东部类	东北—华北类
解释方差百分比	91%	82%	85%	82%	83%

3.1.1.2　全国类

全国类 EPECE 开始时(图 3.1.3a),欧亚高纬度环流为两槽一脊的形势,中纬度地区环流平直。欧洲槽有一负高度距平中心配合。东亚槽在鄂霍次克海附近有一切断极涡,其南侧在日本附近为一正高度距平区,说明此时东亚大槽强度较弱,位置偏北。高压脊位于乌拉尔山附近,从黑海向东北方向一直伸展到贝加尔湖北侧,呈西南一东北向的大斜脊。而其东南侧从极涡经贝加尔湖南侧向西伸出的横槽与咸海附近的切断低压打通,维持一个亚洲大横槽。该斜脊和横槽也都有强大的正、负高度距平与之配合,形势异常稳定。这一环流背景一方面有利于源自新地岛附近洋面上的寒冷气团沿超级路径南下在贝加尔湖西南侧积聚加强,然后经我国北方迅速向华中、华南推进(图 3.1.3c、e)。另一方面,在中纬度平直的西风带中也不断有低压扰动(负高度距平区)东移,引导西路冷空气从新疆东移,在河套附近与东路冷空气汇合,实力加强,造成全国性的极端低温天气。到 EPECE 的峰值日(图 3.1.3b),随着高压脊在乌拉尔

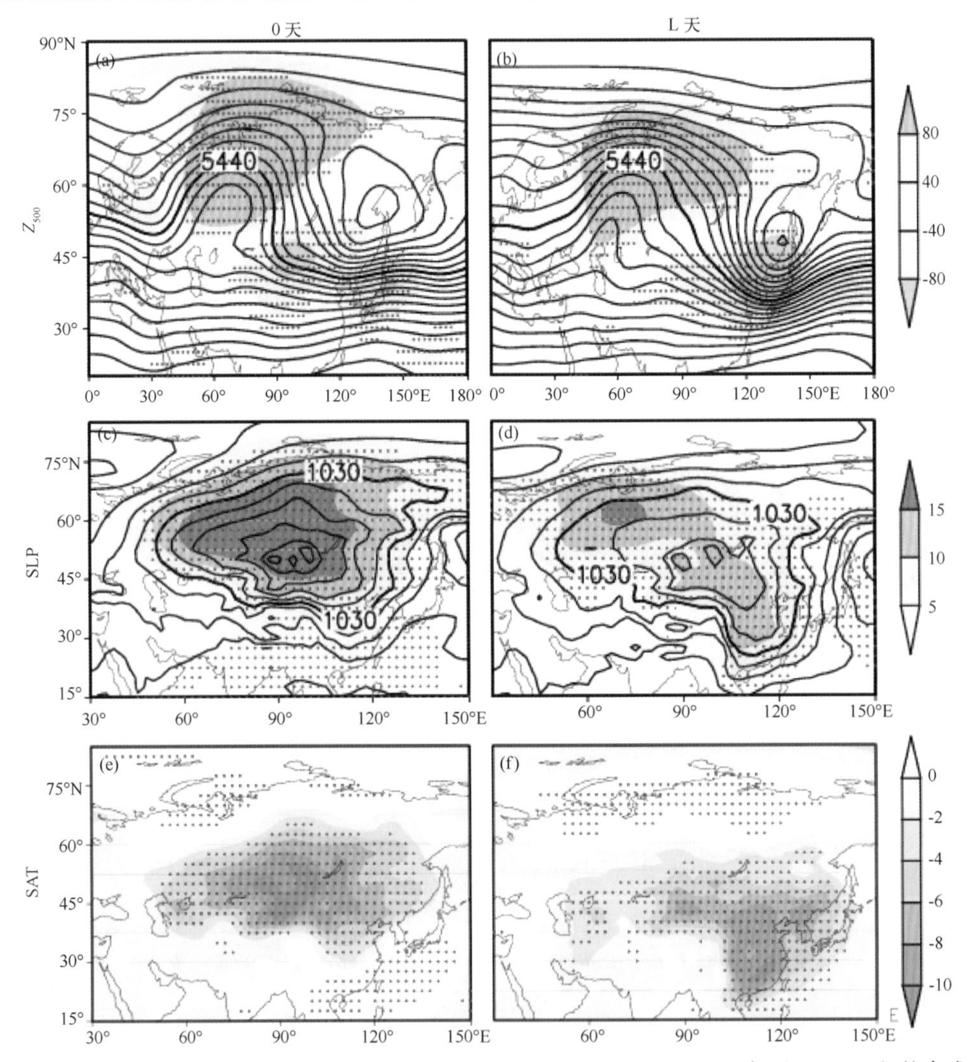

图 3.1.3　15 个全国类 EPECE 在 0 天(左)和 L 天(右)的 Z_{500}(上)、SLP(中)和 SAT(下)的合成

Z_{500}单位:gpm,等值线间隔 40 gpm;SLP 单位:hPa,等值线间隔 5 hPa;SAT 单位:℃,

等值线间隔 2℃。阴影区如标尺所示。紫色点表示合成分析通过 95%信度区。

山附近的重建，横槽转竖和并入东亚大槽，槽中切断低涡明显南移，东亚大槽加深，极端低温天气过程结束。

3.1.1.3　西北—江南类

西北—江南类EPECE开始时(图3.1.4a)，欧亚中高纬度的环流与全国类相似，也是两槽一脊的形势，并也都有正、负高度距平配合，形势异常稳定。但西北—江南类的东亚切断极涡中心在堪察加半岛附近，位置较为偏东。尤其是乌拉尔山附近的斜脊从里海向东北方向一直伸展到贝加尔湖东北侧，亚洲中高纬度环流呈北高南低的分布。斜脊南侧从贝加尔湖到巴尔喀什湖维持以稳定的横槽(有时有切断低压存在)。这一环流背景有利于源自新地岛以西洋面上的寒冷气团沿西北路径南下，在贝加尔湖附近积聚加强(图3.1.4a)。横槽中不断有低压扰动沿青藏高原北部东移，并在高原东侧南伸到较南地区，引导西路冷空气东移，沿高原东侧南下，影响我国西北和江南地区(图3.1.4e)。在青藏高原和东北地区无明显冷空气活动，温度正常。到EPECE的峰值日(图3.1.4b)，随着欧洲沿岸槽的东移，乌拉尔山斜脊减弱，横槽转

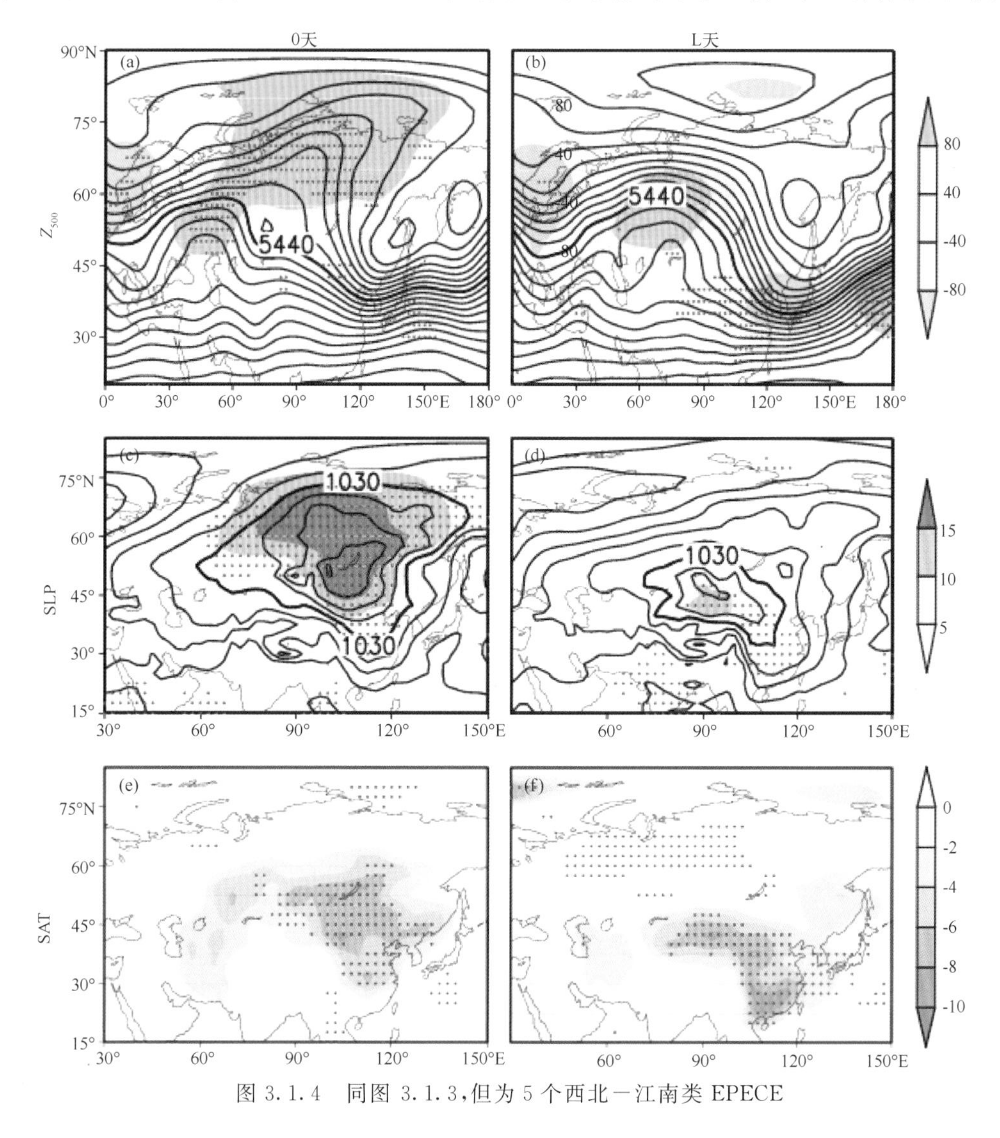

图3.1.4　同图3.1.3，但为5个西北—江南类EPECE

竖，导致在西伯利亚高压区积聚的冷气团大举向东南爆发，东亚大槽加深，过程结束。

3.1.1.4　东部类

东部类 EPECE 开始时(图 3.1.5a)，欧亚中高纬度也为两槽一脊的稳定形势。但高压脊的位置略偏西，在乌拉尔山的高纬度与其东北侧残留的极地高压叠加，呈斜脊特征。亚洲北部为宽广的极涡区。贝加尔湖西南侧为一横槽，有利于来自极地的冷空气在贝加尔湖南侧积聚加强(图 3.1.5e)。另外，此时欧亚大陆南支西风急流比较活跃，不断有小波动向下游传播。到 EPECE 峰值日(图 3.1.5b)，随着乌拉尔山高压脊不连续后退，促使贝加尔湖横槽转竖、东移。当与南支西风的小槽合并时，槽后经向环流加强，冷空气经我国北方大举向华中、华南扩散，影响我国东部地区(图 3.1.5f)。

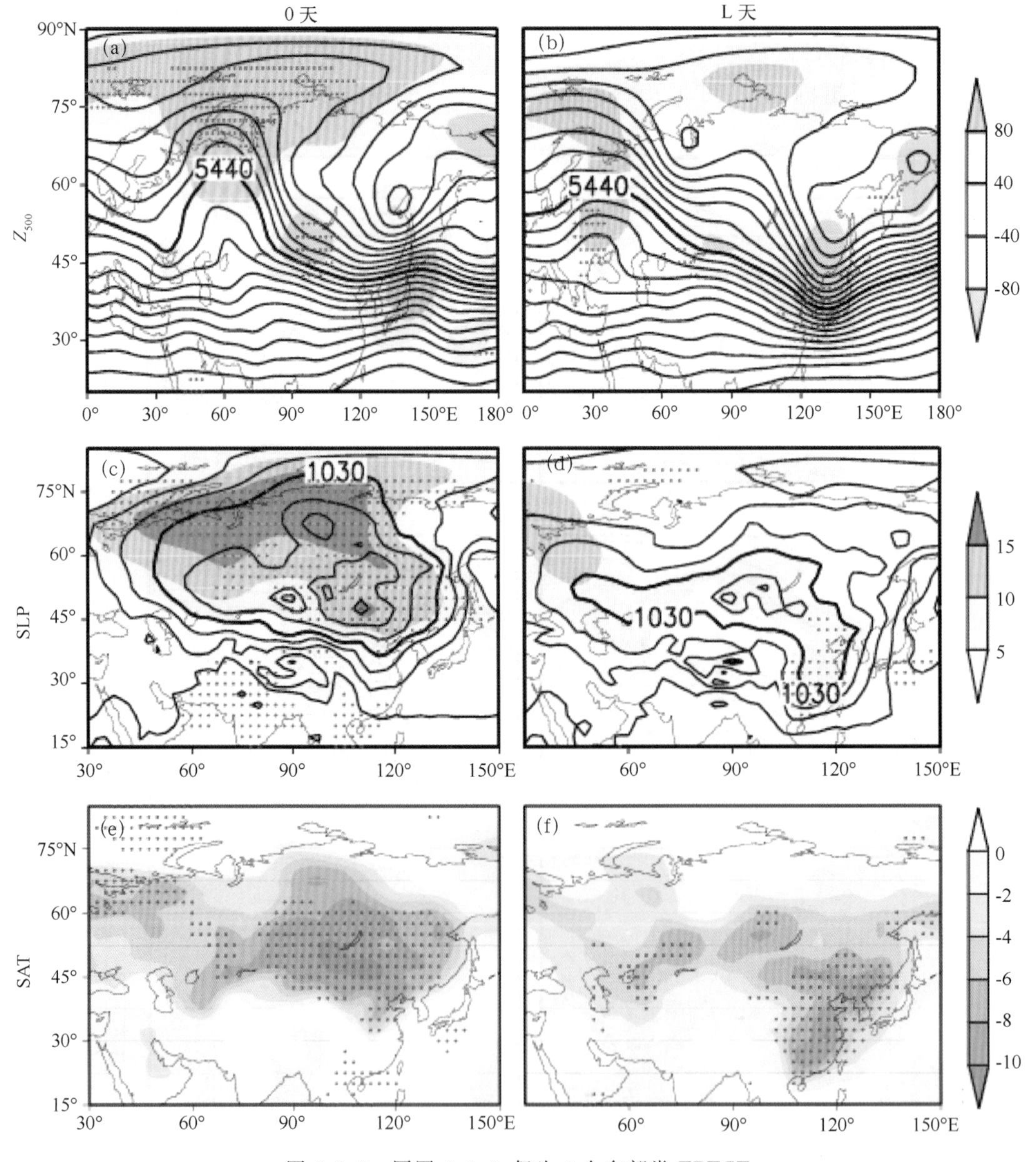

图 3.1.5　同图 3.1.3，但为 5 个东部类 EPECE

3.1.1.5 中东部类

中东部类 EPECE 开始时(图 3.1.6a),欧亚中高纬度的槽脊分布于冬季多年平均的情况一样,不同的是环流的经向度较常年明显偏强。贝加尔湖西侧的高压脊向东北方向伸展,呈斜脊的特征。其东南侧,从我国东北到新疆北部为一横槽,其位置比东部类明显偏东和偏南。冷空气积聚加强的地区在蒙古高原附近(图 3.1.6e)。欧亚大陆南支西风急流也很强,位置也比东部类明显偏南,其上不断有小扰动经高原东传。到 EPECE 峰值日(图 3.1.6b),随着欧洲北部的低槽和贝加尔湖西侧斜脊的东移,位于我国北方的横槽转竖,并入东亚大槽,导致冷空气大举爆发南下,影响我国中东部地区(图 3.1.6f)。

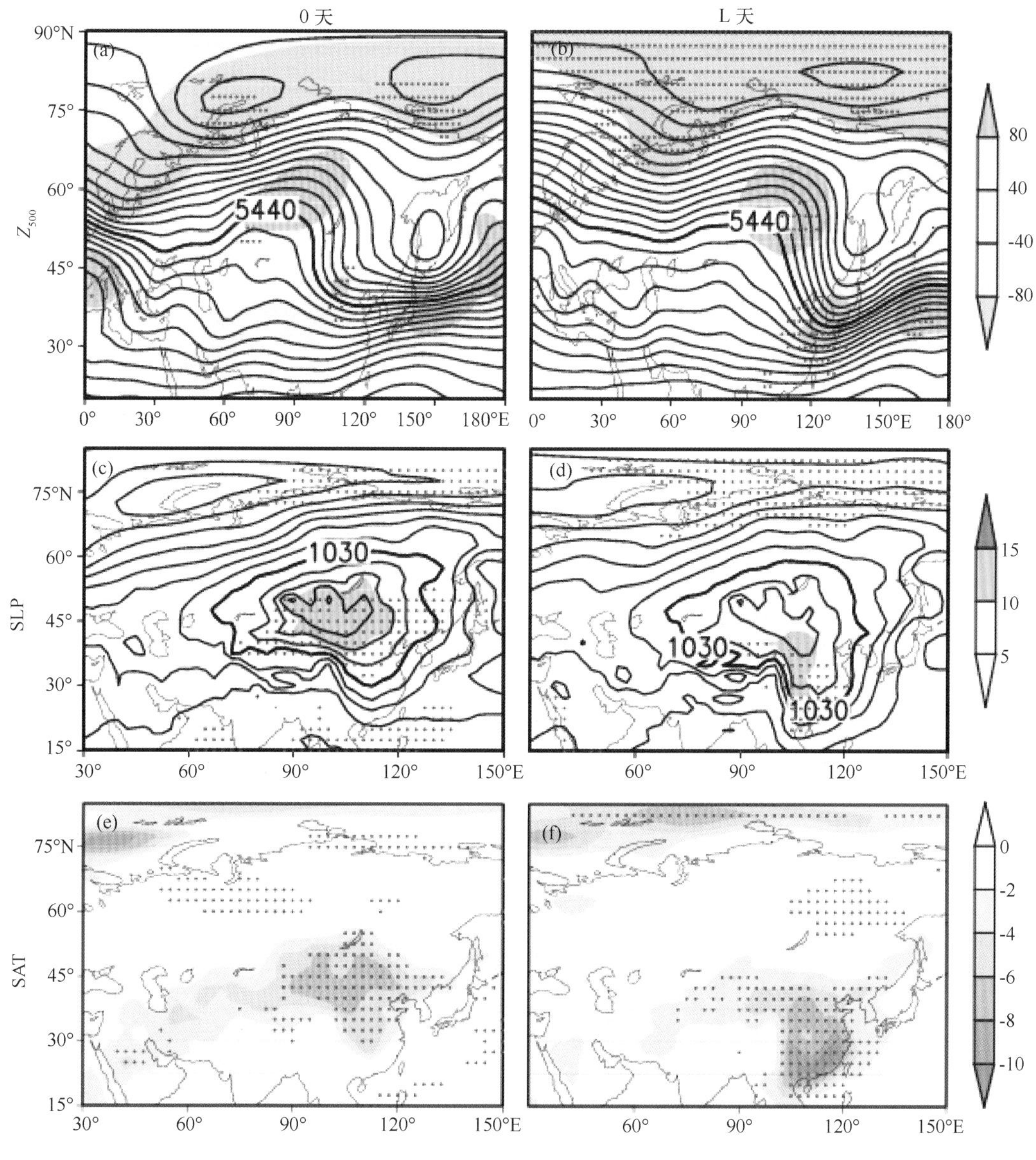

图 3.1.6 同图 3.1.3,但为 5 个中东部类 EPECE

3.1.1.6　东北一华北类

东北一华北类 EPECE 开始时(图 3.1.7a),欧亚中高纬度环流为所谓的倒 Ω 流型。西脊在乌拉尔山附近,东脊在白令海地区。特点是西脊的强度和位置比东脊明显偏弱和偏南。两脊之间在我国东北附近有一切断低涡。巴尔喀什湖以东有一小横槽。整个亚洲明显存在三支锋区,其北支明显比中支和南支要强。北支锋区呈西北一东南走向。在这一基本西风气流上,不断有槽脊发展,从北大西洋东传,引导新地岛以西洋面上的冷空气沿西北路径,经欧洲北部到贝加尔湖西南侧积聚加强(图 3.1.7e)。由于北支锋区位置偏北,冷空气主要经蒙古高原东部影响我国东北、华北地区(图 3.1.7f)。到 EPECE 峰值日(图 3.1.7b),随着北支锋区上移到乌拉尔山东侧的小槽加深,及其与南侧横槽的汇合,贝加尔湖浅脊发展,脊前西北气流加强,

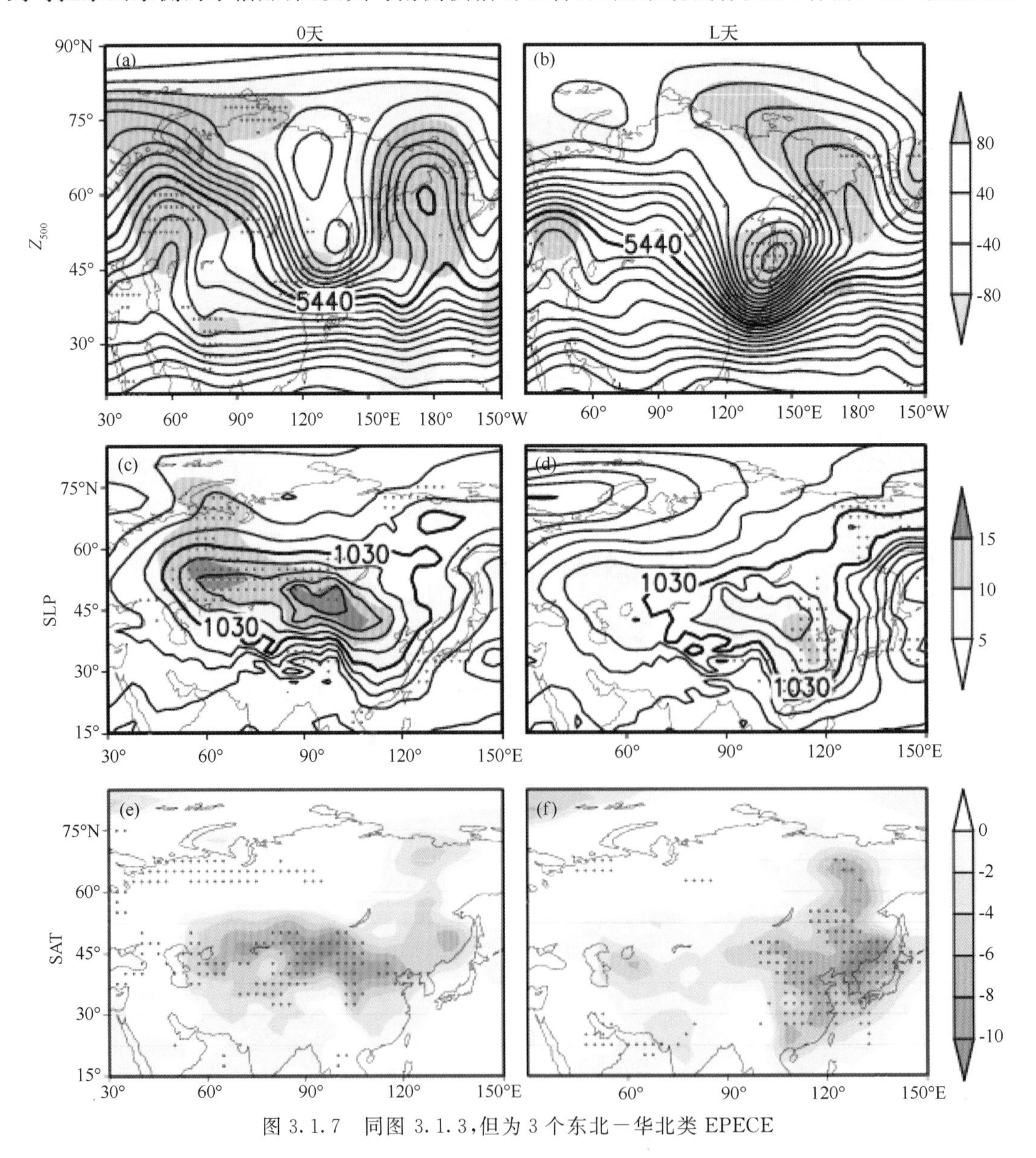

图 3.1.7　同图 3.1.3,但为 3 个东北一华北类 EPECE

致使在西伯利亚北部的极涡南移，并入原在我国东北的极涡中，强度大大加强。东亚大槽加深，过程结束。

3.1.1.7　小结

综上所述，寒冷的空气在地面西伯利亚高压所在地区的积聚和加强是我国各类极端低温事件共有的现象，是不可少的条件。而冷空气在这一地区的积聚和加强又与乌拉尔山附近地区斜脊及其东侧横槽的形成和稳定少变有密切关系。它们是导致我国各类极端低温天气发生最关键的环流系统。然而，亚洲斜脊和横槽作为环流背景场对我国极端低温天气的影响是复杂的，不同斜脊、横槽强度和位置的配置及形成的过程可能导致我国不同类型的极端低温事件的发生。大体来说，全国类的环流背景场有利于源自新地岛附近洋面上的冷空气沿超级路径南下，在贝加尔湖西侧积聚，并经新疆、黄河河套南下，造成全国性的极端低温天气。西北一江南类主要有利于源自新地岛以西洋面上的冷空气沿西北路径南下，在贝加尔湖附近积聚，经青藏高原北部东移、影响西北、西南和江南地区。东部类有利于源自极区的冷空气沿西北路径南下，在贝加尔湖南侧积聚，在经东北折向黄河下游和江南地区。中东部类有利于冷空气沿西方路径东移，在蒙古高原附近积聚，与其他类型比较，位置明显偏南。主要影响长江流域和江南地区。东北一华北类有利于新地岛以西洋面上的冷空气沿西北路径南下，经蒙古高原东部影响我国东北、华北地区。5类EPECE中的最强冷距平中心的移动路径，请见图3.1.8。

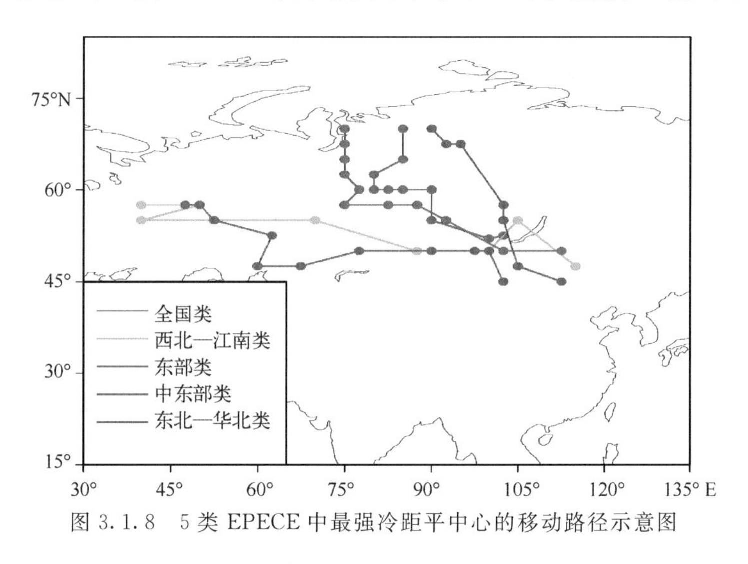

图3.1.8　5类EPECE中最强冷距平中心的移动路径示意图

3.1.2　各类EPECE环流的前兆信号

研究大范围持续性极端低温事件(EPECE)的根本目的还是要对它进行预测。目前对寒潮等过程的前期信号研究较多，对类似于“0801”这样的EPECE的前兆信号较少涉及。前面的讨论表明，在全国类EPECE发生前10天左右，北欧一巴伦支海地区有斜脊发展，脊前有浅槽。随着斜脊东移发展，亚洲北部地区出现强冷空气堆积。当冷空气向南爆发，入侵我国，造成大范围的极端低温形成EPECE。那么，是否可以从中提取全国类EPECE发生的前兆信号呢？此外，除了全国类EPECE，还有其他类型的EPECE，它们的前期环流特点及冷空气路径是怎样的？这也是我们需要关注的问题。

3.1.2.1 全国类 EPECE

合成分析表明，在全国类 EPECE 开始日前 15 天(图 3.1.9a 左图)，北半球中高纬度环流在北太平洋白令海有一高压脊伸向极地，北大西洋东部也有一高压脊。致使极涡分裂为两个中心，呈偶极型分布。一个中心在北美加拿大东部附近，另一个在亚洲北部新地岛以东地区。之后，随着东亚大槽不断分出小槽东移，促使白令海高压脊继续向西北方向伸展。同时美洲大槽也有小槽东移加深，促使白令海高压脊继续向西北方向发展。到前 10 天(图 3.1.9a 中图)，白令海高压脊已切断出极地高压，维持在泰梅尔半岛以东洋面上空。大西洋东部的高压脊也东移到欧洲北部，并与极地残留的高压合并，形成一个西南一东北向的斜脊。而原在新地岛以东地区的极涡中心南压到西伯利亚北部，并向西南方向伸展成一个横槽。到前 5 天(图 3.1.9a 右图)，欧洲斜脊东移到乌拉尔山附近，其东侧的横槽缓慢南压。如前所述，它们是导致冷空气在西伯利亚地区积聚加强和 EPECE 发生最关键的环流系统。

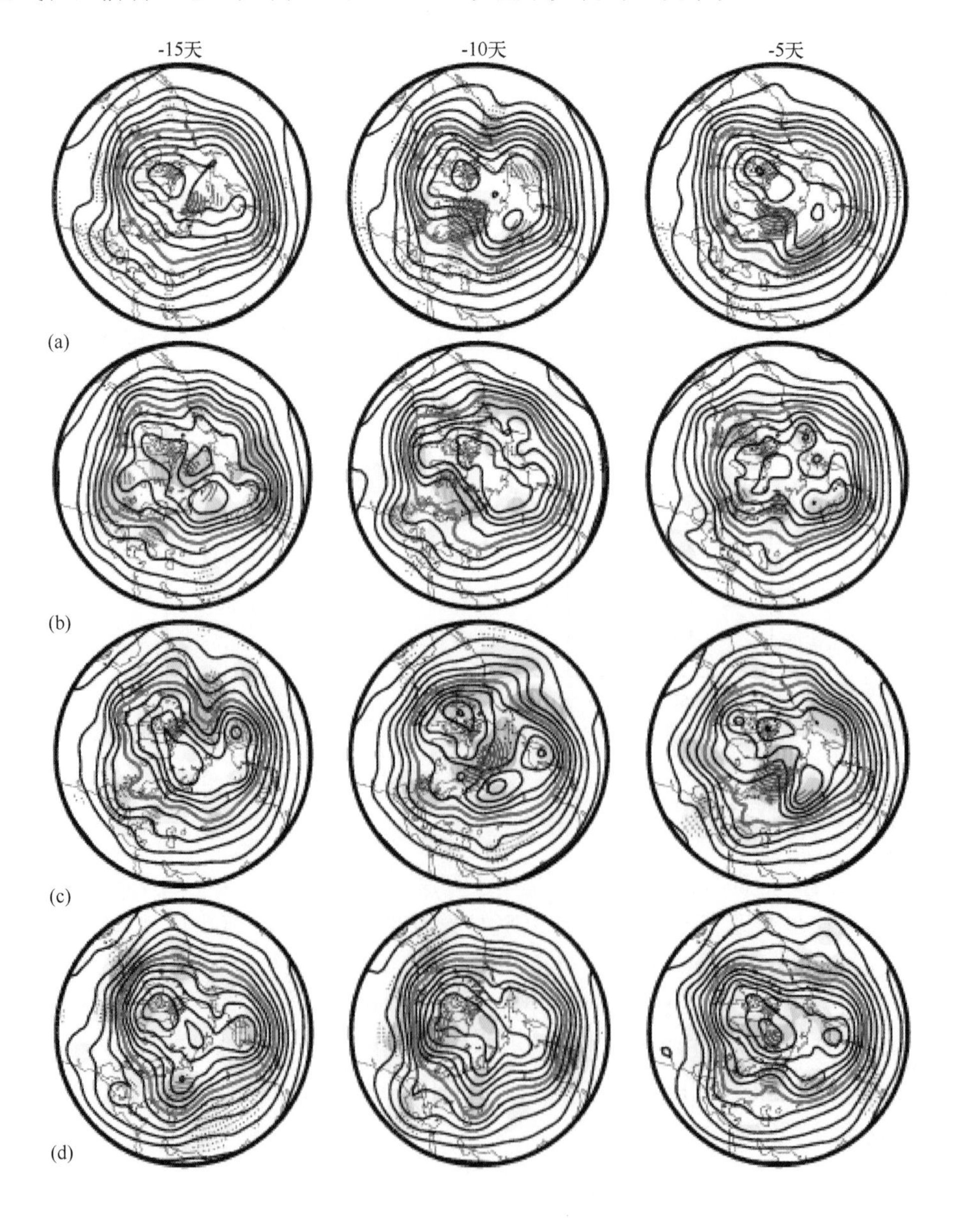

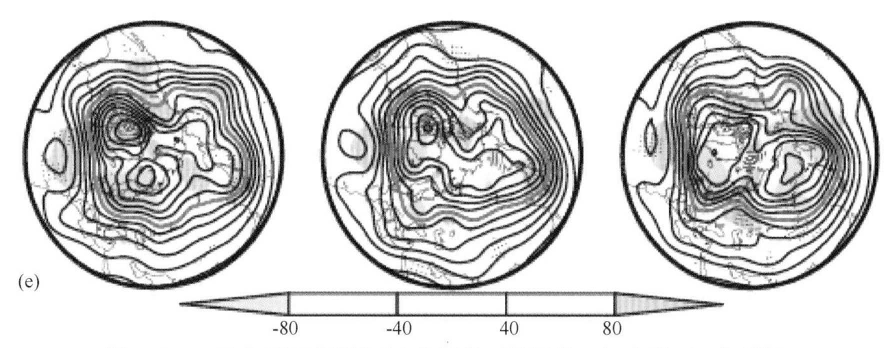

图 3.1.9　从上至下分别为(a)全国类，(b)西北—江南类，(c)东部类，
(d)中东部类和(e)东北—华北类在 EPECE 开始前 15 天(左)、前 10 天(中)和前 5 天(右)
的 Z_{500} 的演变。单位：gpm。等值线间隔：80gpm。粗实线表示 5440gpm。紫色点为通过 95%信度区

图 3.1.9 中使用了 15 个全国类 EPECE 典型个例进行合成分析。其结果与按照 EPECE 初期出现全国类寒潮选取的全国类 EPECE 典型个例合成结果(见图 2.2.1)相似。这说明北欧—巴伦支海地区的斜脊和欧亚大陆北部的冷堆是全国类 EPECE 发生前的关键信号。我们定义两个指数：一个是前 12 天—前 9 天平均的北欧—巴伦支海地区(57.5°—82.5°N，5°—60°E，图 2.2.1 中方框)区域平均的标准化 Z_{500}。另一个是前 8 天—前 6 天平均的欧亚大陆北部(52.5°—67.5°N，60°—105°E，图 2.2.2 中方框标志的区域)平均的标准化地表气温距平。检查它们在所有 24 个全国类 EPECE(见表 2.1.1)的情况，结果示于图 3.1.10。可以看出，在大多数的全国类 EPECE(18/24)发生前 1～2 周，出现了北欧—巴伦支海地区的斜脊和欧亚大陆北部的冷堆。

北欧—巴伦支海地区的斜脊和欧亚大陆北部的冷堆是不是全国类 EPECE 特有的前兆信号呢？我们计算节 2.2 中 20 个全国性寒潮前期的北欧—巴伦支海地区平均的标准化 Z_{500} 和欧亚大陆北部平均的标准化地表气温距平，发现在全国性寒潮事件中，没有一个个例有斜脊和冷堆都存在的(图 3.1.10b)。

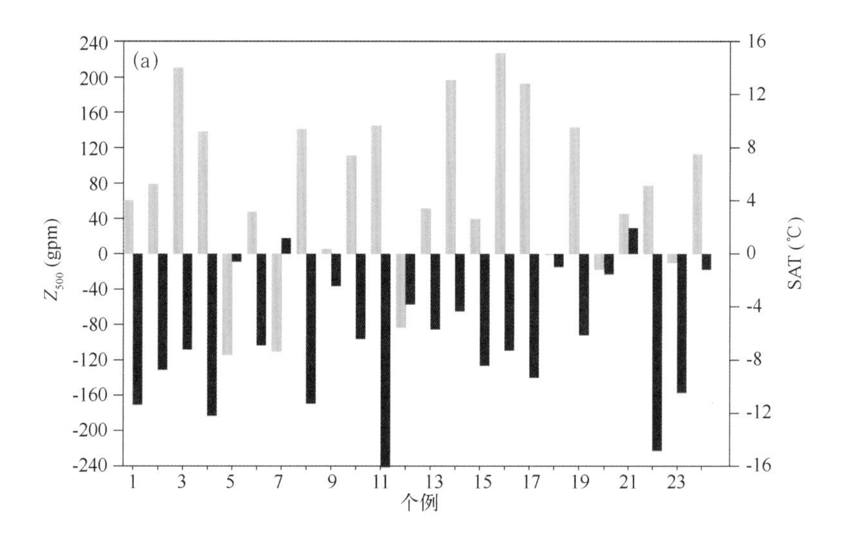

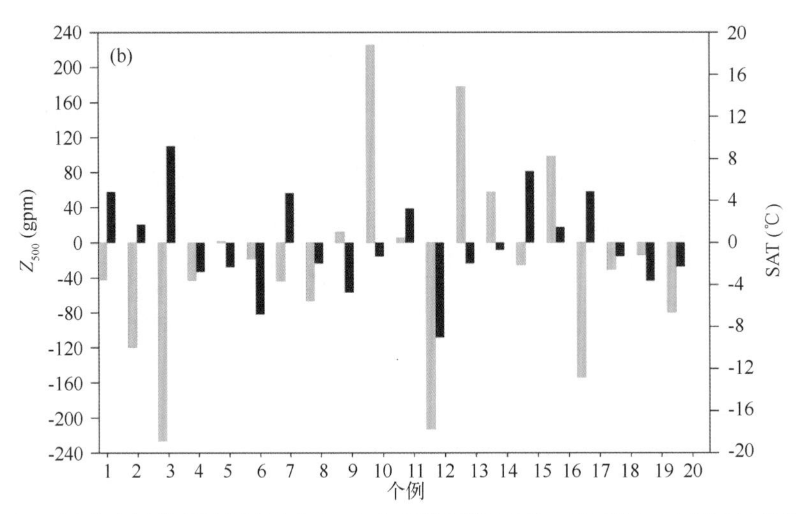

图 3.1.10　18 个全国类 EPECE(a)和 20 个全国性寒潮(b)的−12 天至−9 天平均的欧洲−巴伦支海地区(57.5°—82.5°N, 5°—60°E,图 2.2.1a 中蓝色方框)的 Z_{500}(绿色柱状图)和−8 天至−6 天平均的欧亚大陆北部(52.5°—67.5°N, 60°—105°E,图 2.2.2a 中的方框)的标准化 SAT(黑色柱状图)

从上面的分析看出,北欧—巴伦支海地区的斜脊和欧亚大陆北部冷堆可以作为全国类 EPECE 的前兆信号。在全国类 EPECE 发生前 10 天左右,北欧—巴伦支海地区的斜脊建立;前一周,欧亚大陆北部冷堆建立,并强烈发展。随着斜脊和斜槽东移南压,冷空气入侵我国,导致全国类 EPECE 发生(图 3.1.11)。

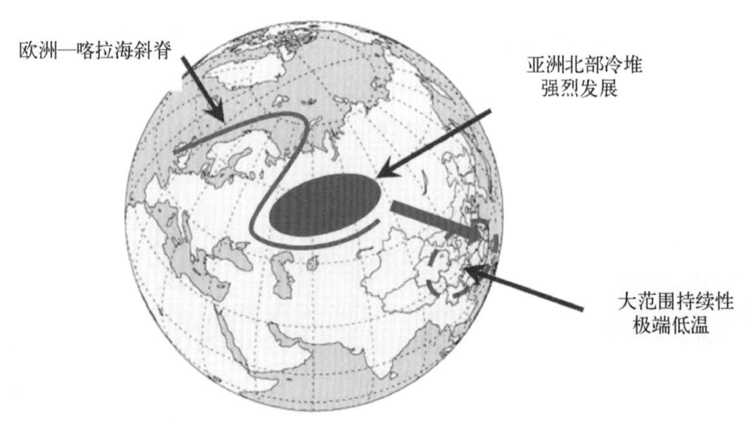

图 3.1.11　全国类 EPECE 前兆信号示意图

3.1.2.2　西北—江南类

在西北—江南类 EPECE 开始日前 15 天(图 3.1.9b 左图),北半球高纬度的环流形势与全国类相似,北太平洋和北大西洋也都有高压脊向极地发展,极涡呈偶极型分布。到前 10 天(图 3.1.9b 中图),北美极涡略向极地萎缩,大西洋北部的高压脊东移到欧洲北部。只是远在亚洲泰梅尔半岛附近的极涡中心南压到西伯利亚北部。另外,中纬度西风带上在黑海附近有长波脊发展。到前 5 天(图 3.1.9b 右图),北美极涡中心已移到极地附近,欧洲北部的高压脊进一步东移到乌拉尔山北部,东侧与残留在鄂霍次克海北侧的极地高压,南侧与黑海附近发展起来的高压脊相互叠加，建立起一个横跨亚洲北部的大斜脊。而西伯利亚北部的极涡南压到贝加尔湖及其以东地区，在大斜脊南侧为从极涡西侧伸向里海附近的大横槽。形成有利于 EPECE 发生的环流形势。

3.1.2.3　东部类

在东部类 EPECE 开始日前 15 天(图 3.1.9c 左图)，北太平洋高压脊异常发展，北大西洋为一浅脊。极涡偏向东半球，主要有两个中心，分别位于新地岛附近和鄂霍次克海地区。之后，随着北大西洋浅脊向极地发展，并与北太平洋高压脊在极地打通，形成一个高压坝。到前 10 天时(图 3.1.9c 中图)，原在新地岛附近的极涡已南压到西伯利亚北部。整个亚洲北部为宽广的极涡区。到前 5 天(图 3.1.9c 右图)，北大西洋高压脊东移到乌拉尔山附近，并呈西南－东北方向的斜脊特征。贝加尔湖西南侧为一横槽。乌拉尔山斜脊及其东南侧横槽形势建立。

3.1.2.4　中东部类

在中东部类 EPECE 开始日前 15 天(图 3.1.9d 左图)，北半球中高纬度环流与冬季多年平均的情况非常相似，三个低槽分别位于亚洲沿岸、美洲大湖区和东欧(相对较弱)，三个高压脊在欧洲沿岸、阿拉斯加和贝加尔湖地区(浅脊)。脊的强度比槽要弱。极涡主要有两个中心，一个在格陵兰西侧，另一个在东亚。之后，最大的变化是格陵兰西侧的极涡向极地萎缩，并分裂出一个小中心经极地向西伯利亚北部以东。而东亚的极涡中心则减弱东移。到前 10 天(图 3.1.9d 中图)，原在格陵兰西侧的极涡已移到极地，其分裂出来的小中心移到鄂霍次克海附近。到前 5 天(图 3.1.9d 右图)，欧洲沿岸的高压脊东移到乌拉尔山附近，并向东北方向伸展，形成一个西脊。其东侧形成一个横槽，缓慢南压。

3.1.2.5　东北－华北类

在东北－华北类 EPECE 开始日前 15 天(图 3.1.9e 左图)，北半球中高纬度阿拉斯加高压脊、北大西洋高压脊和贝加尔湖高压脊都向极地发展。致使极涡分裂为三个中心，一个在北美加拿大东部，一个在欧洲北部，另一个在东亚至北太平洋北部地区。在欧亚的两个极涡中心，欧洲的比亚洲的强，并不断向东移动。到前 10 天(图 3.1.9e 中图)，阿拉斯加高压脊向西北已伸展到泰梅尔半岛以东附近北大西洋高压脊在高纬发展东移，促使原在欧洲北部的极涡中心移到新地岛以东地区。到前 5 天(图 3.1.9e 右图)，在乌拉尔山附近发展的高压脊与在高纬度东移的高压脊叠加，并与阿拉斯加高压脊在极地打通，形成一个高压坝。乌拉尔山斜脊建立。另外，在北太平洋白令海附近也有高压脊发展，并趋于与极地残留的高压叠加。极涡则有泰梅尔半岛移到鄂霍次克海西侧。并向西南方向伸展出一个横槽，缓慢南压。东亚地区形成寒潮天气过程的所谓倒 Ω 流型。

以上的分析表明，不同类型的 EPECE 发生的环流背景场各有各的特点，其演变过程也不尽相同。但是，在 EPECE 发生之前，地面西伯利亚冷高压所在地区不断有冷空气的积聚和加强是各类 EPECE 共有的现象，是不可少的条件。而该区不断有冷空气的积聚和加强又与乌拉尔山附近地区的斜脊及其东侧斜槽(横槽)的建立和稳定少动有密切关系。它们是导致各类 EPECE 发生最关键的环流系统，其建立具有非常重要的指示意义，是一前兆信号。另外，从上节的分析还可看到，这大型斜脊、斜槽的形成于 EPECE 发生前两周左右太平洋和大西洋高压都向极地发异常发展有密切关系。一方面，随着两大洋高压脊的向极地伸展，致使极涡分裂为两个中心，分别位于亚洲北部和北美加拿大东部。有时，亚洲北部有两个分中心，一个在新地岛附近，另一个在东亚地区。亚洲极涡的形成和稳定维持是我国 EPECE 发生的重要背景条件。另一方面，随着大西洋高压脊的发展东移，在乌拉尔山地区与太平洋向极地伸展的高压脊打通，为乌拉尔山地区大型斜脊的建立提供了必要的条件。所以太平洋和大西洋都有高压脊向极地异常发展，及极涡是偶极型分布，是我国 EPECE 发生的有一个非常重要的前兆信号。然而，亚洲斜脊和横槽作为环流背景场对我国极端低温天气的影响是复杂的，不同斜脊、横槽强度和位置的配置及形成的过程可能导致我国不同类型的 EPECE 的发生。

3.1.3 小结

通过分析 5 类 EPECE 的同期环流特征和前期信号，我们发现：

(1)乌拉尔山附近地区斜脊及其东侧横槽的形成和稳定少变导致了冷空气在地面西伯利亚高压所在地区的积聚和加强，它是产生 EPECE 的必要条件。

(2)不同斜脊、横槽强度和位置的配置及形成的过程可能导致我国不同类型的极端低温事件的发生。大体来说，全国类时，冷空气沿超极地路径南下，在贝加尔湖西侧积聚，并经新疆、黄河河套南下，造成全国性的极端低温天气。西北—江南类主要有利于源自新地岛以西洋面上的冷空气沿西北路径南下，在贝加尔湖附近积聚，经青藏高原北部东移、影响西北、西南和江南地区。东部类有利于源自极区的冷空气沿西北路径南下，在贝加尔湖南侧积聚，在经东北折向黄河下游和江南地区。中东部类有利于冷空气沿西方路径东移，在蒙古高原附近积聚，与其他类型比较，位置明显偏南。主要影响长江流域和江南地区。东北—华北类有利于新地岛以西洋面上的冷空气沿西北路径南下，经蒙古高原东部影响我国东北、华北地区。

(3)在 EPECE 发生前两周，北半球极涡分裂为两个中心，分别位于亚洲北部和北美加拿大东部。亚洲极涡的形成和稳定维持是我国 EPECE 发生的重要前期信号。

(4)EPECE 发生前一周左右，从上游东移的高压脊与北太平洋高压脊切断西移的极地高压叠加，形成乌拉尔山附近西南—东北向的斜脊，致使其东南侧横槽建立和稳定维持。这是 EPECE 发生的另一个重要前期信号。

我们的研究结果显示亚洲极涡和乌拉尔山地区斜脊的形成是 EPECE 的重要前兆信号。下面我们将针对 EPECE 中的关键对流层环流系统进行研究。重点关注大型斜脊，将从它的客观定义、形成过程、与大气低频波列的关系等方面入手，详细分析它的发生发展机理。

3.2 关键影响环流系统及其演变特征

3.2.1 大型斜脊斜槽

3.2.1.1 大型斜脊斜槽与 EPECE

研究表明，乌拉尔山和西伯利亚地区的阻塞高压活动异常是 2008 年初低温雨雪冰冻事件的一个重要原因(陶诗言和卫捷，2008；纪立人等，2008；布和朝鲁等，2008；Wen *et al.*，2009；Zhou *et al.*，2009)。但是，仅以局地阻塞高压活动本身，难以解释此类 EPECE 的两个关键特征，即大范围和持续性。为此，Bueh 等(2011b)考察了我国 1950 年以来的 38 次 EPECE(定义见 Peng and Bueh，2011)。由图 3.2.1 可见，在这些事件中常在欧亚大陆中高纬地区上空存在大型斜脊/斜槽持续维持的现象。图中给出了置信度达到 95%的区域，它清楚地表明大型斜脊/斜槽在 EPECE 事件中的代表性和典型性。这清楚地表明，欧亚大陆大型斜脊/斜槽是引发此类 EPECE 的关键环流系统。Peng and Bueh(2012)的研究也进一步证实了这一事实。如图 3.2.1 所示，大型斜脊盘踞在欧亚大陆中高纬地区上空，纬向空间尺度大于 30 个经距，且呈西南一东北向倾斜。在纬向尺度上，大型斜脊大于北半球中纬度天气尺度波的脊，有时，其纬向尺度可达 120 个经距。大型斜脊系统与大家熟知的影响我国寒潮活动的阻塞高压(如乌拉尔阻高)系统并不相同。大型斜脊不像阻塞高压那样局限于某一地区，其建立和衰亡过程也具有缓慢变化特征，且持续性强。这与阻塞高压不同，后者的建立和崩溃过程往往更为快速和剧烈。我们认为，欧亚大陆大型斜脊是与阻塞高压既有联系，但在形态、结构以及时间和空间尺度上都不同的一类环流系统。

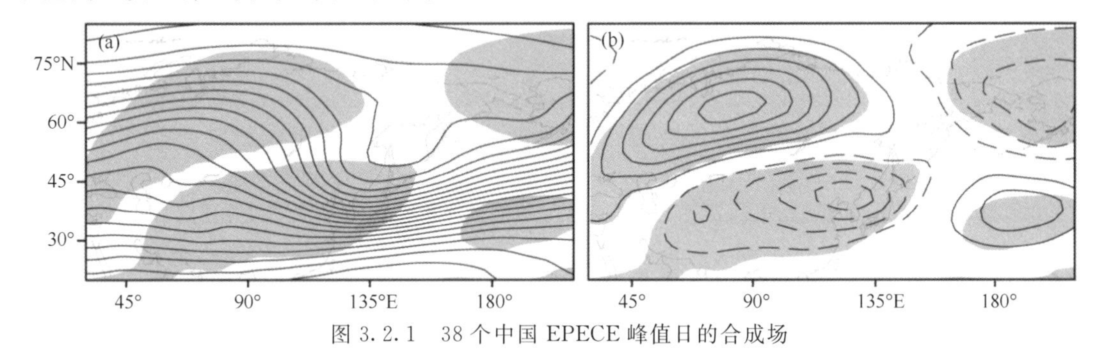

图 3.2.1　38 个中国 EPECE 峰值日的合成场

(a)500 hPa 位势高度(gpm)，(b) 500 hPa 位势高度距平(gpm)。

(a)和(b)中等值线间隔分别为 40 和 20 gpm，阴影为 95%的置信度

如图 3.2.2 所示，大型斜脊斜槽在整个亚洲大陆引起“北暖南冷”的温度异常，使我国受大范围持续性的冷空气活动的控制。与之对应，西伯利亚高压加强且扩展，成为大陆尺度的冷高压。由于环流系统的维持时间尺度与其空间尺度成正比，大型斜脊斜槽及西伯利亚高压的空间尺度本身就说明，对应的冷空气活动具有较强的持续性。

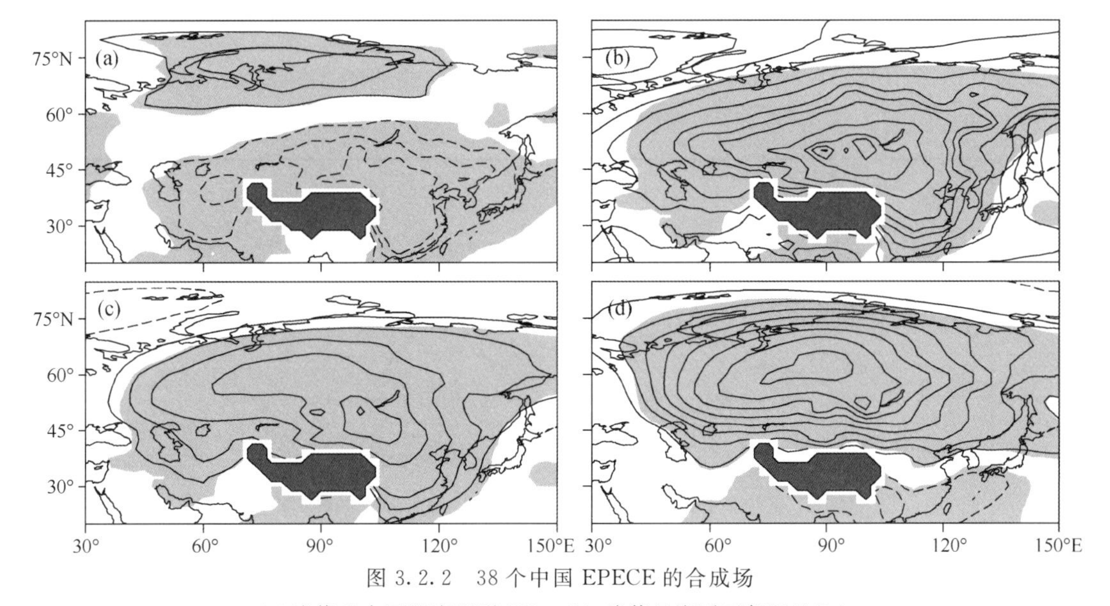

图 3.2.2　38 个中国 EPECE 的合成场

(a)峰值日表面温度距平(K)；(b) 峰值日海平面气压(hPa)；

(c) 峰值日海平面气压距平(hPa)；(d)开始日海平面气压距平(hPa)

3.2.1.2　欧亚大陆大型斜脊斜槽的客观识别方法

迄今为止，不论在研究领域还是在业务预报领域，还没有建立一个刻画和描述大型斜脊斜槽的客观识别方法。为此，我们建立了针对 EPECE 的大型斜脊客观监测和追踪方法。

对 500 hPa 高度(Z_{500})场而言，等值线脊(槽)点的连线即为脊(槽)线。就天气系统而言，槽脊线可由曲率涡度平流的极小值来界定(Berry 等，2007)。但该方法在欧亚大陆中高纬地区不适用，主要原因是它不能刻画大型斜脊斜槽线的连续性。为了克服这一缺陷，我们发展了一个可用于中高纬地区大型斜脊(槽)线的客观监测和追踪方法。这一方法由以下四个步骤实现：(1) 对原始场进行时空滤波；(2)不同等值线类型的辨认；(3)槽脊点的辨认；(4)槽脊线的界定。

(1) 对原始场进行时空滤波

对 500 hPa 原始高度场进行 8 天低通滤波，滤去天气瞬变扰动。然后，对低频场进行 9 点空间平滑，使位势高度场及其等值线更趋平滑，从而更有利于行星尺度大型斜脊斜槽的识别和界定。

(2)等值线类型及其识别方法

在北半球范围内，求出逐日 Z_{500} 场逐条等值线的最小值 $Z_{500\min}$，同时为了强调中高纬斜脊斜槽特征以及排除副热带高压系统，将 $Z_{500\max}$(5840 gpm)线设为最南端的等值线。由于北极地区为极涡盛行，确定槽脊点之后，要剔除 80°N 以北的槽脊线。

对介于 $Z_{500\min}$ 和 $Z_{500\max}$ 之间的等值线按间隔 5 gpm 逐一抽取，并将同一条等值线上的各个格点由西往东(0°—177.5°W)按出现的先后顺序排列。但等值线上的点并非均匀分布，尤其在等值线弯曲较大的地方分布较为密集，这对等值线弯曲程度(或曲率)的计算造成不便，不利于槽脊点的界定。因此，在同一条等值线上，只记录以 2.5°经距均匀分布的格点，如图 3.2.3 所示。由此，将某一等值线上任一点按其排列顺序可记录为 $\{[\lambda(i),\varphi(i),1\leqslant i\leqslant N]\}$，其中 $\lambda(i)$ 为经度，$\varphi(i)$ 为纬度，i 为格点的次序，N 为格点数。

在北半球中高纬地区，如图 3.2.3 所示，大多数等值线都围绕北极，但有些等值线在某一区域形成闭合等值线。由此可将等值线分为绕极等值线和局地闭合等值线。绕极等值线可由波状部分和经向翻转(如阻塞高压) 部分两者组成。对纯粹的绕极波状等值线而言，$\lambda(1)=$

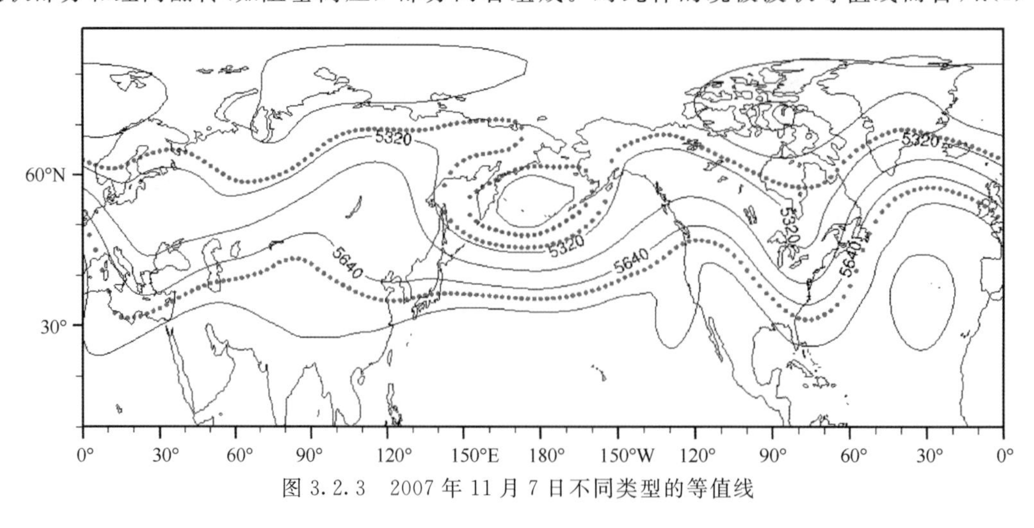

图 3.2.3　2007 年 11 月 7 日不同类型的等值线

0°，$\lambda(N)=177.5°W$，整个格点数 $N=144$；若绕极等值线在某一区段发生经向翻转，则 $N>144$；对于闭合等值线而言，其第 1 点可以在该等值线上任意选择，其最西和最东的两个格点之间的经距 λ_{EW} 小于 357.5°。实际上，闭合等值线(甚至阻塞高压)的纬向尺度，λ_{EW} 通常情况下均小于 180°。

(3)槽脊点的界定

a. 绕极等值线的波状部分

槽脊线位于相邻两个节点之间，且在每个节点处曲率涡度符号发生变化。因此，首先要确定等值线上的这些节点。对于某一等值线上的第 i 点，可以计算出连接该点和下一个点(第 $i+1$ 点)的线段斜率(slope)，即

$$S(i)=\frac{\varphi(\mathrm{i}+1)-\varphi(i)}{\lambda(i+1)-\lambda(i)}$$

等值线上的各个节点可由 $S(i)$ 确定。在等值线的波状部分，当某一点的斜率达极大值(比其前后各两个点都大)时，将其定义为槽前脊后的节点，如图 3.2.4 中的 A 点。而当某一点的斜率达极小值时，将其可定义为脊前槽后的节点，如图 3.2.4 中的 B 点。与这两个节点对应的等值线线段上不发生绝对涡度的经向翻转(Riviere *et al.*，2010)。为了避免虚假节点的出现，在确定某一点斜率极大值(或极小值)时以其前后各两点作为极值判断条件。

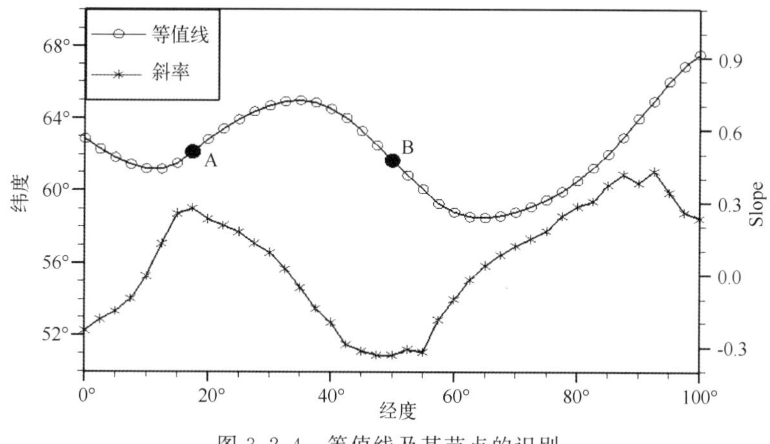

图 3.2.4 等值线及其节点的识别

节点确定之后可以界定槽脊点。与相邻且斜率符号相反的两个节点之间的第 i 点对应，可由相邻三个点 P_{i-1}、P_i 和 P_{i+1} 共同组成一个三角形，如图 3.2.5 所示。由余弦定理可计算出 P_i 点所对应的等值线弯曲角，α 。其中，a、b 和 c 分别为该三角形的三个边长，可由三角形三个顶点的经纬度值确定。α 越小，对应等值线的弯曲就越大。因此，我们将相邻且斜率符号相反的两个节点之间的弯曲角 α 最小的点定义为槽脊点。具体来说，由西往东，S 为极大值和 S 为极小值的两个相邻节点之间的弯曲角最小的点定义为脊点，S 为极小值和 S 为极大值的两个相邻节点之间的弯曲角最小的点定义为槽点。这一方法后面称之为弯曲角极小值法。由于弯曲角 α 与第 P_i 点的曲率涡度成反比，本文以弯曲角极小值方法来判断槽脊的方法实则与曲率涡度平流法(Berry *et al.*，2007)的思想基本一致。这个定义在弯曲角最小值 α 小于 177° 的区段适用，换言之，等值线非常平滑的地方不再定义槽脊点。

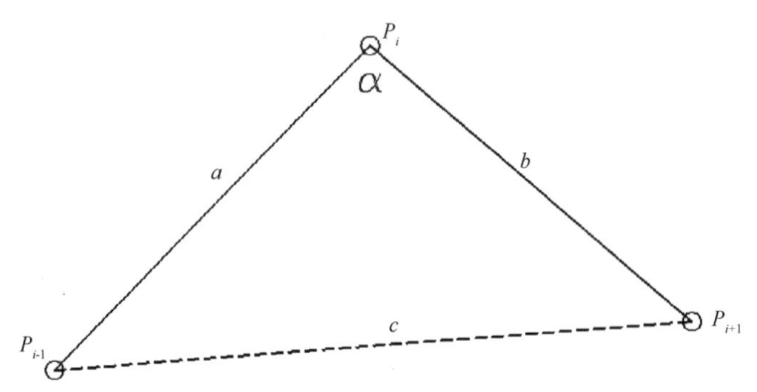

图 3.2.5　相邻三个点 P_{i-1}、P_i 和 P_{i+1} 组成的三角形及弯曲角 α

b. 绕极等值线的经向翻转部分

在等值线开始出现经向翻转的区段，$\lambda(i+1)\leqslant\lambda(i)\leqslant\lambda(i-1)$，上述设节点的方法并不适用。若在某一点 A 存在等值线的反气旋式翻转(或折叠)，$S\to-\infty$，对应一个脊，这种情况类似于瞬变斜压波的反气旋式破碎（见图 3.2.6 中的 A 点）。若在某一点 B，斜率 $S\to+\infty$，此处等值线发生气旋式折叠，对应一个槽，这种情况类似于瞬变斜压波的气旋式破碎(见图 3.2.6 中的 B 点)。在实际的界定过程中，不需要寻找 $S\to\pm\infty$的点，只需 $\lambda(i+1)\leqslant\lambda(i)\leqslant\lambda(i-1)$ 的条件判断即可。具体识别槽脊点的方法如下：自西向东，只要等值线反气旋式翻转(走向为西南)，则满足 $\lambda(i)\geqslant\lambda(i+1)$ 和 $\lambda(i)\geqslant\lambda(i-1)$ 的第一个点定义为脊点(见图 3.2.6a 中的 A 点)，满足 $\lambda(i)\leqslant\lambda(i-1)$ 和 $\lambda(i)\leqslant\lambda(i+1)$ 的最后一点定义为槽点(见图 3.2.6a 中的 B 点)；同上，若等值线气旋式翻转(走向为西北)，则满足 $\lambda(i)\geqslant\lambda(i+1)$ 和 $\lambda(i)\geqslant\lambda(i-1)$ 的第一个点定义为槽点(见图 3.2.6b 中的 A 点)，满足 $\lambda(i)\leqslant\lambda(i-1)$ 和 $\lambda(i)\leqslant\lambda(i+1)$ 的最后一点定义为脊点(见图 3.2.6b 中的 B 点)。

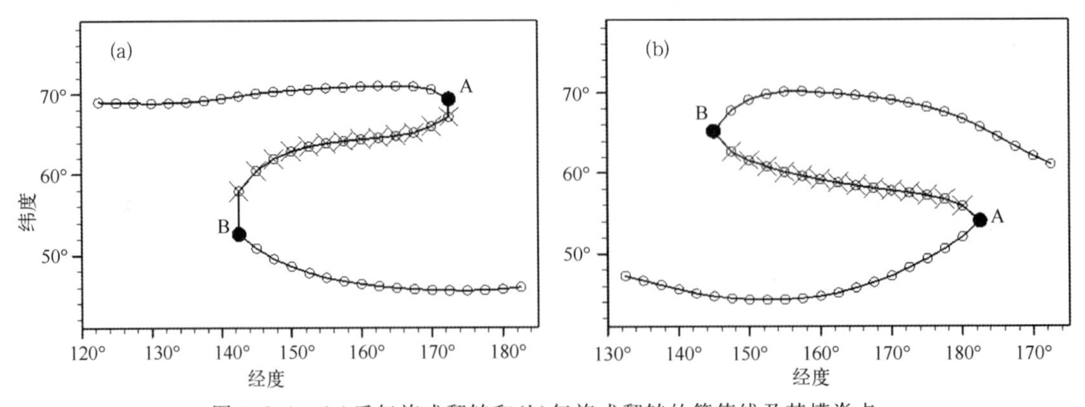

图 3.2.6　(a)反气旋式翻转和(b)气旋式翻转的等值线及其槽脊点

c. 局地闭合等值线

在闭合等值线上界定槽脊点的方法，由以下三个步骤组成。首先，将等值线各个点所对应的经度值从西到东排序并记录其个数 M，其中 $\lambda(1)$ 为最西经度，$\lambda(M)$ 为最东经度；其次，通过中间经度λ_m(单位：度)的经线将等值线分为左右两个半段：

$$\lambda_m=\begin{cases}\dfrac{\lambda(M-1)}{2}, & \text{当}\dfrac{M-1}{2}\text{为整数}\\ \lambda\left[INT\left(\dfrac{M-1}{2}\right)+1\right], & \text{当}\dfrac{M-1}{2}\text{为非整数}\end{cases}$$

其中$\lambda=2.5°$,INT指取整;最后,基于弯曲角极小值法,在闭合等值线的每个半段中,将α最小值(小于177°)的点确定为最大弯曲点。如图3.2.7所示,闭合等值线的最大弯曲点可分为外凸点(A点)和内凹点(B点)两种。在闭合等值线的左(右)半段,如最大弯曲点的相邻两个点均处于其西(东)侧,则视其为内凹点,否则视为外凸点。对于外凸的最大弯曲点,若等值线内侧的位势高度值高(低)于外侧时,将这一点可定义为脊(槽)点。相反,对于内凸的最大弯曲点,若等值线内侧的位势高度值高(低)于外侧时,将这一点可定义为槽(脊)点。据此,将图3.2.7中的A和B点分别界定为脊点和槽点。值得注意的是,在一个闭合等值线的每个半段,最多界定一个槽点或脊点。

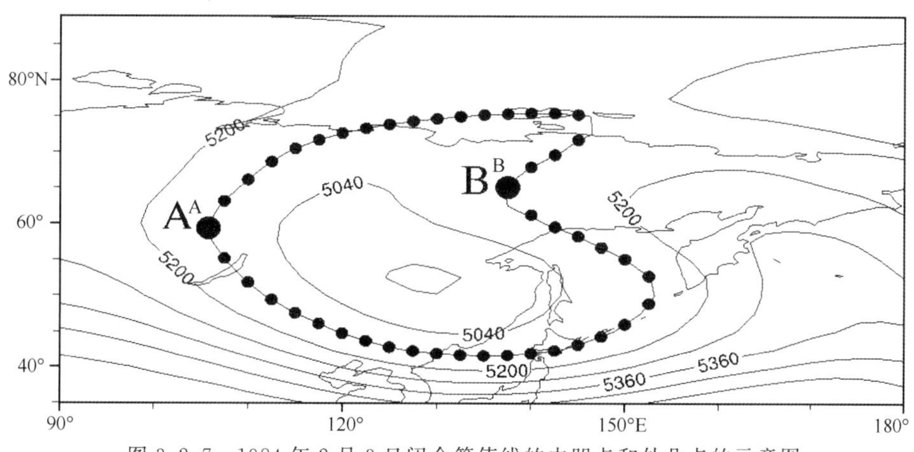

图3.2.7 1984年2月3日闭合等值线的内凹点和外凸点的示意图

综上所述,本文基于弯曲角最小值法,针对等值线的不同类型采取了不同的槽脊点界定方法。对于绕极等值线的波状部分,根据等值线格点斜率的极值,设定了节点,并在相邻且斜率符号相反的两个节点之间界定槽脊点;对绕极等值线的翻转部分,不设节点,而在翻转部分的始末点附近界定槽脊点;对于闭合等值线,首先将其分为左右两个半段,分别在左右两个半段各界定其槽脊点。

(4)大型槽脊线的识别和界定

下面以脊线为例,给出界定槽脊线的方法。第一步,由等值线$Z_{500\,max}$(5840 gpm)上的某一脊点出发,以位势高度下降的等值线顺序,寻找下一个与之最近的脊点。然后,令这两个脊点的距离为d,当满足下列两个条件之一时,可视这两个脊点为同属一条脊线:1)$d\leqslant L_{min}$;2)$L_{min}<d\leqslant L_{max}$且两个脊点的等值线位势高度之差小于50 m。其中,取L_{min}为500 km,近似等于2个网格距(本文所用数据的网格为2.5°× 2.5°),取L_{max}为800 km,近似等于3～4个网格距。以此类推,将逐一界定组成同一条脊线的所有脊点。上述方法同样适用于槽线的识别和界定。

不难看出,界定槽脊线的条件1)实际上反映了就近原则,同时含有一个假定,即在水平距离L_{min}内不存在两条脊线或槽线,这与对流层中层的大尺度环流特征相符。界定槽脊线的条件 2)是条件 1)的必要扩充，在限制等值线高度差(50 gpm)的情况下有所放宽了相邻槽脊点之间的距离要求。通常在等值线分布较稀疏的地方，相邻两条等值线的距离较大，容易使同一条槽脊线的连续性遭到破坏。如图 3.2.8 a 所示，若仅以条件 1)界定，则在东亚及鄂霍次克海一带的槽线将出现中断，通过人工辨认后很容易看出，它应为如图 3.2.8 b 所示的一条完整的槽线。当增加了条件 2)后，在等值线分布较稀疏的区域距离稍远的两个槽脊点可以相互衔接，以保证槽脊线的完整性。

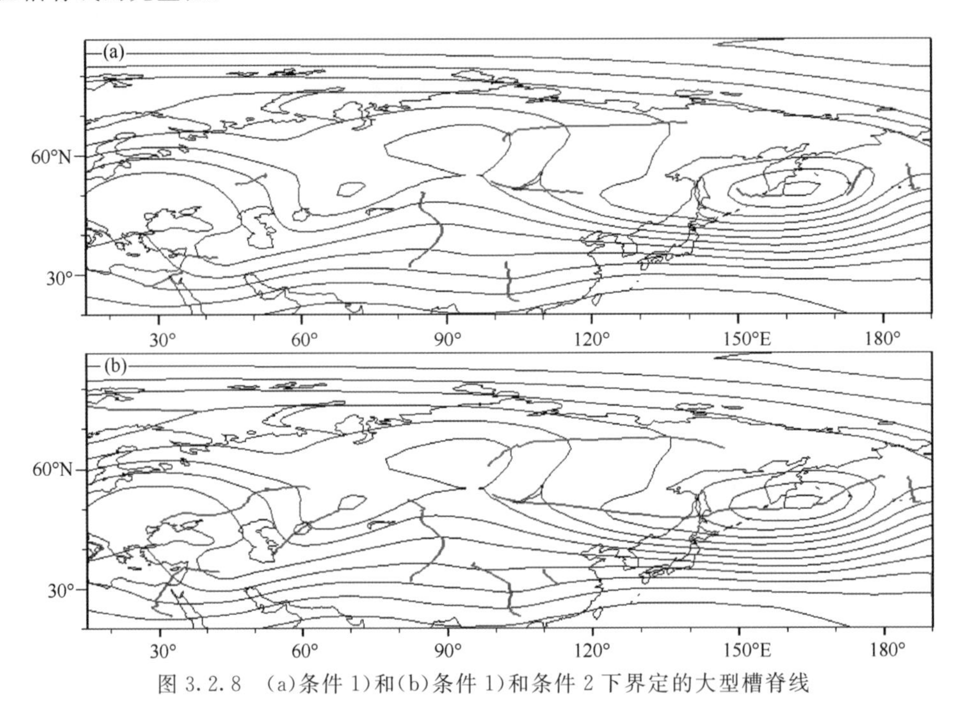

图 3.2.8　(a)条件 1)和(b)条件 1)和条件 2 下界定的大型槽脊线

由于我们主要目的是刻画大型斜脊斜槽，在识别过程的最后部分，将去除了空间尺度小于 1000 km 的小槽小脊。此外，为了突显大型斜脊斜槽的大尺度光滑特征，对大型槽脊线的每个槽脊点进行 9 点平滑处理。

3.2.1.3　大型斜脊斜槽识别方法的应用

本节中，基于一个典型 EPECE 个例，检验我们所建立的大型斜脊斜槽识别方法的性能。个例为 1954 年 12 月 26 日至 1955 年 1 月 17 日期间发生的全国性 EPECE，该低温事件共持续了 23 天。

由图 3.2.9 可见，此次东亚低温事件的关键环流系统为大型斜脊和斜槽，其纬向尺度较大，起源于乌拉尔山附近，并伸展到东北亚地区。我们的识别方法非常好地刻画了此次过程中大型槽脊线的逐日演变情况。

为了便于比较，我们也考察了此次 EPECE 中阻塞高压活动的情况。为此，这里选用了两个阻塞高压指数，一个为大家广泛使用的 Tibaldi 和 Molteni (1990)提出的指数(简称 TM90 指数)，另一个为 Pelly 和 Hoskins(2003)提出的以对流层顶等熵面位温分布界定的阻塞指数(简称 PH03 指数)。由图 3.2.10 可见，阻塞指数并不能完全刻画此次 EPECE，因为从第 8 天到第 18 天的很长一段时间并没有出现阻塞高压活动。这期间的大型冷空气活动主要由大型斜脊和斜槽来主导。从这一点上，可以说，就EPECE而言，大型斜脊斜槽活动比阻塞高压活动更具有代表意义。

前面的章节给出了EPECE与大型斜脊斜槽关系的总体特征。但是，这一关系仍不足以详细刻画EPECE中关键环流系统的纬向尺度与其维持时间的关系。为此，这里分析EPECE中出现的不同纬向尺度大型斜脊的统计特征。为了简单起见，这里只分析5类EPECE中的第一类，即全国类，共有24个事件（Peng and Bueh，2011），其相关信息见表3.2.1。

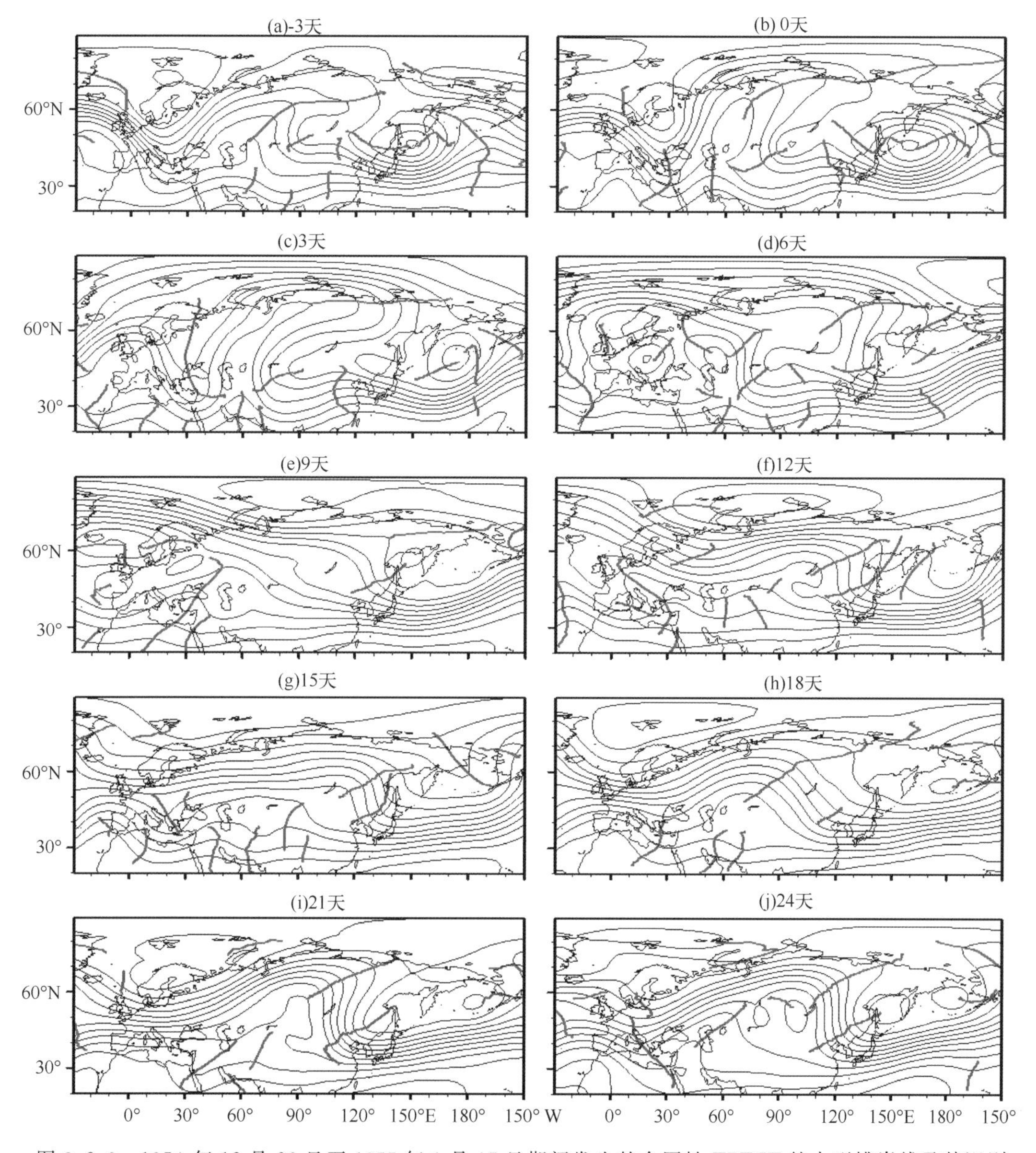

图3.2.9 1954年12月26日至1955年1月17日期间发生的全国性EPECE的大型槽脊线及其识别

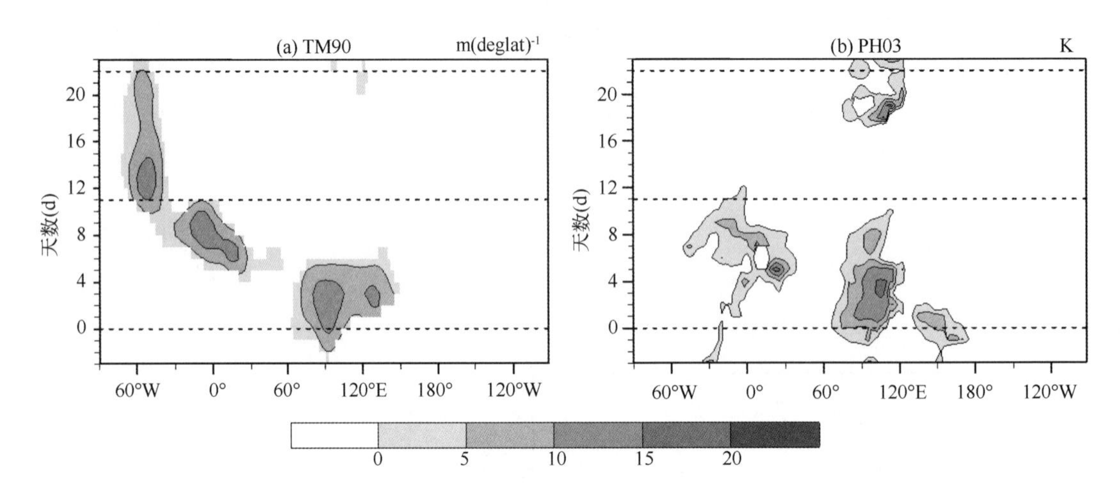

图 3.2.10　1954 年 12 月 26 日至 1955 年 1 月 17 日期间的逐日阻塞指数

(a)TM90 指数，(b)PH03 指数

表 3.2.1　24 个 EPECE 的信息，第 2 和 3 列分别给出低温事件的时期及持续天数

序号	日期	持续时间(天)
1	1952 年 12 月 1—9 日	9
2	1954 年 3 月 3—14 日	12
3	1954 年 12 月 1—16 日	16
4	1952 年 12 月 26 日—1955 年 1 月 17 日	23
5	1956 年 12 月 7—25 日	19
6	1957 年 2 月 5—19 日	15
7	1964 年 2 月 8—27 日	20
8	1966 年 12 月 20—1967 年 1 月 17 日	29
9	1967 年 11 月 26 日—12 月 15 日	20
10	1968 年 1 月 30 日—2 月 22 日	24
11	1969 年 1 月 27 日—2 月 7 日	12
12	1970 年 2 月 25 日—3 月 25 日	29
13	1975 年 12 月 7—23 日	17
14	1976 年 3 月 17—24 日	8
15	1976 年 11 月 10—27 日	18
16	1976 年 12 月 25 日—1977 年 1 月 15 日	22
17	1977 年 1 月 26 日—2 月 10 日	16
18	1978 年 2 月 9—18 日	10
19	1979 年 11 月 10—29 日	20
20	1980 年 1 月 29 日—2 月 9 日	12
21	1981 年 11 月 1—10 日	10
22	1984 年 12 月 16—30 日	15
23	1987 年 11 月 26 日—12 月 7 日	12
24	1988 年 2 月 27 日—3 月 8 日	10

图 3.2.11 给出了 24 个全国类 EPECE 从开始日至第 8 天出现的不同纬向尺度(经距)的大型斜脊线。对纬向尺度超过 30 个经度的脊线而言,它们主要呈西南－东北向和东南－西北向倾斜特征,前者主要始于乌拉尔山附近,后者则始于北太平洋地区。随着纬向尺度的增加,脊线的数目有所减少,特别是源于北太平洋地区的脊线。当纬向尺度增加到 60 个经距时,大型脊线主要为始于乌拉尔山及其东侧的脊线。这说明,在 EPECE 演变过程中,始于乌拉尔山附件和北太平洋地区的大型脊都很重要。然而,纬向尺度超过 60 个经度的大型脊线主要源于乌拉尔山附近,对长时间维持的 EPECE 而言,它无疑特别值得关注。

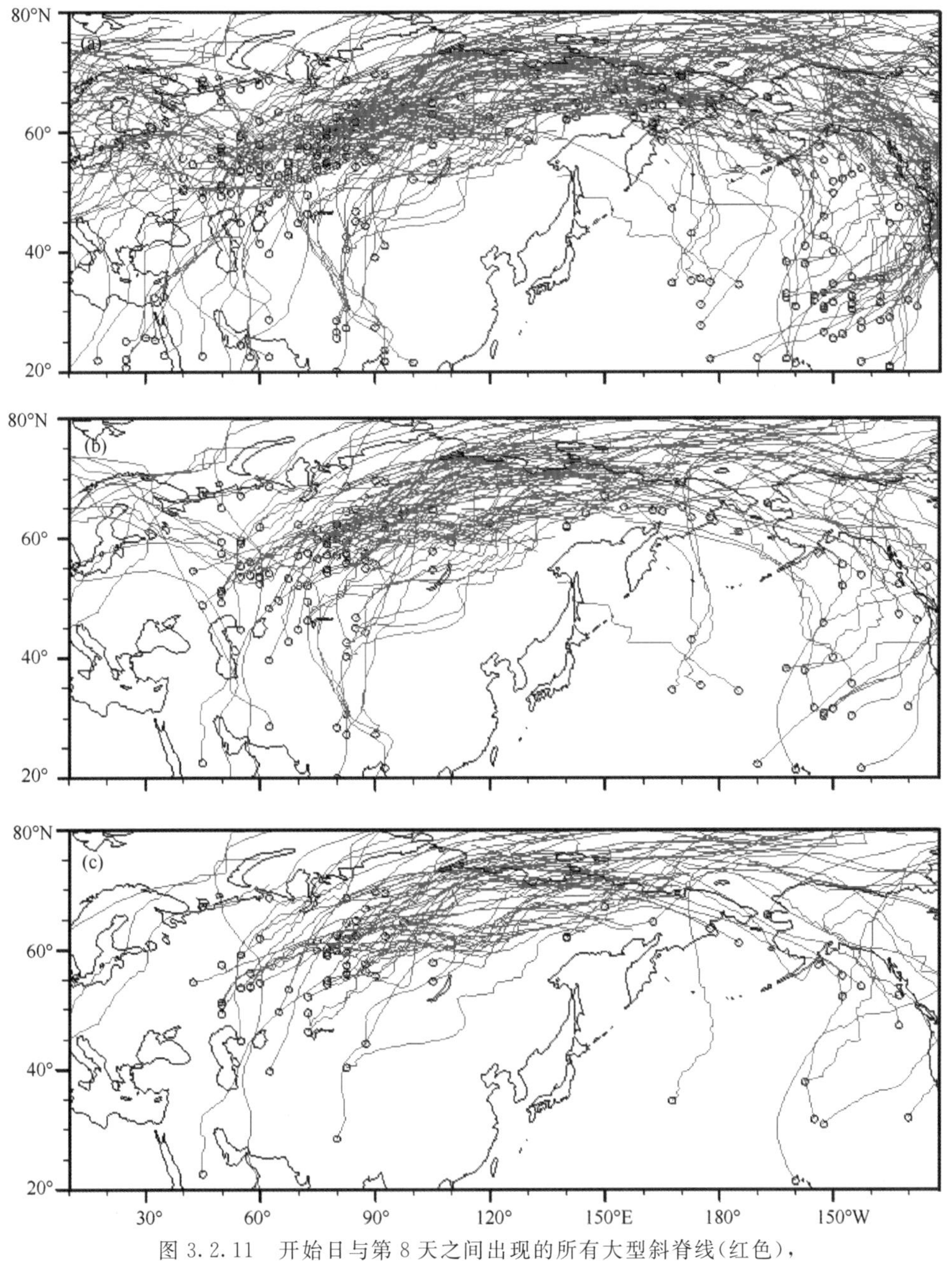

图 3.2.11　开始日与第 8 天之间出现的所有大型斜脊线(红色),
其纬向尺度(经度)分别为 (a) 30°,(b) 45°,(c) 60°,空心圆代表脊线的最南端

图 3.2.12　为 24 个全国类 EPECE 的整个过程中出现的所有不同纬向尺度的大型斜脊线。不同纬向尺度的脊线的情况，与图 3.2.11 的情形相近，但由于增加了较多天数，因而脊线的密度明显增加。其实，这里只给出了大型斜脊线，与之相伴，其南侧往往存在大型斜槽线以及局地闭合的低涡系统(图略)。这些斜脊斜槽线非常清晰地告诉我们，大型斜脊斜槽系统就是主导 EPECE 的关键影响环流系统。

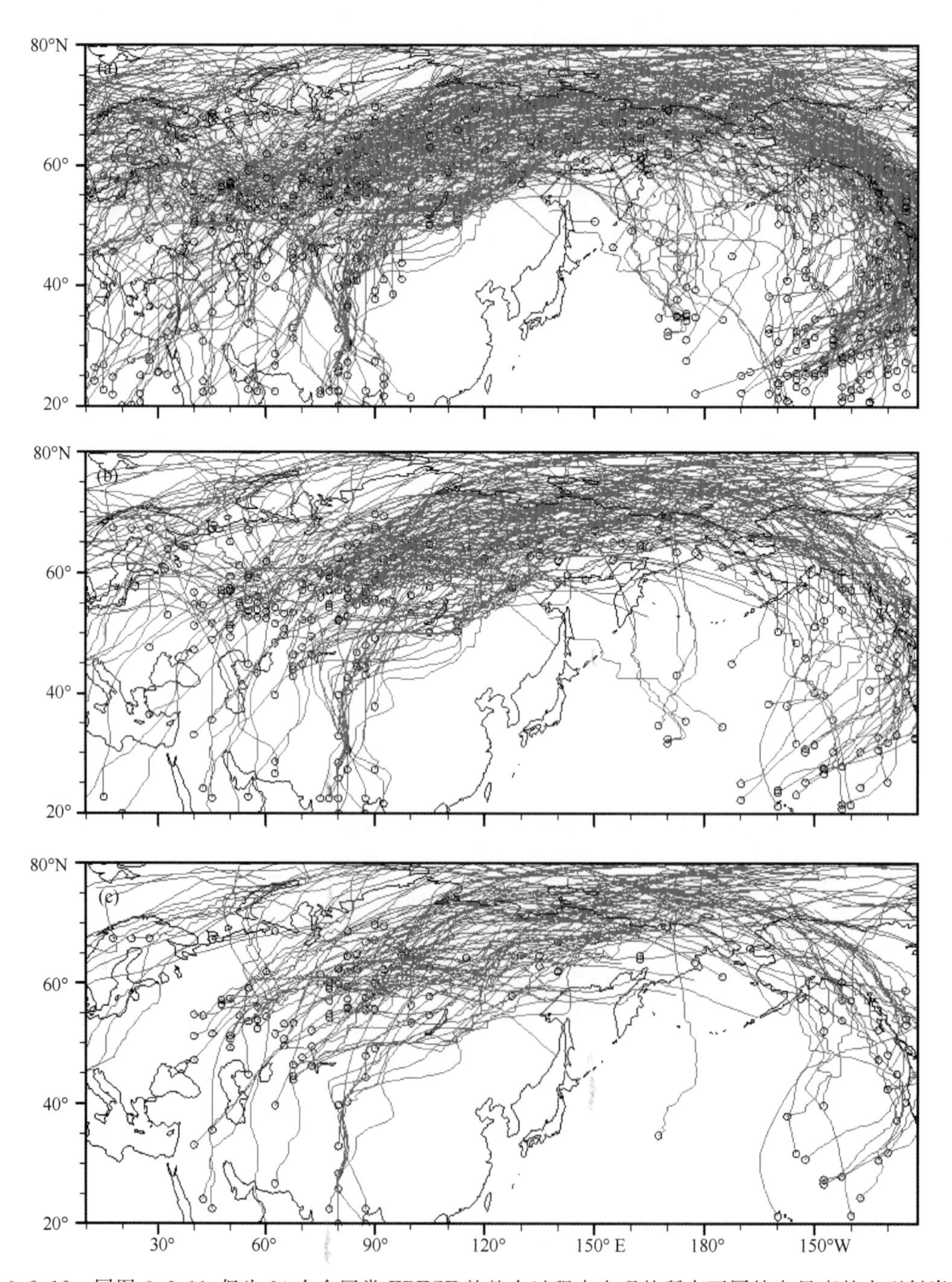

图 3.2.12　同图 3.2.11，但为 24 个全国类 EPECE 的整个过程中出现的所有不同纬向尺度的大型斜脊线

表 3.2.2 给出了不同纬向尺度的大型斜脊线在各个 EPECE 中出现的天数及其整个天数中的百分率。由表 3.2.2 可见，在绝大多数 EPECE(20/24)中，纬向尺度大于 30 个经度的大型斜脊线出现的天数超过了整个 EPECE 持续天数的 70%。超过一半的 EPECE(14/24)中，纬向尺度大于 45 个经度的大型斜脊线出现的天数超过了整个 EPECE 持续天数的 50%。在一半的 EPECE(12/24)中，纬向尺度大于 60 个经度的大型斜脊线出现的天数超过了整个 EPECE 持续天数的 30%。特别是，纬向尺度大于 60 个经度的大型斜脊线值得关注。例如，发生在 1954 年 12 月 26 日至 1955 年 1 月 17 日的 EPECE 其间，纬向尺度大于 60 个经度的大型斜脊线出现了 13 天，占整个事件天数(22 天)的一半以上。特别是，在 1975 年 12 月 7—23 日发生的 EPECE 维持了 17 天，其中的 13 天均出现了纬向尺度大于 60 个经度的大型斜脊线。

表 3.2.2　每个 EPECE 个例中不同纬向尺度大型斜脊线在区域[60°—150°E]出现的天数及其与整个 EPECE 过程总天数的比率。在第 2,3 和 4 列中粗体分别表示超过整个 EPECE 总天数的 70%,50%和 30%的百分率

序号	>30°	>45°	>60°
1	9(**100%**)	7(**77.8%**)	1(11.1%)
2	8(66.7%)	4(33.3%)	3(25.0%)
3	16(**100%**)	6(37.5%)	6(**37.5%**)
4	22(**95.7%**)	21(**91.3%**)	13(**56.5%**)
5	19(**100%**)	11(**57.9%**)	8(**42.1%**)
6	13(**86.7%**)	4(26.7%)	0(0%)
7	20(**100%**)	11(**55.0%**)	8(**40.0%**)
8	25(**86.2%**)	15(**51.7%**)	10(**34.5%**)
9	19(**95.0%**)	12(**60.0%**)	8(**40.0%**)
10	19(**79.2%**)	5(20.8%)	3(12.5%)
11	10(**83.3%**)	7(**58.3%**)	4(**33.3%**)
12	22(**75.9%**)	13(44.8%)	10(**34.5%**)
13	17(**100%**)	16(**94.1%**)	13(**76.5%**)
14	7(**87.5%**)	5(**62.5%**)	2(25.0%)
15	7(38.9%)	2(11.1%)	0(0%)
16	18(**81.8%**)	12(**54.5%**)	9(**40.9%**)
17	13(**81.3%**)	6(37.5%)	3(18.8%)
18	6(60.0%)	5(**50.0%**)	1(10.0%)
19	14(**70.0%**)	8(40.0%)	5(25.0%)
20	9(**75.0%**)	4(33.3%)	3(25.0%)
21	10(**100%**)	7(**70.0%**)	5(**50.0%**)
22	9(60.0%)	8(**53.3%**)	8(**53.3%**)
23	10(**83.3%**)	6(**50.0%**)	3(25.0%)
24	10(**100%**)	3(30.0%)	1(10.0%)

由表 3.2.2 可知，大型斜脊线的纬向尺度基本对应于 EPECE 的持续时间，即具有纬向尺度大的槽脊线的 EPECE，其持续时间也较长。将表 3.2.2 和表 3.2.1 相对照，对这一点会有更清晰的印象。例如表 3.2.2 第 4 列，大型斜脊(纬向跨度＞60 经度)出现 8 天以上的有 9 个例子，而表 3.2.1 中与之相对应的 9 个例子，EPECE 的平均持续天数为 21 天，其中超过 20 天的有 6 个个例。

由此，在图 3.2.11、图 3.2.12 以及表 3.2.2 给出的证据进一步表明，具有反复或持续出现的大型斜脊斜槽系统是冬季中国 EPECE 发生的关键影响环流系统，从而进一步支持 Bueh 等(2011a) 和 Peng 和 Bueh (2012)得出的结论。

在上述 24 个 EPECE 中也经常出现阻塞高压活动，但其天数明显少于大型斜脊线的天数(表略)。这进一步说明，就 EPECE 而言，大型斜脊斜槽系统比阻塞高压系统更具有指示意义。

3.2.2　EPECE 与阻塞高压活动

早在 20 世纪 40 年代，人们便发现在西风带中长波槽脊的发展演变过程常会形成闭合的低压和高压。暖脊不断向北伸展时，对流层中上层暖脊与南方暖空气的联系会被冷空气切断，在高纬形成阻塞高压。阻塞高压能稳定维持很长一段时间，引起南北冷暖空气的大量交换(Palmen，1949；Palmen and Nagler，1949)。在冬季，乌拉尔山阻塞高压的崩溃是造成东亚大范围寒潮过程的主要因素(叶笃正等，1962；马晓青等，2008)。陶诗言和卫捷(2008)明确指出亚洲中高纬 60°—100°E 地区的阻塞形势维持 20 余天是造成 2008 年 1 月低温雨雪冰冻灾害的主要原因。上一小节详细地阐述了 EPECE 的关键环流系统是大型斜脊斜槽，那么阻塞高压对 EPECE 有何影响呢？跟大型斜脊斜槽又有何联系呢？这是本小节主要讨论的问题。

自 Rex(1950)提出阻塞高压界定方法以来，阻塞高压指数的客观方法一直在发展，其中前面提到的 TM90 和 PH03 指数都是典型代表。与 TM90 阻塞指数所采用的 60°N 作为其参考纬度相比，PH03 参考纬度为瞬变涡动动能最大中心，它随经度而变化。图 3.2.13 为气候平均阻塞频率的随经度的分布事件，可以发现，阻塞发生的两个主要中心分别在北大西洋和北太平洋。与 TM90 界定出来的结果有所不同，PH03 阻塞频率的北太平洋中心位置有所偏东。他们认为，风暴路径的下游更有利于阻塞的维持，而西北太平洋不利于阻塞高压的维持。这一节我们还采用了一种准三维的阻塞事件界定方法(Small *et al.*，2014)，它是通过 500 hPa 至 150 hPa 的垂直平均位涡来界定的，这里也用它来刻画 EPECE 的阻塞高压活动的空间特征。此外，在本节中借鉴了赵振国(1999)所给出阻塞常出现的三个关键区域，分别是乌拉尔山区(40°—75°E)、贝加尔湖区(75°—110°E)和鄂霍次克海区(110°—150°E)。

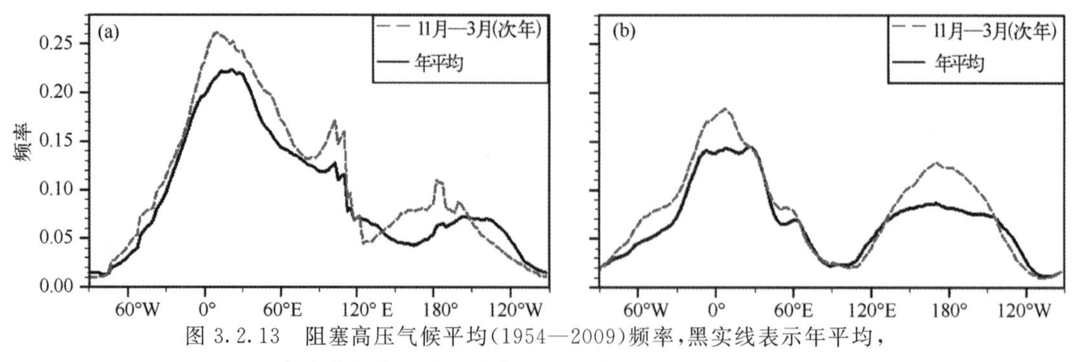

图 3.2.13　阻塞高压气候平均(1954—2009)频率，黑实线表示年平均，
蓝色虚线表示 11 月至次年 3 月平均(a)PH03；(b)TM90

图 3.2.14 给出了 52 个 EPECE 的阻塞发生频率，以第 0 天（EPECE 的开始日）为基准，前 10 天（记为－10 天，以下以此类推）至第 8 天逐日进行 52 个事件的平均，而第 8 天之后，根据持续维持的个例数进行平均。在 EPECE 发生的一周前乌拉尔山以西的北欧地区有阻塞高压的异常活动，－8 天在 40°E 附近阻塞频率达到了 0.4，比气候态（0.2）多了一倍。从－7 到－5 天，阻塞活动东移至叶尼塞河地区。从－4 至－2 天，叶尼塞河地区阻塞活动进一步变得频繁，中心可达 0.5 以上。在第－1 天，阻塞活动频率有所降低，但在第 0 天，叶尼塞河地区阻塞频率进一步达到了 0.5 以上，并且向东扩展至 120°E。因此，乌拉山地区的阻塞高压活动及其逐步向东扩展是 EPECE 发生的一个重要因素。尽管 TM90 方法所界定的阻塞高压活动频率比较弱，但也体现了这一特征。另外，TM90 阻塞指数在 EPECE 第 0 天，已有西北太平洋的阻塞高压的活动，这可能也是 EPECE 发生的另一特征，即西北太平洋的阻塞的发展与西边的阻塞高压脊的活动打通，在以下个例分析中，可以发现这一点。

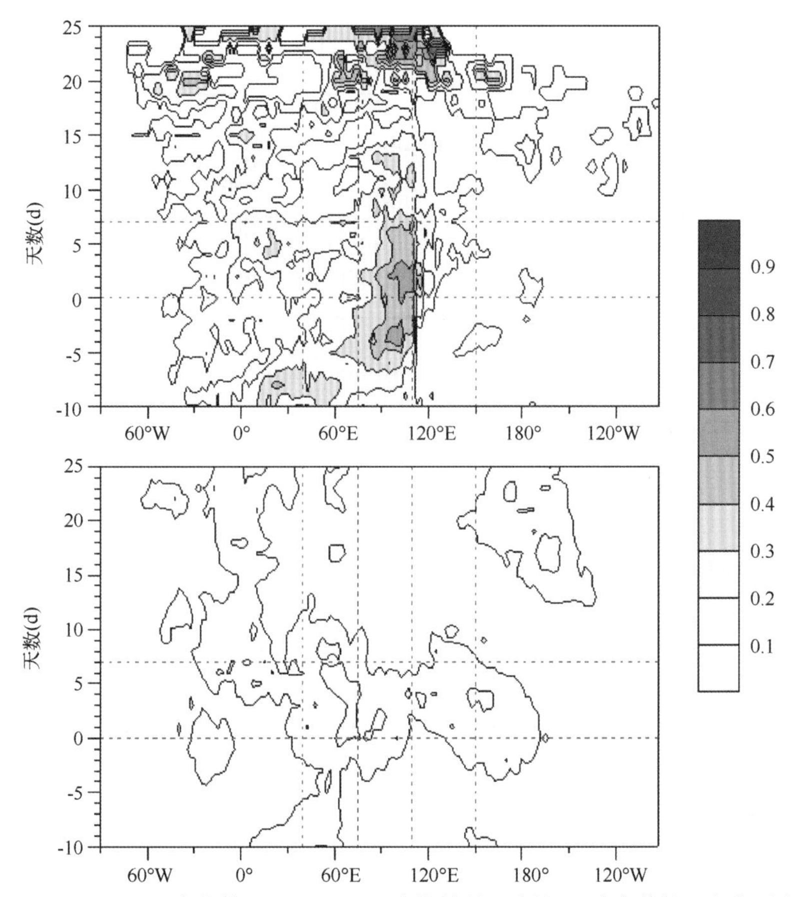

图 3.2.14　(a)PH03 阻塞指数和(b)TM90 阻塞指数所反映的 52 个事件的阻塞高压发生频率

从第 0 天至第 7 天所有 EPECE 来看，叶尼塞河地区一直有较强的阻塞高压活动，在第 3 天之后有所减弱，其活动中心稍向东扩。另外值得注意的是，从 PH03 阻塞指数看来，在乌拉尔山以西的北欧地区阻塞高压的活动又趋频繁并向东扩，这可能有利于持续性比较强的 EPECE 的进一步维持。在第 7 天之后，叶尼塞河阻塞高压仍然较为活跃。特别是西北北大西洋的阻塞高压逐步向东移动，有利于 EPECE 维持。

图 3.2.15 给出了 52 个 EPECE 的阻塞发生频率及其相应的异常。从第－6 至第－2 天(图 3.2.15a－c),阻塞高压主要位于欧洲和东北太平洋至北美两个地区,其中欧洲次极区阻塞高压活动异常偏多,并逐渐向南扩展至乌拉尔山地区。而东北太平洋地区,阻高异常主要向西北的白令海峡地区扩展。从第 0 天至第 4 天,(图 3.2.15d－f),乌拉尔山地区的阻高异常迅速向东扩展,并与太平洋地区阻高活动打通。从第 6 天至第 8 天(图 3.2.15g－h),尽管欧亚大陆的阻高活动频率有所减弱,但仍然维持在欧亚大陆的整个高纬度地区。

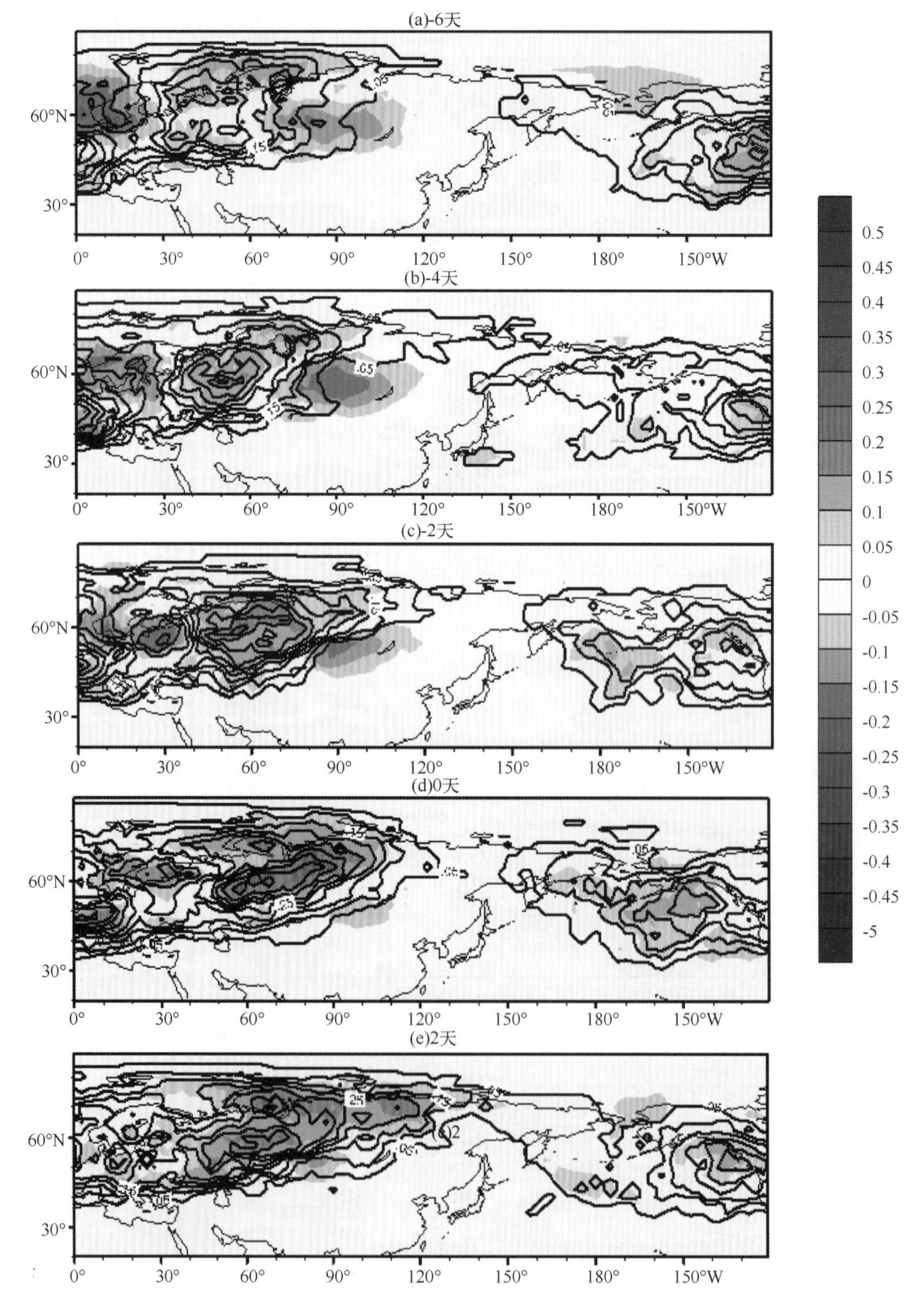

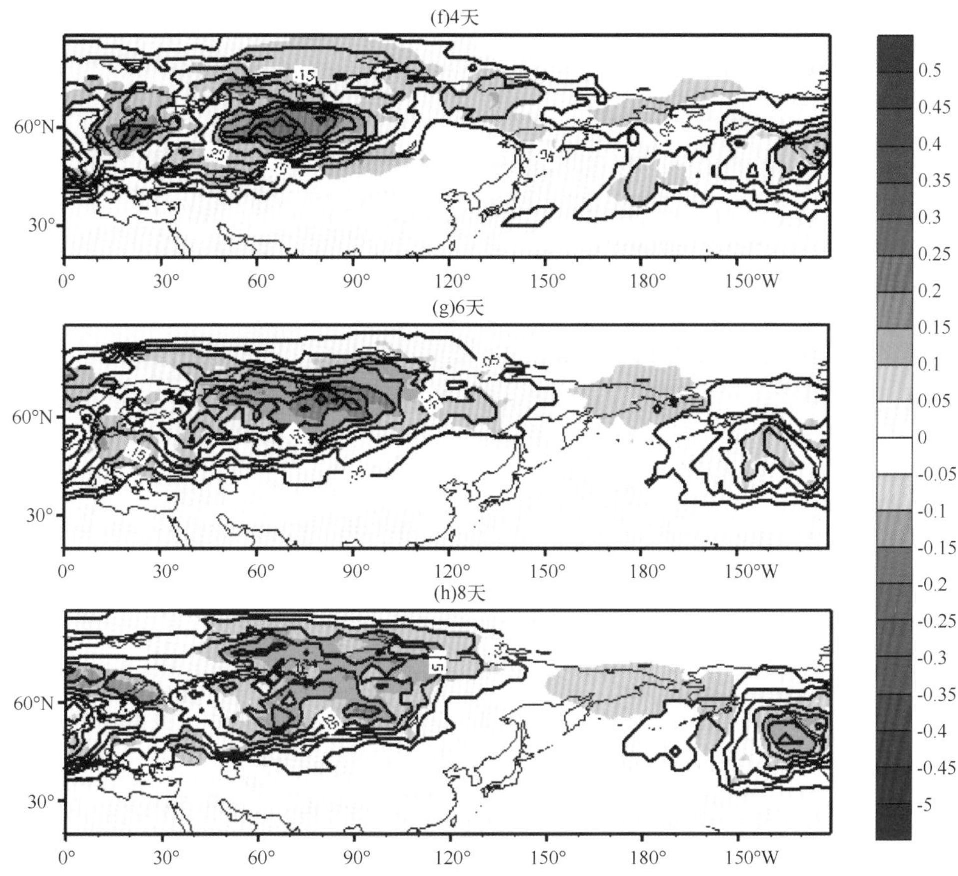

图 3.2.15　二维阻塞指数反映的52个EPECE阻塞高压活动特征，等值线为阻高频率，填色为异常

以上的分析主要是基于EPECE合成来看的，接下来我们选取一些典型个例进行分析，特别是阻塞高压活动与大型斜脊之间的关系。1984年1月19日—2月10日期间发生的EPECE为东北华北类，这个个例与上一节讨论的1954年底至1955年初的低温事件相类似，也发生在La Niña背景下。从−9～−6天(图3.2.16a～b)，乌拉尔山弱脊发展并伸展至拉普捷夫海附近，同时白令海峡地区有一脊稳定维持，两脊之间的雅库茨克地区低涡加深向南移动。从PH03阻塞指数(图3.2.17a)可见，黑海北边有较弱小的阻塞高压活动并迅速向东移动至贝加尔湖北边。第−3～0天(图3.2.16c～d)，乌拉尔山以东的高压脊明显发展，阻塞活动明显，并与由东北亚低涡的加深伸展的槽相匹配形成了斜槽斜脊。另外，白令海峡的脊进一步西伸入，在鄂霍次克海地区形成强阻塞高压(图3.2.17)。从第3～6天(图3.2.16e～f)，乌拉尔山以东的斜脊与鄂霍次克海阻塞高压打通，形成了跨度达100个经度的超大型斜脊。两个阻塞指数均监测到乌拉尔山以东至阿留申群岛盛行阻塞高压。同时，乌拉尔山地区有阻塞高压重新建立，这一阻高活动在两个指数中都有所体现。低涡主要位于中国东北地区。从第9～12天(图3.2.16g～h)，乌拉尔山阻塞高压中心稳定维持，但有所西退，这也体现在TM90阻塞指数 。值得注意的是，从叶尼塞河地区有阻塞脊的加深发展，PH03阻塞指数监测到相应的地区有阻塞高压的活动。同时，雅库茨克地区再一次有低涡生成并加深。在后期第15～21天(图3.2.16i～k)，又有类似于前期的特征，即乌拉尔山地区的高压脊加深与西北太平洋脊伸展发展的阻塞高压打通形成了一宽广的高

压坝，低涡主要位于西北太平洋地区，冷空气的活动有所偏东，影响中国的低温活动至此结束。

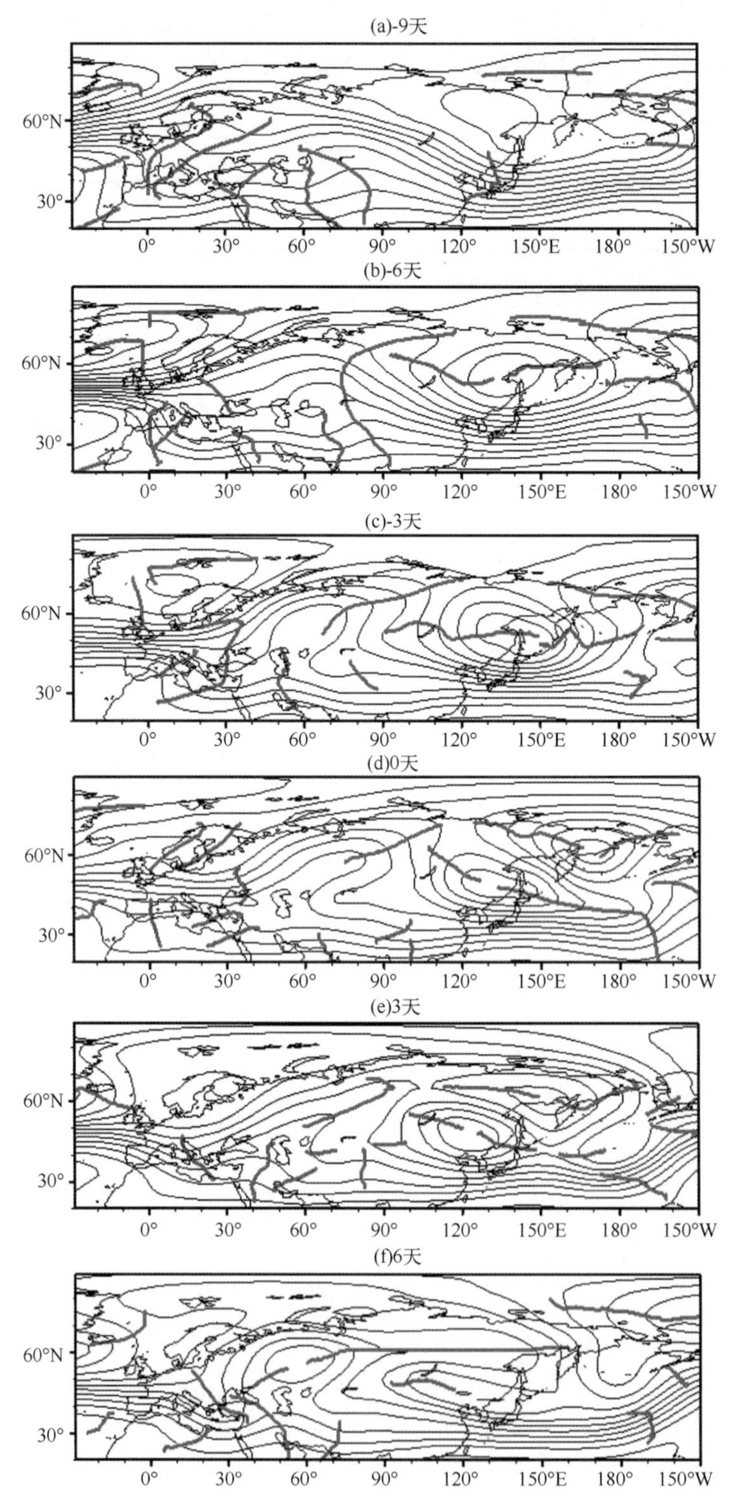

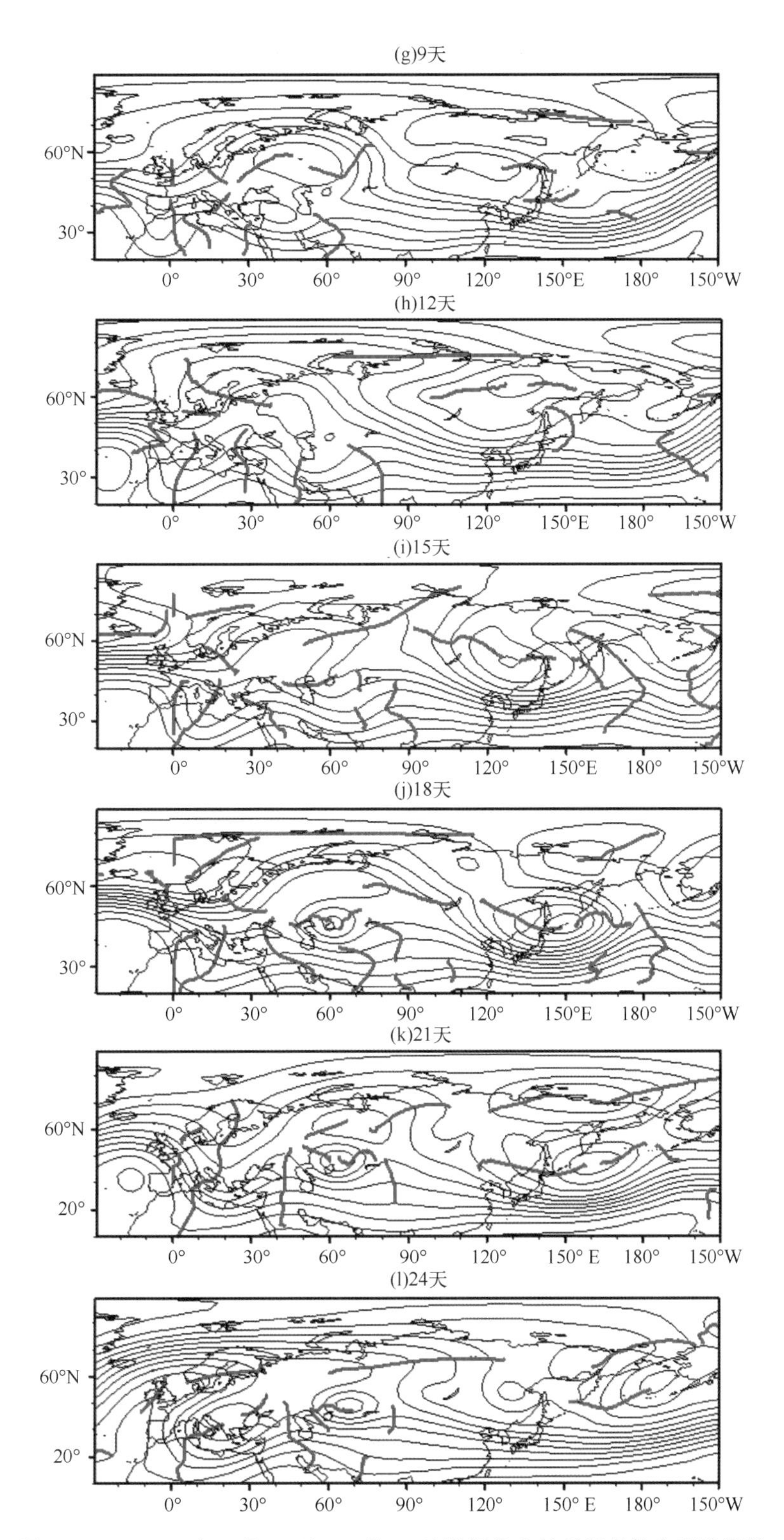

图 3.2.16 1984年1月19日—2月10日期间发生的低温事件大型槽脊线

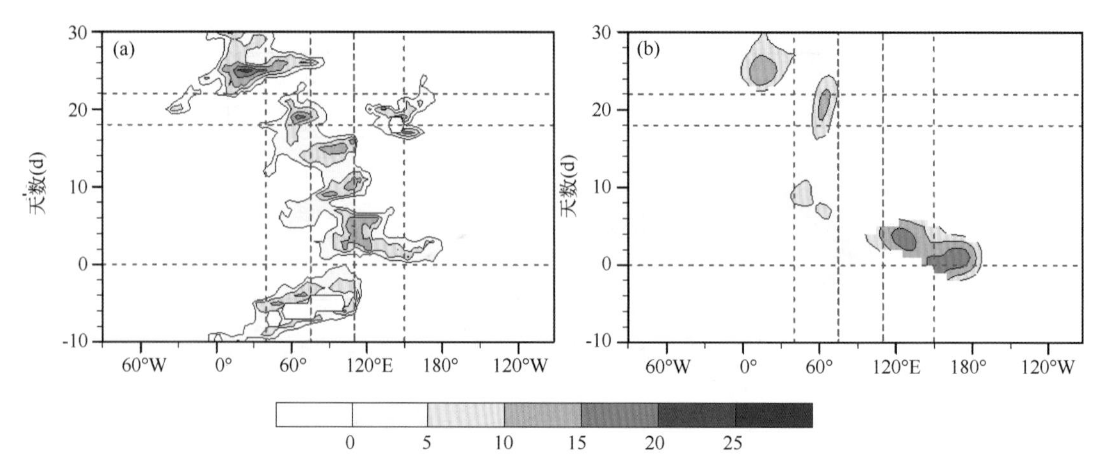

图 3.2.17　1984 年 1 月 19 日—2 月 10 日低温事件的(a)PH03 阻塞高压指数(K/经度)和(b)TM90 阻塞高压指数(m/经度)经度一时间剖面图

现在分析“0801”事件，它属于西北一江南类 EPECE。“0801”事件已经被广泛研究，这里只简单地讨论其环流演变特征。2008 年 1 月 14 日—2 月 15 日期间我国南方发生非常严重的冰冻雨雪灾害事件。第－9～－6 天(图 3.2.18a～b)，北欧至乌拉尔山地区阻高盛行，这从阻塞指数上可以看出(图 3.2.19)。副热带急流上的扰动明显，西太副高偏北。至第－3 天(图 3.2.18c)，从 PH03 阻塞指数监测到贝加尔湖北边有阻塞高压活动，它与巴尔喀什湖地区的脊打通，形成大型斜脊，其南侧有低涡延伸出来的斜槽。在第 0 天(图 3.2.18d)可以发现贝加尔湖地区有阻塞活动，同时有大型斜脊斜槽的维持。第 4～8 天(图 3.2.18e～f)，黑海至贝加尔湖有明显阻塞高压活动并逐步东移，同时，乌拉尔山一东北亚脊强盛，其南侧斜槽发展，使得大型斜脊斜槽的特征更加明显。中后期(第 12～20 天，图 3.2.18g～i)大型斜槽斜脊范围有所减弱，此时仅 PH03 阻塞指数监测到一弱小的阻塞高压从黑海迅速东移至贝加尔湖地区。在后期(第 24 天，图 3.2.18j)亚洲大陆上空虽还保持南、北两支急流的环流特征，但东亚地区斜脊已经减弱，而斜槽的东移导致该 EPECE 的结束。

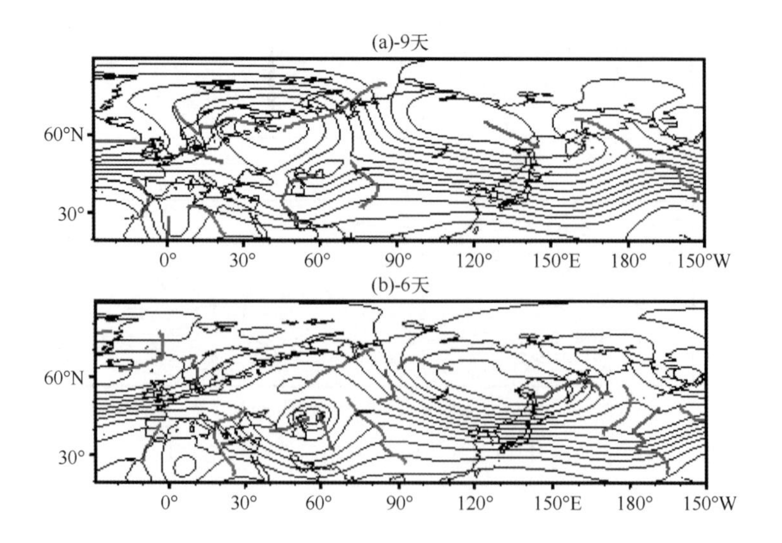

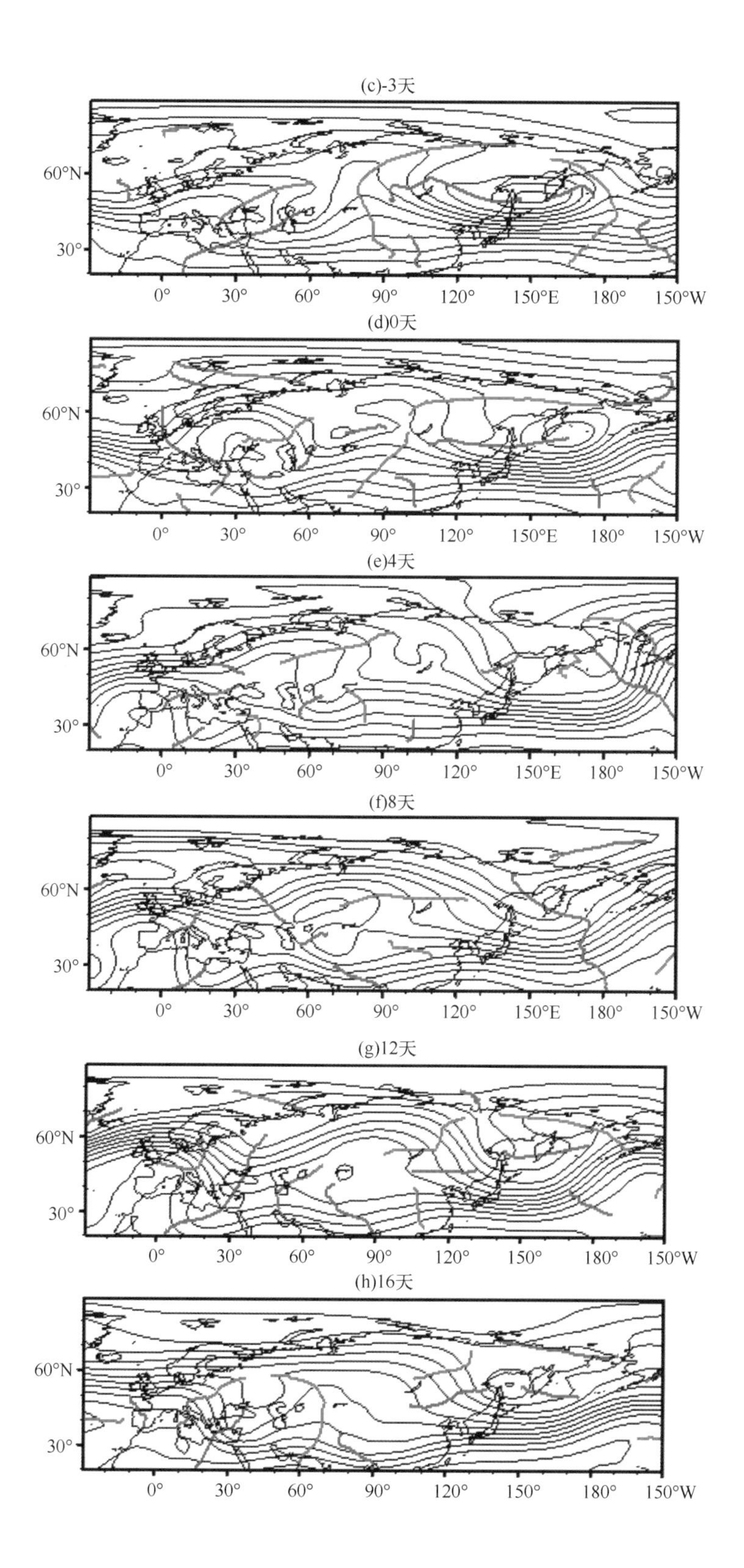

(c)-3天
60°N
30°
0°
30°
60°
90°
120°
150°E
180°
150°W
(d)0天
60°N
30°
0°
30°
60°
90°
120°
150°E
180°
150°W
(e)4天
60°N
30°
0°
30°
60°
90°
120°
150°E
180°
150°W
(f)8天
60°N
30°
0°
30°
60°
90°
120°
150°E
180°
150°W
(g)12天
60°N
30°
0°
30°
60°
90°
120°
150°
180°
150°W
(h)16天
60°N
30°
0°
30°
60°
90°
120°
150°
180°
150°W

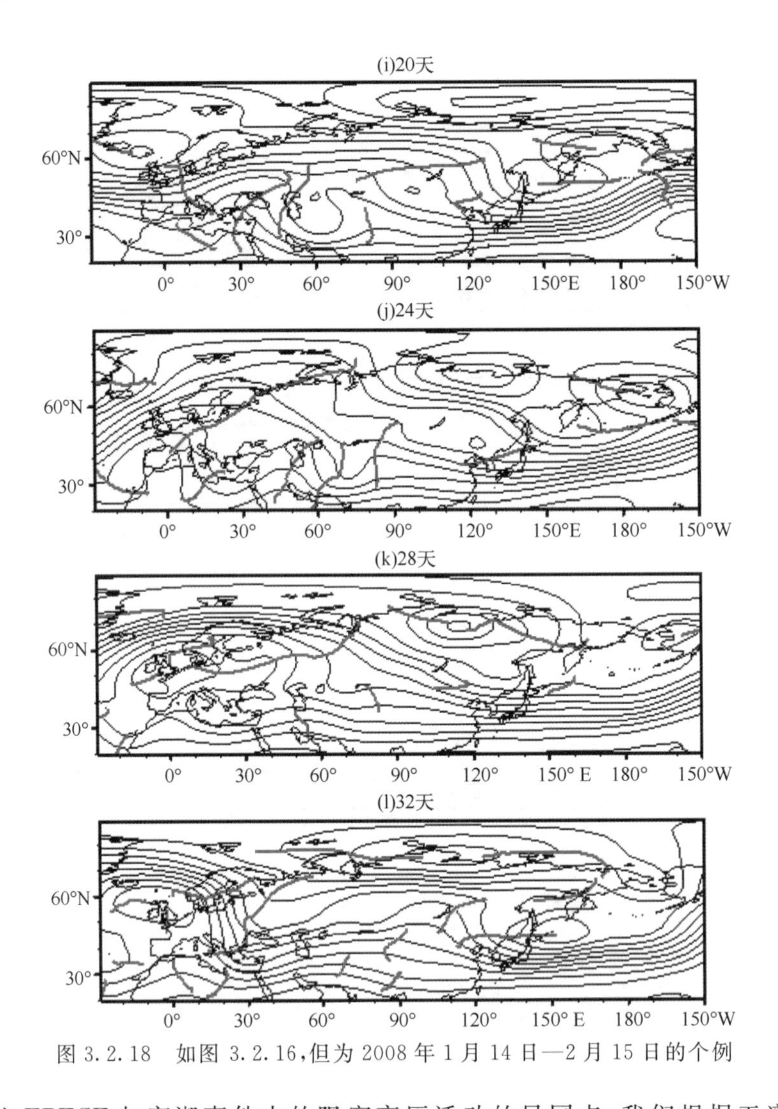

图 3.2.18　如图 3.2.16,但为 2008 年 1 月 14 日—2 月 15 日的个例

为了对比 EPECE 与寒潮事件中的阻塞高压活动的异同点,我们根据王遵娅和丁一汇(2006)的寒潮定义挑选出了乌拉尔山关键区 500 hPa 正高度异常较强的 50 个寒潮个例,统计其阻高活动特征,如图 3.2.20 所示。与 EPECE 相类似,从第－6 天至第－2 天(图 3.2.20a—c),乌拉尔山地区阻塞高压逐渐变得频繁。从第 0 天至第 4 天(图 3.2.2—f),阻塞高压由乌拉尔山地区向东扩展,但较 EPECE 的阻高活动偏南,并且只扩展到贝加尔湖西部。从第 6 天至第 8 天(图 3.2.20g—h),阻塞高压活动逐渐减弱并往回收缩。整个寒潮事件来看,北太平洋地区无明显的阻高活动。

综上所述,乌拉尔山一带的阻塞高压脊建立并逐步向东扩展,形成大型斜脊。同时,北太平洋地区有时也会出现高压脊西伸,并形成阻塞高压,它们共同组成了 EPECE 的典型环流特征。对于持续性较强的 EPECE,这种现象在中后期更为常见。与之相比,在一般寒潮过程中,阻塞高压活动由乌拉尔山向东扩展的形势不明显,同时北太平洋阻高活动也并不显著。

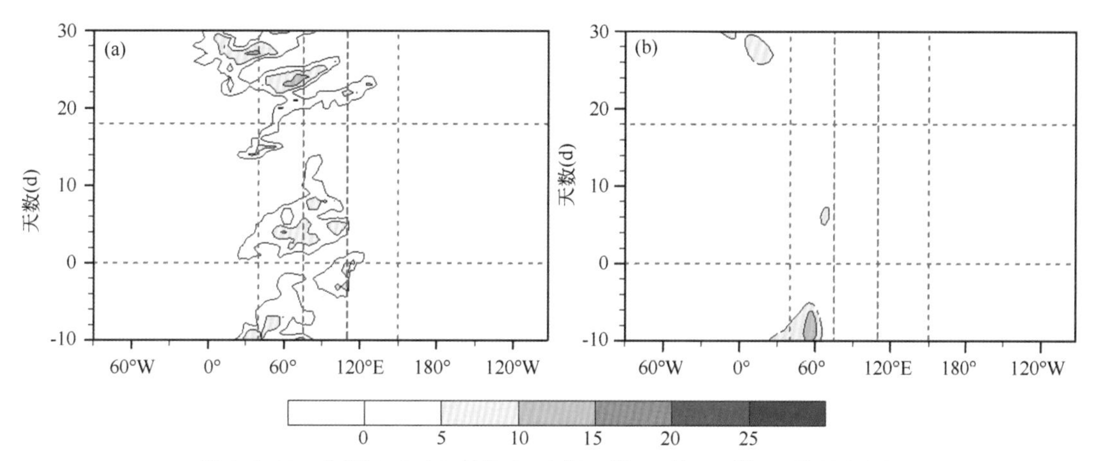

图 3.2.19　如图 3.2.17,但为 2008 年 1 月 14 日—2 月 15 日 EPECE

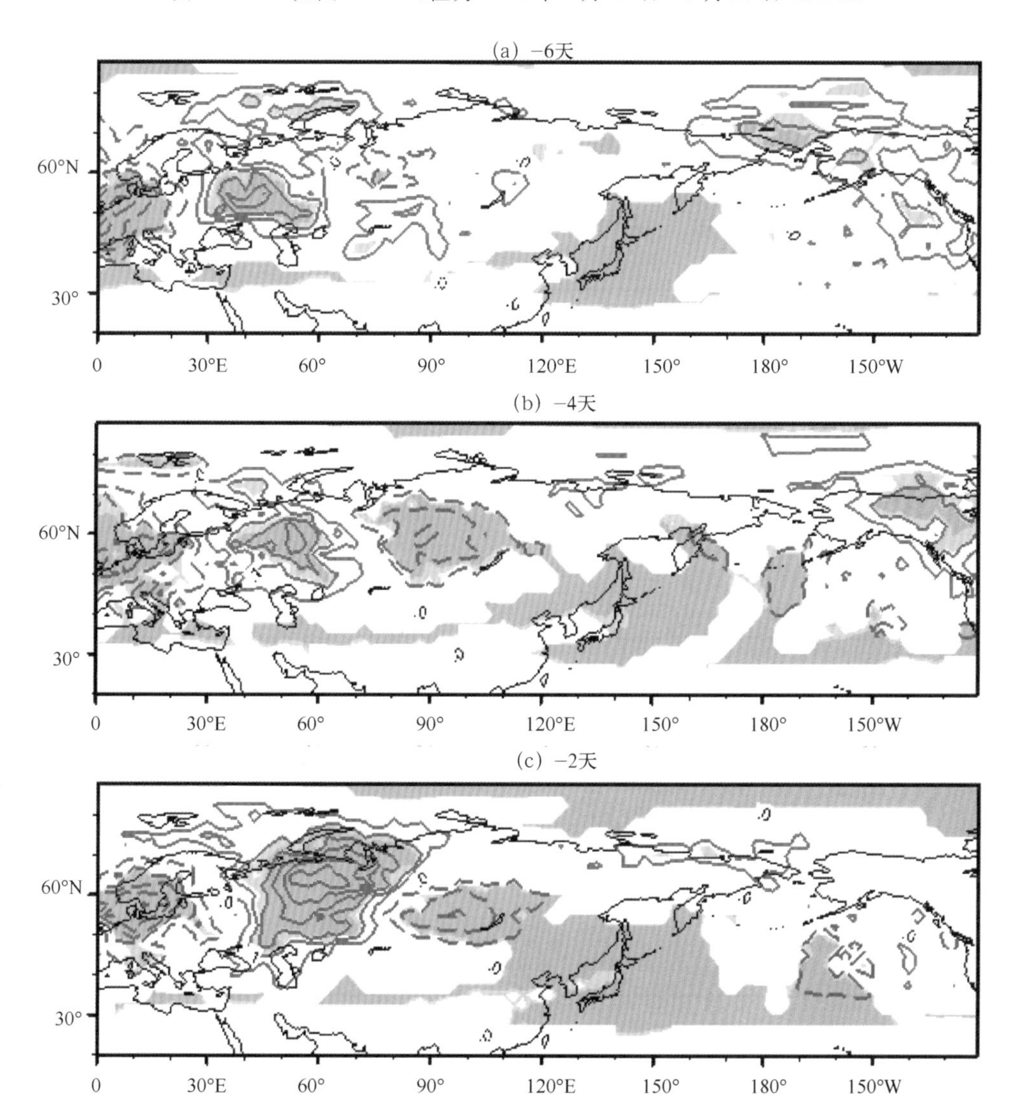

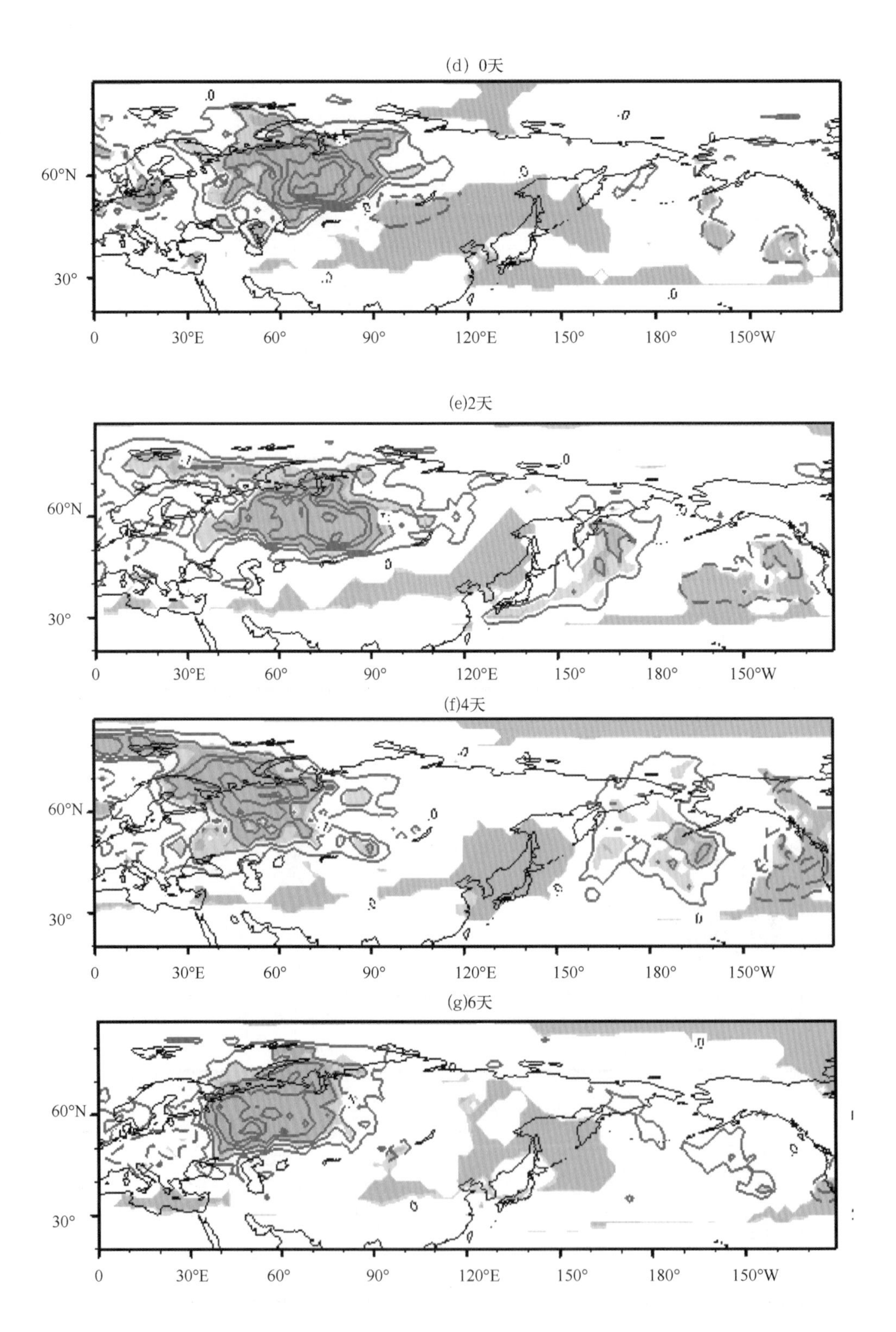
(d) 0天
60°N
30°
0
30°E
60°
90°
120°E
150°
180°
150°W
(e)2天
(f)4天
(g)6天

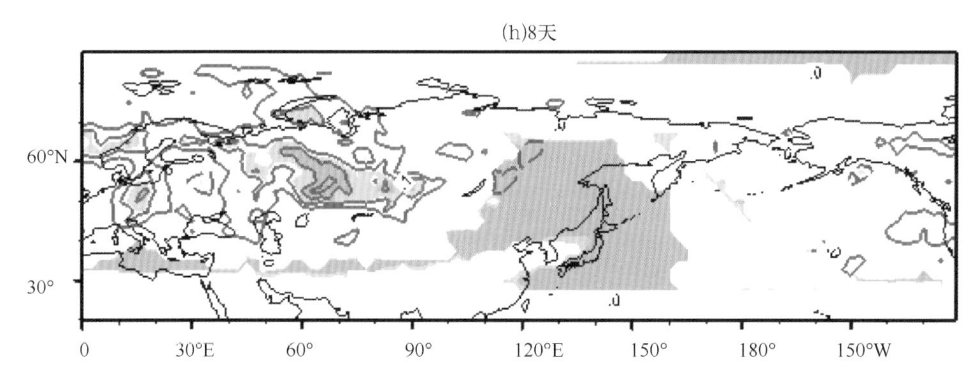

图 3.2.20　二维阻塞指数反映的50个寒潮事件阻塞高压活动异常特征，等值线为阻高活动频率，阴影为95%置信度

3.2.3　EPECE 与切断低涡的关系

与阻塞高压相反，当冷槽不断向南加深时，对流层中上层冷槽与北方的冷空气联系会被暖空气切断，在低纬一侧形成切断低涡。Hsieh(1949;1950)曾对北美高空冷涡进行详细研究，建立了天气学概念模型，并探讨了高空冷涡带来的降水分布 。Hoskins 等(1985)用位涡理论描述了切断低涡的物理意义，即对应于对流层中上层高位涡闭合区域。东北亚为全球切断低涡三大频繁地之一(Nieto *et al.*，2007)，它能引发中国大暴雪。陶诗言和卫捷(2008)注意到"0801"事件中里海以东维持着切断低压，其下游有多次低气压扰动东移入我国上空也是该事件的重要触发因素。另外，在上一小节的分析中，可以发现3个个例均在中国东北亚地区有强切断低压的生成和维持，那么在 EPECE 中切断低涡的活动特征是什么样的？它与大型斜脊又有什么关系？

本小节中的低涡界定方法与 Bell 和 Bosart(1989)以及 Parker 等(1989)所采用的方法一样，即 500 hPa 位势高度场上至少一条闭合的等值线，并将闭合等值线所包含的区域定义为低涡。由图 3.2.21 可见，这种方法有效地抓住了低涡系统的主要特点。

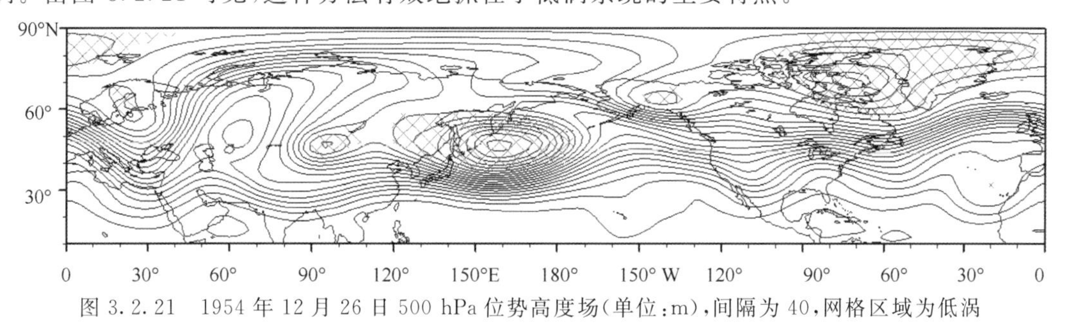

图 3.2.21　1954 年 12 月 26 日 500 hPa 位势高度场(单位:m)，间隔为 40，网格区域为低涡

图 3.2.22 给出了切断低涡活动的频率，从气候平均来看(图 3.2.22a)，巴伦支海经鄂霍次克海至阿留申群岛是低涡活动活跃的区域，最强中心位于鄂霍次克海地区。对于 52 个 EPECE(图 3.2.22b)，低涡活动范围向南扩展。与气候态相比(图 3.2.22c)，巴伦支海和西伯利亚地区的低涡活动明显减少了，而从巴尔喀什湖和贝加尔湖至日本的低涡活动明显增加了，特别是在中国东北地区。值得注意的是，阿留申群岛以北地区低涡活动也明显增多。由 EPECE 期间的 500 hPa 高度场可知，欧亚大陆为一宽广的斜脊，其东南侧为斜槽，由于斜脊的

分布，不利于巴伦支海地区的空气在其南侧形成切断，而在斜脊前方的大范围冷空气易于在其南侧形成切断。这与在贝加尔湖及中国东北地区的低涡活动频繁的事实一致。如图 3.2.21 和图 3.2.22 所示，从第 0 天起，斜脊发展起来以后，贝加尔湖地区有切断低涡维持。另外，西北太平洋的低涡环流也进一步加强。

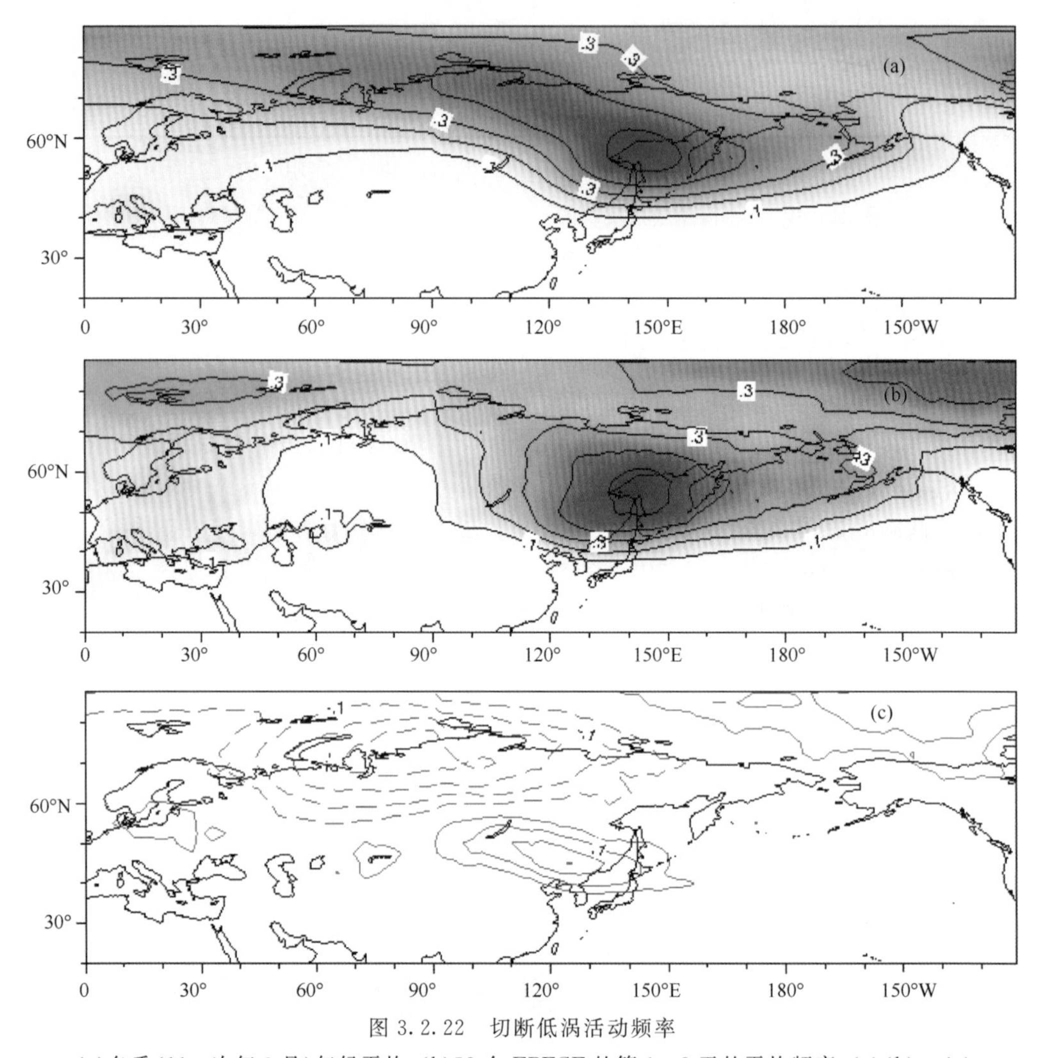

图 3.2.22　切断低涡活动频率

(a)冬季(11—次年 3 月)气候平均；(b)52 个 EPECE 的第 1～8 天的平均频率；(c)(b)－(a)

图 3.2.23 给出了 52 个 EPECE 切断低涡频率异常的时间演变图，在－6 天(图 3.2.23a)，阻塞高压在乌拉尔山地区的建立，其东侧巴尔喀什湖至贝加尔湖北侧为低涡的活动高频区。从第－4～－2 天(图 3.2.23b－c)，随着阻高向东移动，斜脊开始建立，切断低涡活动向东南扩展。在第 0 天(图 3.2.23d)，贝加尔湖地区一带阻塞高压活动非常活跃(见上小节分析)，东北亚地区形成大型斜脊，这使得切断低涡活动中心向东南扩展至中国东北。从第 2～4 天(图 3.2.23e－f)，切断低涡活动进一步向东南扩展的同时也向西北贝加尔湖地区扩展。从第 6～8 天，随着阻高活动的减弱，大型斜脊也有所衰退，东北地区的低涡活动减少。

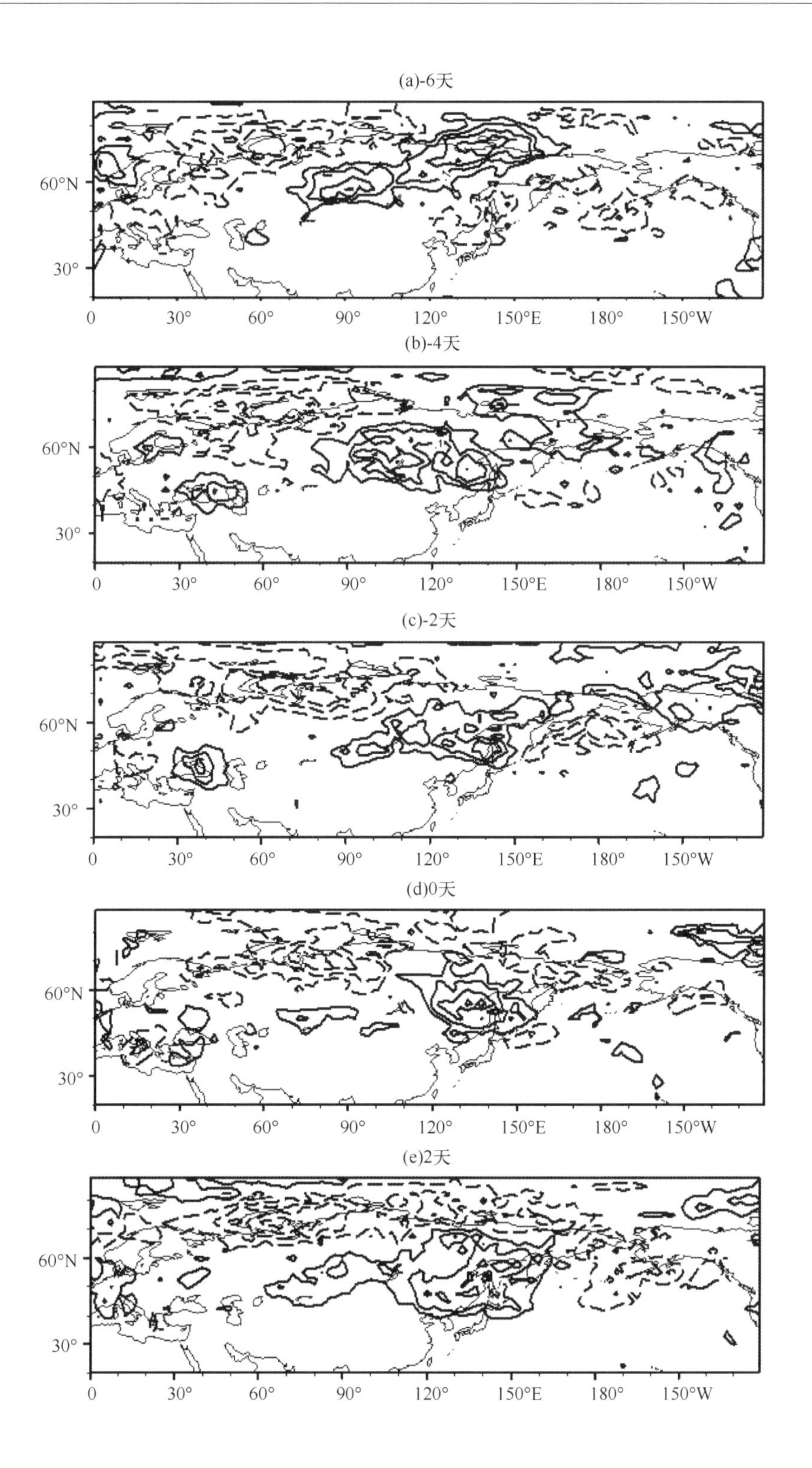
(a)-6天
60°N
30°
0
30°
60°
90°
120°
150°E
180°
150°W
(b)-4天
60°N
30°
0
30°
60°
90°
120°
150°E
180°
150°W
(c)-2天
60°N
30°
0
30°
60°
90°
120°
150°E
180°
150°W
(d)0天
60°N
30°
0
30°
60°
90°
120°
150°E
180°
150°W
(e)2天
60°N
30°
0
30°
60°
90°
120°
150°E
180°
150°W

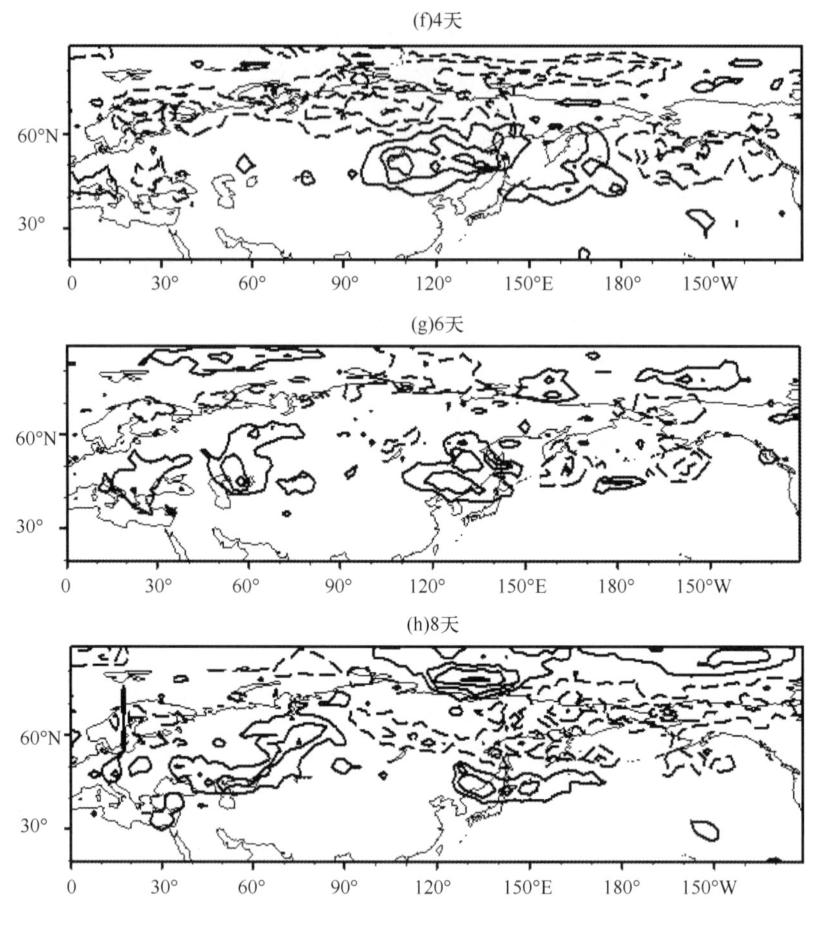

图 3.2.23　52 个 EPECE 的切断低涡活动频率

以下将选取两个典型个例，进一步探讨斜脊对切断低涡形成影响。首先分析 1964 年 2 月 8 日至 27 日的个例(全国类，见表 3.2.1)。从第－6～第－2 天(图 3.2.24a－c)，乌拉尔山阻塞高压脊向东伸展并形成稳定的大型斜脊，其东南侧的巴尔喀什湖至贝加尔湖地区有切断低涡活动，并在第－2 天的低频场上也有较强的切断低涡。另外，在大型斜脊东侧的鄂霍次克海地区斜槽加深。在第 0～2 天(图 3.2.24d－e)，大型斜脊稳定维持，其东南侧的斜槽进一步加深，巴尔喀什湖至贝加尔湖切断低涡仍然维持，并在鄂霍次克海有新的切断低涡生成。在第 4～9 天(图 3.2.24f－g)，在大型斜脊前方的鄂霍次克海地区切断低压逐步加强。在第 11～13 天(图 3.2.24h～i)，随着大型斜脊向东移动和南压，鄂霍次克海切断低压向中国东北地区扩展。此时在巴尔喀什湖一带又有新的切断低涡生成。在第 15 天(图 3.2.24j)，大型斜脊进一步东移减弱，中国东北地区的切断低压消失。

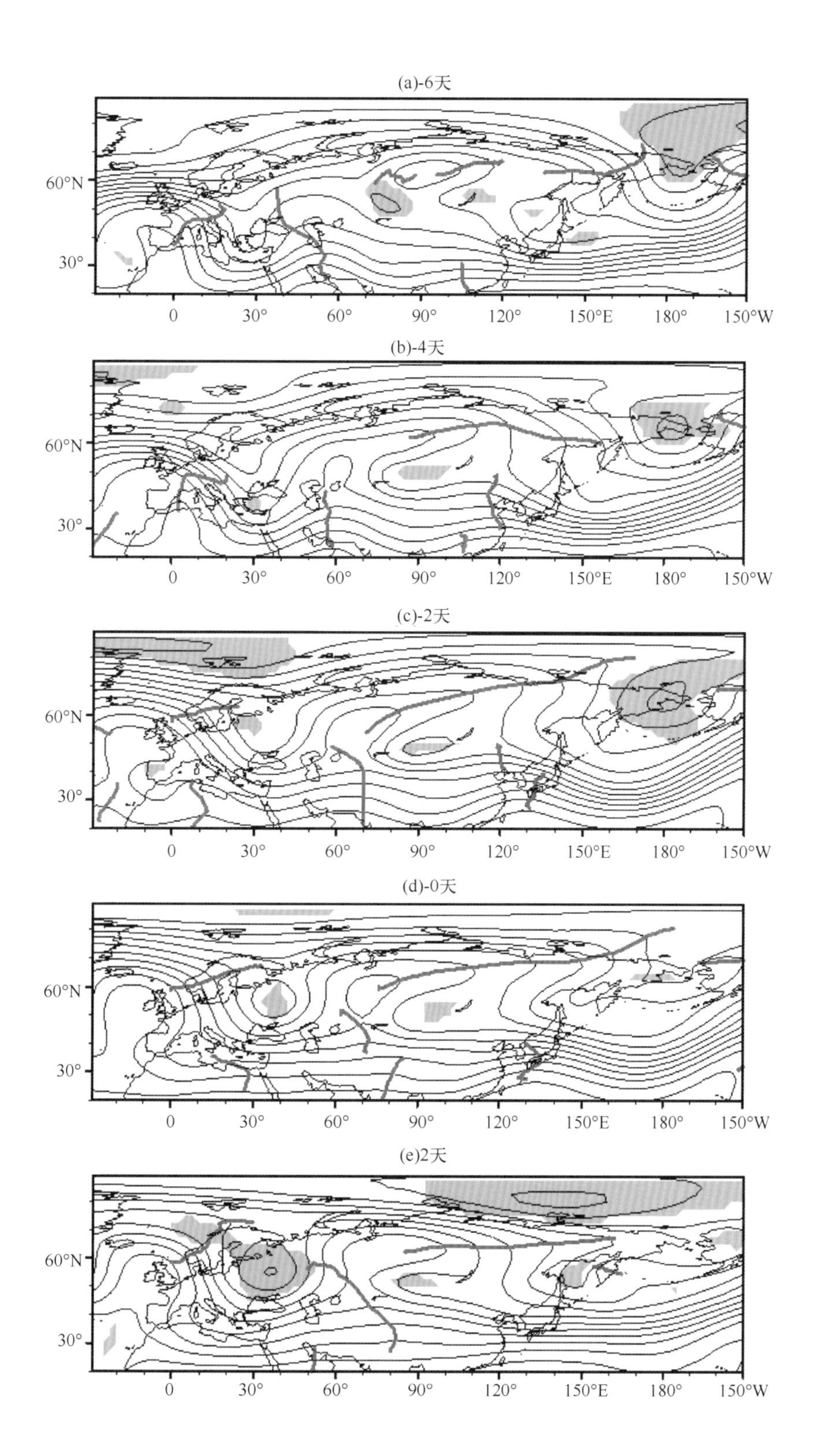
(a)-6天
60°N
30°
0
30°
60°
90°
120°
150°E
180°
150°W
(b)-4天
60°N
30°
0
30°
60°
90°
120°
150°E
180°
150°W
(c)-2天
60°N
30°
0
30°
60°
90°
120°
150°E
180°
150°W
(d)-0天
60°N
30°
0
30°
60°
90°
120°
150°E
180°
150°W
(e)2天
60°N
30°
0
30°
60°
90°
120°
150°E
180°
150°W

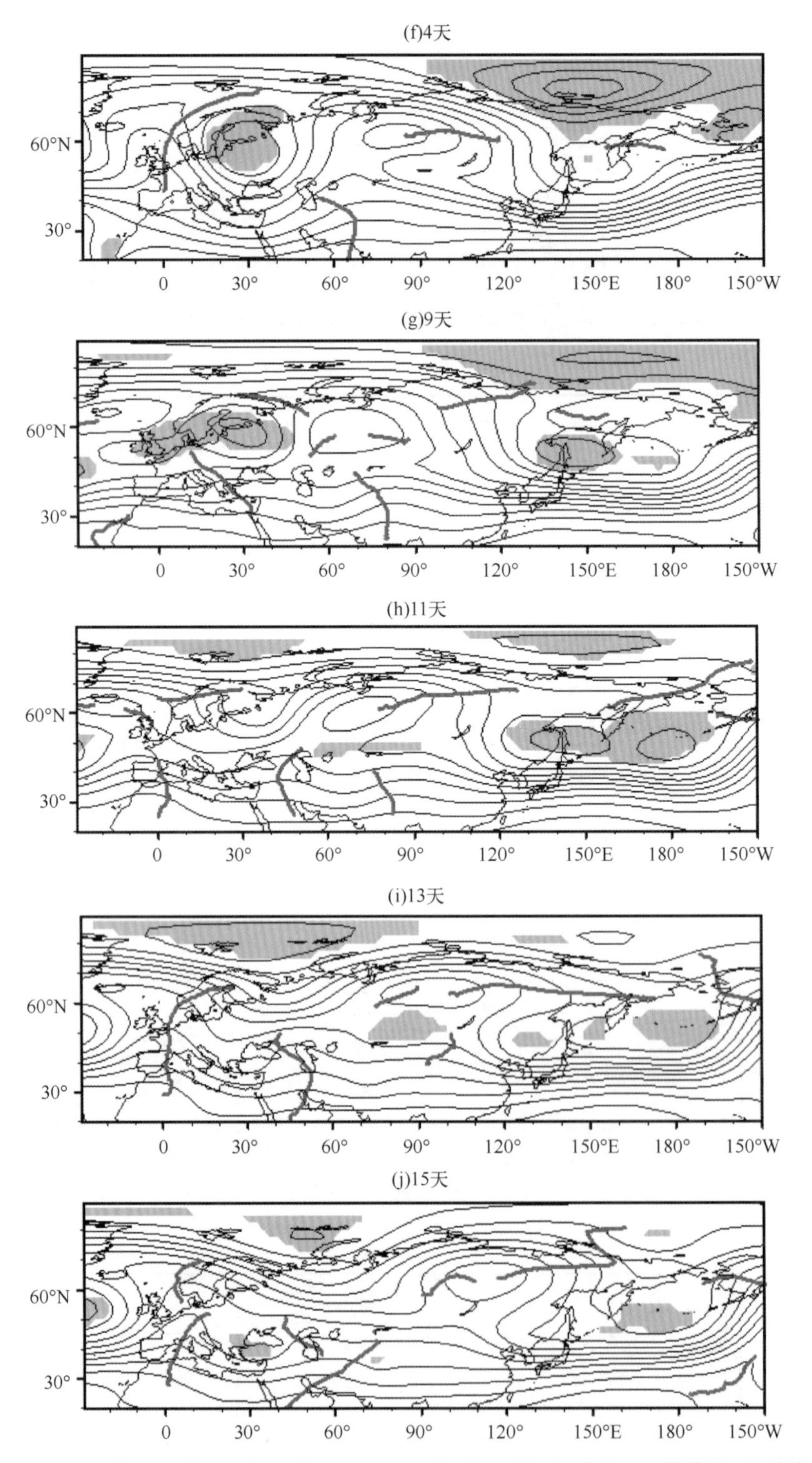

图 3.2.24　1964 年 2 月 8—27 日的 500 hPa 位势高度低频场(单位:m,等值线)及其演变,等值线间隔为 80 m,其中红色线条表示脊线,阴影表示低涡

下面分析在1966年12月20日至1967年1月17日的个例(全国类,见表3.2.1)中盛行的低涡活动特征。在第－4～－2天(图3.2.25a—b),阻塞高压在乌拉尔山地区形成,高压脊东伸至拉普捷夫海地区。其东侧的斜槽有所加深,贝加尔湖附近有较弱的切断低涡。另外,雅库茨克和鄂霍次克海地区的低涡与极涡的联系被乌拉尔山东伸的高压脊和北太平洋高压脊的打通所切断。在第0～2天(图3.2.25c—d),大型斜脊有所东移南压,与之对应,鄂霍次克海地区的低涡加强并南移。第4～6天(图3.2.25e—f),乌拉尔山地区有阻塞高压重新建立,形成新的大型斜脊。同时较弱的切断低涡在斜脊东南侧的巴尔喀什湖一带生成。第8～10天(图3.2.25g—h),随着原位于乌拉尔山大型斜脊的继续向东衰退,鄂霍次克海的切断低涡东移和减弱。第12～14天(图3.2.25i—j)乌拉尔山地区大型斜脊/斜槽的重现,巴尔喀什湖和鄂霍次克海地区有新的切断低涡生成。

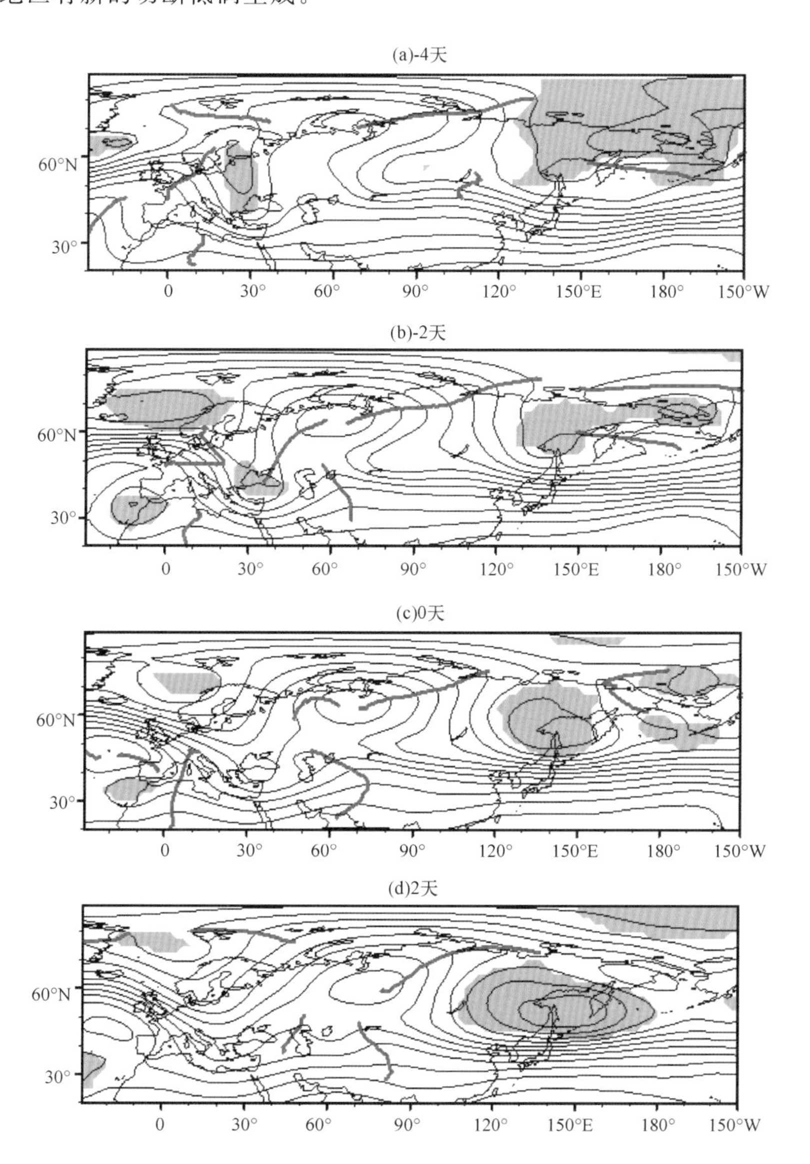

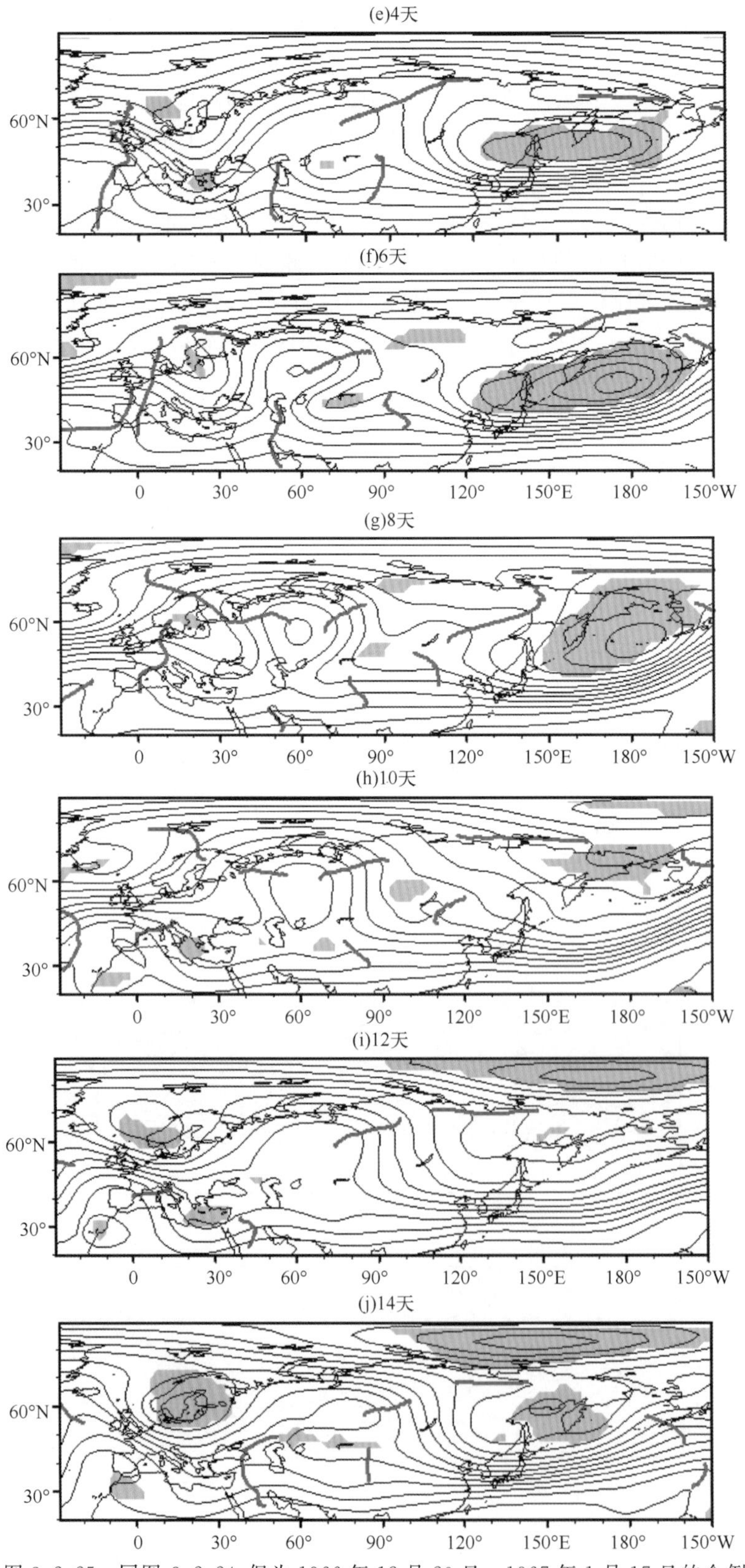

图 3.2.25　同图 3.2.24，但为 1966 年 12 月 20 日—1967 年 1 月 17 日的个例

综上所述,亚洲中纬度的低涡活动与其北侧的大型斜脊是紧密相连的。随着大型斜脊的形成和发展,不断有冷空气在其向西南方聚积,并形成稳定持续的切断低涡。而后者也成为影响我国大部分地区冷空气活动的一个源地。随着阻塞高压和大型斜脊的移动,切断低涡活动区由巴尔喀什湖以东一带向东南移动至中国东北地区。另外,贝加尔湖一带的低涡活动在第2～4天再次活跃,可能是由于大型斜脊稳定维持引导大范围冷空气南下而促使低涡不断生成。可以认为,地处中高纬的大型斜脊,往往以巴尔喀什湖至东北地区的切断低涡活动为纽带,影响入侵我国冷空气的强度、路径、持续时间以及影响范围。

3.2.4 EPECE与遥相关波列的关系

北大西洋涛动(NAO)是北大西洋地区大气环流的南北偶极子模态,通常也是中高纬Rossby波传播的源地,对欧亚大陆阻塞高压的发生及西伯利亚高压的发展都有着直接的影响。万寒和罗德海(2009)研究发现北大西洋在NAO负位相时下游阻塞发生频率更高,持续时间更长;NAO正位相则有利于欧洲长生命阻塞的发生和维持。谭桂容等(2010)认为“0801”事件低温异常与北大西洋涛动有着密切的关系。前面的分析指出,至少在EPECE发生前10天,欧亚大陆上有中高纬度地区波列形成发展。

为了研究NAO与EPECE的关联,我们从1951年以来的52个EPECE中选取了持续时间至少10天的38个EPECE。通过分析每个个例的前期环流及NAO指数的逐日演变特征,发现与NAO活动密切相关的有22个低温事件。按NAO的形态,将其可分为3种类型,即正NAO移动型、正NAO北部型和负NAO型。

首先讨论正NAO移动型,图3.2.26给出了其500 hPa的位势高度及距平合成场。−6天之前,冰岛附近的强负距平中心分裂为原地和东南两个中心,然后原地中心减弱消失,而东南中心逐渐发展并向东南方向移动。因此,我们称与之对应的EPECE为正NAO移动型。第−6天,NAO异常强盛,冰岛/格陵兰地区负距平,其南侧的北大西洋副热带/中纬度地区为正距平,由这一对正负高度中心形成的经向模态十分清晰。其下游欧亚大陆中高纬环流呈明显的波列状,亚洲大陆高纬已经存在斜脊斜槽,即乌拉尔山－东北亚的斜脊以及贝加尔湖/巴尔喀什湖地区的斜槽,但此时无论斜脊斜槽的空间尺度还是强度都是比较弱。第−4天时,北大西洋北部负异常中心往东往南伸展更为明显,强度也加强,而NAO型环流的南边中心位置几乎不动,强度上则稍减弱。这使NAO模态经向性显著减弱,而西南－东北方向倾斜特征变得明显,从而有利于Rossby波能量向欧亚大陆方向频散。该模态的转变引起下游乌拉尔山斜脊发展,其东侧的负高度异常中心向西南方向进一步发展,形成斜槽。北大西洋至亚洲大陆中高纬地区上空已经形成清晰的Rossby波列,甚至渤海湾附近也可看到它的影响。随后(−2天)北大西洋一带的异常中心有所减弱,而下游亚洲大陆的斜脊斜槽继续伸展。EPECE开始时(0天),亚洲大陆上形成了大陆尺度的大型斜脊斜槽,而北大西洋一带的异常环流则显著减弱。

总而言之,此类EPECE发生之前,在上游北大西洋/欧洲一侧的异常中心成为波源,Rossby波能量向下游频散到亚洲中高纬地区。当EPECE开始时,北大西洋/欧洲一侧环流的经向模态特征几乎消失,而在亚洲中高纬地区斜脊斜槽发展成为大陆尺度的斜脊斜槽。这就是前期NAO活动触发此类EPECE的关键特征。

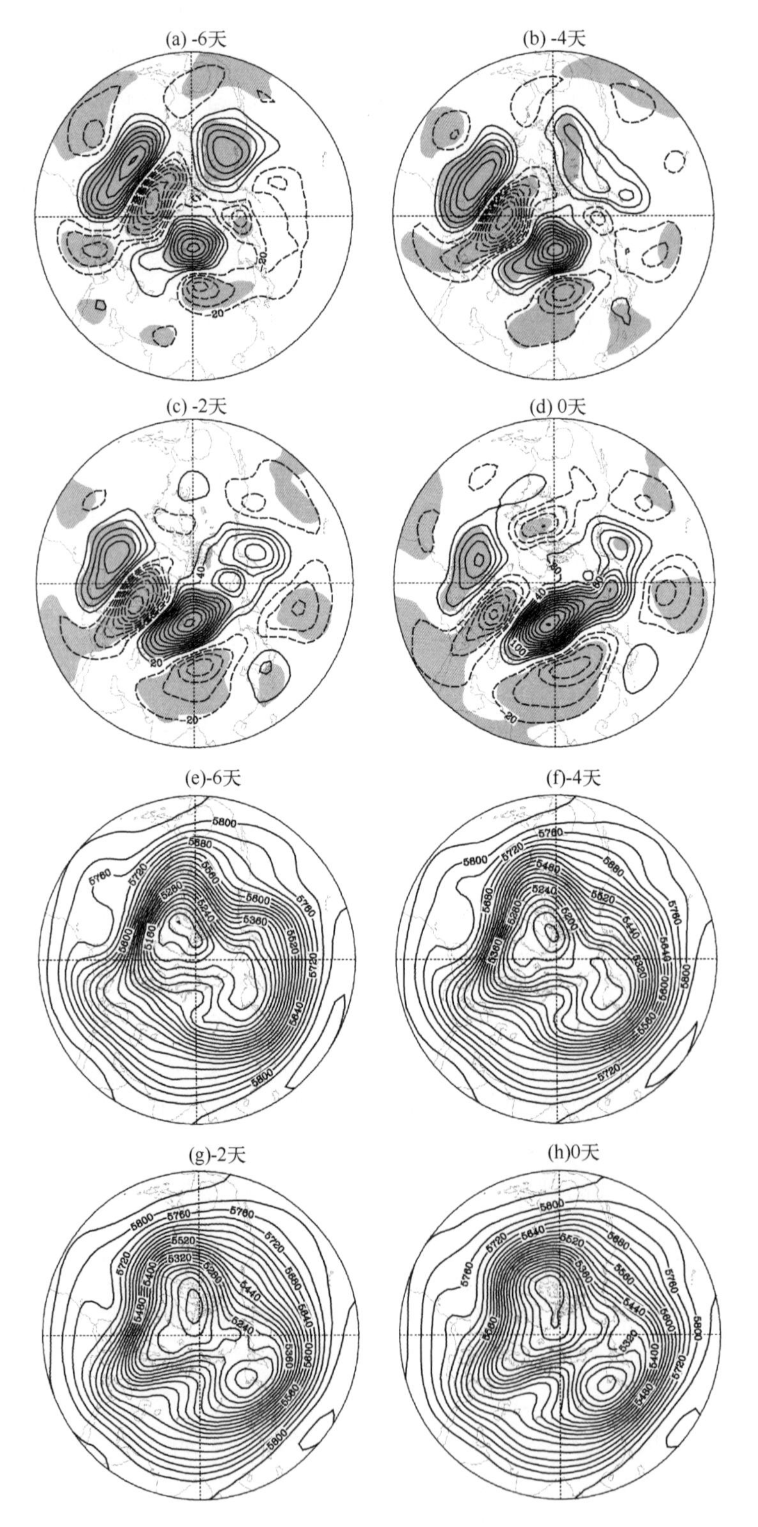

图 3.2.26　正 NAO 移动型 EPECE 的 500 hPa 位势高度及距平场

a—d:距平场,分别为—6、—4、—2 和 0 天,阴影表示 90%的置信度。e—h:同 a—d,但为位势高度全场

对于正NAO北部型EPECE来说(图3.2.27)，第−6天时，北大西洋环流处于NAO正位相，其异常中心北强南弱。从图3.2.27a中可以清晰地看出，冰岛/格陵兰负异常中心特别强盛，南部的正异常中心偏弱，呈东西向带状分布。欧洲为高压脊区，里海东侧为负高度距平区，但强度较弱。北太平洋区为纬向带状的正高度距平所控制。随时间推移，第−4天，NAO型环流的北部中心几乎稳定不动，它与其上下游异常中心一起形成了一个Rossby链条，其Rossby能量向亚洲中高纬方向传播，使得欧洲高压脊加强并东伸。另外，北太平洋区带状正距平区强烈发展。到了第−2天时，格陵兰低压仍旧维持，Rossby能量向东南方向传播，维持贝加尔湖/巴尔喀什湖东南侧的斜槽。欧洲−东北亚脊继续东伸并与北太平洋脊相连通。这时，北太平洋脊十分强盛，北太平洋/北美一侧的环流显示出负位相PNA波列的特征。EPECE的起始日(0天)，基本维持第−2天时的关键特征，东亚地区高压脊进一步发展，亚洲斜槽变为横槽。总体上，这时的北半球环流显出明显的正位相AO特征。

此类EPECE的亚洲中高纬斜脊斜槽特征不如正NAO分裂型那么显著，而比较突出的是横脊横槽的特征。这与负AO特征吻合。因此，正NAO北部型的Rossby波能量频散过程与北太平洋脊的发展过程一起作用于亚洲中高纬横脊横槽的形成和维持，进而触发此类EPECE。

最后讨论负NAO型EPECE的演变过程。与前面两种类型EPECE相比，异常环流的空间尺度比前两者小，在北半球中高纬显3波特征。第−6天时(图3.2.28a,e)，负位相NAO型环流特征明显，亚洲大陆中高纬地区较早就存在斜槽斜脊，但纬度偏高，空间尺度不大。而后(第−4天)NAO型环流调整，北部中心加强南部中心略有减弱。格陵兰高压脊加强，引发Rossby波，北欧/西欧槽加深，乌拉尔山高压发展与格陵兰高压脊连通，其下游的亚洲斜槽略往东南偏移，渤海湾−日本正异常中心也随之加强。第−2天时，西欧槽持续加深，亚洲槽继续东移，与之伴随，下游正异常中心加强。第0天时，格陵兰负异常中心仍维持强势，由此向下游频散的能量直达西北太平洋上空。此时，最为引人注目的环流特点是，亚洲大型斜脊斜槽的发展，它是触发EPECE的关键系统。需要指出的是，负NAO型环流在此过程中加强维持是这类EPECE过程的关键。

总之，负NAO型环流的北部正异常中心激发的Rossby波通过其能量频散过程使亚洲中高纬斜脊斜槽加强，发展成为大陆尺度的大型斜脊斜槽，从而触发EPECE。

对比三类NAO型环流对EPECE的触发机制，发现与正NAO型异常环流相联系的环半球环流具有准2波特征，而负NAO型对应的则为3波特征。

综上，在EPECE发生前，欧亚大陆上盛行遥相关波列。与之有关的Rossby波能量的向下游频散，使得亚洲大陆上的斜脊(或斜槽)发展成为大陆尺度的大型斜脊斜槽，最终引发EPECE。遥相关波列和NAO有密切的关系。不同类型的NAO对应的遥相关波列不同。(1)正NAO移动型：从大西洋副热带−中纬度地区、冰岛到欧亚大陆北部为“＋ − ＋”的波列。冰岛地区的负异常中心向东南移动使得环流纬向型加强，Rossby波能量向下游频散，形成斜脊。(2)正NAO北部型：“＋ − ＋”波列出现在纽芬兰、冰岛/格陵兰地区和乌拉尔山地区。冰岛/格陵兰上空的Rossby波能量向下游频散，与乌拉尔山−东北亚脊东伸并与北太平洋脊连通过程相伴随，亚洲大陆上大型横脊横槽特征明显。(3)负NAO型：“＋ − ＋ −”的波列位于格陵兰南侧、北海、泰梅尔半岛和贝加尔湖西北地区。中高纬度环流的空间尺度没有前两类EPECE的大，因而其Rossby能量频散特征最为明显。

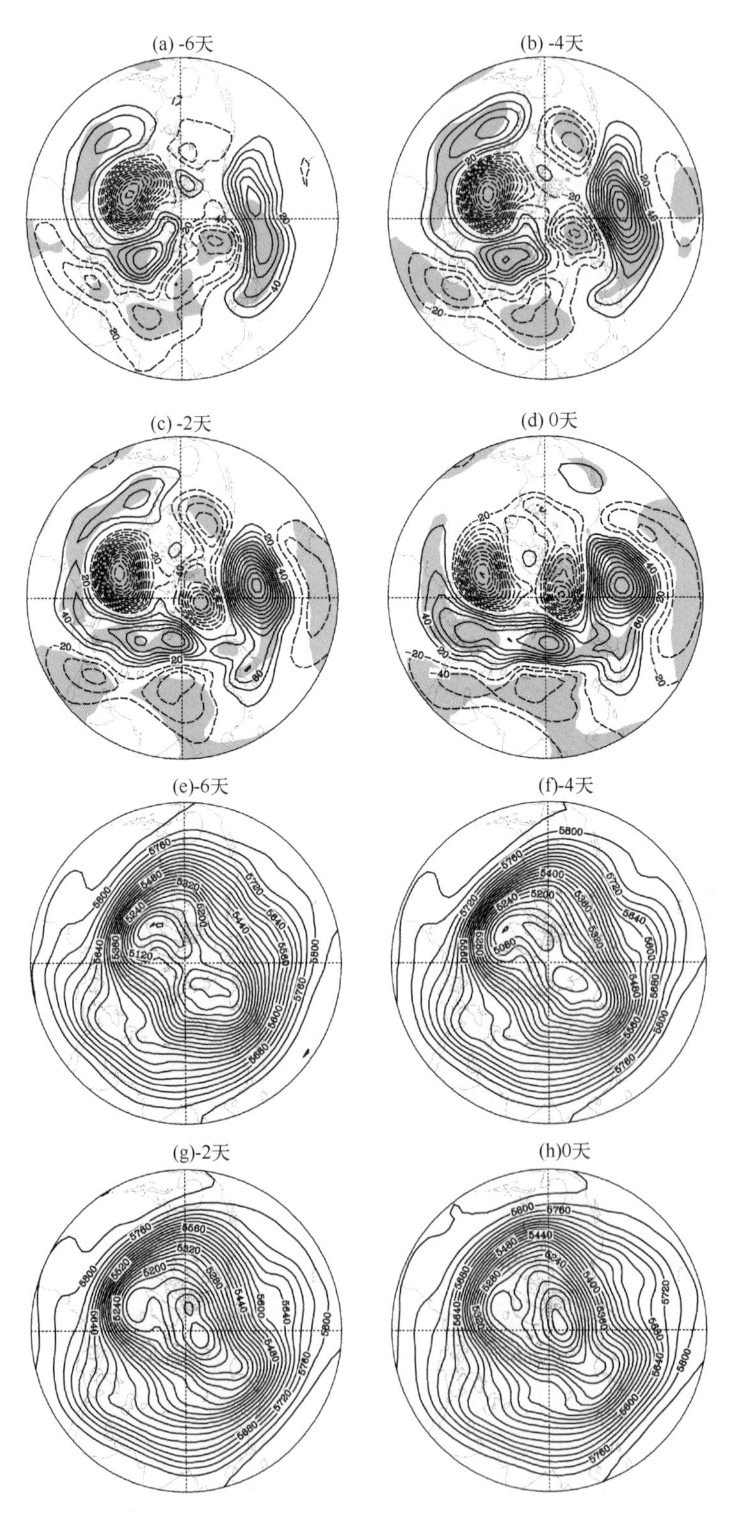

图 3.2.27　同图 3.2.26，但为正 AO 北部型 EPECE

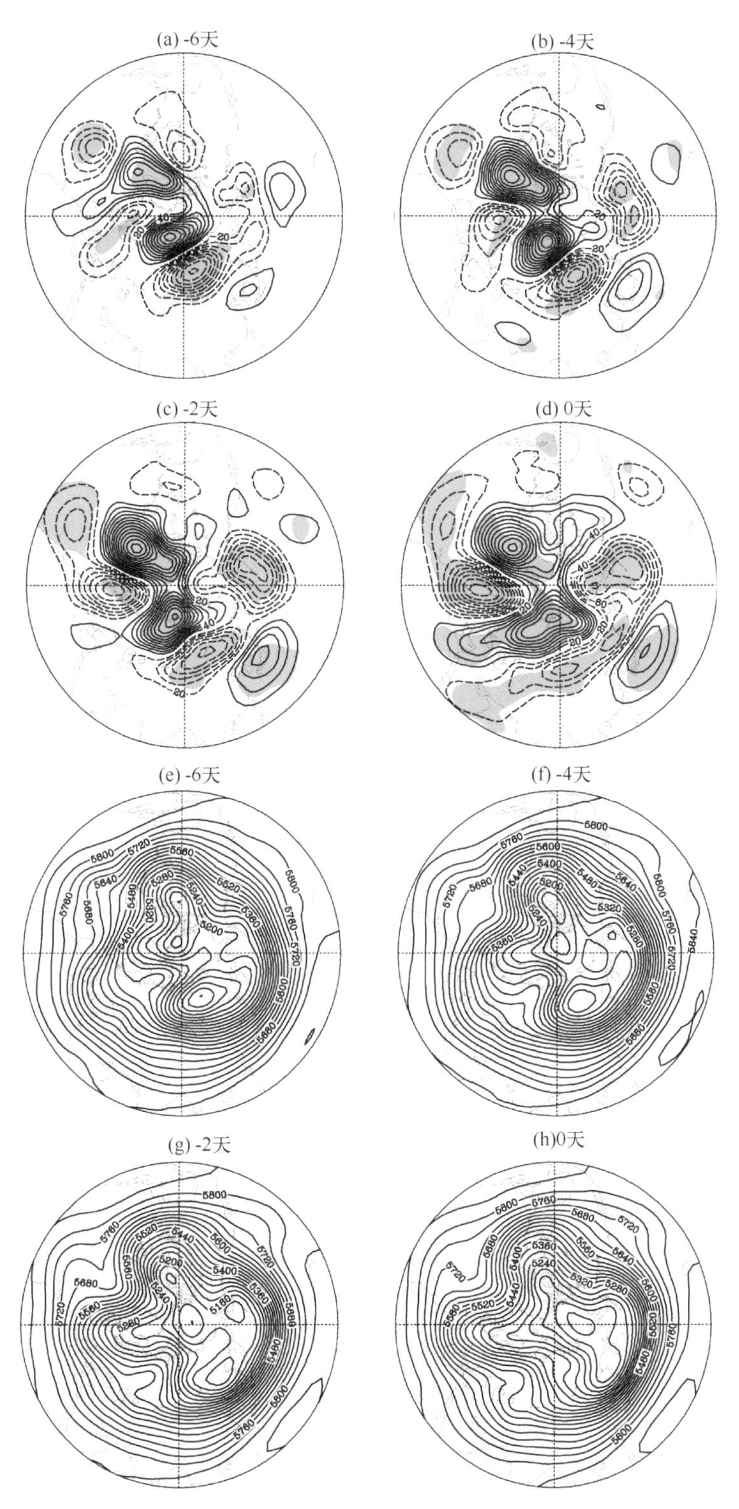

图 3.2.28 同图 3.2.26,但为负 NAO 型 EPECE

3.2.5　小结与讨论

基于第 2 章中界定的 EPECE，我们在这一节进一步探讨了 EPECE 的关键影响环流系统。这些系统包括欧亚大陆大型斜脊斜槽系统、阻塞高压系统、东亚低温系统以及源于北大西洋地区的遥相关波列。大型斜脊斜槽系统持续或重建是冬季 EPECE 发生的主要原因。就 EPECE 而言，大型斜脊斜槽系统比阻塞高压系统更具有指示意义。为此，我们建立了大型斜脊斜槽客观识别方法。阻塞高压系统也是非常重要的关键影响系统。我们的研究发现，在 EPECE 过程中，在欧亚大陆上阻塞高压系统的纬向范围非常大，且北太平洋地区的阻高活动也非常活跃。这与典型寒潮过程中的情形明显不同。另外，东亚低涡系统也是 EPECE 的一个关键环流系统，特别是，它的重建或持续维持易于导致我国东北一华北类 EPECE。此外，源于北大西洋地区的低频 Rossby 波列，不论是 EPECE 发生的前期，还是 EPECE 的过程中均有向下游的能量频散，使得的欧亚大陆的大型斜脊发展壮大，继而引发 EPECE。

近年来的 EPECE 及其造成的严重影响促使国内外的业务部门越来越重视如何提高持续性冷空气活动延伸期（10～30 天）预报水平问题。我们的初步研究表明，EPECE 的延伸期预报，其关键是掌握持续性关键环流系统的发生发展和演变规律以及利用这种规律研发相应的预报技术。可以认为，这些关键影响系统的认识和刻画对 EPECE 的延伸期过程的监测及预报都具有良好的参考价值。

3.3　乌拉尔山阻塞与北极涛动

冬季我国南方地区也常常遭受强冷空气影响，如 2008 年 1 月我国出现了大范围持续性严重的冰冻雨雪灾害天气，给人们生活带来巨大的影响。冬季持续型低温出现的原因引起了人们广泛关注和研究（Wen *et al.*，2009；Zhou *et al.*，2009；Nan *et al.*，2012）。

2008 年 1 月我国南方地区冰冻雨雪灾害天气过程持续长达 20 余天，其环流异常特征在天气尺度以及月平均时间尺度都非常明显。冬季持续性低温事件往往和阻塞高压环流密切相关（Barriopedro *et al.*，2010），阻塞系统可阻断原本的纬向西风和天气扰动向下游传播，经向环流加强冷平流南下，造成下游低纬度地区气温偏低。乌拉尔山是北半球冬季阻塞发生频率第三大值区域（Dole，1986；Li，2004），该地区的阻塞环流是影响冬季我国气温的重要系统，大量研究都指出：2008 年 1 月我国南方地区冰冻雨雪灾害的一个重要原因就是乌拉尔山地区阻塞异常活跃。有关影响乌拉尔山阻塞变化的因子已有一定的研究，如 Li (2004)研究指出初冬时北大西洋的海温异常与乌拉尔山阻塞高压存在很好的关系，北大西洋中纬度的暖海温使得上空出现正高度距平，并通过向下游传播的波列使得乌拉尔山阻塞环流加强，但这一关系在隆冬季节（如 1 月）并不适用（Li，2004）。

本节重点讨论冬季（1 月）乌拉尔山阻塞环流的变化特点，分析乌拉尔山阻塞和遥相关型 AO/NAO 的关系。从 2008 年 1 月的持续性异常低温事件出发，重点分析天气尺度、月平均时间尺度乌拉尔山阻塞和上游 NAO 偶极子异常型的关系。

大量研究指出：2008 年 1 月，乌拉尔山地区为正高度距平区，是导致持续低温的重要原因。乌拉尔山地区的正高度距平与该地区的阻塞高压活动加强有关。图 3.3.1 给出 Barriopedro 等(2010，以下简称 BI2010)20 和 Tibaldi 和 Molteni (1990)定义的阻塞指数(以下简称 TM90)计算的 2008 年 1 月阻塞发生频率。BI2010 和 TM90 的计算结果基本一致，2008 年 1 月，乌拉尔山地区阻塞高压活动异常偏强，由 BI2010 计算的该地区的阻塞的最大频率 0.35，大约为 11 天，而 TM90 的计算的该地区的阻塞最大频率为 0.34，大约为 10 天。2008 年 1 月中，1/3 的时间乌拉尔山地区发生了阻塞，这也是我国出现持续低温的重要原因。由 BI2010 指数的计算结果看到，乌拉尔山地区阻塞频率最大值中心位于在 65°N，这说明 2008 年 1 月乌拉尔山阻塞发生的纬度较高。

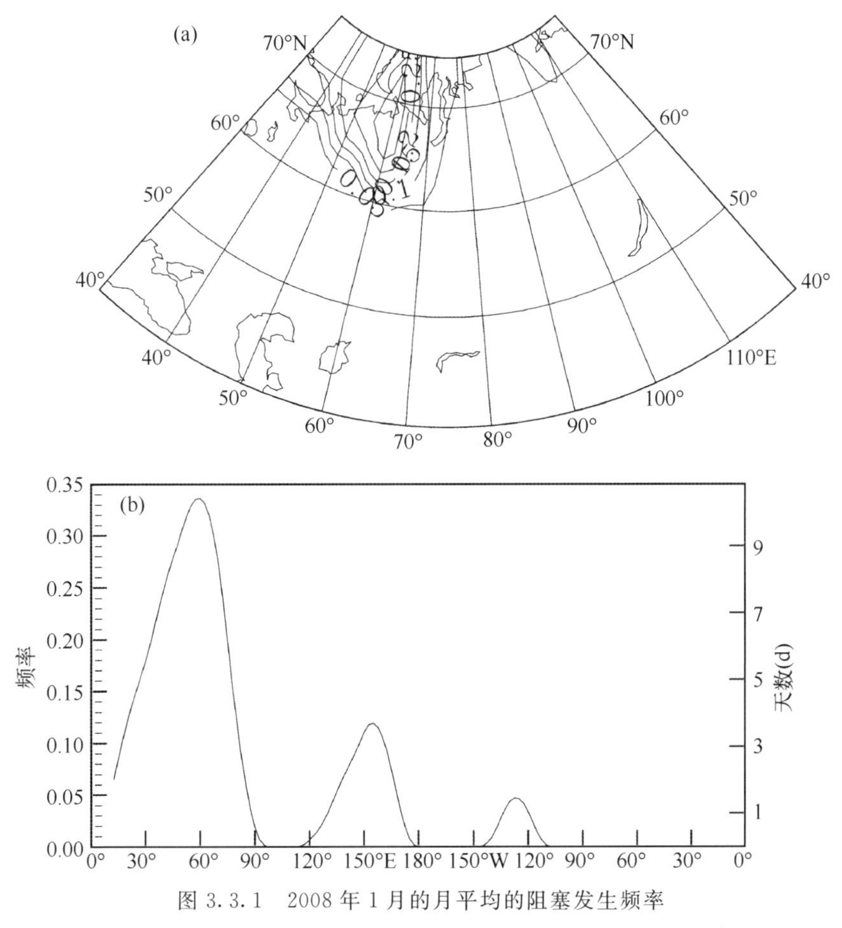

图 3.3.1　2008 年 1 月的月平均的阻塞发生频率

(a)BI2010 计算结果，(b)TM90 计算结果，阻塞计算结果经过平滑，(a)中等值线间隔为 0.05

2008 年 1 月到 2 月初共有四次降温过程，除第三次降温过程不是非常明显外，其他三次降温过程伴随着上游乌拉尔山地区明显的阻塞活动。为了了解 2008 年 1—2 月初欧亚大陆阻塞的逐日变化，图 3.3.2 给出的是 2008 年 1 月—2 月初欧亚大陆阻塞的逐日变化。乌拉尔山阻塞高压发生超前于我国东部地区降温约 4 天左右。第一次乌山阻塞发生在 1 月 2—11 日，对应于我国南方的第一次降温过程 10—16 日。第二次乌山阻塞发生在 15—25 日，对应于 19—27 日的降温。第三次阻塞发生在 2 月 2 日，对应于第四次降温。我们注意到欧亚大陆一乌拉尔山的阻塞有明显的向东移动的特点，如第一次阻塞是由 1 月初大西洋一西欧上空阻塞东移至乌拉尔山，第二、三次乌拉尔山阻塞的东移特征也很明显，乌拉尔山阻塞的东移的特征将在后面进一步讨论。

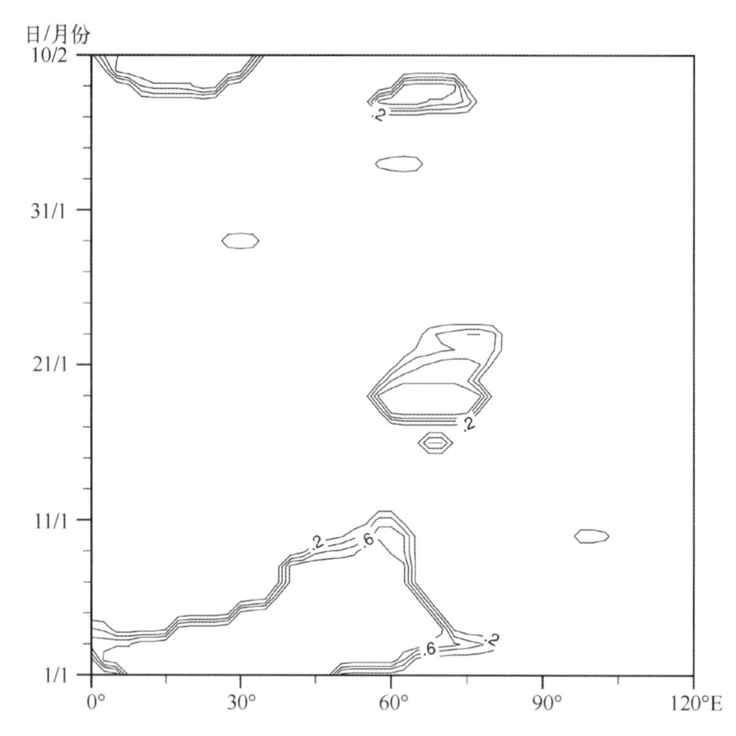

图 3.3.2 由 BI2010 阻塞指数计算的 60°—70°N 2008 年 1—2 月欧亚平均的阻塞高压的时间—纬向剖面图
阻塞结果经过平滑，等值线间隔为 0.2

从上面月平均和天气时间尺度上的 2008 年 1 月我国南方持续低温的环流和对应的乌拉尔阻塞高压的特点可以看到，乌拉尔山阻塞高压对 2008 年 1 月冷空气爆发、低温维持起到重要作用。乌拉尔山阻塞高压的年际变化与我国气候异常有什么样统计关系？图 3.3.3 是根据 TM90 阻塞指数计算的乌拉尔山阻塞高压发生频率和强度的年际变化时间序列，计算了乌拉尔山阻塞频率和阻塞强度相关为 0.84，说明两者在月平均时间尺度上是一致的，阻塞高压活动频繁，阻塞高压强度加强，因而我们下面的分析主要考虑乌拉尔山阻塞的频率。

我们选取 1960—2008 年中 1 月乌拉尔山阻塞频率大于 0.16，大约为乌拉尔山阻塞维持5 天以上的年共 8 年：1968，1969，1971，1972，1984，1988，2005，2008 年，若选取乌拉尔山阻塞平均活动频率为 0.23，阻塞维持约为 7 天，乌山阻塞的平均强度为 4.3 m(deg·lat)$^{-1}$。将上述 8 年的地表气温进行合成（图 3.3.4）。我国西北，华北，江南地区为显著的负温度距平区，西北地区的负温度距平中心值达到－3.5℃，江南地区的负温度距平中心值超过－1.5℃。

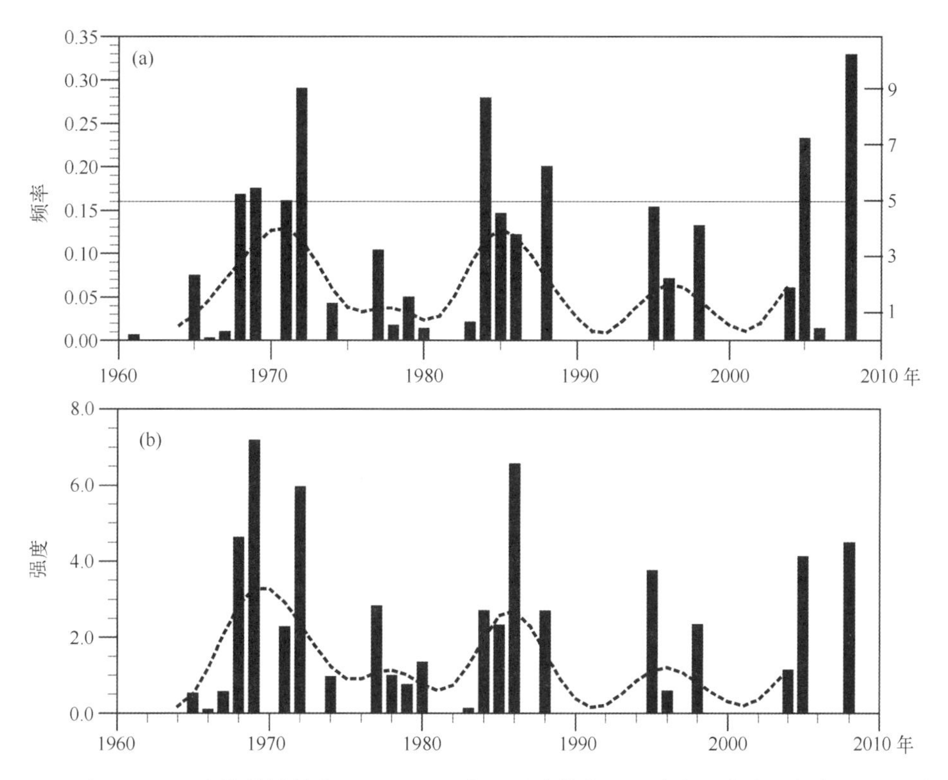

图3.3.3　由TM90阻塞指数计算的1960—2008年1月乌拉尔山阻塞高压的发生频率(a)和强度(b)
图中粗虚线为利用Lanczos滤波器滤去10 a以下部分,(a)中水平线表示阻塞频率为0.16(5天)

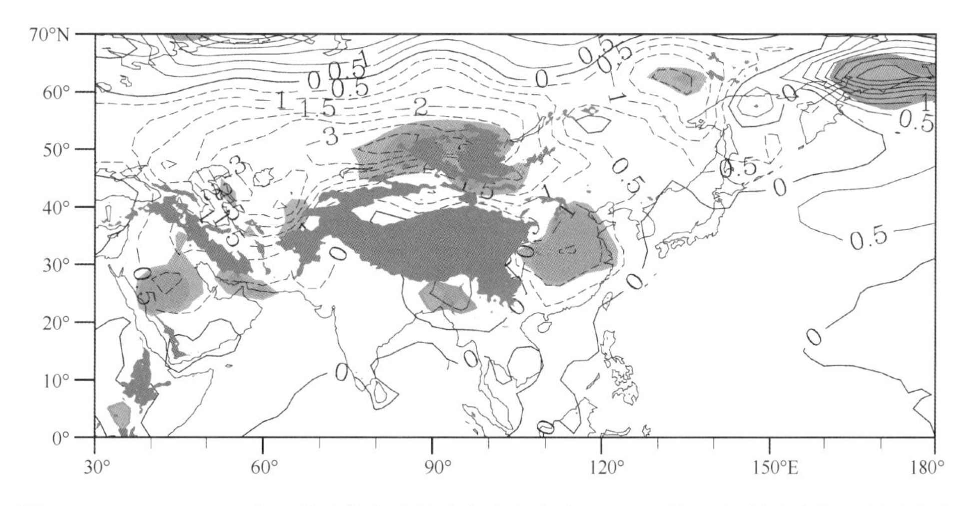

图3.3.4　1960—2008年1月乌拉尔山阻塞发生频率大于0.16(约5天)的地表气温距平合成
图中浅色和深色阴影分别表示通过90%和95%置信度水平,等值线间隔为0.5 K

遥相关型和阻塞型是中高纬度非常重要的持续性环流异常系统，两者有许多共同特征，研究指出遥相关型对阻塞环流有一定影响(Barriopedro *et al.*，2006)。AO/NAO 是北半球赤道外最为重要的遥相关型，AO 对冬季东亚地区气候异常变化有重要影响(Wu *et al.*，2011)，因而我们重点讨论 AO/NAO 与乌拉尔山阻塞型的关系。

阻塞高压在对流层中上层特征非常明显(Pelly *et al.*，2003)，通常用 500 hPa 位势高度或 500 hPa 位势高度距平来表征(Barriopedro *et al.*，2010)，图 3.2.5 给出 1 月 AO、NAO 与 500 hPa 位势高度的相关分布。可以看到 AO 在 500 hPa 高度呈现纬向对称分布特征，极地地区为显著的负相关，对应于极地低压(极涡)；中纬度地区为带状显著的正相关，北太平洋东亚沿岸、北大西洋地区为正相关的极大值区，对应于北半球的两大急流中心。中纬度的正相关带状区域在欧亚大陆上断裂，乌拉尔山地区为显著的负相关区域。乌拉尔山地区的负相关表明当 AO 为正位相时，乌拉尔山地区为负高度距平，负距平不利于该地区阻塞的建立和维持；当 AO 为负位相时，乌拉尔山地区为正高度距平，月时间尺度的正高度距平可能是由于乌拉尔山阻塞高压发生频率较高。以上说明，负位相 AO 对应的环流场特点有利于乌拉尔山阻塞发生频率较高。

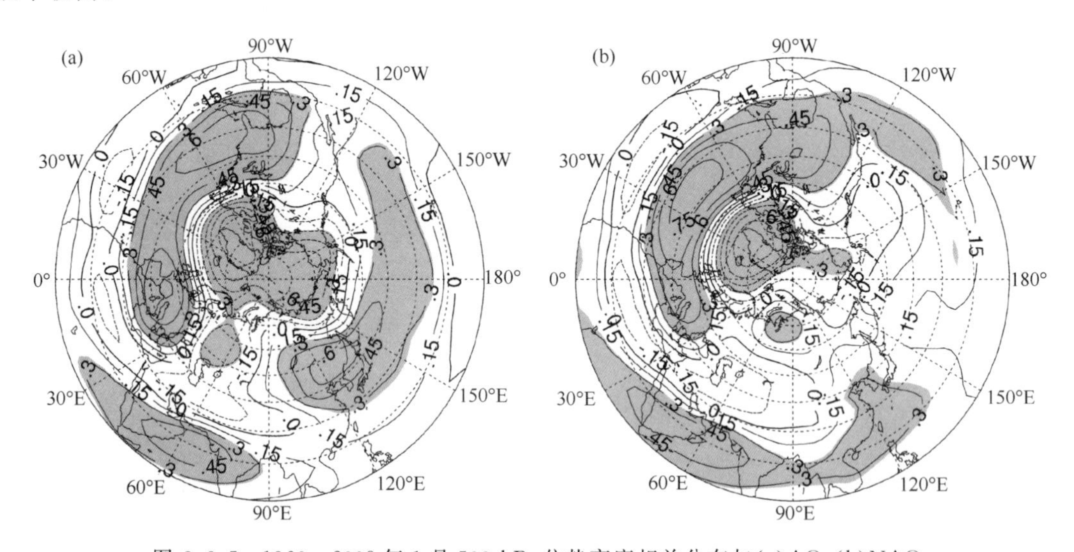

图 3.3.5　1960—2008 年 1 月 500 hPa 位势高度相关分布与(a)AO，(b)NAO
图中阴影为通过 95%置信度区域，等值线间隔为 0.15

NAO 在 500 hPa 高度场的显著相关主要表现在北大西洋上空，格陵兰岛上空为显著的负相关，对应于冰岛低压(IL)，冰岛低压中心在 500 hPa 上位于 30°W 以西地区；北大西洋中纬度地区为正相关分布，正相关中心位于 40°N 附近，对应于亚速尔高压(AH)；北非—西亚—东亚地区为正相关区，这可能对应于和 NAO 相联系的波导(Watanabe，2004)。北大西洋下游，乌拉尔山北侧为正相关分布，正相关中心位于在 70°N，这可能与 NAO 北侧中心冰岛低压向下游传播的波列有关(图 3.3.6)。

我们进一步利用阻塞指数来讨论 AO 与乌拉尔山阻塞的关系，根据 1 月 AO 指数选取 AO 异常年(表 3.3.1)，选取的标准为 1 月月平均 AO 指数的绝对值大于 0.6σ，AO 正异常年的 AO 平均指数为 1.81，AO 负异常年的 AO 平均指数为−2.26。AO 负异常年，BI2010 指数计算的乌拉尔山平均阻塞发生频率为 10.8%；AO 正位相乌拉尔山平均阻塞发生频率为

2.5%，AO正/负异常年乌拉尔山阻塞发生频率的差异超过99%置信度水平。统计结果表明AO负位相是有利于乌拉尔山阻塞发生偏多，乌拉尔山阻塞和NAO的关系并不显著。

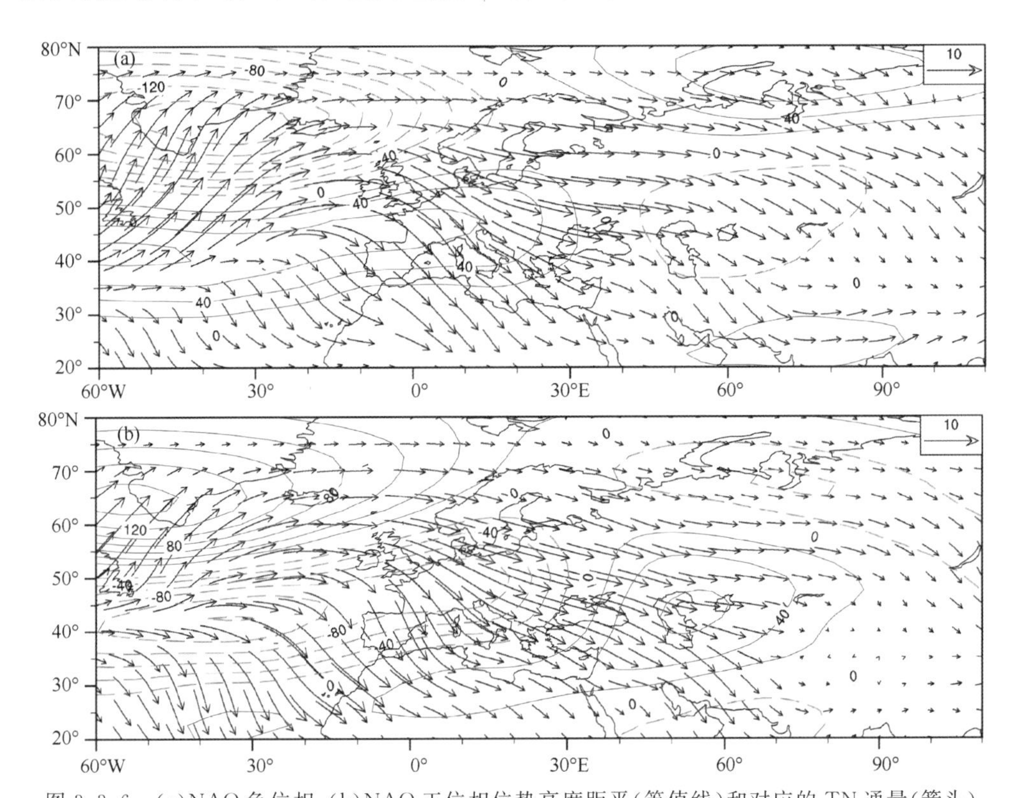

图3.3.6　(a)NAO负位相，(b)NAO正位相位势高度距平(等值线)和对应的TN通量(箭头)，NAO正(负)位相的选择标准为1.1(1.0)σ，红色和蓝色等值线分别表示正/负距平，等值线间隔为20 gpm

表3.3.1　1960—2008年1月AO正(负)异常年，标准为1月AO指数的绝对值大于0.6σ

AO(+)	1962，1973，1975，1983，1989，1990，1993，2000，2002，2007年
AO(−)	1960，1961，1963，1965，1966，1969，1970，1977，1979，1980，1985，1987，1996，1998，2004年

从上面分析的AO/NAO与乌拉尔山阻塞的统计关系可见，AO负位相对应乌拉尔山阻塞较为活跃。2008年1月乌拉尔山阻塞高压异常活跃(图3.3.1)，我国南方发生了持续的低温雨雪灾害；但2008年1月AO指数为0.819，这说明2008年1月乌拉尔山阻塞的发生不符合AO的统计关系。因此2008年1月乌拉尔山阻塞与AO/NAO的关系需要进一步讨论。

2008年1月乌拉尔山阻塞高压比较活跃，TM90指数计算的乌拉尔山阻塞的发生频率为0.33(10天左右)，阻塞强度为4.5m/deg，为1960—2008年1月中乌拉尔山阻塞发生频率最高。2008年1月乌拉尔山地区月平均500 hPa位势高度为正距平(图3.3.7)，正距平中心强度达到120 gpm，正距平中心位于65°N，对应于乌拉尔山阻塞发生的纬度较高，这和BI2010的计算结果(图3.3.1)是一致的。同时我们注意到上游冰岛低压的位置较气候态位置偏东，冰岛低压500 hPa气候态位置在格陵兰岛上空，2008年1月冰岛低压位置东移至30°W以东地区，冰岛低压和亚速尔高压组成的NAO偶极子呈现“东北—西南”向特点。乌拉尔山的正位势高度距平主要由与偏东冰岛低压向下游传播的Rossby波能量维持(图3.3.8)。

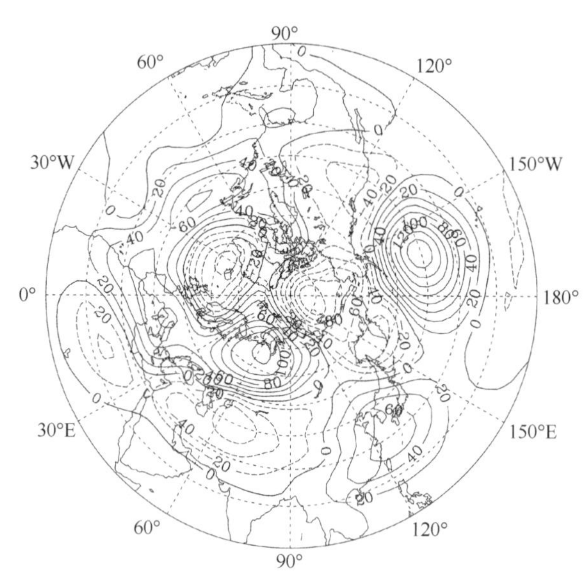

图 3.3.7　2008 年 1 月 500 hPa 高度距平场，等值线间隔为 20 gpm

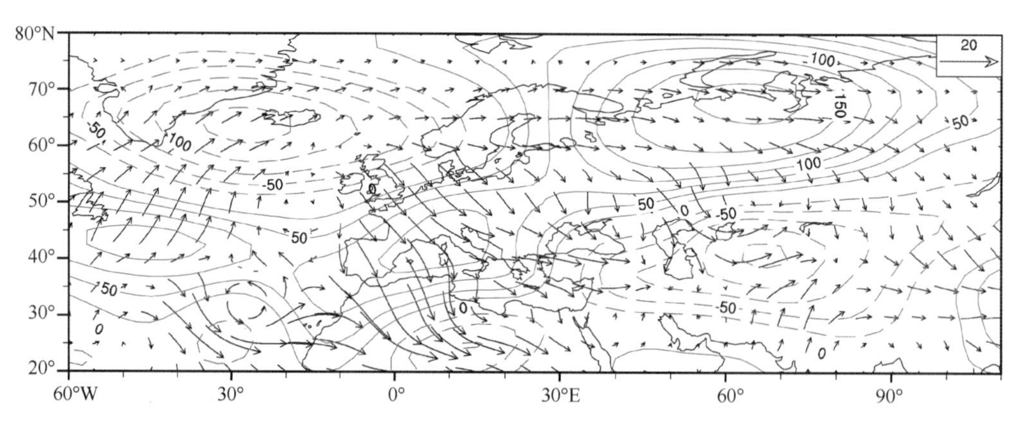

图 3.3.8　2008 年 1 月 300 hPa 位势高度距平（等值线）和对应的波作用通量（箭头）
红色和蓝色等值线分别表示正/负距平，等值线间隔为 25 gpm

2008 年 1 月乌拉尔山环流异常和偏东的冰岛低压关系在天气尺度上也非常明显。2008 年 1 月第一次降温过程和乌拉尔山阻塞过程（图 3.3.2）最为明显。2008 年 1 月乌拉尔山阻塞有明显的东移特征，第一次乌拉尔山阻塞东移特征最为明显。2008 年 1 月 1 日，欧洲大陆上空为 500 hPa 正位势高度距平，对应于欧洲大陆阻塞（图 3.3.9），正距平中心位置在 30°E，中心强度达到 450 gpm，欧洲大陆的正高度距平东缘达到乌拉尔山地区；上游冰岛低压位于格陵兰岛地区，对应于 500 hPa 格陵兰岛上空的负位势高度距平，负位势高度距平中心位于 45°W，中心强度超过 150 gpm。随后欧洲大陆阻塞和上游冰岛低压发生东移。1 月 7 日，欧洲大陆阻塞东移至乌拉尔山地区（60°E），上游冰岛低压位置也从格陵兰岛上空东移至 30°W 以东地区，NAO 偶极子呈现了“东北－西南”向特点，这和月平均时间尺度的结果是一致的。

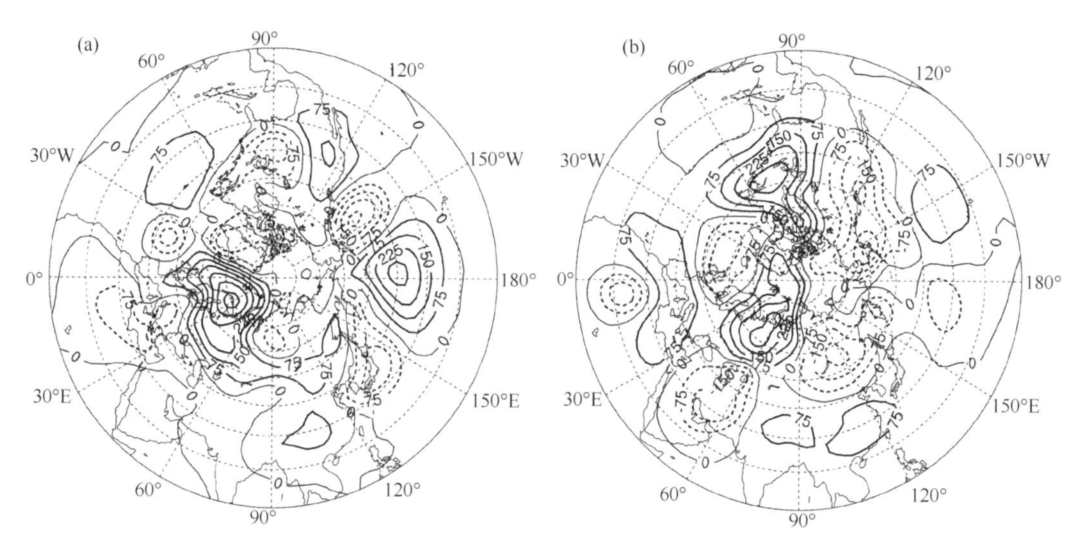

图 3.3.9 2008 年 1 月 500 hPa 高度距平场
(a)1 日;(b)7 日。等值线间隔为 75gpm

为了进一步讨论乌拉尔山阻塞和上游冰岛低压的关系,我们从历史资料中选取乌拉尔山阻塞发生和 AO 统计关系不一致的年(以下简称 UR－AO 事件)。正 UR－AO 事件是指 1 月 AO 为正位相,乌拉尔山地区阻塞发生频率较高;负 UR－AO 事件相反,是指 1 月 AO 为负位相,乌拉尔山地区没有阻塞发生。从 1960—2008 年中一共选出 4 个正 UR－AO 事件,3 个负 UR－AO 事件(表 3.3.2)。其中 URBF 是指由 TM90 阻塞指数计算的乌拉尔山阻塞高压发生频率,UHI 是 40°—70°E,45°—65°N 的月平均的 500 hPa 位势高度距平,可以从月平均时间尺度上反映乌拉尔山阻塞的强度。在正 UR－AO 事件中,AO、NAO 均为正位相,乌拉尔山阻塞平均发生频率为 0.261(约 8.1 天),平均 UHI 指数为 65.7 gpm,这说明在正 UR－AO 事件中,乌拉尔山阻塞发生较为频繁。在负 UR－AO 事件中,AO、NAO 均为负位相,乌拉尔山阻塞发生频率为 0,没有阻塞发生,UHI 平均为－81.9 gpm,对应 UR－AO 负事件中,乌拉尔山地区为月平均 500 hPa 位势负距平。

表 3.3.2 正负 UR－AO 事件对应的 AO、NAO 以及乌拉尔山阻塞频率(细节参见文中)

正 UR－AO 事件					负 UR－AO 事件				
年份	AOI	NAOI	URBF	UHI	年份	AOI	NAOI	URBF	UHI
1984	0.905	1.66	0.28	95.7	1982	－0.883	－0.89	0	－55.3
1988	0.265	1.02	0.201	43.7	1987	－1.148	－1.15	0	－70.0
2005	0.356	1.52	0.233	47.7	1997	－0.457	－0.49	0	－120.5
2008	0.819	0.89	0.33	75.7					

我们进一步检查 UR－AO 事件对应的环流特点,图 3.3.10 给出了合成的 UR－AO 的 500 hPa 位势高度距平场。在正 UR－AO 事件中,乌拉尔山地区为显著的正高度距平,距平中心位于 65°N,这和 2008 年 1 月的情况较为一致;上游冰岛低压位置偏东,中心位于 30°W 以

东，亚速尔高压、冰岛低压和乌拉尔山地区的环流异常组成的波列呈现向极地弯曲的特点，正UR－AO事件和2008年1月的情况是一致的。负UR－AO事件的环流特点基本相反，乌拉尔山地区为500 hPa负位势高度距平，距平中心位置在45°E，55°N，距平中心较正UR－AO事件中偏西偏南，上游的冰岛低压为正高度距平，表示冰岛低压减弱，位置也较气候态偏东，中心位于30°W以东地区，亚速尔高压、冰岛低压和乌拉尔山环流组成的波列呈现向低纬弯曲的特点。

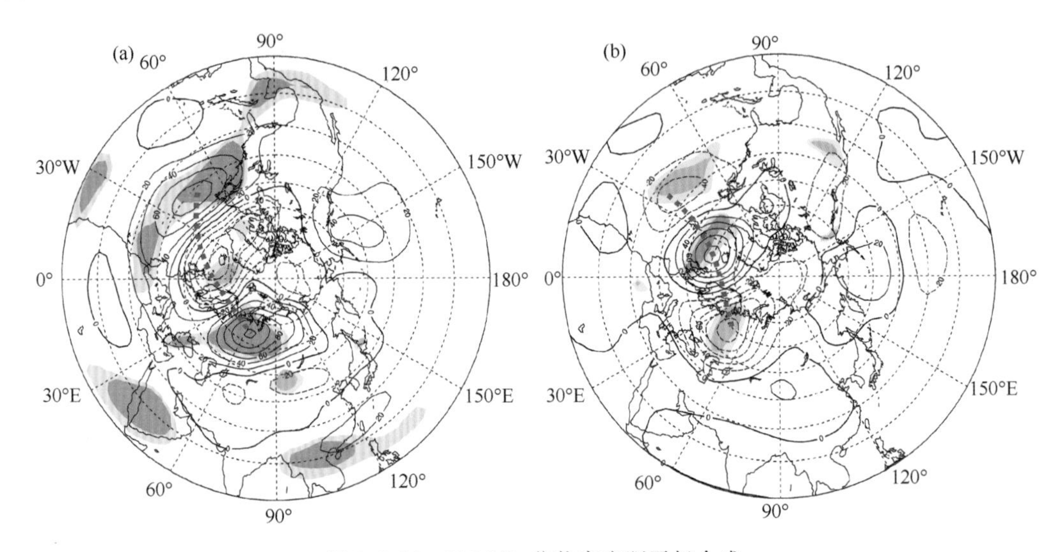

图 3.3.10　500 hPa 位势高度距平场合成
(a)正UR－AO，(b)负UR－AO事件，
图中浅色和深色阴影分别为通过95％和99％置信度水平，等值线间隔为20 gpm

UR－AO事件中，显著的环流场主要在乌拉尔山地区和上游北大西洋地区，这说明乌拉尔山地区的环流异常和上游NAO关系密切，乌拉尔山地区的环流异常主要由NAO向下游传播的Rossby能量维持(图3.3.11)，这和2008年1月情况也是基本一致的。另外，我们注意到在正UR－AO事件中，西太平洋地区为显著的正高度距平，表示西太副高偏强，这也是2008年1月我国南方出现持续降水的重要原因之一。

2008年1月UR－AO事件中乌拉尔山地区环流特点可能和上游冰岛低压位置偏东、NAO偶极子呈现"东北－西南"异常型有关，我们接着分析上游冰岛低压位置偏东的原因以及对乌拉尔山地区环流影响的可能物理过程。

北大西洋上空的急流气候态位于在45°N附近(图略)，使得中纬度的纬向风大于高纬度，NAO呈现西北－东南向特点。Luo等(2010)的通过动力模式分析指出北大西洋上空的急流分布特点对NAO异常型有重要作用。从图3.3.12可以看到，正/负UR－AO事件中，北大西洋上空的中高纬度(40°—60°N)纬向西风较AO正/负位相气候态是加强的，而副热带地区(20°—40°N)纬向西风较AO正/负位相是减弱的，对应的中高纬度的斜压性是加强的，副热带地区斜压性是减弱的。2008年1月北大西洋上空的急流分布特点和正UR－AO事件一致。

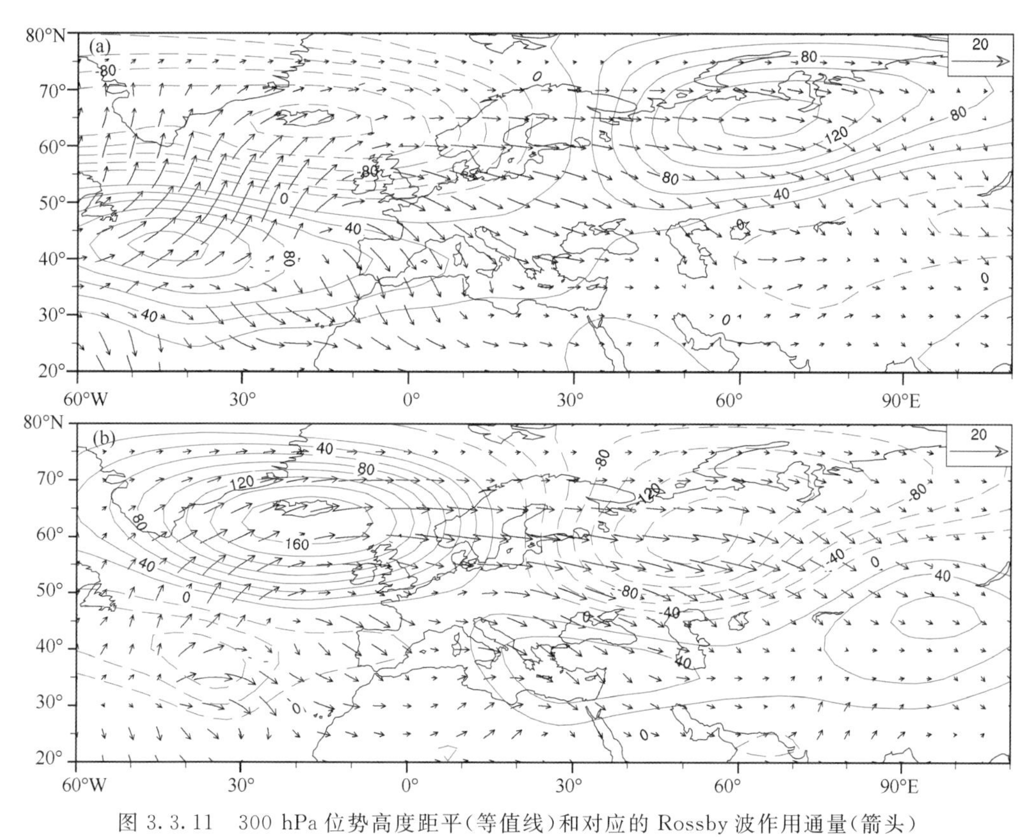

图 3.3.11　300 hPa 位势高度距平(等值线)和对应的 Rossby 波作用通量(箭头)

a)正 UR－AO,(b)负 UR－AO 事件，红色和蓝色等值线分别表示正/负距平，等值线间隔为 20gpm

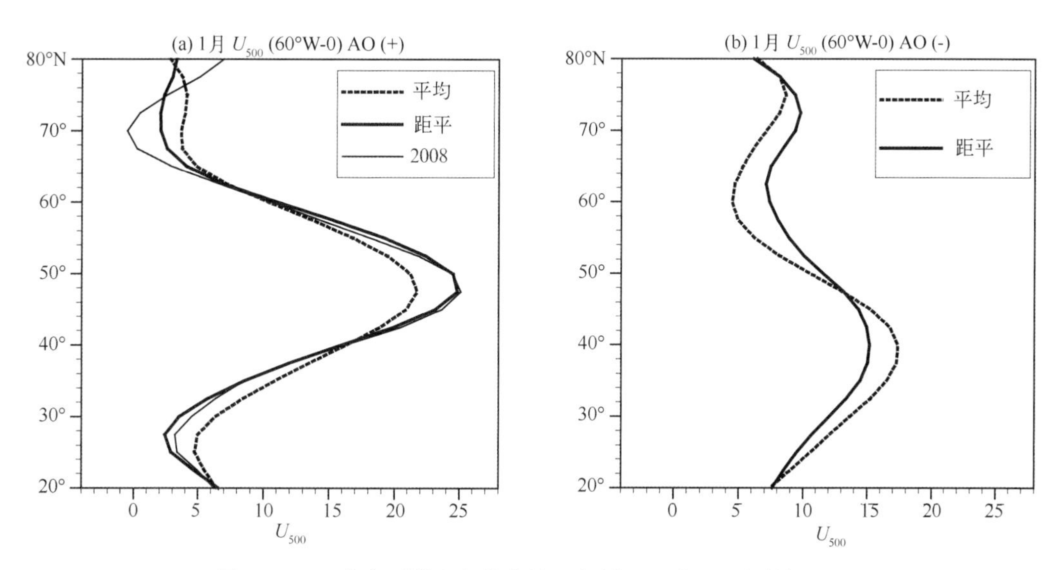

图 3.3.12　北大西洋上空纬向风经向剖面(60°W—0°平均)

(a)正 UR－AO;(b)负 UR－AO,实线为 UR－AO 事件纬向风平均

(a)和(b)中虚线分别为正、负 AO 纬向风平均,(a)中细线为 2008 年 1 月纬向风分布

纬向西风和 Rossby 波速密切相关，在 WKB 近似下，纬向 Rossby 波速 $C_x = U - \frac{(\beta - U'')}{k^2 + m^2}$，其中 U 为纬向西风，k 和 m 分别为纬向和经向波数，这里 $k = 2/(a_0 \cos\varphi_0)$，$a_0 = 6371$ km，$m = \pm 2\pi / L_y$。图 3.3.13 给出由北大西洋的纬向风计算得到的 Rossby 波速。北大西洋上空的纬向风分布特点和 Rossby 波速是一致的，中高纬度的 Rossby 波速较气候态偏大，副热带地区的 Rossby 波速较气候态减弱。根据 Luo 等(2010)的结果，北大西洋上空的纬向风和 Rossby 波分布特点是有利于 NAO 北侧活动中心冰岛低压位置偏东，NAO 呈现东北一西南向特点。因而北大西洋上空的急流分布特点解释了 UR－AO 事件和 2008 年 1 月中冰岛低压位置偏东。

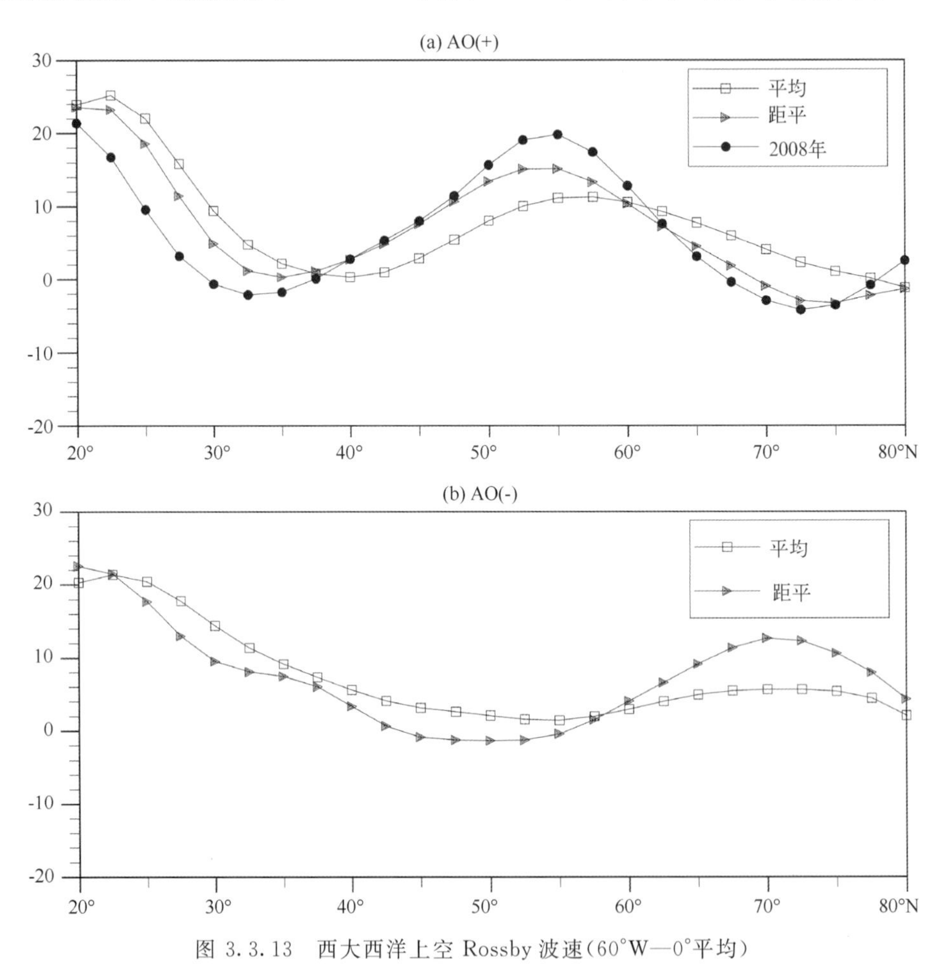

图 3.3.13　西大西洋上空 Rossby 波速(60°W—0°平均)

(a)和(b)中平均分别表示正、负 AO 纬向风平均，距平表示 UR－AO 事件 Rossby 波速距平

图 3.3.14 给出了 UR－AO 事件中欧洲大陆上空(20°—90°E)的纬向西风的分布特点。在正 UR－AO 事件中，高纬度地区(64°—80°N)纬向西风较气候态是加强，中纬度地区(40°—64°N)纬向西风是减弱，这有利于 Rossby 能量沿波导方向更多地向高纬传播，因而乌拉尔山地区的异常环流中心纬度偏高，异常环流中心位于 65°N，波列特点呈现了向极地弯曲的特点(图 3.3.10 a)。2008 年 1 月欧洲大陆西风异常特点较正 UR－AO 事件更为显著。

在负 UR－AO 事件中，欧洲大陆上空高纬度地区的纬向西风较气候态是减弱的，而中纬度地区纬向西风是增强的，这将有利于 Rossby 波能量更多地向中纬度地区传播。因而在负

UR－AO 事件中乌拉尔山地区的环流异常中心位置偏南(55°N 附近),波列呈现了向赤道弯曲的特点(图 3.3.10b)。欧洲大陆上空的纬向西风分布特点解释了正负 UR－AO 事件中,乌拉尔山地区环流异常中心在经向位置上的差异。

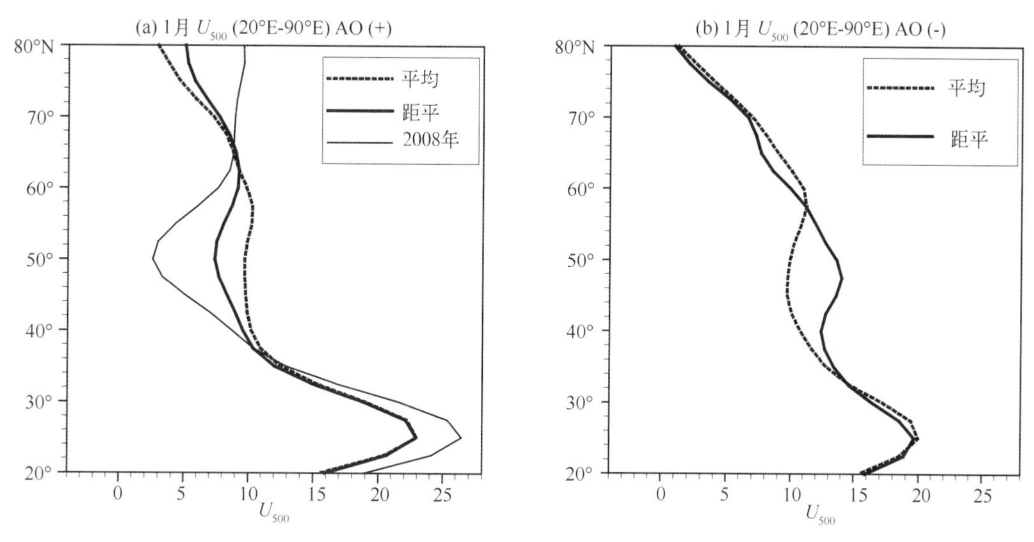

图 3.3.14　同图 3.3.12,但为欧洲大陆上空西风分布(20°—90°E 平均)

为了讨论上游位置偏东的冰岛对乌拉尔山地区环流的影响,我们分析了 UR－AO 事件中准定常行星波振幅(图 3.3.15)。可以看到正 UR－AO 事件中,纬向二波是显著加强的,纬向二波的波长是 90°,这将有利于 NAO 正位相时上游冰岛低压东移至 30°W,乌拉尔山地区(60°E)出现正高度距平,从而有利于乌拉尔山阻塞的发生。在负 UR－AO 事件中,纬向三波是显著加强,三波的波长是 60°,这解释了在 NAO 负位相时,乌拉尔山地区的负高度距平中心位置略偏西(45°E)。UR－AO 正负事件中,准定常行星波活动特点解释了乌拉尔山环流异常中心在纬向位置上的差异。

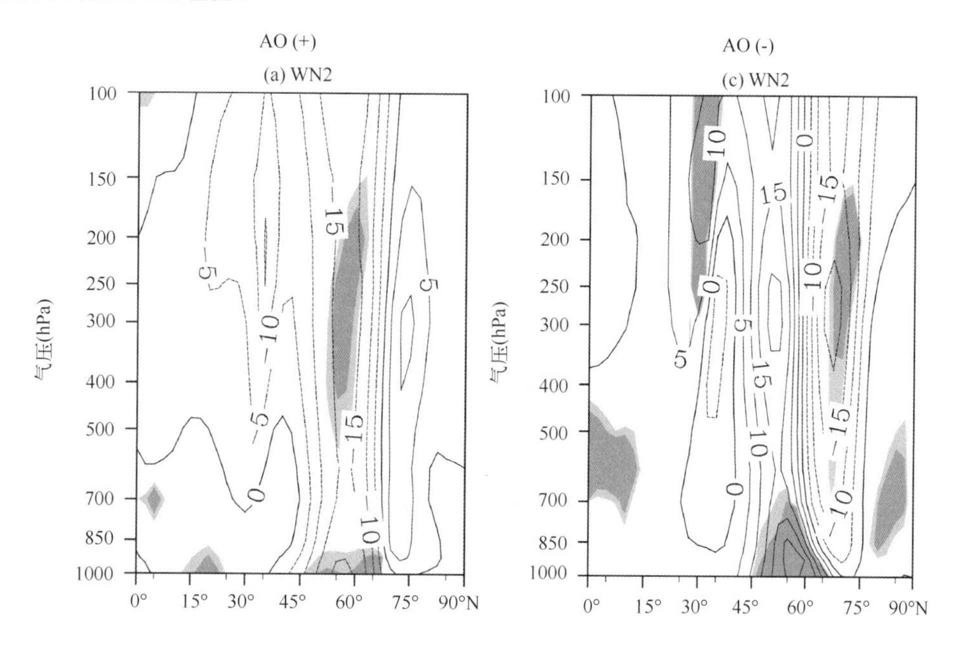

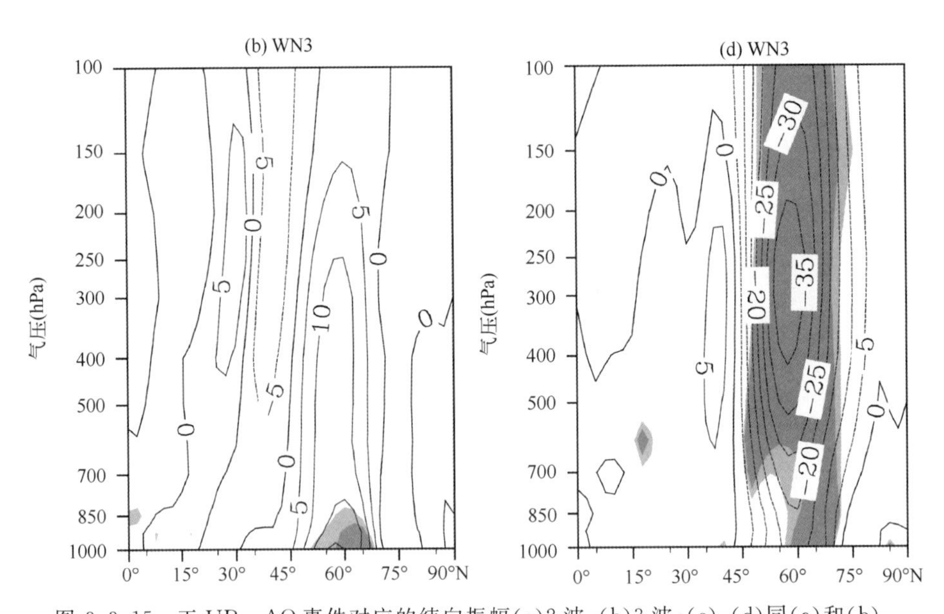

图 3.3.15　正 UR－AO 事件对应的纬向振幅(a)2 波，(b)3 波；(c)，(d)同(a)和(b)，但为负 UR－AO 事件，浅色和深色阴影分别表示通过 90%和 95%置信度水平，等值线间隔为 5 gpm

为了探讨正 UR－AO、负 UR－AO 事件的前期 12 月海温特征，图 3.3.16 给出前期 12 月正 UR－AO 和负 UR－AO 事件海温距平场，前期 12 月北大西洋中纬度(30°W－0°，40°—60°N)的海温关键区。

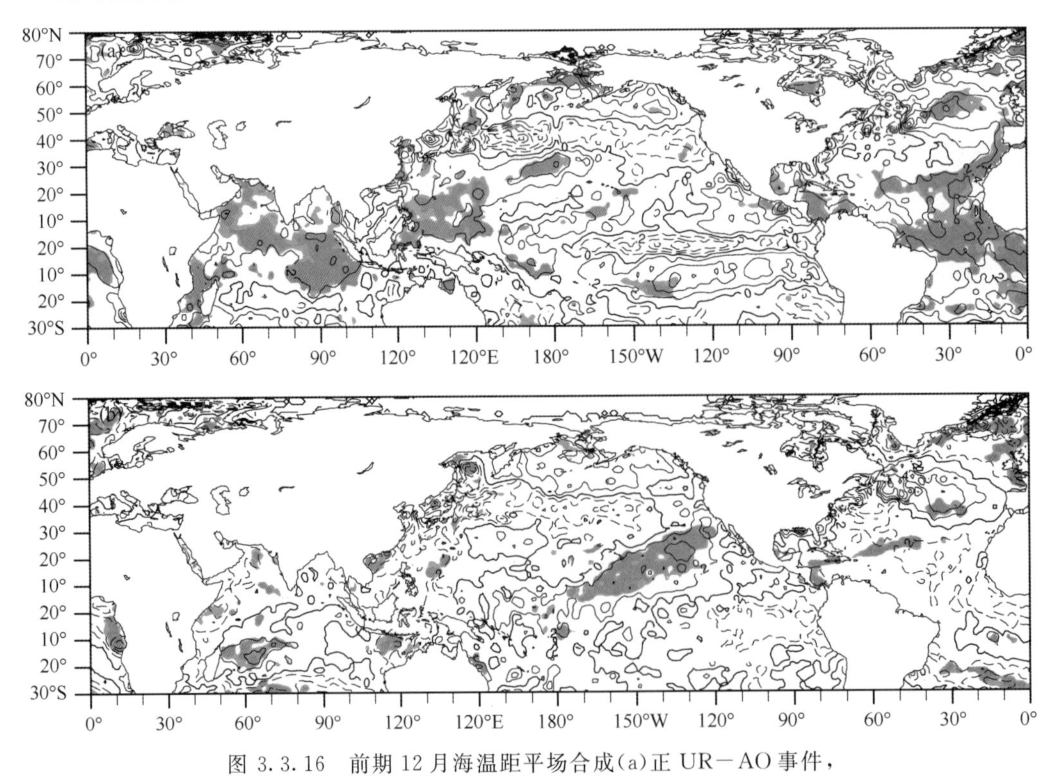

图 3.3.16　前期 12 月海温距平场合成(a)正 UR－AO 事件，(b)负 UR－AO 事件，图中浅色和深色阴影表示通过 95%和 99%置信度水平，等值线间隔为 0.2 K

图 3.3.17 给出前期 12 月北大西洋中纬度(30°W—0°,40°—60°N)海温回归的北大西洋上空 500 hPa 的纬向风,可以看到北大西洋中高纬度地区(40°—65°N)为显著的纬向风正距平,中低纬度地区(10°—40°N)为显著的纬向风负距平。这说明当前期北大西洋中纬度地区为正海温距平时,正海温距平北侧出现纬向西风距平,正海温异常南侧为纬向东风距平。通过回归分析,发现北大西洋中纬度的海温异常对后期局地上空的纬向风有一定影响。

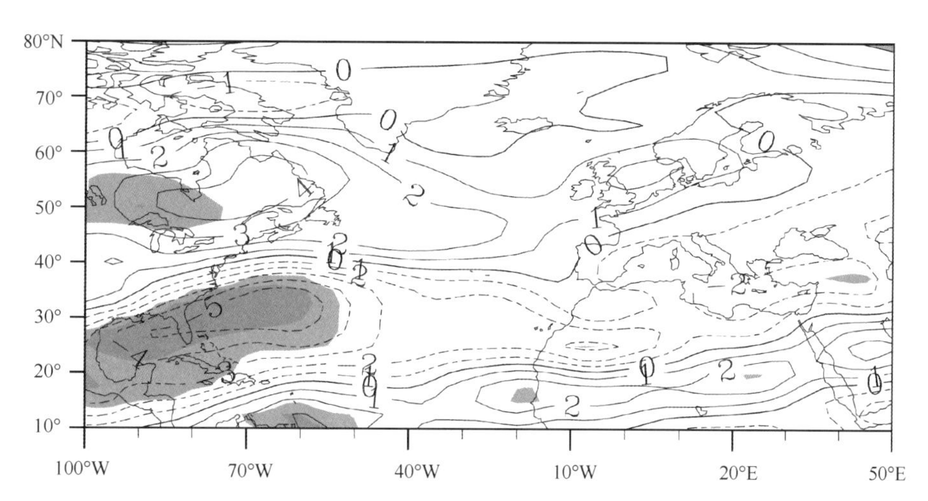

图 3.3.17　前期 12 月北大西洋海温(30°W—0,40—60°N)回归的 1 月 500 hPa 纬向风,图中浅色和深色阴影表示通过 95%和 99%置信度水平,等值线间隔为 1 m/s

北大西洋中纬度地区海温是如何影响局地的纬向风场的?当中纬度地区有正海温距平时,通过非绝热加热增加中纬度与高纬度地区热力对比,斜压性增强,由于热成风关系,其上空的纬向风增强;中纬度与低纬度的热力对比减小,斜压性减弱,其上空的纬向风减弱(图 3.3.18)。

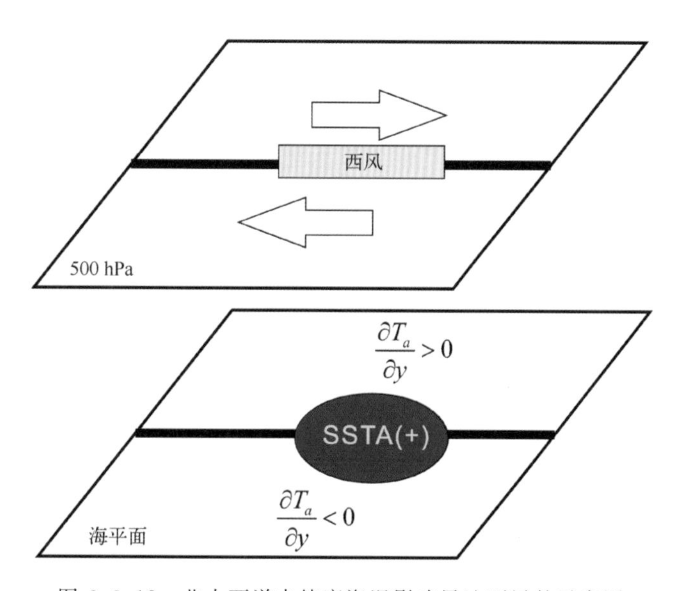

图 3.3.18　北大西洋中纬度海温影响局地西风的示意图

由上面分析可以看到，北大西洋中纬度正海温距平有利于中高纬度纬向西风加强，低纬度地区纬向风减弱。根据Luo等(2010)的结果，北大西洋中纬度正海温距平对应的环流特点将有利于冰岛低压位置偏东、NAO出现东北—西南向特点。为了证实这一推测，我们使用数值模式结果来进一步验证。

北大西洋中纬度地区有正海温异常时，模式中北大西洋的中高纬度地区纬向西风明显增强，中低纬度的纬向西风减弱(图3.3.19)，这和UR—AO事件中纬向风特点是基本一致的。

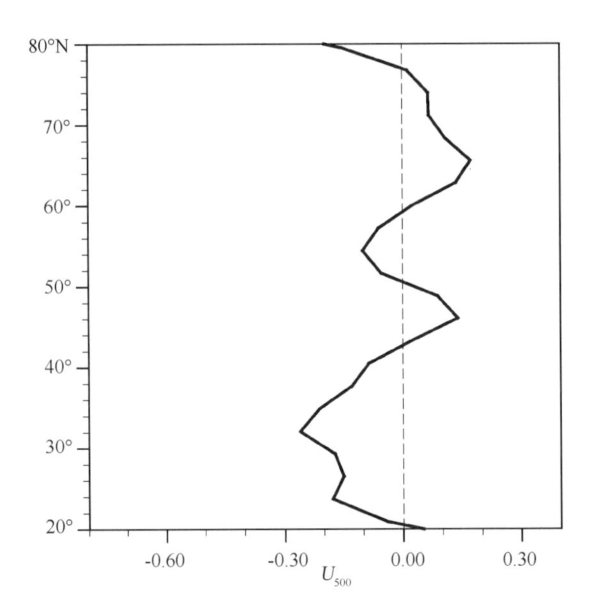

图3.3.19　敏感试验和控制试验北大西洋(60°W—0°)500 hPa纬向风差值的经向剖面

Luo等(2010)研究指出：NAO反映了高纬度冰岛低压和副热带地区亚速尔高压之间气压的反相变化，北大西洋地区(70°W—40°E，25°—80°N)月平均海平面气压进行EOF分析，其中第一模态即反映了NAO模态。

图3.3.20a给出了再分析资料的北大西洋海平面气压的EOF分析结果，这和NAO模态(图3.3.5)是非常一致的，其中北侧的活动中心冰岛低压位于冰岛上空，这比500 hPa上的活动中心略偏东(Ulbrich and Christoph，1999)。NAO的活动中心呈现南北对称分布，中心位于在30°W左右。ECHAM控制试验的结果和再分析资料是基本一致的，ECHAM控制试验SLP的第一模态是NAO。ECHAM控制试验中EOF1的解释方差为45.3%，这和再分析资料中的44.2%也是比较一致的。控制试验中NAO偶极子活动中心呈现南北对称分布，中心位置大约在30°W。和再分析资料相比，ECHAM控制试验中，NAO北侧活动中心位置略为偏西，且分裂为两个中心，分别位于格陵兰岛和冰岛上空，NAO偶极子呈现弱的西北—东南向特点。

在敏感试验中，北大西洋地区EOF的第一模态仍是NAO偶极子。EOF1的解释方差比再分析资料和ECHAM控制试验中均略偏小，为42.5%。在北大西洋中纬度地区加上正海温异常后，NAO北侧的活动中心冰岛低压出现了明显的东移，东移至0°附近，NAO偶极子呈现了东北—西南向特点，这和UR—AO事件中NAO偶极子异常型模态是基本一致的。

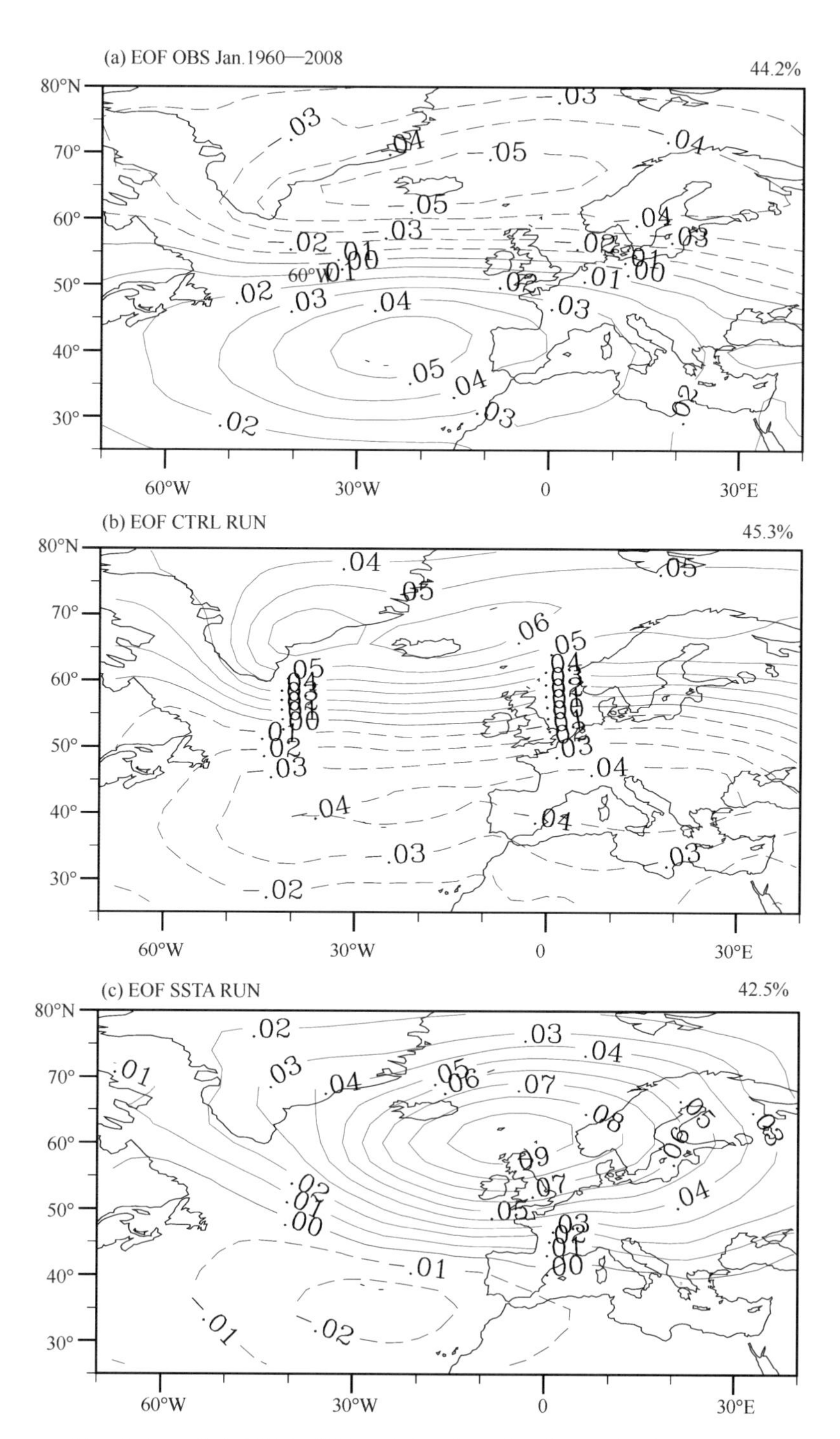

图 3.3.20 北大西洋(70°W—40°E,25°—80°N)海平面气压 EOF 分析
(a)为再分析资料结果,(b)为 ECHAM 控制试验结果,(c)为北大西洋海温敏感试验结果,红色和蓝色等值线表示正、负异常,等值线间隔为 0.01

由 EOF 分析结果看到当北大西洋中纬度有暖海温时，北大西洋中高纬度纬向西风会增强，中低纬度纬向西风减弱，NAO 偶极子会由原本的西北一东南向特点转变为东北一西南向特点。

本节从 2008 年 1 月我国南方地区持续性异常低温事件出发，重点讨论冬季（1 月）乌拉尔山阻塞环流的变化特点以及乌拉尔山阻塞和遥相关型 AO/NAO 的关系。乌拉尔山阻塞是影响冬季我国气温异常变化的一个重要的环流系统，乌拉尔山阻塞频数偏多，引起我国气温偏低；乌拉尔山阻塞偏少时，引起我国气温偏高。统计表明，冬季乌拉尔山阻塞和 AO 位相存在负相关关系，AO 负位相时，乌拉尔山阻塞发生频率较 AO 正位相偏多。2008 年 1 月乌拉尔山阻塞活动频繁，造成我国出现持续低温，但 2008 年 1 月持续的乌山阻塞活动并不符合与 AO 的统计关系，进一步分析发现，当北大西洋中纬度地区为正海温距平时，北侧加强的温度梯度有利于纬向西风加强，南侧减弱的温度梯度则有利于纬向西风减弱，北大西洋中纬度暖海温距平对应的纬向风异常，导致冰岛低压位置偏东，冰岛低压和亚速尔高压组成的 NAO 偶极子呈现"东北一西南"向特点，乌拉尔山地区的正位势高度距平主要由偏东冰岛低压向下游传播的 Rossby 波能量维持，从而有利于乌拉尔山阻塞加强（减弱）。ECHAM 模式结果进一步证实北大西洋中纬度暖海温与北大西洋纬向风异常以及 NAO 偶极子"东北一西南"异常型的关系。

参考文献

布和朝鲁等. 2008. 2008 年初我国南方雨雪低温天气的中期过程分析 I：亚非副热带急流低频波. 气候与环境科研究，**13**(4)：419-433.

符仙月. 2011. 中国大范围持续性低温事件的大气环流特征. 北京：中国科学院大气物理研究所硕士论文.

纪立人，布和朝鲁，施宁等. 2008. 2008 年初我国南方雨雪低温天气的中期过程分析 III：青藏高原一孟加拉湾气压槽. 气候与环境研究，**13**：446-458.

马晓青，丁一汇，徐海明，何金海. 2008. 2004/2005 年冬季强寒潮事件与大气低频波动关系的研究. 大气科学，**32**(2)：380-394.

谭桂容，陈海山，孙照渤等. 2010. 2008 年 1 月中国低温与北大西洋涛动和平流层异常活动的联系. 大气科学，**34**(1)：175-183.

陶诗言，卫捷. 2008. 2008 年 1 月我国南方严重冰雪灾害过程分析. 气候与环境研究，**13**(4)：337-350.

万寒，罗德海. 2009. 北半球冬季阻塞环流与 NAO 之间的关系. 热带气象学报，**25**(5)：615-620.

王遵娅，丁一汇. 2006. 近 53 年中国寒潮的变化特征及其可能原因. 大气科学，**30**：1068-1076.

叶笃正，陶诗言，朱抱真等. 1962. 北半球冬季阻塞形势的研究. 北京：科学出版社.

赵振国. 1999. 中国夏季旱涝及环境场. 北京：气象出版社.

Barr iopedro D, García-Herrera R, Lupo A R, *et al*. 2006. A climatology of Northern Hemisphere blocking. *J. Climate.*, **19**(6)：1042-1063.

Barriopedro D, García-Herrera R, Trigo R M. 2010. Application of blocking diagnosis methods to General Circulation Models. Part I：a novel detection scheme. *Clim. Dyn.*, **35**(7-8)：1373-1391.

Bell G D, Bosart L F. 1989. A 15-year climatology of Northern Hemisphere 500 mb closed cyclone and anticyclone centers. *Mon. Wea. Rev.*, **117**：2142-2164.

Berry G, Thorncroft C, Hewson T. 2007. African easterly waves during 2004-Analysis using objective techniques. *Mon. Wea. Rev.*, **135**：1251-1267.

Bueh C, Fu X Y, Xie Z W. 2011b. Large-scale circulation features typical of wintertime extensive and persistent low temperature events in China. *Atmospheric and Oceanic Science Letters*, **4**：235-241.

Colucci S J. 2010. Stratospheric influences on tropospheric weather systems. *Journal of the Atmospheric Sciences*, **67**(2)：324-344.

Craig R A, Hering W S. 1959. The stratospheric warming of January-February 1957. *J. Meteor.*, **17**：91-107.

Dole R M. 1986. Persistent anomalies of the extratropical Northern Hemisphere wintertime circulation：

structure. *Mon. Wea. Rev.*, **114**(1): 178-207.

Hoskins B J, McIntyre M E, Robertson A W. 1985. On the use and significance of isentropic potential vorticity maps. *Quart. J. R. Met. Soc.*, **111**: 877-946.

Hsieh Y P. 1949. An investigation of a selected cold vortex over North America. *Journal of Meteorology*, **6**(6): 401-410.

Hsieh Y P. 1950. On the formation of shear lines in the upper atmosphere. *Journal of Meteorology*, **7**(6): 382-387.

Kalnay E, Kanamitsu M, Kistler R, *et al*. 1996. The NCEP/NCAR 40-year reanalysis project. *Bull. Amer. Meteor. Soc.*, **77**(3): 437-471.

Li S. 2004. Impact of Northwest Atlantic SST anomalies on the circulation over the Ural Mountains during early winter. *J. Meteor. Soc. Jpn.*, **82** (4): 971-988.

Luo D, Zhu Z, Ren R, *et al*. 2010. Spatial pattern and zonal shift of the north atlantic oscillation. partI: a dynamical interpretation. *J. Atmos. Sci.*, **67**(9): 2805-2826.

Nan S, Zhao P. 2012. Snowfall over central-eastern China and Asian atmospheric cold source in January. *Int. J. Clim.*, **32**(6): 888-899.

Nieto R, Gimeno L, Anel J A. *et al*. 2007. Analysis of the precipitation and cloudiness associated with COLs occurrence in the Iberian Peninsula. *Meteor. Atmos. Phys*, **96**: 103-119.

Palmén E. 1949. Origin and Structure of High-Level Cyclones South of the Maximum Westerlies. *Tellus*, **1**:22-31.

Palmén E, Nagler K M. 1949. The formation and structure of a large-scale disturbance in the westerlies. *Journal of Meteorology*, **6**: 228-242.

Parker S S, Hawes J T, Colucci S J, *et al*. 1989. Climatology of 500mb Cyclones and Anticyclones, 1950-1985. *Mon. Wea. Rev.*, **117**(3): 558-571.

Pelly J L, Hoskins B J. 2003. A new perspective on blocking. *J. Atmos. Sci.*, **60**(5): 743-755.

Peng J B, Bueh C. 2011. The definition and classification of extensive and persistent extreme cold events in China. *Atmospheric and Oceanic Science Letters*, **4**(5): 281-286.

Peng Jingbei, Bueh Cholaw. 2012. Precursory Signals of the Extensive and Persistent Extreme Cold Events in China. *Atmospheric and Oceanic Science Letters*, **5**(3): 252-257.

Rex D F. 1950. Blocking action in the middle troposphere and its effect upon regional climate. *Tellus*, **2**, 196-211.

Rivière, G, A. Laené, G. Lapeyre, D. Salas-Mélia, and M. Kageyama. 2010. Links between Rossby wave breaking and the North Atlantic Oscillation-Arctic Oscillation in present-day and Last Glacial Maximum climate simulations. *J. Climate*, **25**: 2987-3008.

Small D, AtallahE Gyakum J R. 2014. An objectively determined blocking index and its Northern Hemisphere climatology. *J. Climate*, **27**: 2949-2970.

Taguchi M. 2003. Tropospheric Response to Stratospheric Sudden Warmings in a Simple Global Circulation Model. *Journal of Climate*, **16**(18): 3039-3049.

Tibaldi S, Molteni F. 1990. On the operational predictability of blocking. *Tellus A*, **42** (3): 343-365.

Ulbrich U, Christoph M. 1999. A shift of the NAO and increasing storm track activity over Europe due to anthropogenic greenhouse gas forcing. *Clim. Dyn.*, **15**(7): 551-559.

Watanabe M. 2004. Asian jet waveguide and a downstream extension of the north atlantic oscillation. *J. Climate*, **17**(24): 4674-4691.

Wen M, Yang S, Kumar A, Zhang P. 2009. An Analysis of the Large-Scale Climate Anomalies Associated with the Snowstorms Affecting China in January 2008. *Monthly Weather Review*, **137**(3): 1111-1131.

Wu B, Su J, Zhang R. 2011. Effects of autumn-winter Arctic sea ice on winter Siberian High. *China. Sci. Bull.*, **56**(30): 3220-3228.

Zhou W, Chan J C L, Chen W, *et al*. 2009. Synoptic-scale controls of persistent low temperature and icy weather over southern china in January 2008. *Mon. Wea. Rev.*, **137**(11): 3978-3991.

第 4 章 大范围持续性极端低温事件的平流层环流特征

第 3 章给出了 EPECE 的对流层前兆信号。本章将重点介绍 EPECE 的平流层前兆信号。由于平流层环流异常具有易于识别(空间范围大、持续时间长)的特点,且通常会向下传播至对流层并影响那里的天气气候,因此充分利用平流层前兆信号可能有助于提高 EPECE 的中期—延伸期预报水平。为此,本章 4.1 节首先描述了 EPECE 的前期平流层环流特征。4.2 节则依据全部 52 次 EPECE 出现的一致性的前期平流层信号,提出一种客观的平流层信号提取方法。最后,为预测低温事件能否持续,4.3 节还定性地提出了其平流层环流异常的判别条件。

4.1 EPECE 与平流层环流异常的关系

本节利用 NCEP 资料对 1948 年到 2009 年 11 月 1 日—3 月 31 日平流层和对流层大气环流的逐日资料,探讨我国 EPECE 与平流层环流异常的关系。挑选第 2 章定义 24 个全国类 EPECE(见表 2.1.1)。选取全国类 EPECE 是因为它们出现次数最多,极端低温分布范围最广。我们对这 24 次 EPECE 进行了合成分析,讨论 EPECE 在其发生时间及其前后环流系统的时空变化特征,主要目的是为揭示平流层大气环流系统对对流层的影响,提取平流层影响我国 EPECE 的前期信号。这里将每个 EPECE 的开始日期记为第 0 天。开始日期前(后)n 天,记为第 $-n(n)$ 天。

4.1.1 500 hPa 高度距平场演变

符仙月(2011)发现,EPECE 的发生与对流层中层亚洲大陆的大型斜脊斜槽(以巴尔喀什湖到贝加尔湖为界,西北为斜脊,东南为斜槽)有关。为进一步研究 EPECE 的发生、发展和消亡过程所对应的大气环流形势及差异,本节利用 500 hPa 的高度距平场进行合成分析,研究在 EPECE 期间及其前后的距平场演变特征。

图 4.1.1 表示 EPECE 所对应的 500 hPa 高度(异常)距平场的变化情况。第 −14 天,北极地区有一显著的高度正异常环流系统,中心强度 60 gpm。首先看北极地区正异常环流系统的位置变化,从第 −14 天到第 −8 天,该中心位于新地岛以北的北冰洋地区;此后该中心向东南方向移动,第 −2 天,移到乌拉尔山地区;EPECE 发生时该中心已移到西西伯利亚,此后一直维持到第 10 天,虽缓慢向东南移动,但都在西西伯利亚。其次看它的强度变化,此正异常中心强度随时间不断增强,在第 2 天,中心强度达到最大,为 200 gpm;随后该中心强度随时间不断减弱,在 EPECE 发生时间第 10 天,已减弱为 60 gpm。其三,我们看北极地区正异常环流系统的影响范围,第 −14 天,正异常环流系统显著影响北冰洋地区;随后影响范围向四周扩大,

到第－4天,显著影响范围向东可到东西伯利亚,向南伸展到里海,该影响范围一直持续到第8天;到第10天,显著的影响范围明显缩小,只留下西面一块(图略)。因此,北冰洋地区正高度异常的东南移及发展,促使乌拉尔山地区高度异常的发展,为大型斜脊的建立、发展和稳定提供了有利条件。

图4.1.1的另一个主要特征是在贝加尔湖的西南方向有负异常环流发生发展。在第－12天,可看到在贝加尔湖西南方向显著的负高度异常正在发生,它与北太平洋上的负异常连成一片,但中心在北太平洋;第－10天,贝加尔湖西南方向负高度异常迅速增强到－60 gpm。若以负距平中心外围的距平零线作为其影响范围的标志,则由第－12天至第－10天,其影响范围也显著扩大;此后贝加尔湖西南方向负高度异常不断增强并向东移动,到第－2天,负高度异常中心强度已达最强,为－160 gpm;随后负高度异常继续向东南方向移动,影响范围东可到东北亚,西可到中东,南可到青藏高原,北可到贝加尔湖;到第6天,中心已到日本海,中心强度也减弱到－80 gpm。因此,贝加尔湖西南方负高度异常的东南移及发展,促使亚洲大陆异常负高度的发展,为大型斜槽的建立、发展和稳定提供了有利条件。

综上所述,EPECE与亚洲大陆异常环流系统有关。在第－10天,新地岛附近和贝加尔湖以西分别为高度正异常和负异常,并且不断增强和向东南移动,促使乌拉尔山地区正高度异常和贝加尔湖地区负高度异常的发展,为大型斜脊斜槽的建立、发展和稳定提供了有利条件。在EPECE结束时,高度正异常和负异常明显减弱,并且贝加尔湖的负异常中心已东移入海(图4.1.1,第6天)。这些结果与我们前面的有关分析是一致的。

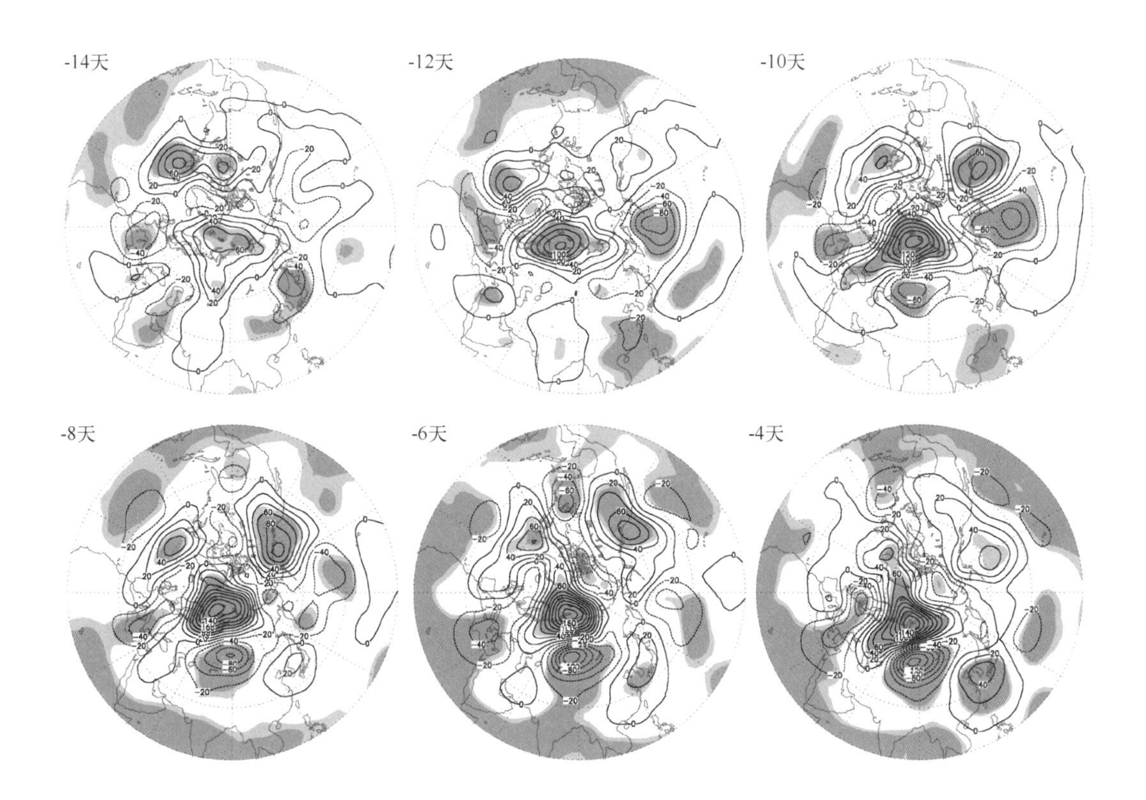

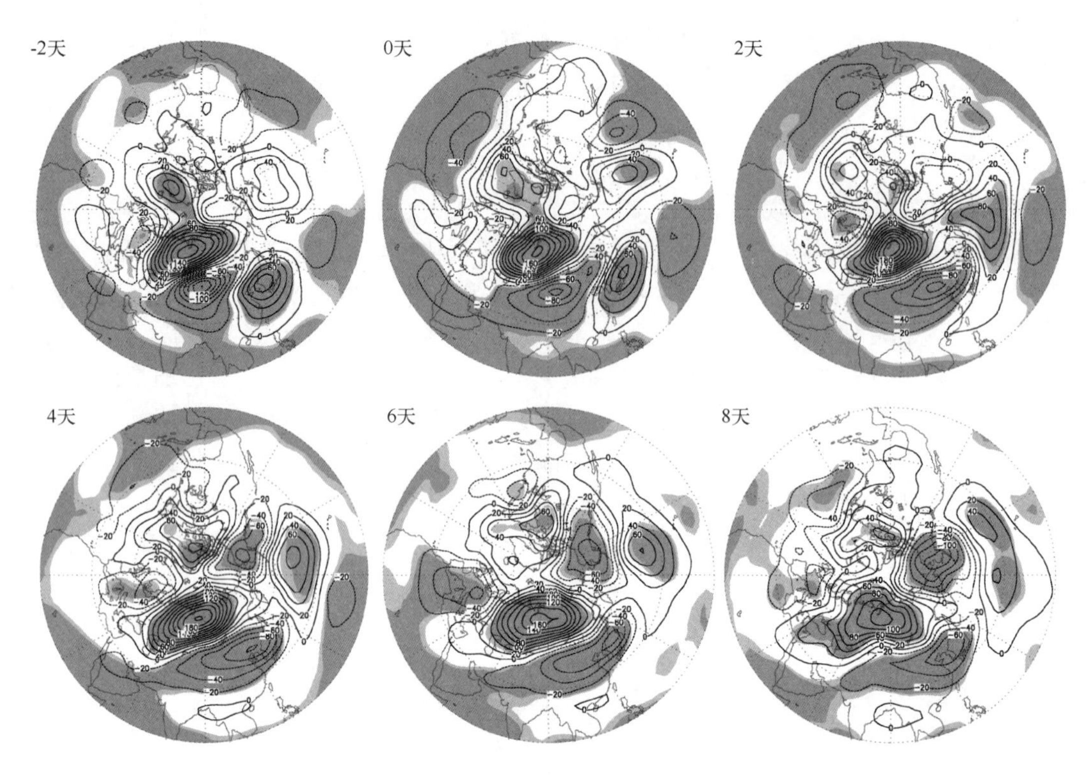

图 4.1.1　EPECE 合成的 500hPa 高度距平(等值线间隔为 1 gpm)
图中深、浅阴影处分别为达到显著性水平 0.05 和 0.10 的地区

4.1.2　20 hPa 高度距平场演变

上节的分析表明,对流层中层新地岛附近和贝加尔湖西南方的正、负异常环流系统的发生发展对我国 EPECE 具有重要的影响。而一些研究还表明,对流层槽脊与平流层环流异常的发生有关(李琳等,2010;陶诗言和陈隆勋,1964)。为了进一步研究我国 EPECE 的发生、发展和消亡过程所对应的平流层环流形势及差异,利用 20 hPa 的高度距平场进行合成分析。

图 4.1.2 给出 20 hPa 高度距平场的变化情况。第－14 天,东半球的北极地区平流层高度场为显著的正异常,中心强度为 160 gpm;随后不断增强,到第－10 天,中心强度达到最大为 260 gpm;此后强度逐渐减弱,到 EPECE 发生时,中心强度减弱到 160 gpm;随后强度又开始增加,到第 6 天,中心强度增加到 260 gpm;然后又减弱。此正高度异常系统在第－4 天以前,中心位于新地岛附近,然后向东南移动,在第 8 天,中心移到西伯利亚。这与上节的对流层分析中新地岛附近的正高度异常的移动很好地相配合(图 4.1.1,第 8 天)。

值得注意的是中纬度显著的负异常,该负异常在 EPECE 发生前显著,在第－10 天最强,中心强度－60 gpm 左右。第－2 天,随着西伯利亚正异常的南扩,负异常南移。这与对流层贝加尔湖西南方负高度距平的活动也很一致。

所以,EPECE 的发生与平流层亚洲大陆北极高度正距平和中纬度高度负距平的有关。

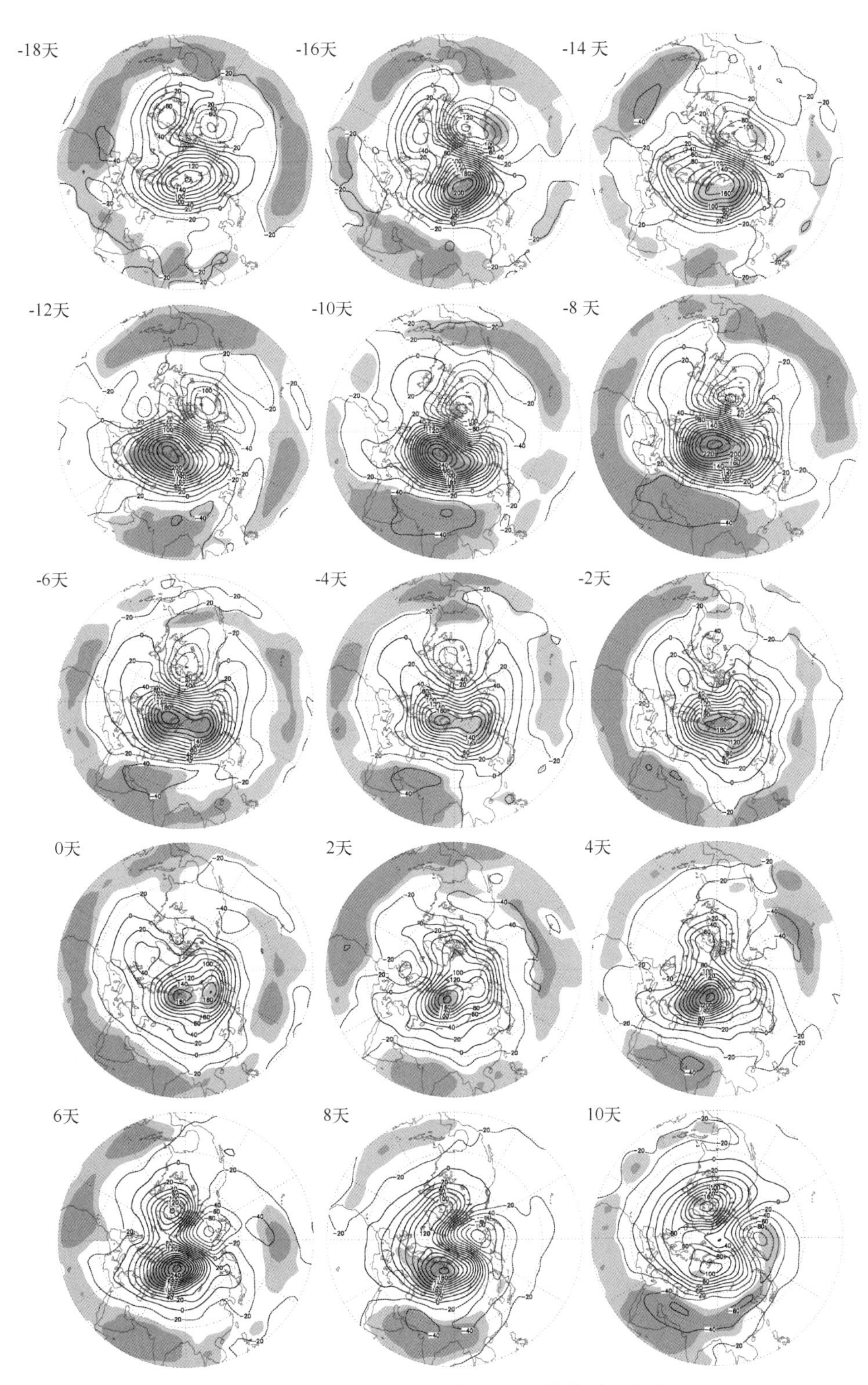

图 4.1.2　EPECE 合成的 20 hPa 高度距平(等值线间隔为 1 gpm)
图中深、浅阴影处分别为达到显著性水平 0.05 和 0.10 的地区

4.1.3 异常系统的三维特征

前面说到影响我国 EPECE 的两大异常环流系统：乌拉尔山地区高度正异常和贝加尔湖西南方高度负异常。图 4.1.3 是反映乌拉尔山地区的高度距平的垂直剖面。其中图 4.1.3a 图为低温发生时 60°—70°N 的平均剖面图。图 4.1.3b 为与 40°—80°E 的平均剖面图。从该图可以明显地看到，乌拉尔山所在的经度和纬度地区从平流层到对流层皆为强正高度距平。

图 4.1.4 是反映贝加尔湖西南方大型斜槽的高度距平垂直剖面。分别为 40°—50°N 平均（图 4.1.4a 图）与 80°—100°E 平均（4.1.4b 图）的剖面图。从该图可以看出，贝加尔湖西南侧从平流层低层到对流层皆为强负高度距平，而平流层中、高层为正高度距平。

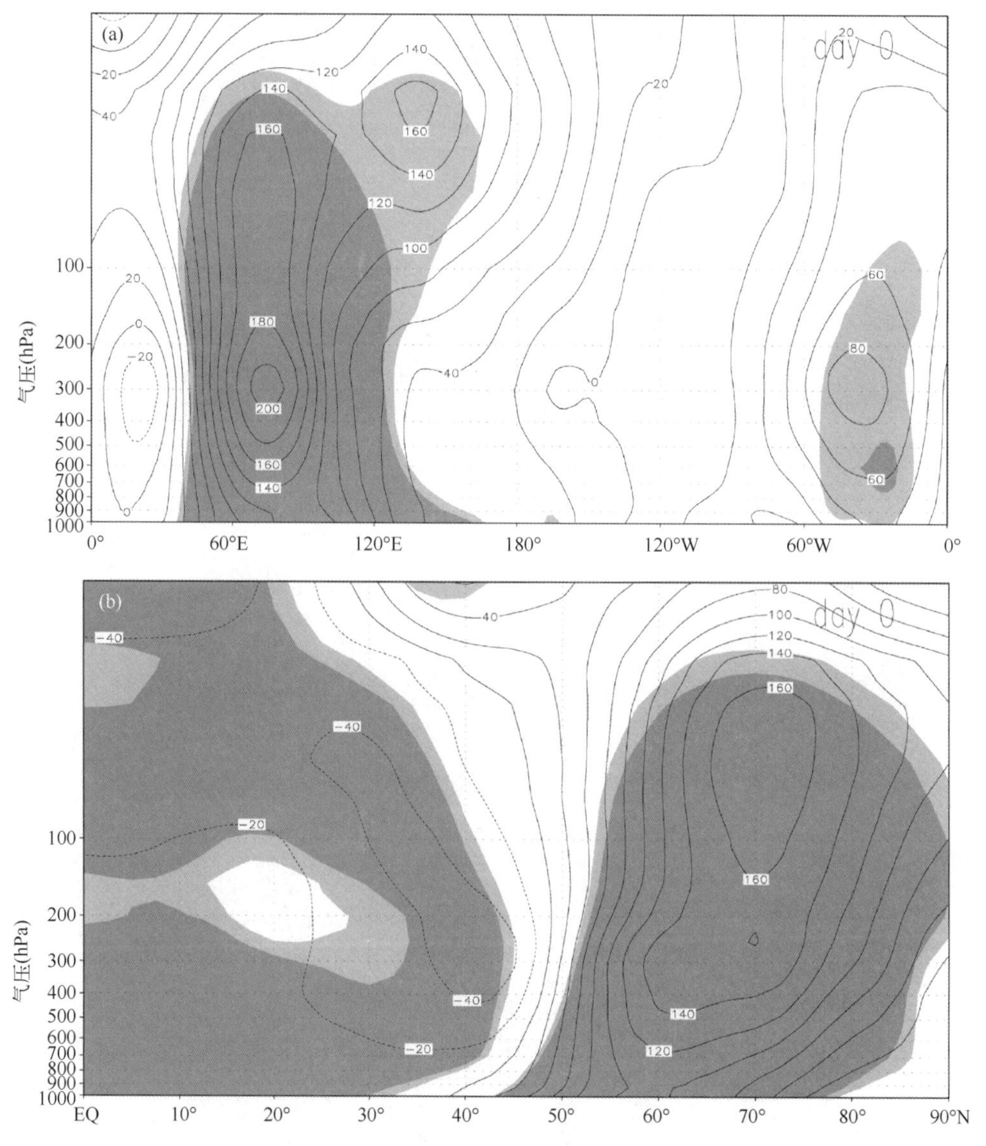

图 4.1.3　EPECE 合成的沿（a）60°—70°N 平均及（b）40°—80°E 平均的高度距平的经度纬度－气压剖面图（等值线间隔为 1 gpm）。图中深、浅阴影处分别为达到显著性水平 0.05 和 0.10 的地区

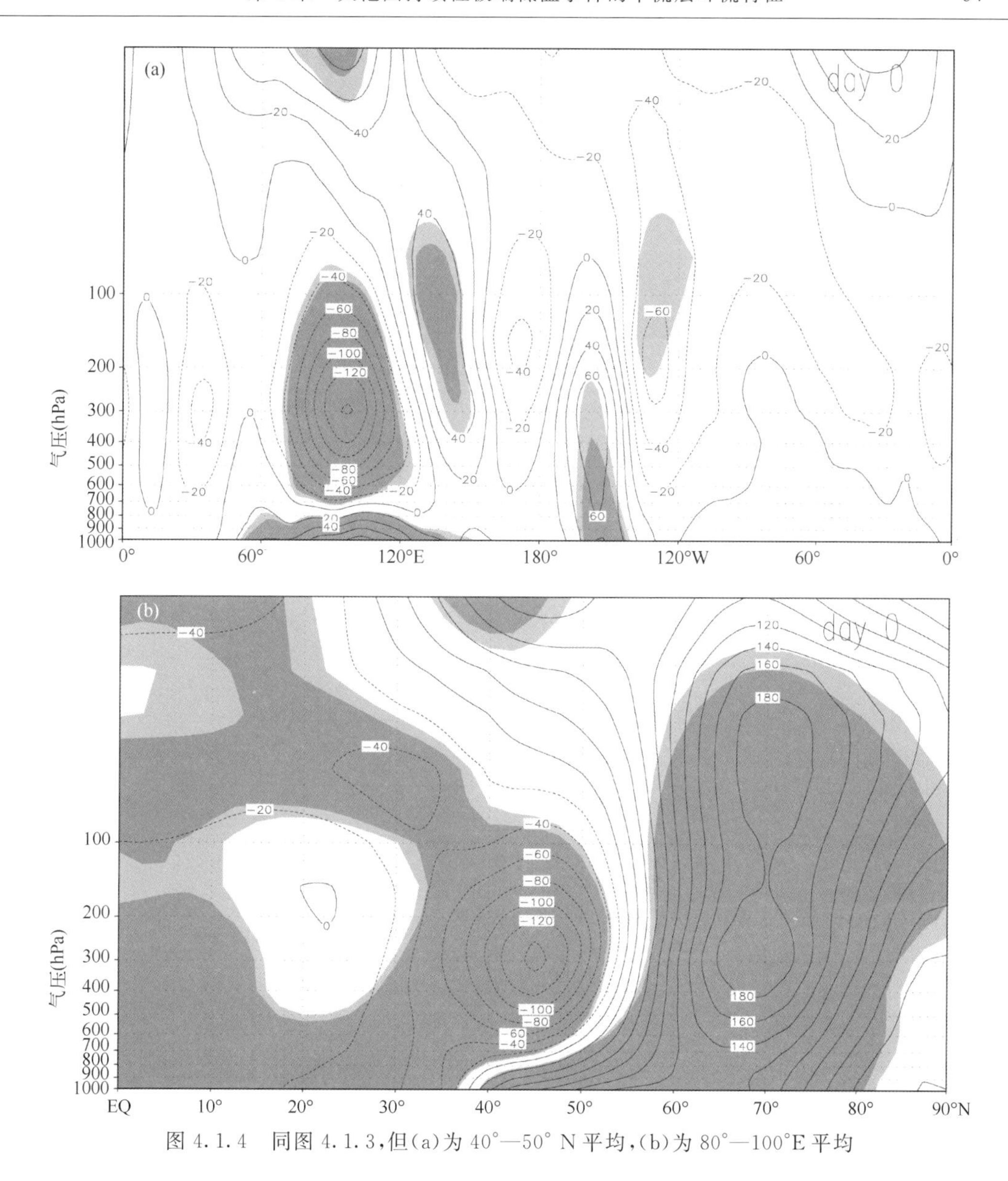

图 4.1.4　同图 4.1.3,但(a)为 40°—50° N 平均,(b)为 80°—100°E 平均

4.1.4　垂直传播特征

前面的分析指出,对流层的异常与平流层有关。在 EPECE 中,平流层的信号是否能够下传到对流层?若能,它们又是如何下传的?为此,我们先对前面讨论的乌拉尔山正高度异常环流系统进行分析。图 4.1.5 是 EPECE 合成的(65°—75°N)平均高度距平的经度垂直剖面图。EPECE 期间,亚洲地区从对流层到平流层是一致的正高度距平,但从距平的变化来看,正高度距平是从平流层向对流层发展的。在第－14 天到第－10 天,正高度距平中心位于平流层上层,强度从 160 gpm 增强到 280 gpm,这个正距平有明显的下传趋势。到第－6 天,正高度距平中心下传到平流层中层,并在第－4 天对流层中上层 60°—80°E 形成一个正高度距平中心,强度 160 gpm,但此时,中心主体还在平流层中层,为 180 gpm。第 0 天,平流层的正高度距平达到最小,中心主体下传到对流层中上层,强度为 200 gpm,并在第 2 天达到最大值,中心为

240 gpm。在第 4 天,对流层的正距平中心减弱消失,平流层又发展成一个新的中心,并在第6天达到最大,而后从平流层到对流层的正高度距平强度减弱。综上所述,从高度距平场中心的强度或者其位置的变化来看,从第－12 天到第 0 天,平流层的正距平向下传播,逐渐影响整个对流层的高度距平;而第 0 天后,对流层的正距平开始向上传播,逐渐影响整个平流层的高度距平。

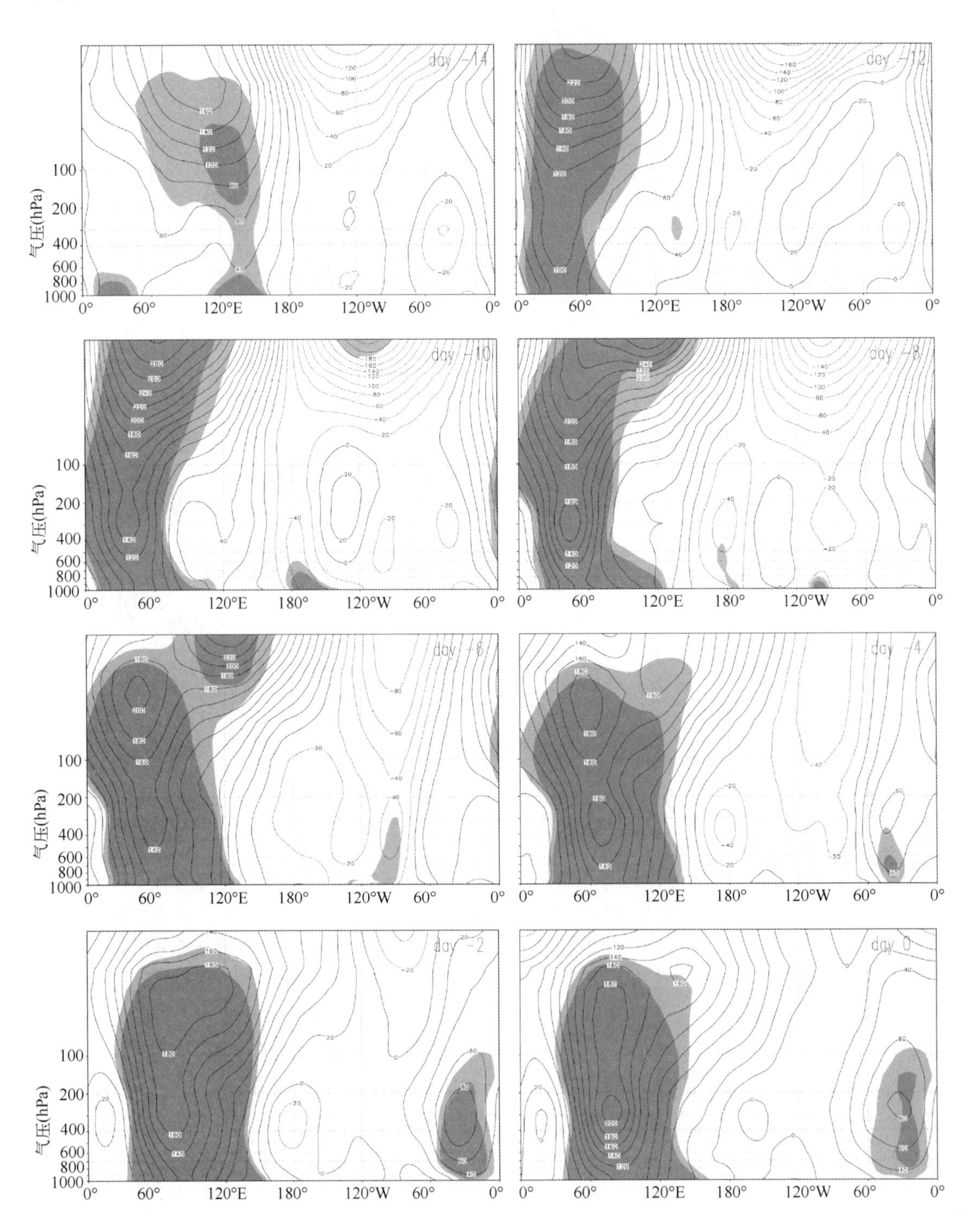

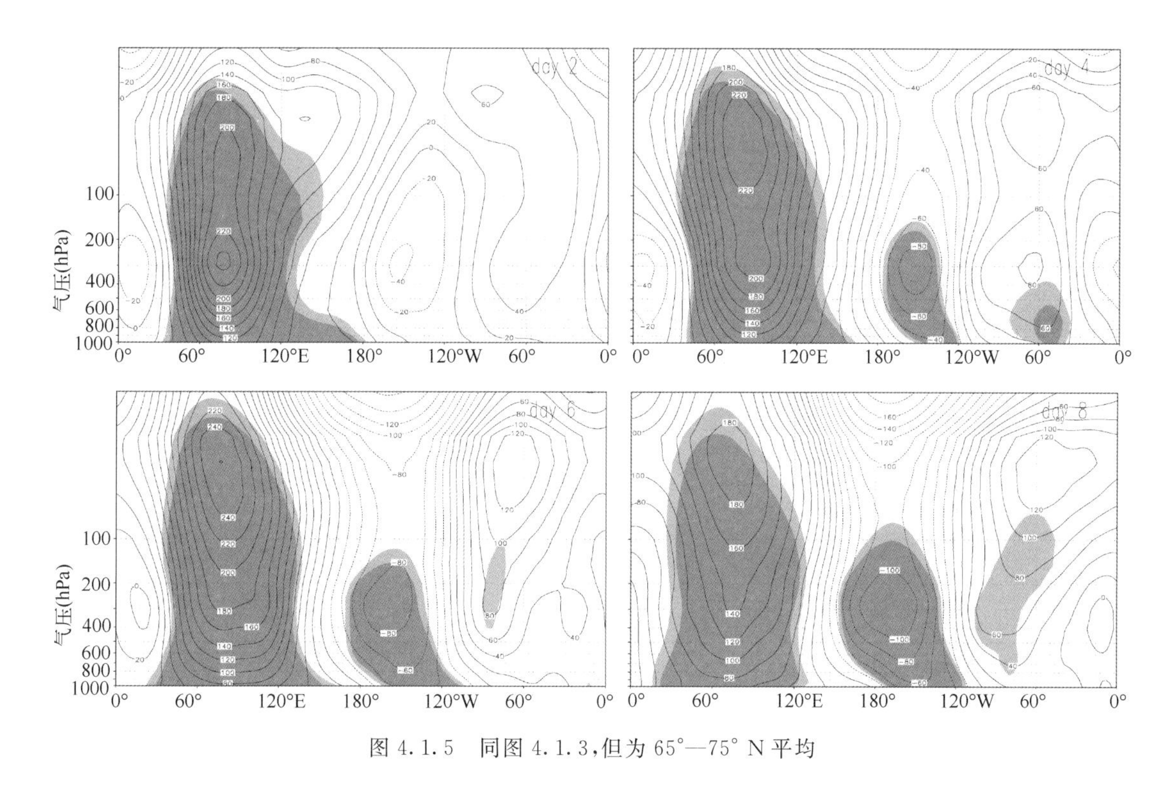

图 4.1.5　同图 4.1.3,但为 65°—75° N 平均

关于贝加尔湖西南方的负高度异常环流系统,我们给出 EPECE 合成的 35°—45° N 平均高度距平的经度垂直剖面图(图 4.1.6)。从异常的强度看,负高度距平开始也是从平流层向对流层向下传播的。在第－10 天,在 60°—120°E 上空平流层存在一个显著的负高度距平系统,其中心值达到－60 gpm 以上,对流层的负高度距平值较弱,在高层甚至出现正距平;随后可看到平流层的负距平系统很快向对流层传播,并在对流层得到发展。在第－6 天,对流层高层形成了一个负异常中心,其值达到－60 gpm;该负异常中心逐渐增强,在第－2 天,已达到－100 gpm;与此同时,平流层高层出现了正高度距平,并逐渐向下发展;对流层的负异常中心继续向对流层中层移动,影响范围向东、西扩展;但到第 8 天,对流层的负异常中心强度减弱到－80 gpm,负异常向平流层发展,从平流层到对流层是一致的负异常。综上所述,从高度距平场中心的强度上或者位置看,从第－12 天到第 0 天,平流层的负距平向下传播,并逐渐影响整个对流层的负高度距平。在第 4 天,对流层的负距平稳定发展,随后对流层的负距平减弱并向上传播,并影响整个平流层的高度距平。

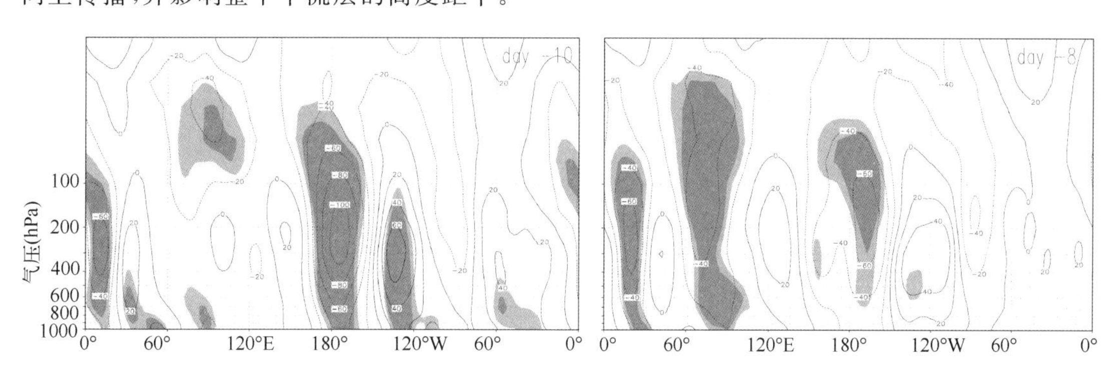

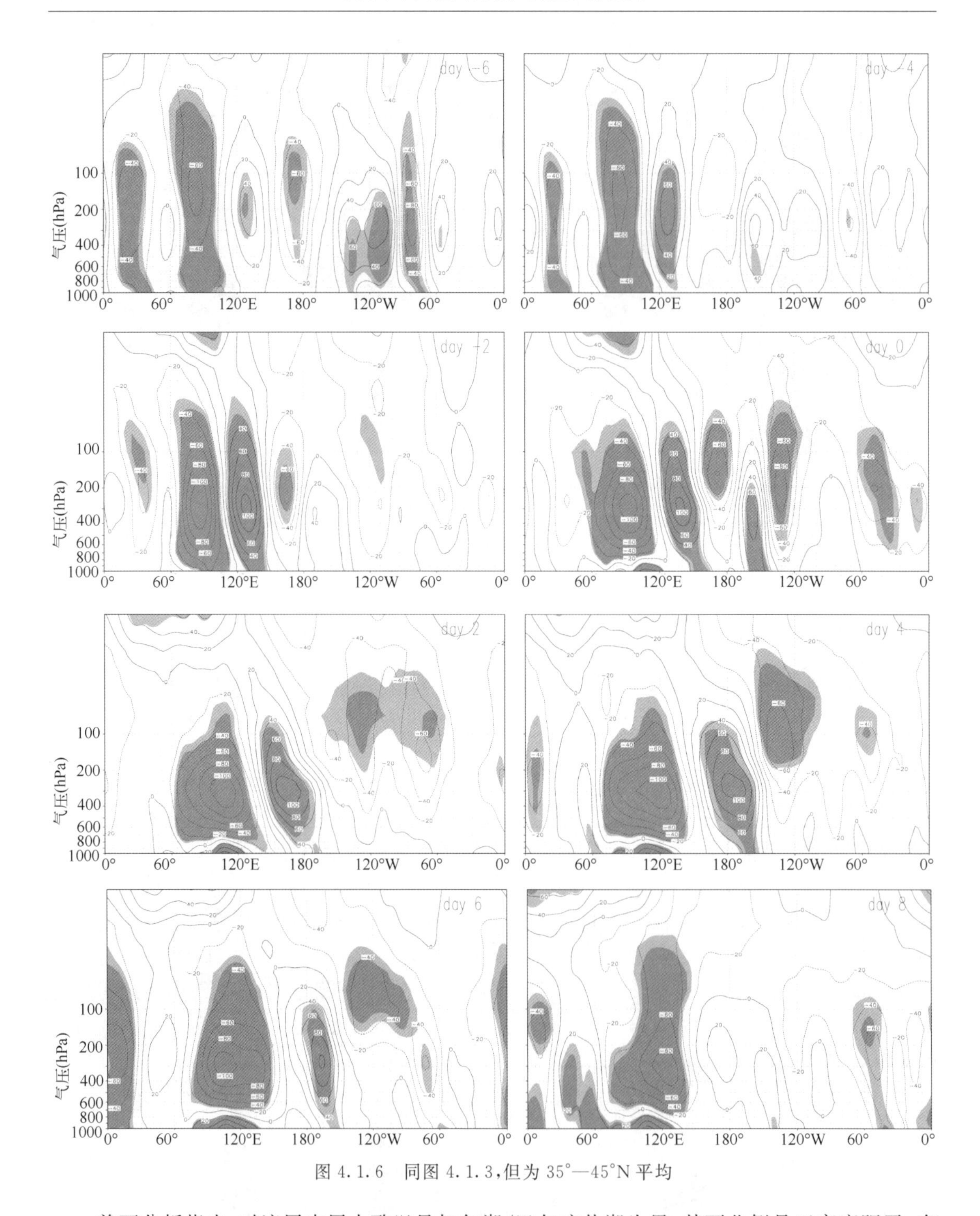

图 4.1.6　同图 4.1.3,但为 35°—45°N 平均

前面分析指出,对流层中层大致以贝加尔湖/巴尔喀什湖为界,其西北侧是正高度距平,东南侧是负高度距平。乌拉尔山地区平流层高度场为正异常,这些正异常从平流层向下传,进而影响对流层中层乌拉尔山高压脊的发生和发展;其东侧中纬地区平流层的异常环流同时也发生明显的变化,这些变化也从平流层向下传,进而影响对流层贝加尔湖/巴尔喀什湖以东低压槽的加强。EPECE 发生后,对流层的正异常和负异常向平流层传播,利于大型斜脊斜槽的减

弱，预示EPECE的结束。为了更加清楚表示平流层和对流层高度异常的这种联系，我们给出了正、负高度异常所在区域的高度一时间剖面图。图4.1.7a是EPECE合成的(65°—70°N，50°—70°E)区域平均高度距平的时间(从第－30天到第40天)垂直剖面图，正高度距平系统结构随时间变化。从第－14天，平流层高层就已经出现了正异常，这些异常随时间增强还向平流层低层传播，这种状况一直持续到第－10天。此外，平流层正异常随时间减弱并向对流层传播，对流层的正高度距平增强。EPECE发生后，对流层的正高度距平减弱，且逐渐向平流层传播。与之对应，平流层的正高度距平增强，且第6天达最强。因此，在整个EPECE中，平流层的异常向对流层的传播，引起对流层中层乌拉尔山地区正高度异常环流系统的发生和发展，对流层的异常向平流层的传播，引起对流层中层乌拉尔山地区正高度异常环流系统的减弱。

图4.1.7b是EPECE合成的(35°N，100°E)区域平均高度距平的时间垂直剖面图，用以代表负高度距平系统的变化。也是大致从第－10天开始，平流层负异常随时间减弱并向对流层传播，对流层的负高度距平增强。EPECE发生后，对流层中上层的负高度距平还在进一步增强，在EPECE发生第6天达最强。此外，负高度距平从对流层向平流层传播，对流层的负高度距平迅速减弱，平流层的负高度距平增强。因此，平流层的异常向对流层的传播，引起对流层中层贝加尔湖西南方负高度异常环流系统的发生和发展，对流层的异常向平流层的传播，引

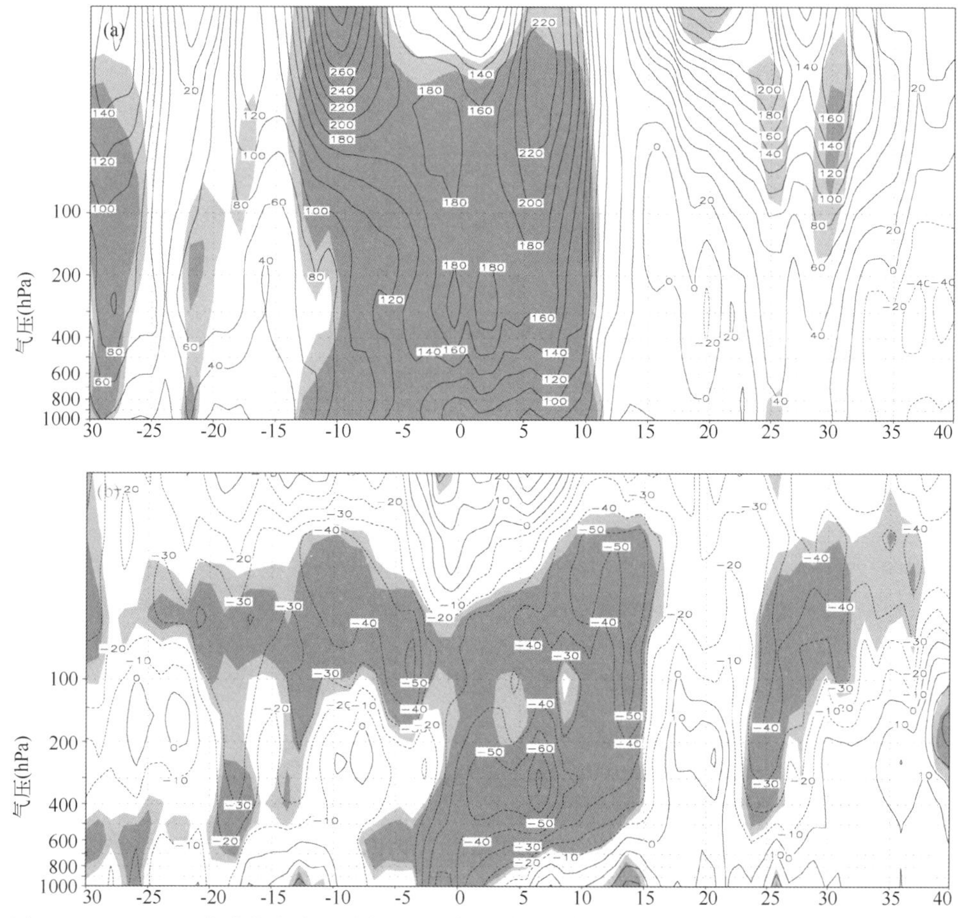

图4.1.7　EPECE合成的高度距平在(a)(65°—70°N，50°—70°E)区域平均，(b)(35°N，100°E)的高度时间剖面图(等值线间隔为1 gpm)。图中深、浅阴影处分别为达到显著性水平0.05和0.10的地区

起该区对流层中层负高度异常环流系统的减弱。

4.1.5 小结

以上对 EPECE 进行了大气环流合成分析，系统地揭示了对应的平流层和对流层大气环流演变特征及其相互联系，分析得到了对 EPECE 的发生和消亡起着重要作用的关键环流系统。结果表明，异常环流在平流层和对流层之间不同方向的传播对应着 EPECE 的发生和消亡。

(1)EPECE 与亚洲大陆对流层异常环流系统有关。在第一10 天，新地岛附近和贝加尔湖以西分别为高度正异常和负异常，并且不断增强并向东南移动，促使乌拉尔山地区正高度异常和贝加尔湖地区负高度异常的发展，为大型斜脊斜槽的建立、发展和稳定提供了有利条件。在 EPECE 结束时，高度正异常和负异常明显减弱，并且贝加尔湖的负异常中心已东移入海。

(2)第一10 天前，欧亚地区平流层环流出现显著信号，北极地区平流层高度场为正异常，这些正异常从平流层向下传，进而影响对流层中层乌拉尔山高压脊的发生和发展；同时，中纬地区平流层的环流也发生明显的变化，这些变化从平流层向下传，进而影响对流层贝加尔湖/巴尔喀什湖以东低压槽的加强。EPECE 发生后，对流层的正异常和负异常向平流层传播，利于大型斜脊斜槽的减弱，预示 EPECE 的结束。

4.2 EPECE 平流层信号的提取

上节直观地指出，EPECE 发生之前存在一定形式的平流层异常环流特征。但为了要将上述成果用于气象业务预测工作，一方面仍需提出一种客观的描述方法。另一方面上节主要以 24 次全国类 EPECE 为研究对象，本节将研究对象推广至全部 52 次 EPECE。研究 52 次 EPECE 一致出现的前期平流层信号，提出一种客观的平流层信号提取方法，并通过准地转位涡(PV)反演分析该平流层信号对 EPECE 发生的影响。

4.2.1 资料与方法

为突出环流的缓变演变特征，所有变量场资料均进行了低通滤波，分离出 7 天以下的高频天气扰动和 8 天以上的低频环流。图 4.2.1 给出了 61 年冬季平均对流层顶高度随纬度变化特征。可见，对流层顶高度随纬度的增加而降低。在 20°N 地区，对流层顶位于 100 hPa，而在 40°N 以北地区则位于 300 hPa 附近。据此，本研究主要在 200 hPa 至 10 hPa 共 7 层上寻找平流层信号。

本节的逐日低频异常场为全场减去其对应日期的气候平均场。为消除年代际变化的影响，这里的逐日气候平均场取为其对应年份的前后 5 年共 11 年滑动平均后再 31 天滑动平均。这里的 31 天滑动平均是为考虑季节循环的影响。对于前 5 年(1948 年至 1952 年)和后 5 年(2005 年至 2009 年)而言，其逐日气候平均场分别取为前 11 年(1948 年至 1958 年)和后 11 年(1999 年至 2009 年)的平均再 31 天滑动平均。

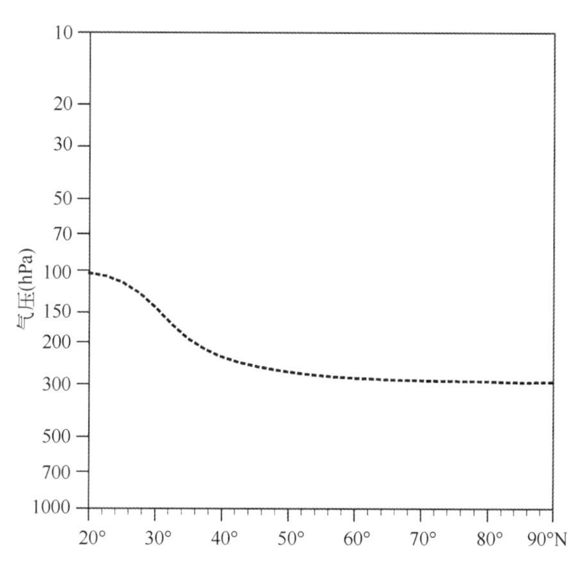

图 4.2.1 1948 年至 2009 年共 61 a 冬季(11 月至次年 3 月)气候平均的对流层顶高度

通常,“信号”是相对于“噪音”而言。本节将利用标准化高度距平场,取 1 个标准差(1σ)作标准来区分环流“信号”和环流“噪音”。具体地,将强度大于 1σ(小于-1σ)的正(负)异常环流称为“正信号”(“负信号”),其余则为“噪音”。

准地转位涡(后文简称位涡,PV)扰动通常定义为:

$$q' = L_g(\Psi') \tag{4.2.1}$$

其中 $\Psi'=\frac{\phi'}{f_0}$为准地转扰动流函数,线性算子 $L_g=\nabla^2+f_0^2\frac{\partial}{\partial p}\left(\frac{1}{\sigma}\frac{\partial}{\partial p}\right)$,$\sigma$ 仅是气压 p 的函数,这里取为 40°N 以北的气候平均值。为简洁起见,文中所提到区域平均均是指以格点面积为权重的区域平均值。PV 一个重要的性质是其可反演性(Charney and Stern,1962;Hoskins *et al.*,1985)。具体而言,在给定 q'分布以及边界条件下,通过反算 L_g可得到 Ψ'的分布,即 $\Psi'=L_g^{-1}(q')$。本节采用分段位涡反演方法(Davis,1992)分析平流层信号与对流层环流异常之间的联系。上、下边界条件取为 Neumann 条件:

$$\frac{\partial\Psi'}{\partial p}=-\frac{R\theta'}{f_0 P}\left(\frac{P}{P_0}\right)^{R/C_P} \tag{4.2.2}$$

4.2.2 平流层信号的识别与提取

需指出的是,若直接对 52 个 EPECE 进行合成分析,易导致正、负信号相消或被削弱。为解决该问题,首先定义了平流层信号一致性指数 CISS(i,t),其中 i 为北半球在平流层中(200 hPa 至 10 hPa)任意一空间格点的位置,t 为时间。CISS 的数值为某气象要素场在第 t 天第 i 格点上出现局地“信号”的 EPECE 个数,最后再将 CISS 转换成百分率(除以 52,再乘以 100)。CISS 极大值区即是 52 个 EPECE 中较多个例在该时间、该空间位置上出现的一致“信号”。按此方法,可分别得到正、负信号的时空分布特征。

经统计,正值信号的 CISS 值大值区(大于 30%)最早出现在 h 场上第-10 天左右 100 hPa 巴伦支海附近(图 4.2.2)。值得注意的是,在更早或其他层次上也能出现 CISS 大于

30%的区域，但由于其空间范围较小或在随后的演变过程中不连续，这里暂不作进一步分析。根据图4.2.2，利用标准化的位势高度场($\tilde{h}$)定义了区域信号指数HI，即$\tilde{h}$在[70°—80°N，0°—60°E]范围内(简记为A区)的区域平均值。经统计，52个EPECE中在第−10天100 hPa上HI大于1σ的EPECE共有17个(表4.2.1)，这对应着局地30%的CISS指数。这里HI的阈值仍取为1σ，以保证其强度达到本节所提到的"信号"的标准。

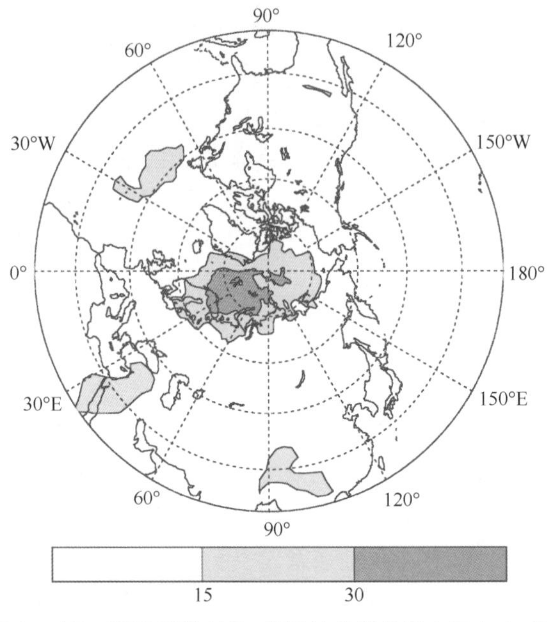

图4.2.2 第−10天100 hPa CISS指数(%)，即局地高度异常大于+1σ的EPECE个数百分率

图4.2.3给出了这17个EPECE的HI的高度—时间剖面图。可以看出，信号(大于σ)最早出现在第−13天100 hPa上，并在第−10天左右达到极值(+1.4σ)。此后，HI有所减弱。至第−5天，HI在各层上的值已小于1σ，"信号"消失。因此，虽然大于1σ的信号能在1000～20 hPa各层出现，但最早和最强的信号均出现在100 hPa上。根据这一前期平流层信号，本节提出EPECE开始日期的判别条件一(简称条件一)：100 hPa上HI>1σ，且至少能持续5天，则这5天后的第8天左右可能会发生EPECE。

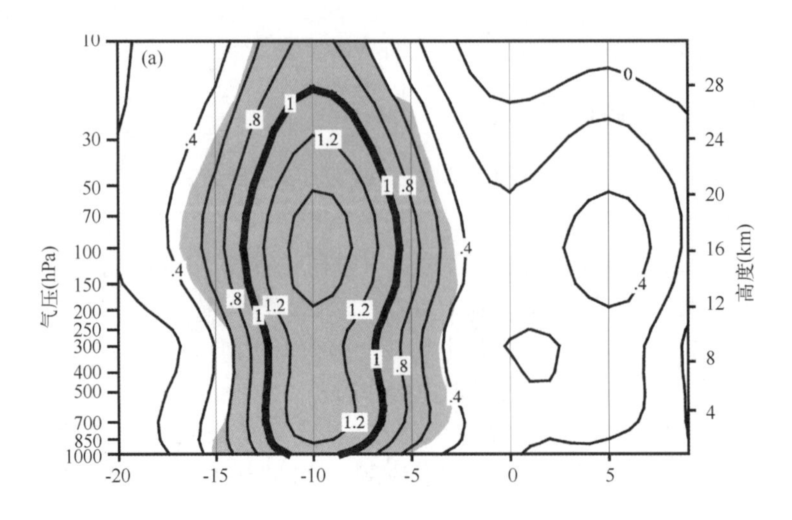

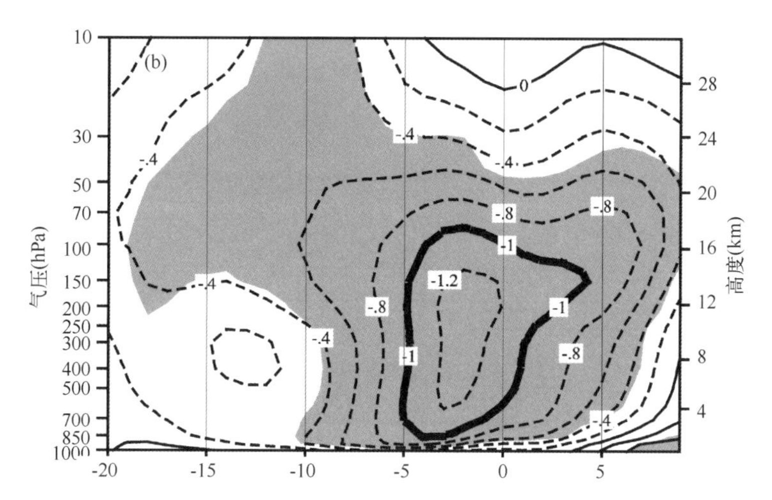

图 4.2.3　(a)17 个 EPECE 合成的[70°—80°N,0°—60°E]区域平均信号指数 HI 的时间—高度剖面图 阴影为通过 0.01 显著性检验的区域。(b)同(a),但为标准化纬向风异常场的[55°—65°N, 80°—100°E]区域平均值。(a)和(b)中粗线分别为正、负 σ,代表强信号

图 4.2.4 给出了表 4.2.1 中的 17 个 EPECE 合成的 100 hPa 上 $\tilde{h}$ 及其随时间的演变特征。由图可见,巴伦支海附近的正高度异常随时间缓慢向东移动。这也对应着 HI 在第一10 天后的局地减弱(图 4.2.3)。至第 0 天时,其中心已位于[70°N,85°E]附近(图 4.2.4c)。值得注意的是,这与“0801” EPECE 中斯堪的纳维亚型环流极罕见的向东移动过程类似(Bueh *et al.*,2011)。在该异常环流东移过程中,巴尔喀什湖地区出现了 $\tilde{h}$ 显著负值,它逐渐向东伸展至贝加尔湖及以东地区。与 $\tilde{h}$ 的演变相对应,贝加尔湖西北侧地区的标准化的纬向风场($\tilde{h}$)出现了强烈的信号(图 4.2.3b)。这里采用与定义 100 hPa 上 HI 类似的方法,把 $\tilde{h}$ 所在区域[55°—65°N,80°—100°E](简记为 B 区)内的平均值定义为 UI。从合成结果来看(图 4.2.3 b),显著 *UI* 负值首先出现在第－18 天 100 hPa 上,只是其强度较小(－0.4 σ)。随着巴伦支海附近的正高度异常缓慢向东移动,UI 逐渐增大。第－5 天,UI＜－1 σ 几乎出现在850～100 hPa 各等压面上,其中心位于对流层中上层及平流层底层。这种形势一直维持至第 0 天左右。因此,就平流层信号而言,已由第－10 天左右 100 hPa 上的 HI 信号转变为第－5 天平流层底层的 UI 信号。据此提出判别条件二(简称条件二):若第－5 天至第 0 天中至少有一天出现 200 hPa 上 UI＜－0.5 σ,则进一步确认由条件一预测的 EPECE 可能是 EPECE。实际上,条件二也间接表征了平流层上巴伦支海地区异常环流的东移特征。比较条件一和条件二后可以看出,无论从持续时间(1 天)还是从强度(0.5 σ)上来看,条件二的要求均低于条件一。这样做的目的是突出在更早时间上用条件一作出的预测结果,而条件二临近 EPECE 的发生,它更多地起着定性修正条件一预测结果的作用。

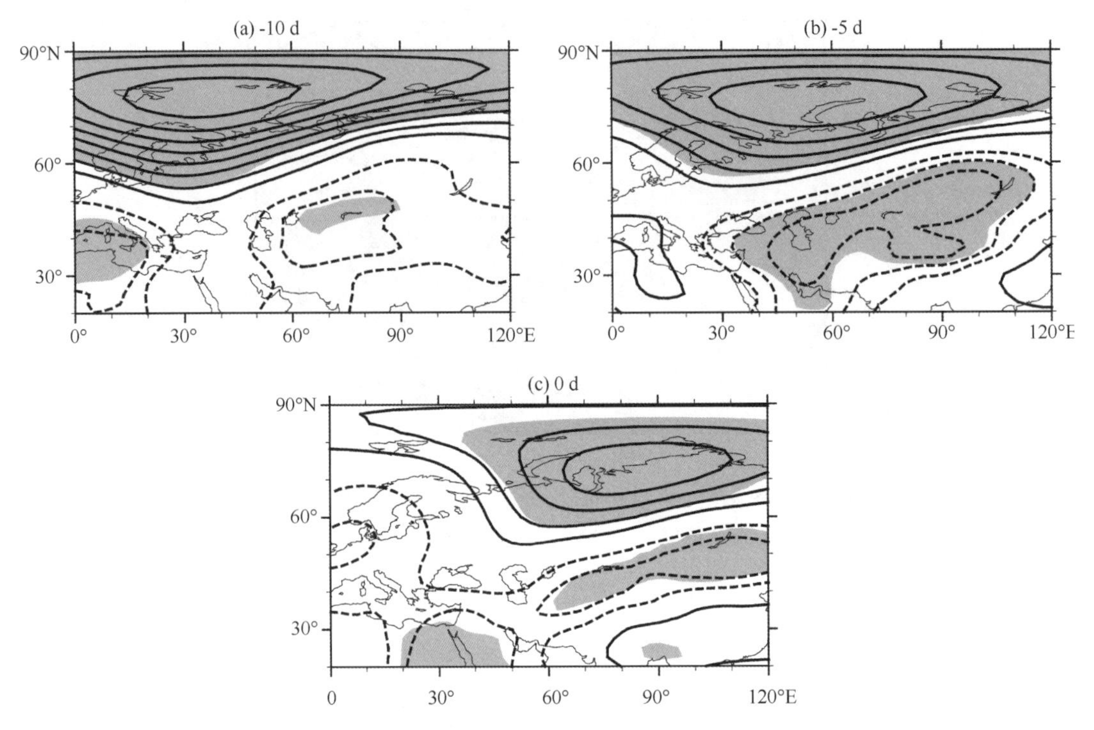

图 4.2.4　17 个 EPECE 合成的 100 hPa 标准化高度异常场
(a)第−10 天;(b)第−5 天;(c)第 0 天。
等值线间隔为 0.2σ.实(虚)线代表正(负)异常,零线已略去。阴影为通过 0.01 显著性检验的区域

4.2.3　平流层信号的回验

为检验我们的判别方法(条件一及条件二)在预测 EPECE 上的准确性,首先将条件一应用于 1948 年至 2009 年冬季(11 月至次年 3 月)的逐日低频场上,对所有可能的 EPECE 的开始日期作出预测,并允许前后 3 天的误差。需指出的是,当 100 hPa 上 HI>1 σ 的天数超出 5 天时,仅记为一次事件,而不是每 5 天 HI>1 σ 就记为一次事件。最终挑出了 97 个事件(这里不称其为 EPECE,仅称其为事件)。表 4.2.1 中 17 个 EPECE 有 14 个事件(“ * ”标注)被挑出,这其中包含着“0801”事件。剩余 3 个事件(表 4.2.1 中斜粗体)则由于前期 HI>1 σ 的持续时间较长,预测的 EPECE 开始日期要早于实际日期 6 天以上,因而没被记入。因此,如不考虑除这 17 次 EPECE 外的其他 35 次 EPECE(Peng and Bueh,2011),仅依靠条件一做出的预测准确率大约为 14/97×100%≈14.4%。

利用条件二对 97 个事件进一步分类后发现,除上述 14 个 EPECE 满足条件二外,还有 50 个事件仅满足条件二,这里称其为潜在的 EPECE(简记为 P_EPECE)。不满足条件二的剩余事件称为一般事件(简记为 CE),共有 33 个。因此,若加入条件二,可将预测准确率提高至 14/(97−33)×100%≈21.9%。此外需要注意的是,14 个 EPECE 加上 50 个 P_EPECE 共 64 个事件,几乎是 CE 个数(33 个)的两倍。这表明用条件一挑出的 97 个事件中有 2/3 事件会在 5 天后左右出现纬向风场在 B 区显著减弱的现象。

表 4.2.1　满足第－10 天 100 hPa 上 HI>1σ 的 17 个 EPECE 的开始日期及用判别条件一预测的开始日期，以及两者之差

序号	实际开始日期	预测的开始日期	偏差日
1*	1952 年 12 月 01 日	1952 年 12 月 04 日	－3
2*	1954 年 03 月 03 日	1954 年 03 月 02 日	＋1
3*	1959 年 12 月 17 日	1959 年 12 月 14 日	＋3
4	***1961 年 01 月 10 日***	***1960 年 12 月 24 日***	***＋17***
5*	1962 年 11 月 20 日	1962 年 11 月 19 日	＋1
6*	1966 年 12 月 20 日	1966 年 12 月 17 日	＋3
7*	1968 年 01 月 30 日	1968 年 02 月 01 日	－2
8*	1969 年 01 月 27 日	1969 年 01 月 30 日	－3
9*	1971 年 02 月 27 日	1971 年 02 月 25 日	＋2
10*	1975 年 12 月 07 日	1975 年 12 月 08 日	－1
11*	1976 年 12 月 25 日	1976 年 12 月 23 日	＋2
12	***1977 年 01 月 26 日***	***1977 年 01 月 17 日***	***＋9***
13	***1979 年 11 月 10 日***	***1978 年 11 月 04 日***	***＋6***
14*	1985 年 03 月 04 日	1985 年 03 月 06 日	－2
15*	1985 年 12 月 06 日	1985 年 12 月 07 日	－1
16*	1993 年 11 月 17 日	1993 年 11 月 17 日	0
17*	2008 年 01 月 14 日	2008 年 01 月 13 日	＋1

注："*"表示预测的开始日期与其原日期(Peng and Bueh，2011)相差不超过 3 天的事件，共 14 个事件。斜体则表示日期相差大于 3 天的事件，共 3 个事件

图 4.2.5 给出了这 14 个 EPECE、50 个 P_EPECE 以及 33 个 CE 在第 0 候(即 $HI>1\sigma$ 后的第 11 至第 15 天平均)的异常环流合成图。可以看出，EPECE 与 P_EPECE 无论在 300 hPa 上高度异常场(图 4.2.5a，b)还是在地表气温异常(T_s，图 4.2.5d，e)的分布上均十分类似。正、负高度异常分别位于新地岛附近和咸海经贝加尔湖至我国东北北侧，即呈现 EPECE 中典型的大型斜脊/斜槽式的环流异常分布(Bueh et al.，2011)。显著 T_s 负异常则在里海经贝加尔湖至我国东北北侧出现，并有向我国东部南伸的趋势，其中心位于贝加尔湖附近。在下一候(图略)，随着环流系统的东移南下，显著的 T_s 负异常在两类事件中均向南伸至我国东南地区。而在 CE 事件中，第 0 候异常环流型(图 4.2.5c)几乎与前两者反相(图 4.2.5 a，b)。在巴伦支海的下游乌拉尔山以东地区出现了显著负异常(图 4.2.5c)，该负异常的稳定维持可能和前期在上游巴伦支海及斯堪的纳维亚地区维持的正异常(图略)向下游频散波能量有关，是一种较为典型的斯堪的纳维亚环流型(Bueh and Nakamura，2007)。T_s 负异常主要位于新地岛附近(图 4.2.5f)。以上结果表明，条件二有助于定性修正条件一的预测结果。

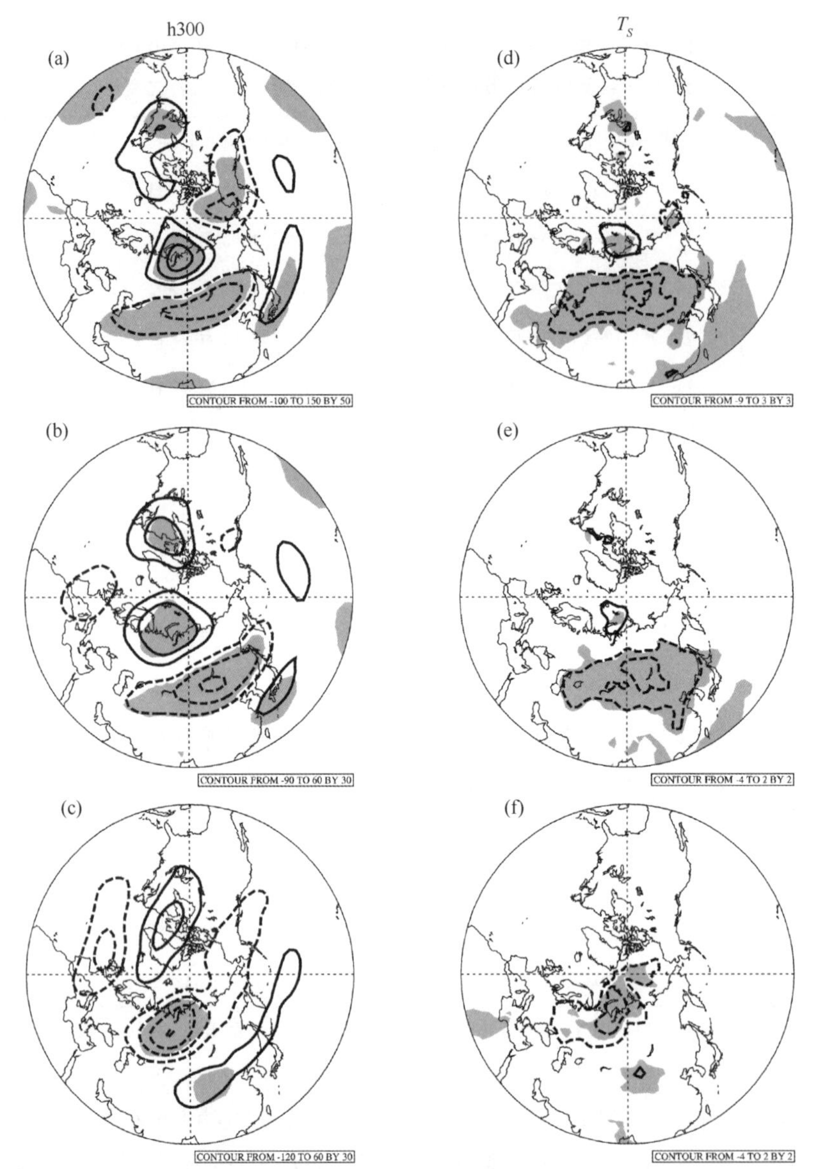

图 4.2.5　合成的 14 个 EPECE(a,d)、50 个 P_EPECE(b,e)以及 33 个 CE(c,f)在第 0 候(以第 0 天为中心日期的前后 2 天共 5 天平均)的异常环流场。左列为 300 hPa 高度异常场，单位为 gpm;右列为地表气温异常场，单位为℃. 等值线间隔在(a)中为 50 gpm,(b)～(c)中为 30 gpm,(d)中为 3 ℃,(e)～(f)为 2 ℃. 实(虚)线代表正(负)异常，零线已略去。阴影为通过 0.01 显著性检验的区域

4.2.4　平流层信号的影响机制

图 4.2.6 给出了表 4.2.1 的 17 个 EPECE 的[60°—90°N,30°W—120°E]区域平均的合成 PV 扰动场。可以看出，PV 异常首先出现在 30～50 hPa 的中平流层(第－20 天左右，强度约为-1×10^{-5} s^{-1}),随后逐渐向下伸展并增强。第－15 天左右，对流层中上层开始出现较强的 PV 负异常。第－10 天，出现了两个 PV 异常的极小值区，分别位于对流层 400 hPa 左右和平流层 50～70 hPa 左右。从第－10 天 PV 异常的水平分布来看，50 hPa 上主要存在两个符号

相异的 PV 异常(图 4.2.7a),其中心分别位于东半球的巴伦支海和西半球的维多利亚岛附近。由于西半球的平流层 PV 异常对东半球对流层高度异常的影响较小,后文将重点讨论东半球的平流层 PV 异常的影响。与平流层情形不同的是,在 400 hPa(图 4.2.7b)上,PV 异常的分布形势较复杂,出现了多个大范围的正、负 PV 异常中心。经分析,尽管这些中高纬度的正、负 PV 异常各自能在平流层引起较强的高度异常,但它们的影响存在相互抵消的现象。因此,后文将分析对流层[45°—90°N,60°W—120°E]范围内所有 PV 异常对平流层高度异常的整体影响。需指出的是,位于巴伦支海及其下游巴尔喀什湖北侧的负、正 PV 异常(图 4.2.7b)基本对应着 EPECE 典型的大型斜脊、斜槽的异常环流形势。Bueh 等(2011)指出,斜脊与斜槽之间存在着强烈的波能量向下游频散的特征。换而言之,斜脊的出现有利于斜槽的

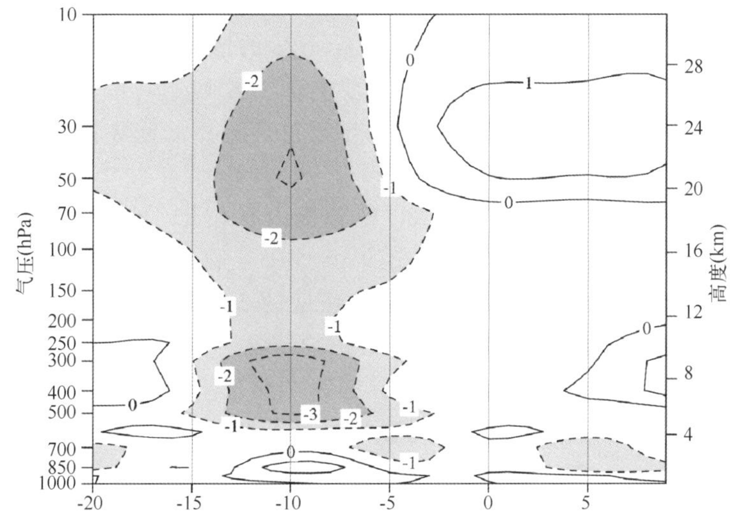

图 4.2.6　同图 4.2.3a,但为合成的 PV 异常场,区域平均的范围为[60°—90°N,30°W—120°E],单位为 10^{-5} s^{-1}。浅阴影和深阴影分别为小于 -1×10^{-5} s^{-1} 和 -2×10^{-5} s^{-1} 的区域

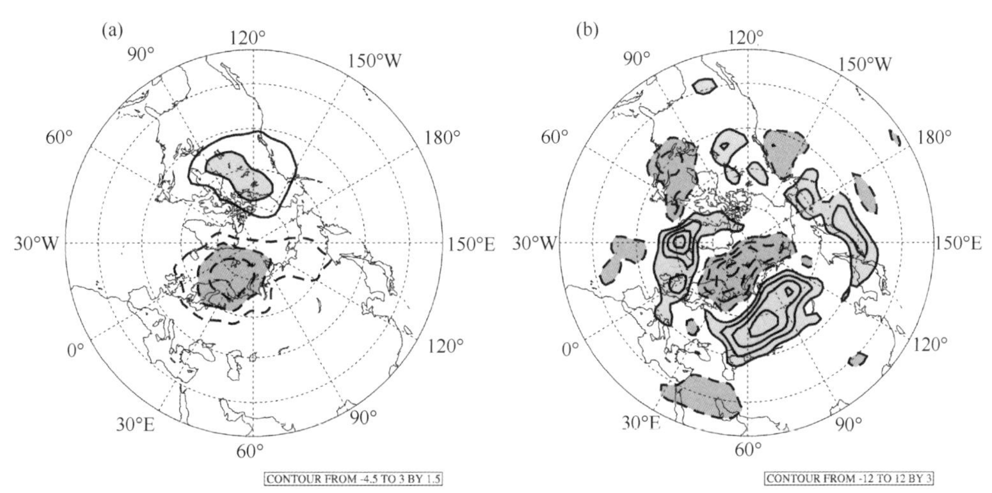

图 4.2.7　同图 4.2.6,但为(a)50 hPa 和(b)400 hPa 上的 PV 异常

图中深、浅阴影分别为小于 -3×10^{-5} s^{-1}、大于 3×10^{-5} s^{-1} 的区域等值线间隔在(a)和(b)中分别为 $1.5\times10^{-5}s^{-1}$ 和 $3\times10^{-5}s^{-1}$ 零线均已略去

出现。据此，本节将以第－10天（平流层信号最强）为例，重点分析平流层PV异常如何影响巴伦支海附近的环流异常。

那么，在多大程度上平流层的变化会影响对流层，或反过来，对流层会影响平流层。为了回答这个问题，我们设计了由不同层次PV反演高度场的对比试验。其结果见图4.2.8。第－10天，17个EPECE合成的300 hPa上的高度异常场（图4.2.8a）及通过反演PV异常场得到的高度异常场（图4.2.8b及图4.2.8c）。可以看出，若同时考虑对流层和平流层的PV异常，巴伦支海附近的高度正异常（图4.2.8b）的强度与原高度异常基本一致（图4.2.8a），中心强度均约为＋280 gpm。若仅考虑平流层（200 hPa至10 hPa）巴伦支海附近[60°—90°N，30°W—120°E]的PV异常，反演得到的300 hPa上的高度异常的中心位置与实际位置基本吻合，其强度约达＋80 gpm，约占整个高度异常（图4.2.8a）强度的1/4～1/3。这肯定了平流层（特别是巴伦支海附近）变化对对流层的影响。500 hPa的情况与此类似（图略）。实际上，通过反演平流层各层PV异常后发现，这种影响主要来自于该地区70 hPa及其以下层次上的平流层PV异常（图略），这与前人认为的平流层中低层的环流异常更易引起对流层环流异常的结论相一致（Colucci，2010；Hinssen等，2010）。

若仅反演对流层[45°—90°N，60°W—120°E]范围内所有PV异常，可发现其在平流层中的影响随高度减弱。图4.2.8e给出了反演出的100 hPa上高度异常场。可见，正高度异常中心强度较弱（约＋20 gpm），约占实际异常中心强度的1/16，且中心位置较实际中心位置（图4.2.8d）偏西北，表明来自对流层PV异常的影响较弱。实际上，该情况在更早时刻（比如第－15天）也是如此。若对整个北半球的对流层PV异常反演，结果不会被定性改变。

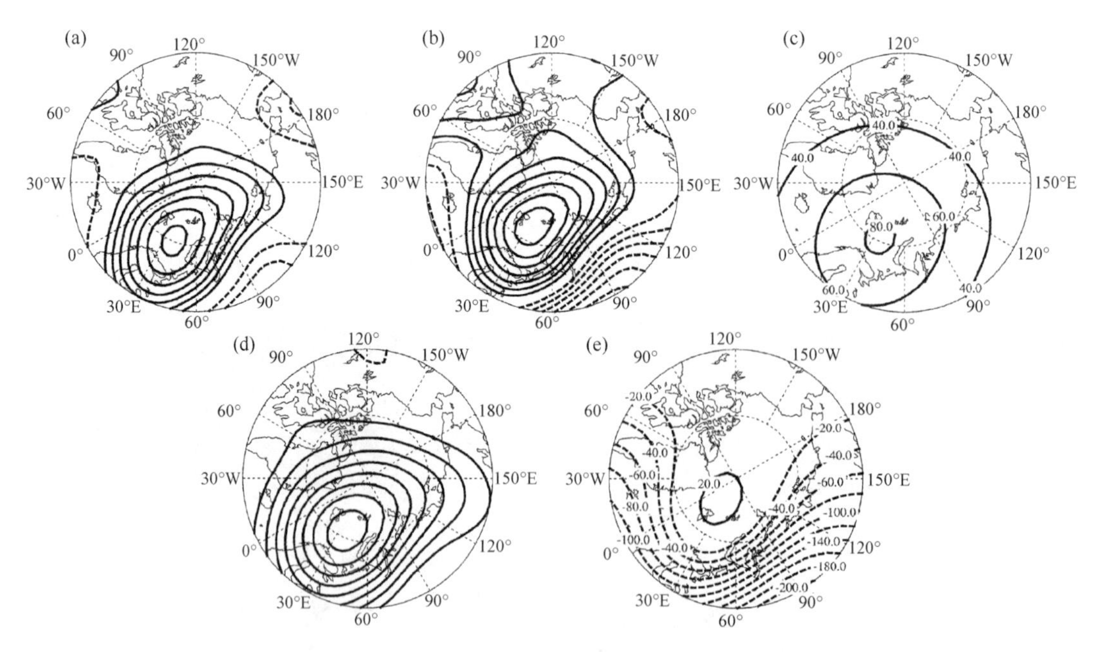

图4.2.8　第－10天300 hPa上的高度异常场

(a) 17个EPECE的合成；(b)整个PV异常的反演场；(c)仅反演平流层PV异常

(d)同(a)，但为100 hPa上的高度异常场；(e)仅反演对流层PV异常得到的100 hPa高度

异常，单位为gpm，(a)、(b)和(d)中的等值线间隔为40 gpm，(c)和(e)中为20 gpm，零线均已略去

4.2.5　小结

综上所述，本节根据 17 个 EPECE，提出了 EPECE 的平流层前兆信号，并提出了可用于业务预测的关于该前兆信号的判别条件。经检验，本节提出的判别方法对 EPECE 开始日期具有较好的预测能力。通过 PV 反演分析发现，巴伦支海地区的平流层 PV 异常可解释对流层高度异常强度的约 1/4，这应当是平流层高度场信号能联系到 10 天后 EPECE 发生的一个途径。这同时也表明，平流层前兆信号并不是导致 EPECE 事件是否发生的唯一或决定因子。预测出的低温事件能否持续或是否极端，还需加强对对流层信号和其他平流层信号的监测。此外需指出的是，从 PV 反演结果来看，在 EPECE 的发展前期，对流层 PV 异常并不是巴伦支海地区平流层环流异常形成的主要原因。

4.3　全国型持续性低温事件的对流层和平流层前兆信号

EPECE 持续的时间越长对我国社会经济民生等各方面造成的影响越大。寒潮/冷涌事件造成的低温异常往往仅持续一周左右，我们称其为非持续性低温事件。而有些冷事件可持续维持两周以上。Peng 和 Bueh (2011)利用 1951—2009 年全国 756 个站点的气温资料定义了 52 个 EPECE 事件，他们的结果表明，在所有 EPECE 事件中，全国型 EPECE 事件有 24 次。因此，我们在本节中将对全国型持续时间比较长的低温事件作进一步的分析，并比较了全国型持续性和非持续性两类低温事件的前期对流层和平流层信号的异同，进而提出判断低温事件是否具有持续性的在平流层中的可能判别条件。

4.3.1　持续性低温事件的定义和演变特征

由于 Peng 和 Bueh (2011)的定义的 EPECE 事件中并没有非持续性低温事件，为了方便地比较持续性和非持续性低温事件之间的差别，本节所定义的全国型持续性低温事件由北半球冬季逐日近地面温度异常场的经验正交展开(EOF)分解得到。图 4.3.1 是利用 NCEP－1

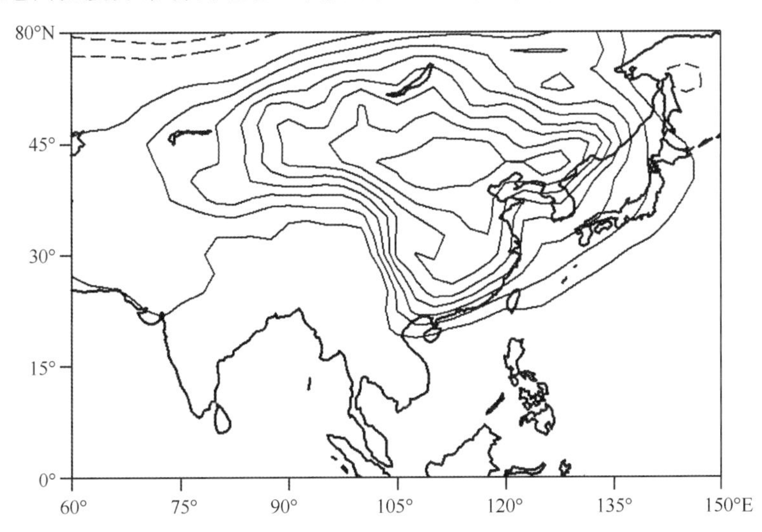

图 4.3.1　近地面温度异常 EOF 分解第一模态的空间分布，等值线间隔为任意值

再分析资料 1948/49—2008/09 年 61 个北半球冬季(12—2 月)的逐日近地面温度异常场(0.995 sigma 层)在 20°—50°N,90°—130°E 这一矩形区域内 EOF 分解得到的第一模态(EOF1,解释方差为 40.17%)的空间分布。由图可见,近地面温度 EOF1 表征了中国除青藏高原地区以外的大范围区域温度一致变化的特点。因此,我们称之为全国一致性温度模态。这一模态和 Peng 和 Bueh(2011)所给出的第一类极端持续性低温事件(全国型)的日平均温度异常的空间分布非常类似。因此,我们可以利用全国一致性温度模态的时间指数简单并客观地来选取中国大范围持续性和非持续性低温事件以及这些事件的爆发日期。

当全国一致性温度模的时间指数满足 1)连续 14 天小于 0(冷事件且具有一定的持续性),2)这 14 天平均的指数小于等于−1 个标准差(强事件),3)两个冷事件至少间隔 10 天(独立事件)时,我们定义发生了一次持续性低温事件,事件中全国一致性温度模指数第一次小于 0 的那天定义为事件的爆发日期。根据以上标准,从 1948/1949—2008/2009 年这 61 个冬季中,我们识别出 26 个持续性低温事件,其中有 13 次事件与 Peng 和 Bueh (2011)年定义的 EPECE 事件相重合(见表 4.3.1)。从表 4.3.1 我们还可以看出自 1968 年后,我们识别的持续性低温事件和 Peng 和 Bueh (2011)所定义的 EPECE 事件具有较高的一致性,这可能与后期资料可靠性提高有一定关系。

表 4.3.1　利用 EOF 方法定义得到的 26 个全国型持续性低温事件以及与 Peng and Bueh (2011)相重合的 13 个 EPECE 事件

序号	持续性低温事件(EOF 定义)	EPECE 事件(Peng and Bueh,2011)
1	1949 年 12 月 03 日—1949 年 12 月 16 日	
2	1950 年 12 月 30 日—1951 年 01 月 12 日	
3	1952 年 02 月 13 日—1952 年 02 月 26 日	
4	1952 年 12 月 14 日—1952 年 12 月 27 日	
5	1954 年 12 月 19 日—1954 年 01 月 01 日	
6	1956 年 01 月 04 日—1956 年 01 月 17 日	
7	1956 年 02 月 07 日—1956 年 02 月 20 日	
8	1956 年 12 月 03 日—1956 年 12 月 16 日	1956 年 12 月 07 日—1956 年 12 月 25 日
9	1957 年 02 月 03 日—1957 年 02 月 16 日	1957 年 02 月 05 日—1957 年 02 月 19 日
10	1958 年 01 月 13 日—1958 年 01 月 26 日	
11	1958 年 12 月 30 日—1959 年 01 月 12 日	
12	1964 年 01 月 28 日—1964 年 02 月 10 日	
13	1966 年 12 月 19 日—1967 年 01 月 01 日	
14	1968 年 12 月 26 日—1969 年 01 月 08 日	
15	1969 年 02 月 12 日—1969 年 02 月 25 日	1969 年 02 月 13 日—1969 年 03 月 04 日
16	1974 年 12 月 02 日—1974 年 12 月 15 日	1974 年 12 月 03 日—1974 年 12 月 21 日
17	1975 年 12 月 04 日—1975 年 12 月 17 日	1975 年 12 月 07 日—1975 年 12 月 23 日
18	1976 年 12 月 24 日—1977 年 01 月 06 日	1976 年 12 月 25 日—1977 年 01 月 15 日
19	1977 年 01 月 25 日—1977 年 02 月 07 日	1977 年 01 月 26 日—1977 年 02 月 10 日
20	1980 年 01 月 28 日—1980 年 02 月 10 日	1980 年 01 月 29 日—1980 年 02 月 09 日
21	1984 年 01 月 14 日—1984 年 01 月 27 日	1984 年 01 月 19 日—1984 年 02 月 10 日
22	1984 年 12 月 13 日—1984 年 12 月 26 日	1984 年 12 月 16 日—1984 年 12 月 30 日
23	1985 年 02 月 13 日—1985 年 02 月 26 日	1985 年 02 月 16 日—1985 年 02 月 24 日

（续表）

序号	持续性低温事件(EOF 定义)	EPECE 事件(Peng and Bueh,2011)
24	1985 年 12 月 03 日—1985 年 12 月 16 日	1985 年 12 月 06 日—1985 年 12 月 17 日
25	2002 年 12 月 21 日—2003 年 01 月 03 日	
26	2008 年 01 月 12 日—2008 年 01 月 25 日	2008 年 01 月 14 日—2008 年 02 月 15 日

图 4.3.2 给出了这 26 个持续性低温事件对应的标准化温度模时间指数从第－1 天到第 13 天随时间的演变过程及其平均结果。可以看出,尽管挑选出的每一个持续性低温事件的温度模指数在第 2 天至第 13 天存在明显的变化,但平均而言,温度模指数均低于－1 个标准差,表明中国大范围都受持续性低温事件的控制。

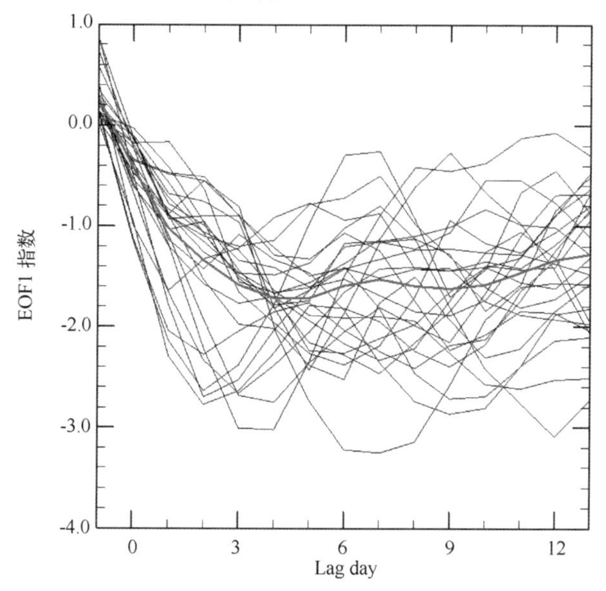

图 4.3.2　26 个持续性低温事件对应的标准化温度模指数随时间的演变过程(黑实线)及其平均结果(红实线)

图 4.3.3 给出了 26 个持续性低温事件从 第－10 到第 12 天近地面温度异常的合成结果。从第－8 天,在西西伯利亚北部地区出现显著的冷异常,随时间演变,这一冷异常逐渐加强并向东南方向缓慢移动。在第－2 至 0 天,我国东部地区出现短暂的暖异常。随后冷异常迅速南压,控制我国大部地区,其持续时间可达两周左右。同时,在控制我国的冷异常北侧的极地地区,出现范围较小的暖异常。类似于图 4.3.3,图 4.3.4 给出了 26 个持续性低温事件从第－10 至第 12 天 300 hPa 位势高度异常的合成结果,反映了持续性低温事件发生时对流层上层的环流异常。在低温事件发生的前期(第－8 天),一个呈西北－东南倾向的偶极形位势高度异常位于乌拉尔山到巴伦支海地区。随时间演变(第－6 至 0 天),这一偶极形异常扰动以准定常波列的形式向下游地区传播。在低温事件爆发和维持的期间(第 2 至第 12 天),这一偶极形异常不断加强并逐渐演变成沿纬圈带状分布。值得注意的是,由于瞬变波动异常造成的大气环流异常通常以偶极形为主 (Luo *et al.* ,2007),因此这一具有带状分布特点的偶极形异常的出现表明瞬变波动对其发展和维持可能起到了一定的作用。整体而言,本节通过 EOF 定义出的持续性低温事件的异常环流特征和 Peng 和 Bueh(2012)的结果基本一致。

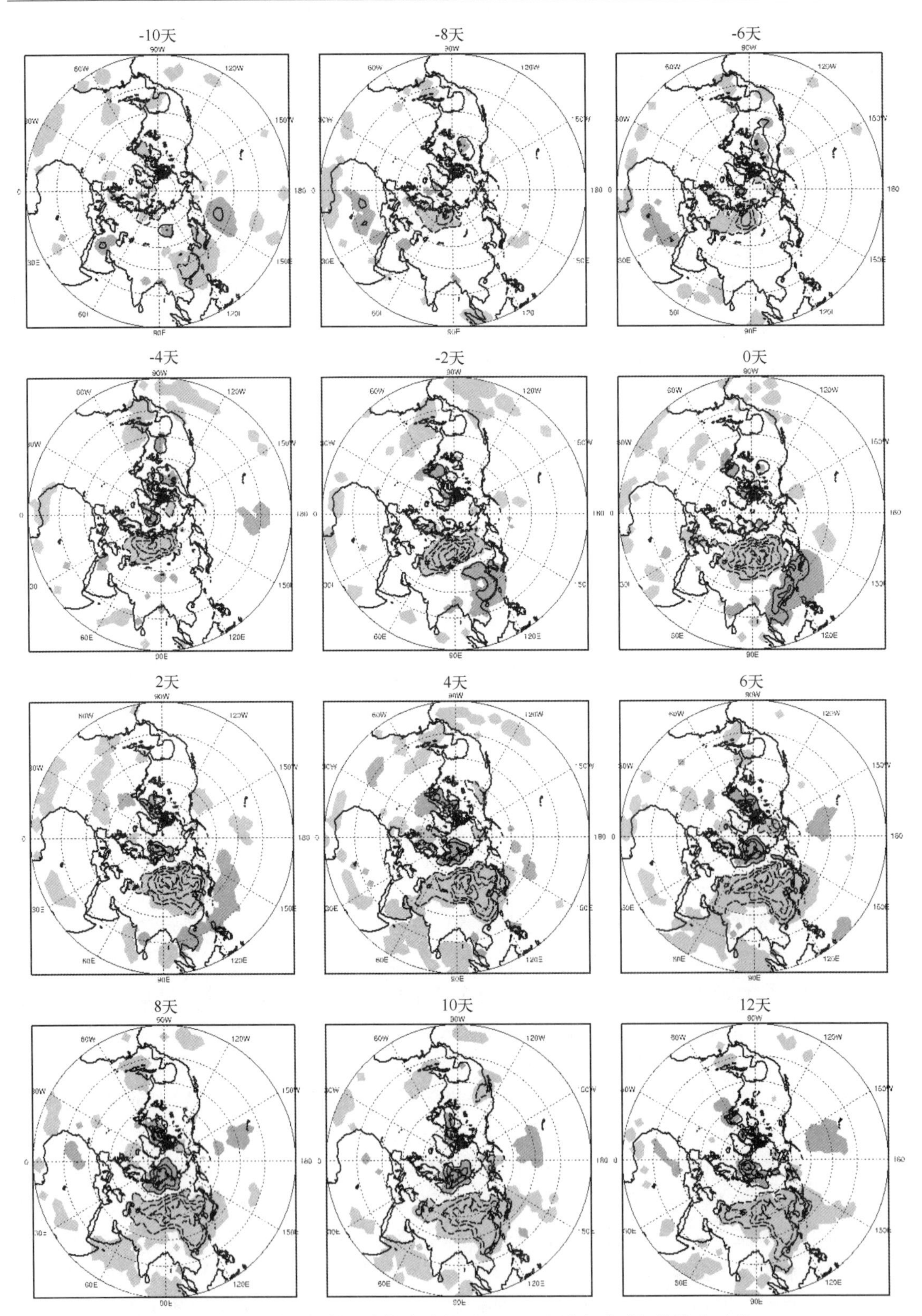

图 4.3.3　持续性低温事件合成的近地面温度异常随时间的演变过程

实线为正值，虚线为负值，零线被省略，等值线间隔为 2℃。阴影区表示合成结果通过 0.05 显著性检验

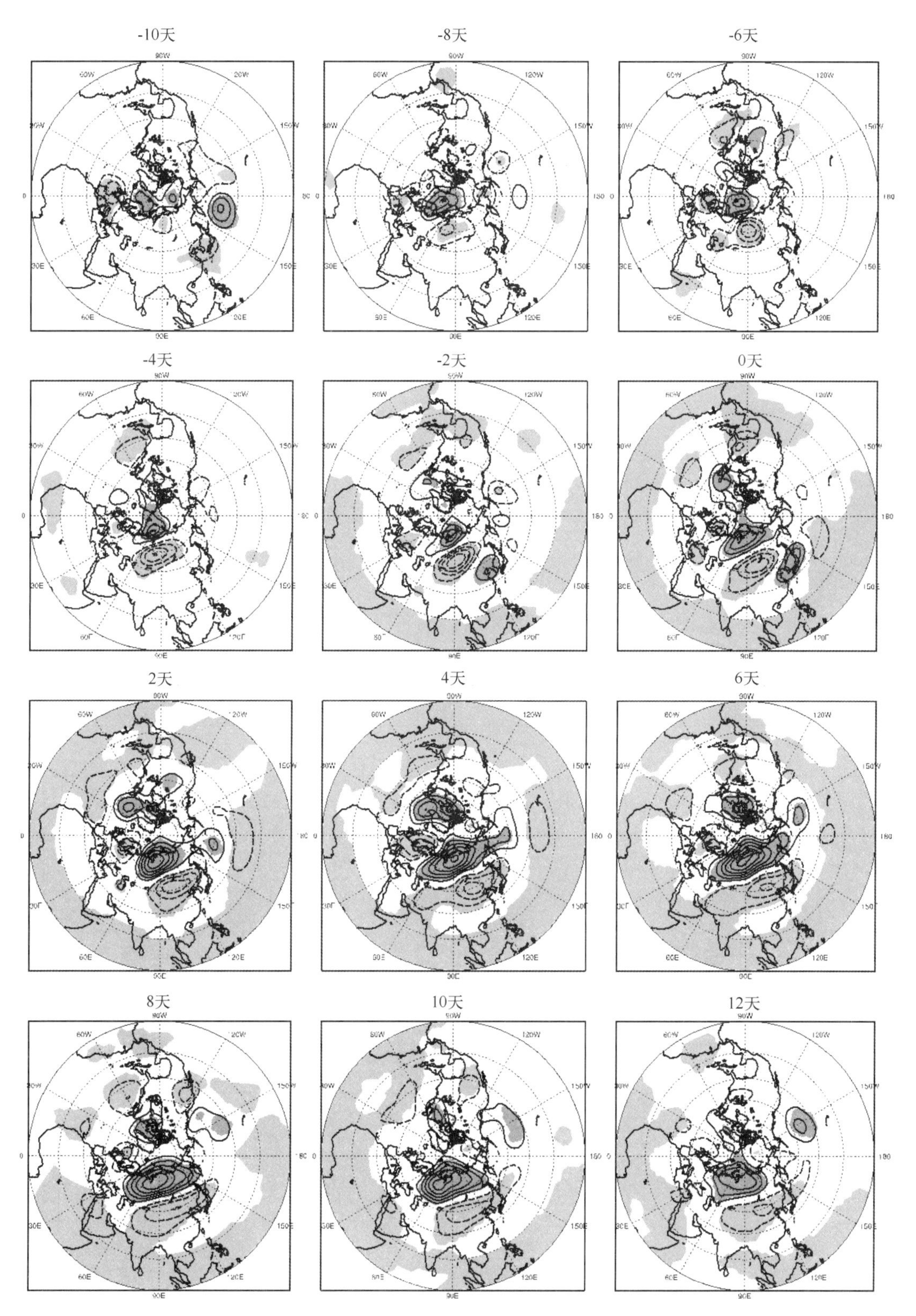

图 4.3.4 类似于图 4.3.3 但为合成的 300 hPa 位势高度异常,等值线间隔为 40 gpm

为了表征持续性低温事件发生前期和后期平流层的环流异常，图 4.3.5 给了 26 个持续性低温事件从－10 至 12 天 10 hPa 位势高度异常的合成结果。不同于近地面温度异常和对流层高层环流异常，合成的结果表明在低温事件的 －10 天，平流层就有显著纬向一波形的环流异常出现。整体表现为北美大陆高纬地区为位势高度负异常（波谷），而在欧洲大陆的高纬地区为位势高度正异常（波峰）。但在第－8 至－4 天，一波形的位势高度异常逐渐减弱，这对应着图 4.1.7 中所示的显著平流层异常在第－5 天向下传播的特征。在第－2 天，平流层又出现一波形的环流异常，但波峰位于东亚的高纬地区，波谷位于北大西洋/欧洲的高纬地区。在低温事件爆发和维持期间（第 0 至第 10 天），一波形环流异常逐渐加强，同时波峰和波谷呈顺时针旋转，但波峰始终位于欧亚大陆的高纬地区。这与对流层上层在欧亚大陆高纬地区的大型斜脊斜槽相对应。在第 12 天，平流层信号减弱消亡。从上述结果可见，在第－10 天，平流层可以观测到具有统计意义的前兆信号，这为我们预报持续性低温事件的发生提供了一定的参考价值。

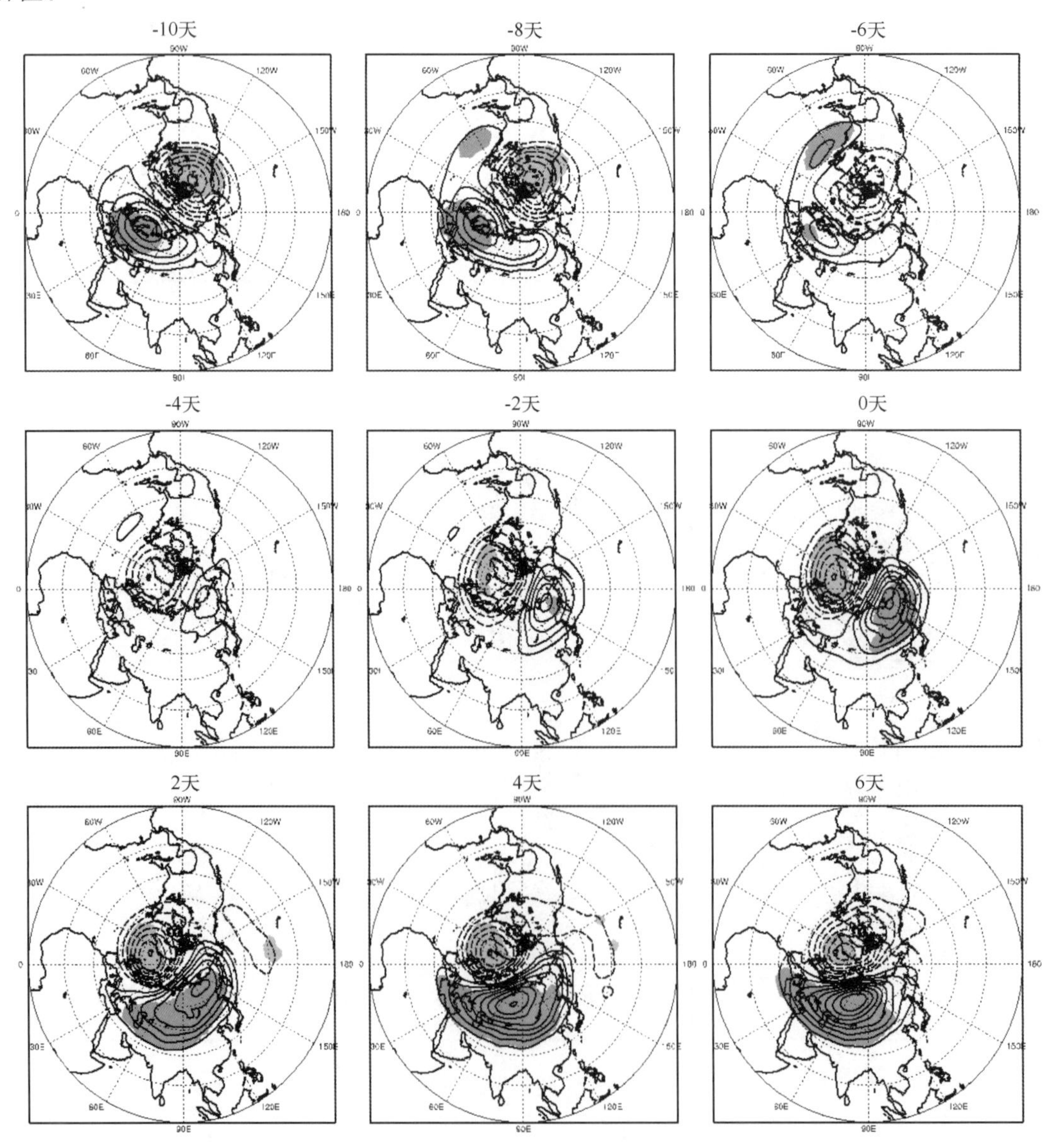

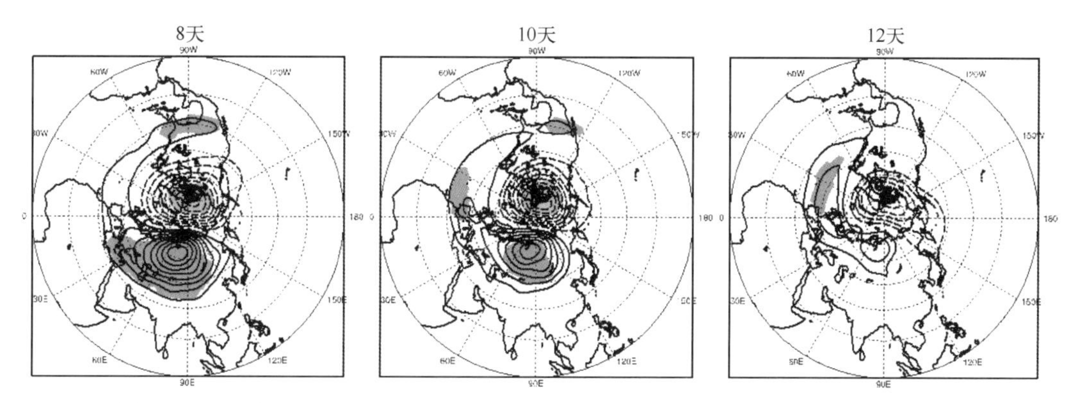

图 4.3.5　类似于图 4.3.3，但为合成的 10 hPa 位势高度异常，等值线间隔为 40 gpm

4.3.2　非持续性低温事件的演变特征

类似于持续性低温事件的挑选，一次非持续性低温事件定义为当全国一致性温度模的时间指数满足 1)连续 5 天小于 0(冷事件且持续一定时间)，2)这 5 天平均的指数小于等于－1 个标准差(强事件)，3)随后的第 6 至第 14 天中任意一天的温度模指数大于 0(冷事件中断)，4)两个冷事件至少间隔 10 天(独立事件)时。根据以上标准，从 1948/1949－2008/2009 年这 61 个冬季中，可识别出 25 个非持续性低温事件。图 4.3.6 给出了这 25 个非持续性低温事件的标准化温度模时间指数从第－1 至第 13 天的演变过程及其平均结果。平均而言，非持续性低温事件的冷异常在第 2 天达到峰值，随后冷异常强度逐渐减弱，在 9 天恢复到正常状态。这表明挑选出的非持续性低温事件并不具有良好的持续性，与挑选出的持续性低温事件的结果形成鲜明的对比。通过合成分析，我们也研究了非持续性低温事件的近地面温度和 300 hPa 位势高度异常随时间的演变过程(图略)。在低温事件爆发的前期，非持续性低温事件的近地面

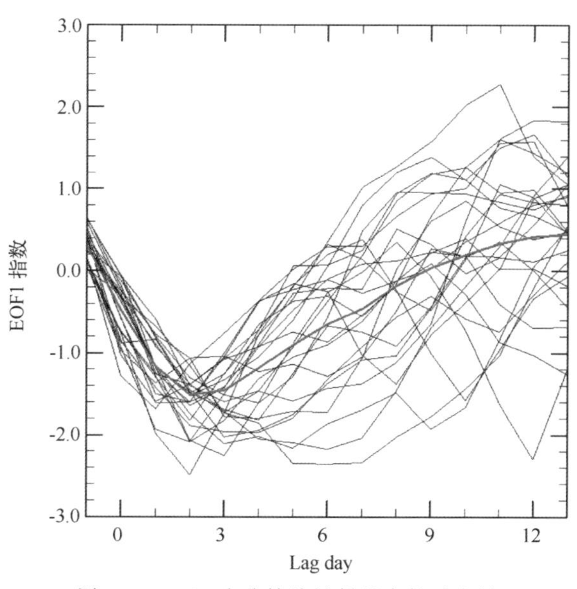

图 4.3.6　25 个非持续性低温事件对应的
标准化温度模指数随时间的演变过程(黑实线)及其平均结果(红实线)

温度和对流层高层的前期信号和持续性低温事件的前期信号具有高度的相似性。在近地面温度场上，非持续性低温事件的近地面温度负异常在第 6 天后逐渐消失。在 300 hPa 位势高度场上，类似于持续性低温事件合成的结果，在第 0 天东亚大陆的高纬地区存在一支向下游传播的准定常波列。但区别于持续性低温事件随后形成的大型斜脊斜槽，非持续性低温事件在随后并无显著环流异常出现。

图 4.3.7 给出了非持续性低温事件从第－10 至第 12 天合成的 10 hPa 位势高度异常。整体而言，从第－10 至－2 天非持续性和持续性低温事件对应的平流层位势高度异常的空间分布和演变过程相类似。但从第 0 天开始，非持续性和持续性低温事件对应的平流层环流异常出现明显差别。不同于持续性低温事件不断加强并呈顺时针旋转的的一波形环流异常，在非持续性低温事件中，平流层的一波形环流异常的波峰逐渐减弱，同时波峰和波谷整体呈现逆时针旋转的特点。从第 6 至第 12 天，欧亚大陆的高纬地区的平流层位势高度变为负异常，不利于欧亚大陆的高纬地区出现大型的斜脊斜槽结构，从而不利于低温事件的维持。

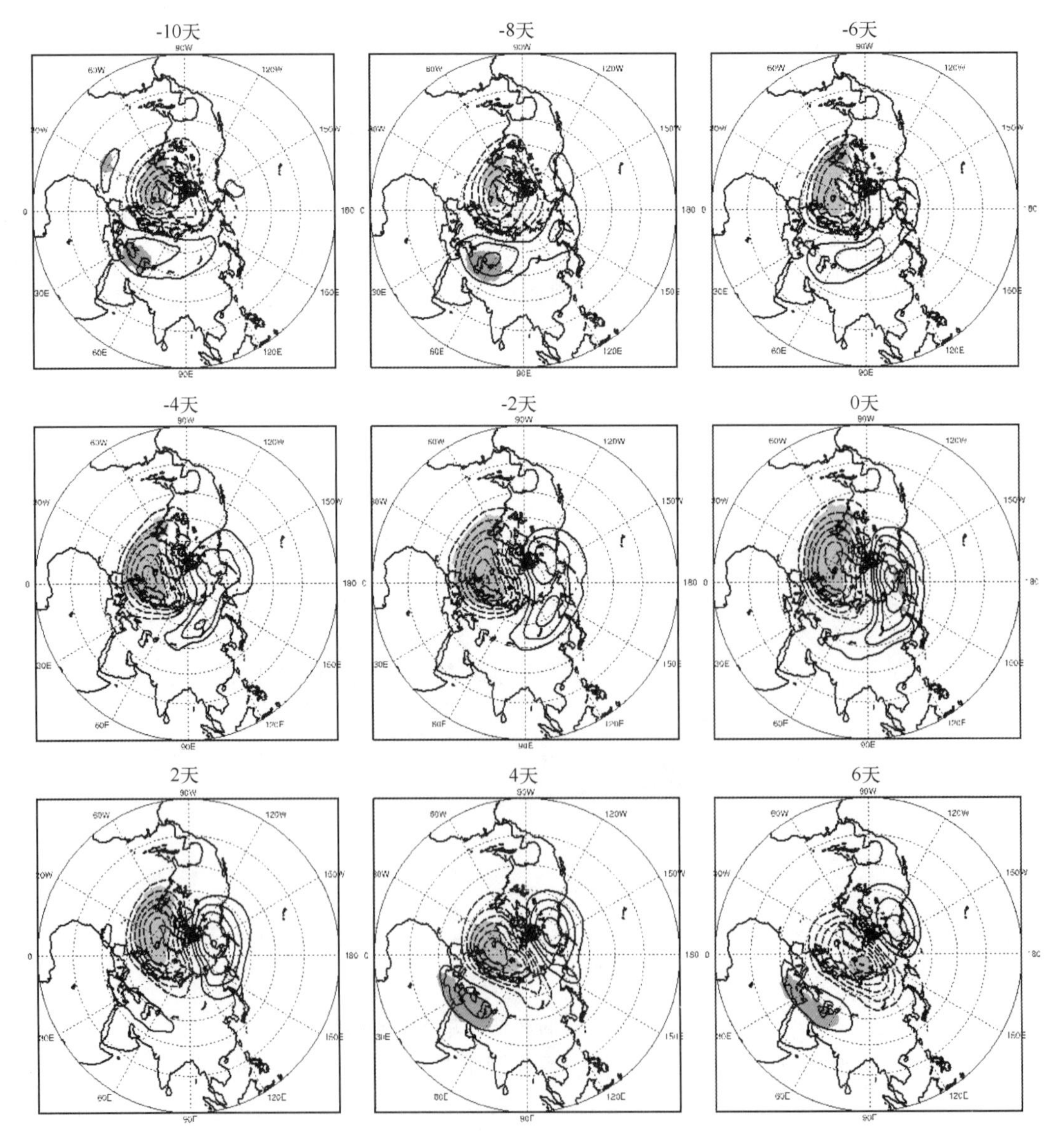

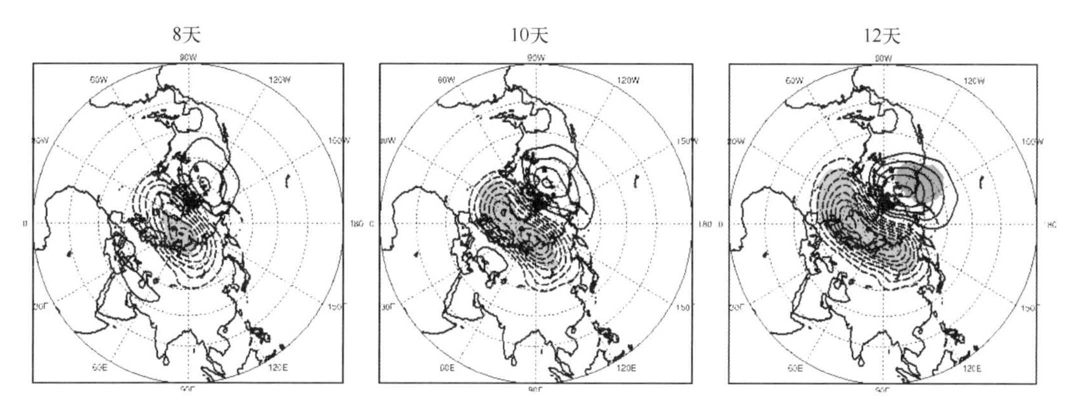

图 4.3.7　非持续性低温事件合成的 10 hPa 位势高度异常随时间的演变过程

实线为正值，虚线为负值，零线被省略，等值线间隔为 40 gpm。阴影区表示合成结果通过 0.05 显著性检验

4.3.3　小结

综上所述，在中国大范围持续性低温事件的前期，平流层具有显著的一波形环流异常结构，这可能对于我们提高持续性低温事件的预报技巧有一定的帮助。同时，我们发现持续性和非持续性低温事件爆发前期的近地面温度和对流层高层的前期信号具有高度的相似性。因此，很难通过对流层的异常来判断低温事件是否具有一定的持续性。而通过对比持续性和非持续性低温事件平流层的环流异常，发现在持续性低温事件爆发的初期，平流层一波形环流异常的强度出现加强同时伴随以及波峰、波谷呈现顺时针旋转的特点；而对于非持续性低温事件而言，在事件爆发初期，平流层一波形环流异常的强度逐渐减弱，并伴随有波峰、波谷逆时针旋转的特点。因此，平流层的信号的差异为我们判断低温事件是否具有持续性提供了一定的参考。

4.4　结论

EPECE 的影响大、范围广、破坏强。如何准确的预测 EPECE 发生发展，是当前业务部门面临的一个难题。本章重点从大气内部的环流异常角度探讨了 EPECE 的开始日以及全国型低温事件能否持续的前兆平流层信号。

合成结果表明，24 次全国类 EPECE 开始前 10 天左右，平流层北极地区及欧亚大陆中纬度地区分别存在着显著的正、负环流异常向下传播的特征，它们随后分别影响了 EPECE 在对流层中的典型的斜脊斜槽的环流形式。可见，平流层环流异常的下传特征是全国类 EPECE 发生的前兆信号。进一步分析发现，52 次 EPECE 中有 17 次有较为一致的前期平流层信号，即在开始日期前 10 天左右，巴伦支海上空的平流层 100 hPa 上出现最显著的高度异常场，该异常可在局地维持 5 天以上。随后该异常向东南方向缓慢移动，并在 EPECE 开始的前 5 天内引起贝加尔湖西北侧 200 hPa 纬向风显著减弱。依据该环流特征，我们提出了在预测 EPECE 的发生上具有一定的能力的两个判别条件。通过 PV 反演分析，我们发现对流层中巴伦支海附近的正异常的 25％来源于平流层中下层的异常环流。这也是平流层信号能够联系 EPECE 发生的一个机制。另一个重要问题则是低温事件能否持续。通过对比持续性和非持续性低温事件的环流差异，我们发现持续性低温事件发生后的前一周左右内，平流层 10 hPa 上存在着一波形的环流异常不断加强并呈顺时针旋转，而非持续性低温事件则呈逆时针旋转。该特点可以作为判断低温事件是否具有持续性的一个先期判据。

总而言之，本章从不同角度出发提出了几种易于识别的平流层前兆信号，这些信号对应着 EPECE 的开始日期、是否持续以及影响范围。这对今后业务工作中准确的预测出 EPECE 的发生发展无疑是有帮助的。但如何实现上述信号定量的、客观的应用，仍需通过大量的样本进行检验和评估。

参考文献

符仙月. 2011. 中国大范围持续性低温事件的大气环流特征. 北京：中国科学院大气物理研究所硕士论文.

李琳，李崇银，谭言科，陈超辉. 2010. 平流层爆发性增温对中国天气气候的影响及其在 ENSO 影响中的作用. 地球物理学报，**53**(7)：1529-1542.

陶诗言，陈隆勋. 1964. 1958 年 1 月下旬平流层爆发性增温时期北半球 25 和 500 毫巴流型的变化. 见陶诗言、杨鉴初等编著. 平流层大气环流及太阳活动对大气环流影响的研究. 北京：科学出版社.

Bueh C, Fu X Y, Xie Z W. 2011. Large-scale circulation features typical of wintertime extensive and persistent low temperature events in China. *Atmospheric and Oceanic Science Letters*, **4**: 235-241.

Bueh C, Nakamura H. 2007. Scandinavian pattern and its climatic impact. *Quarterly Journal of the Royal Meteorological Society*, **133**(629): 2117-2131.

Charney J G, Stern M E. 1962. On the stability of internal baroclinic jets in a rotating atmosphere. *Journal of the Atmospheric Sciences*, **19**(2): 159-172.

Colucci S J. 2010. Stratospheric influences on tropospheric weather systems. *Journal of the Atmospheric Sciences*, **67**(2): 324-344.

Davis C A. 1992. Piecewise potential vorticity inversion. *Journal of the Atmospheric Sciences*, **49**(16): 1397-1411.

Hinssen Y B L, Van Delden A J, Opsteegh J D, de Geus W. 2010. Stratospheric impact on tropospheric winds deduced from potential vorticity inversion in relation to the Arctic Oscillation. *Quarterly Journal of the Royal Meteorological Society*, **136**:20-29.

Hoskins B J, McIntyre M E, Robertson A W. 1985. On the use and significance of isentropic potential vorticity maps. *Quarterly Journal of the Royal Meteorological Society*, **111**(470): 877-946.

Luo D H, Lupo A R, and Wan H. 2007. Dynamics of eddy-driven low-frequency dipole modes. Part I: A simple model of North Atlantic Oscillations. *J. Atmos. Sci.*, **64**: 3-28.

Peng Jingbei, Bueh Cholaw. 2011. The definition and classification of extensive and persistent extreme cold events in China. *Atmospheric and Oceanic Science Letters*, **4**(5): 281-286.

Peng Jingbei, Bueh Cholaw. 2012. Precursory signals of the extensive and persistent extreme Cold Events in China. *Atmospheric and Oceanic Science Letters*, **5**(3): 252-257.

第 5 章　东北地区冬季持续性极端低温事件

东北和华北地区的气温变化具有特殊性，有必要对东北地区的极端低温事件进行专门定义，这将是本节要讨论的内容。冬季，中国北方受冷空气影响，常常出现区域性的寒潮大风和低温雨雪天气过程，可形成时间不太长的灾害性天气(张宗婕等，2012)。通常，侵袭中国的寒潮，绝大多数溯源于北极地区(陶诗言，1959)。根据现有的研究结果可知，影响中国的冷空气主要有三条路径(Ding，1990；张培忠和陈光明，1999)：第一个是新地岛以西的洋面上，冷空气经巴伦支海、前苏联欧洲地区进入我国；第二个是新地岛以东的洋面上，冷空气大多数经喀拉海、泰梅尔半岛、前苏联地区进入我国；第三个是冰岛以南的洋面上，冷空气经前苏联欧洲南部或地中海、黑海、里海进入我国。冷空气沿这三条路径进入中西伯利亚(43°—65°N，70°—90°E)地区，并在那里加强，然后入侵中国，因此，中西伯利亚地区被称为影响中国的寒潮关键区(陶诗言，1959)。Bueh(2011)研究认为对流层中层，位于欧亚大陆的一对东北－西南方向倾斜的槽－脊是中国冬季区域性极端低温事件的重要环流模态。

关于极端低温事件的定义、特征分析和成因机理等方面的研究，我国学者早在 20 世纪 80 年代就开始关注，并取得了一系列成果。已有研究表明，平流层极涡异常偏强或者偏弱与冬季地面降温之间存在有非常密切的关联(陈月娟等，2009；易明建等，2009)。对于区域性极端低温事件的研究，有的学者(Peng and Bueh，2011)给出了区域持续低温事件的定义：在同一时间段内至少 8 天有相邻多个测站(开始时发生低温的测站占所有研究面积的 10%以上，峰值时超过 20%)同时发生单站持续低温事件(最低温度大小排序小于第 10 个百分位值)。同时，还有学者对于区域性极端低温事件的客观识别方法进行了研究，建立了识别极端低温事件的指标体系，该体系包括以下几个部分：极端低温阈值的确定，极端低温事件空间区域的识别，空间区域的连续性过程提取(龚志强等，2012)。

我们注意到，冬季大家关注更多的是东北的降雪情况，尤其是 20 世纪 90 年代以后，在全球变暖的影响下，东北地区的暖冬频繁的背景。然而，东北地区位于我国东部地区的最北面，是最易受到极地冷空气侵袭的地区之一，东北地区的冬季极端低温同全国极端低温有无联系？是东北的独有区域性特征？还是全国极端低温的前哨？此外，对发生东北地区极端低温发生前 15 天的信号场进行分析，能否找出前期 10～15 天时间尺度上具有预测意义的信号场？这些问题是本文试图探讨的重点。李超(2013)的分析表明，我国冬季气温最主要的模态为全国一致变暖(冷)，第二模态则为东北－华北地区与全国其他地区气温变化相反。季节内尺度的气温变化也具有这一特点。利用全国 756 站资料定义的 52 个我国冬季大范围持续性极端低温事件(见表 2.1.1)中，东北－华北地区和全国其他地区温度变化相反的包括西北－江南类(9 个)和东北－华北类(3 个)，共 12 个，占 23%。由于东北地区面积较小，较难达到第 2 章的 EPECE 标准。实际上，第 2 章定义的东北－华北类 EPECE 仅有 3 个。因此，有必要利用更密集的观测资料，对东北地区的极端低温事件进行专门研究。

利用东北地区（黑、吉、辽三省不包括内蒙古东四盟）150 个测站 1961—2010 年的逐日温度资料对东北地区的极端低温事件进行界定。台站分布见图 5。使用美国 NCEP—NCAR 再分析资料的 1951—2010 年的逐日海平面气压（Sea Level Press，以下简称 SLP）、表面温度（Surface Air Temperature，以下简称 SAT）、500 hPa 位势高度场（以下简称 Z_{500}）来分析其环流演变特征。

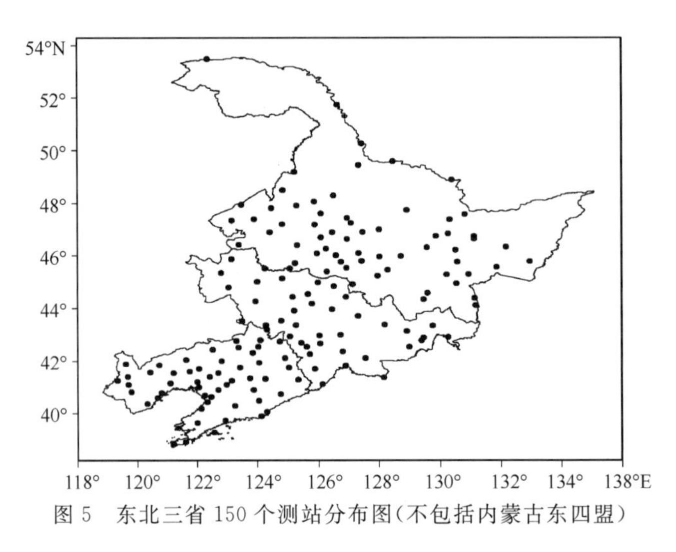

图 5　东北三省 150 个测站分布图（不包括内蒙古东四盟）

5.1　东北极端低温事件的界定

利用东北三省（黑、吉、辽三省不包括内蒙古东四盟）150 个测站 1961—2010 的逐日温度资料，将同时满足下述两个条件的，定义为东北三省冬季一次极端低温天气事件：1）任一测站日平均温度距平 $\overline{T}_D \leqslant \beta$ 为一个极端低温天气日，并持续≥6 日（持续的天数为所有站点持续天数的第 10 个百分位），其中 β 为冬季东北地区该测站的日平均气温距平的第 10 个百分位的值；2）东北三省某一区域（测站比较集中），达到条件①的测站数大于站点总数的 30%，并且定义第一天达到上述标准的日期为极端低温天气事件的开始日期。共界定 25 次东北地区低温事件（见表 5.1，这里定义的东北地区极端低温事件多于表 2.1.1 中东北一华北类 EPECE 的原因是二者的判断标准有所不同）。

将中国划出 3 个区域，按这 3 个区域分为四种类型，如图 5.1.1 所示。第一个区域东北型：（38°—55°N，115°—135°E，图 5.1.1a），第二个区域纬向型：（35°—50°N，75°—120°E，图 5.1.1c）第三个区域经向型：（20°—45°N，110°—125°E，图 5.1.1b），第一类东北型低温（主要低温事件发生在东北地区），第二类纬向型低温（低温事件主要发生在第二个地区），第三类经向型低温（低温事件主要发生在第三个地区，图 5.1.1d），第四类全国型低温（低温事件主要发生在第二个和第三个地区）。使用 NCEP/NCAR 近地面温度资料和全国 756 个站点温度资料，对每个区域的格点和站点平均得出 25 个样本的序列，对比发现各个样本格点和站点的值基本一致。本章定义的东北型极端低温天气事件是极端低温仅发生在东北地区，它几乎占了东北极端低温事件的一半，为了进一步说明东北地区气温变化的特殊性，需要单独研究。

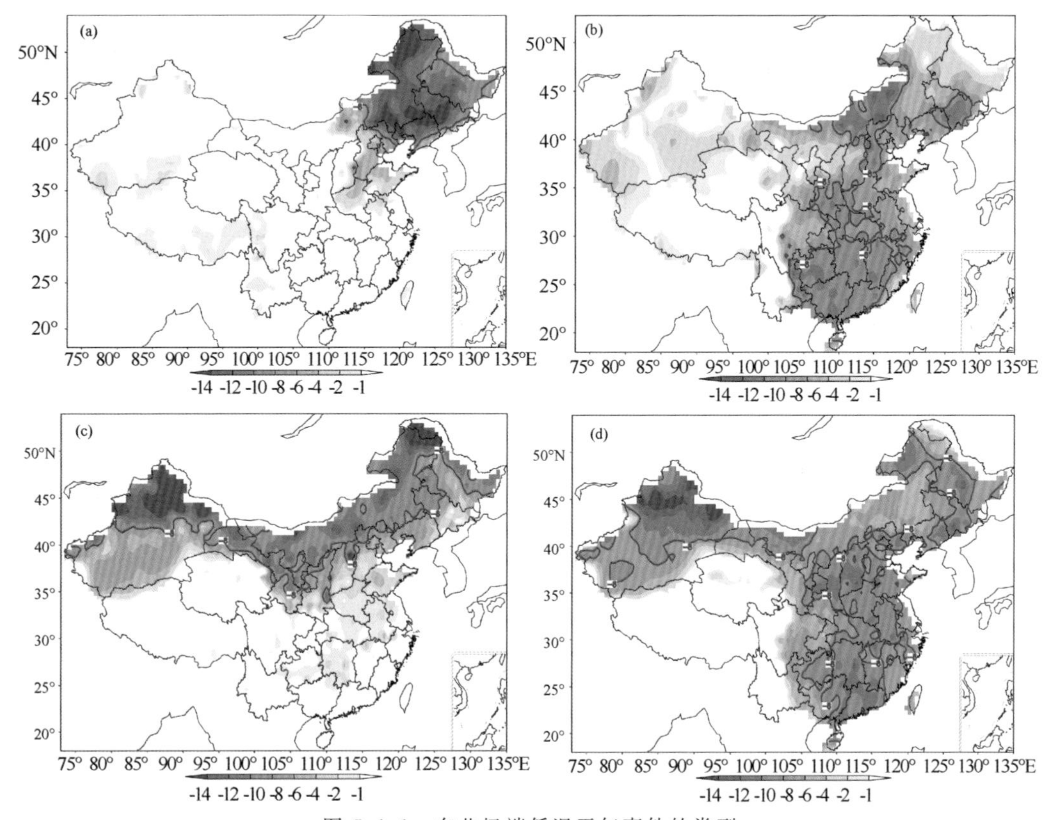

图 5.1.1　东北极端低温天气事件的类型

表 5.1　东北极端低温天气事件的开始、结束、峰值、持续时间和类型

极端低温事件	开始时间	结束时间	峰值时间	持续天数	类型
1	1964 年 2 月 17 日	1964 年 2 月 24 日	1964 年 2 月 22 日	8	经向类(Ⅱ类)
2	1966 年 1 月 17 日	1966 年 1 月 23 日	1966 年 1 月 18 日	7	东北类(Ⅰ类)
3	1966 年 12 月 20 日	1966 年 12 月 28 日	1966 年 12 月 24 日	9	全国类(Ⅳ类)
4	1967 年 2 月 9 日	1967 年 2 月 14 日	1967 年 2 月 12 日	6	全国类(Ⅳ类)
5	1969 年 2 月 18 日	1969 年 3 月 2 日	1969 年 2 月 24 日	13	全国类(Ⅳ类)
6	1970 年 2 月 27 日	1970 年 3 月 4 日	1970 年 3 月 2 日	6	东北类(Ⅰ类)
7	1970 年 3 月 16 日	1970 年 3 月 22 日	1970 年 3 月 19 日	7	纬向类(Ⅲ类)
8	1971 年 2 月 23 日	1971 年 3 月 2 日	1971 年 2 月 27 日	8	东北类(Ⅰ类)
9	1971 年 3 月 4 日	1971 年 3 月 13 日	1971 年 3 月 6 日	10	经向类(Ⅲ类)
10	1976 年 11 月 10 日	1976 年 11 月 15 日	1976 年 11 月 11 日	6	全国类(Ⅳ类)
11	1976 年 12 月 25 日	1977 年 1 月 4 日	1977 年 1 月 2 日	11	全国类(Ⅳ类)
12	1977 年 1 月 26 日	1977 年 2 月 1 日	1977 年 1 月 30 日	7	全国类(Ⅳ类)
13	1977 年 2 月 9 日	1977 年 2 月 17 日	1977 年 2 月 14 日	9	经向类(Ⅱ类)
14	1978 年 2 月 10 日	1978 年 2 月 17 日	1978 年 2 月 13 日	8	全国类(Ⅳ类)
15	1981 年 11 月 3 日	1981 年 11 月 9 日	1981 年 11 月 6 日	7	全国类(Ⅳ类)

（续表）

极端低温事件	开始时间	结束时间	峰值时间	持续天数	类型
16	1982年2月10日	1982年2月15日	1982年2月12日	6	东北类（Ⅰ类）
17	1985年1月24日	1985年1月29日	1985年1月28日	6	东北类（Ⅰ类）
18	1985年12月5日	1985年12月11日	1985年12月8日	7	经向类（Ⅱ类）
19	1987年11月24日	1987年12月1日	1987年11月27日	8	全国类（Ⅳ类）
20	1990年1月19日	1990年1月27日	1990年1月24日	9	东北类（Ⅰ类）
21	1998年11月17日	1998年11月24日	1998年11月18日	8	东北类（Ⅰ类）
22	2000年12月22日	2000年12月28日	2000年12月25日	7	东北类（Ⅰ类）
23	2001年1月10日	2001年1月18日	2001年1月11日	9	东北类（Ⅰ类）
24	2001年2月2日	2001年2月8日	2001年2月7日	7	东北类（Ⅰ类）
25	2009年12月28日	2010年1月4日	2009年12月31日	8	东北类（Ⅰ类）

东北地区极端低温天气事件的年代际特征很明显，如图 5.1.2，极端低温事件在 20 世纪 70 年代发生频率最高，70 年代后开始减少，到 90 年代极端低温事件发生频率最低，90 年代后发生频率开始有增大的迹象。

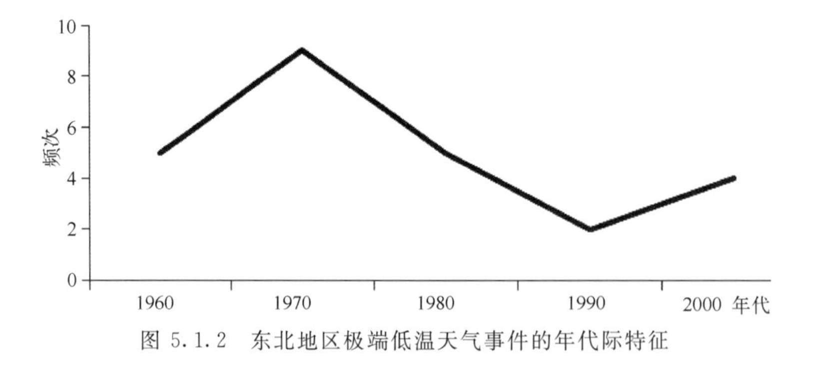

图 5.1.2　东北地区极端低温天气事件的年代际特征

5.2　东北极端低温事件关键环流系统

由前面的分析可知，第Ⅰ类和第Ⅳ类极端低温事件在全部极端低温类事件中占主导，故此，这里主要分析这两类极端低温事件的前期信号场。由图 5.2.1a 可知，第Ⅰ类极端低温事件发生时极地的 AO 是一个负位相，其正距平高发的主体主要在亚洲，中心频率可达，同时其南部的中西伯利亚一带为负距平的高发区，形成南北方向上的一对北“＋”南“－”波列。在亚洲上游的斯堪的纳维亚半岛也是负距平的高发区，同极区也形成一对北“＋”南“－”波列，在下游的阿留申群岛地区，同样是一个负距平的高发区，阿留申群岛南侧的太平洋 20°—30°N 的区域是一个正距平高发区，形成由极区到中纬度太平洋地区的“＋”“－”“＋”波列。对于第Ⅳ类极端低温事件来说，在其距平同号率图中（图 5.2.1(b)），也可以得出类似的结论：极地与斯堪的纳维亚半岛、贝加尔湖地区和阿留申地区都呈北“＋”南“－”的波列。

由于占东北极端低温事件绝对比例的这两种事件中都有这 3 对分布相同的北“＋”南“－”

的波列，说明可以将东北极端低温事件不分类一起统一寻找前期信号场(图 5.2.1c)。由图 5.2.1c 可知，在极端低温事件发生前 15 天到其发生前 1 天，在平均状态上来说，极地一直维持一个正距平，正距平中心偏向亚洲地区，其中心频率可达 80%，从极地到 60°N 的东亚地区所在区域都被频率在 60%以上的正距平所覆盖，说明在亚洲方向极地的冷空气被极区中心的正距平挤到了东亚较低的纬度，从负距平中心所在的位置来看，冷空气被挤到了贝加尔湖和蒙古国一带即:东北极端低温事件发生前期，贝加尔湖常常有一个低涡维持。在东北地区的上游地区，冰岛附近上空处于一个明显的负距平高发区，同时在东亚的下游地区的阿留申低压，源于极地的冷空气被挤到较低纬度，阿留申低压也是处于一个加深的状态。选取最明显的信号区域，因此，可以说，极端低温事件发生前期，可以很明显地得出极地同 60°N，10°E 附近的斯堪的纳维亚半岛区域(简称为斯堪的纳维亚半岛低压)也呈现北“＋”南“－”的波列，还能得出极地与 60°N，100°E 附近区域(简称为贝加尔湖低涡)呈北“＋”南“－”的波列，同时，极地与 60°N，180°附近区域(简称为阿留申低压)也呈现北“＋”南“－”的波列，鉴于所选区域的波列，正、负距平发生频率都在 60%以上，说明该波列在低温事件发生的前 15 天内，这些所选区域的系统能持续 10 天以上的时间维持这种状况，则极端低温事件发生概率很大。

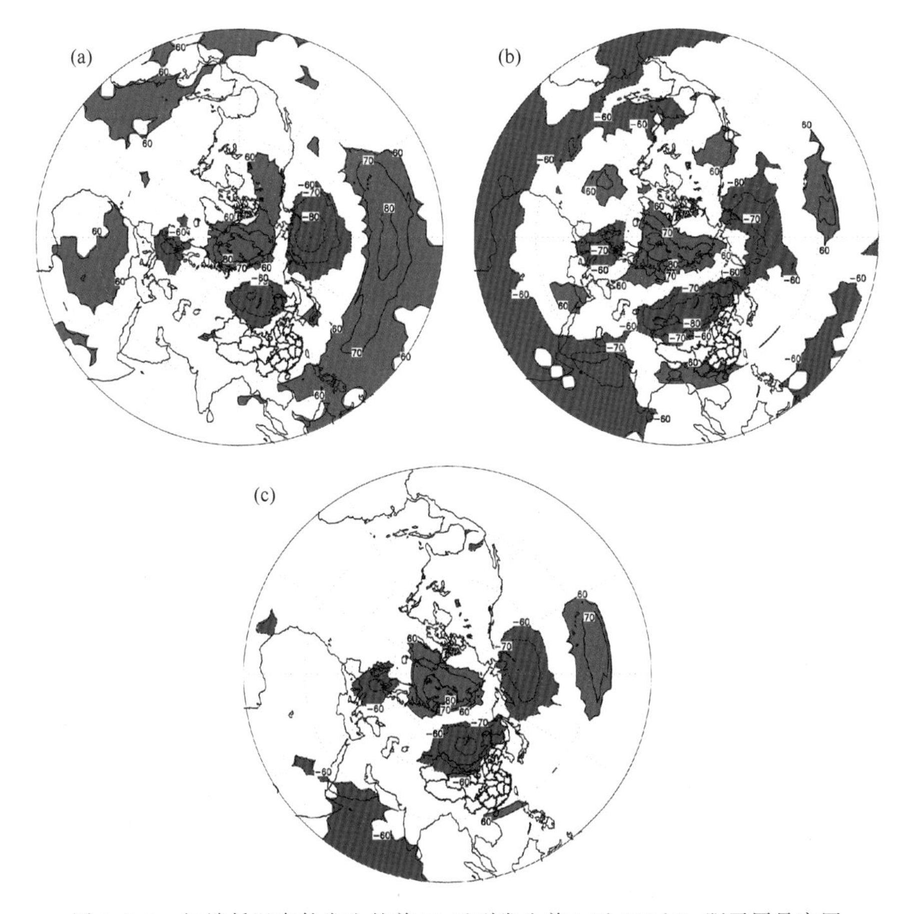

图 5.2.1　极端低温事件发生的前 15 天到发生前 1 天 500 hPa 距平同号率图
(a. 第Ⅰ类极端低温；b. 第Ⅳ类极端低温；
c. 全部极端低温事件，阴影部分为正、负距平同号率超过 60%的区域)

综上所述，偏于东亚地区的极涡、斯堪的纳维亚半岛低压、贝加尔湖低涡和阿留申低压呈北“+”南“−”的这一波列同时存在且维持10～15天的情况下，东北地区极端低温事件发生的概率很大，可作为判断东北极端低温事件发生的依据。

整体上来看(图5.2.2)，东北地区发生低温事件前15天时间内，斯堪的纳维亚半岛绝大多数时间也一直维持一个低涡，它作为一个很明显的信号场在前期一直持续存在，并随着临近极端低温的发生，逐步加强，但这一低涡无论强度还是范围都比贝加尔湖低涡都要弱。位于亚洲方向的极地被正距平覆盖且正距平主体偏于东亚地区，使得冬季极地高纬度的冷空气被南压到中高纬度的贝加尔湖地区一带，在该地区形成一个低涡，极涡亚洲部分被一个高频发生的正距平所占据，其中心的正距平的高发率可达80%，同贝加尔湖低涡形成非常明显北“+”南“−”的波列，这种典型的状态在这15天基本上一直持续。在临近极端低温事件发生的时间段(−3天后)，日本海域南部经朝鲜半岛至黄海一带的区域有一个弱的正距平高发区(高压中心)开始出现，该系统的出现使得由极地分裂出来的冷空气经贝加尔湖在东北地区堆积，由于东北地区下游的这个高压中心的出现，阻碍冷空气向下游输送，使其长时间的聚集在东北地区进而造成持续性的东北极端低温。

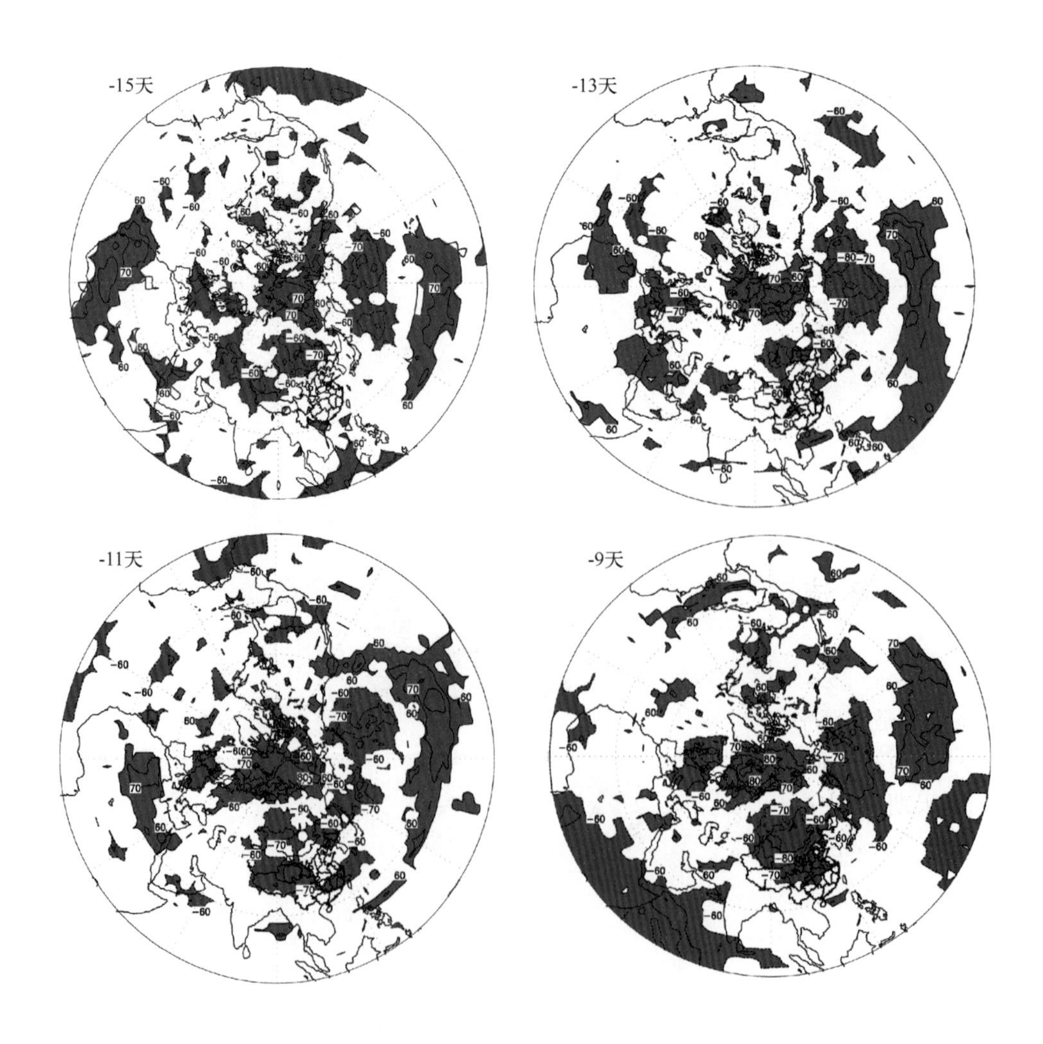

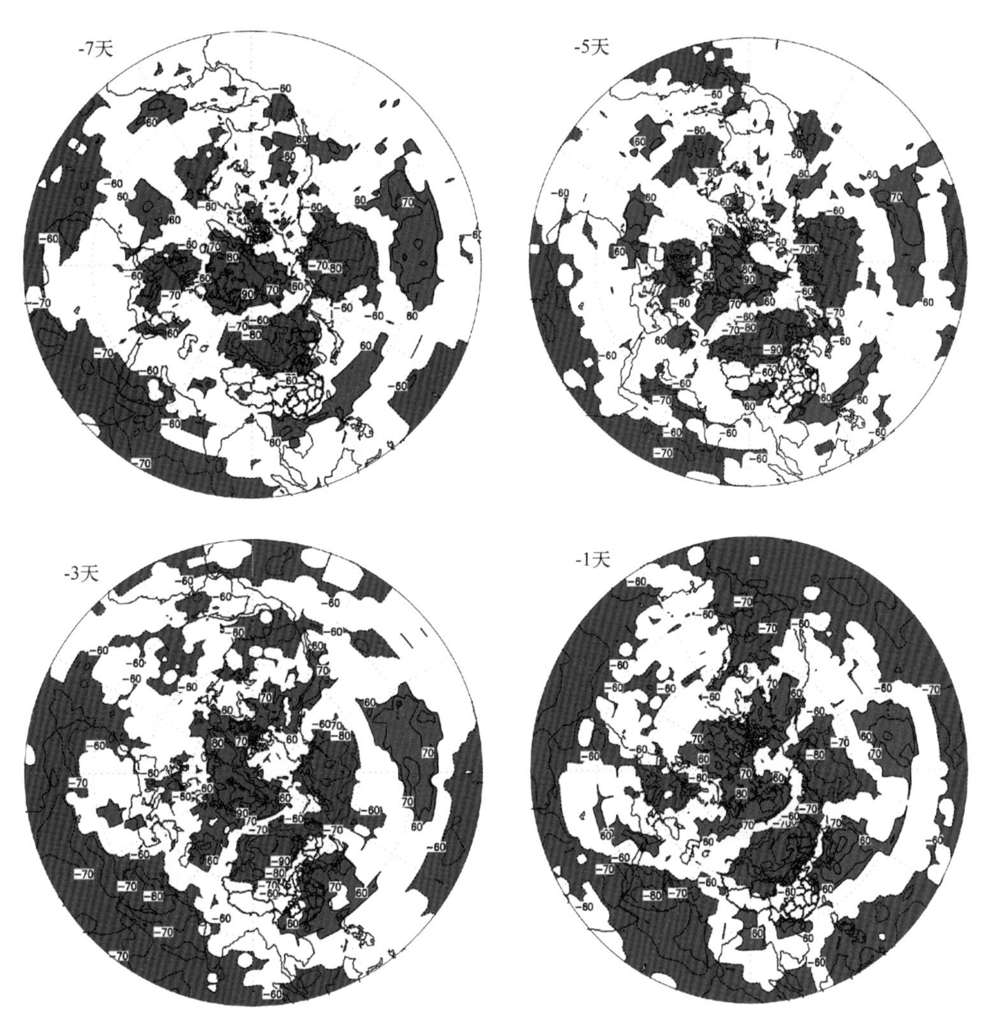

图 5.2.2 极端低温事件发生的前15天逐日的500 hPa距平累加百分率图
(阴影部分为正、负距平频率超过60%的区域)

5.3 关键环流系统的维持和演变过程

由图5.3.1可见,东北极端低温天气事件发生前1天到前15天期间,北半球中高纬度绝大部分地区都是负距平所覆盖,中心主要位于斯堪的纳维亚半岛、贝加尔湖、阿留申群岛和巴芬岛上空,极地被较强的正距平所占据,极区的冷空气被挤到中高纬度地区。在低温事件发生前15到8天期间,中高纬度地区的负距平是带状大范围强冷空气活动为主要特点。低温事件发生前7到1天,中纬度暖空气活动开始加强北上与北方的冷空气在黄海、朝鲜半岛一带僵持,暖空气在该区域堆积,尤其是中国东海、黄海到日本海南部的这一区域出现了一个正距平中心,该暖系统位于东北地区下游,在极端低温事件发生期间继续维持和加强,使得上游贝加尔湖地区的冷空气沿着西北气流到达东北地区后堆积聚集无法向下游传输耗散,进而造成持续的东北地区低温。

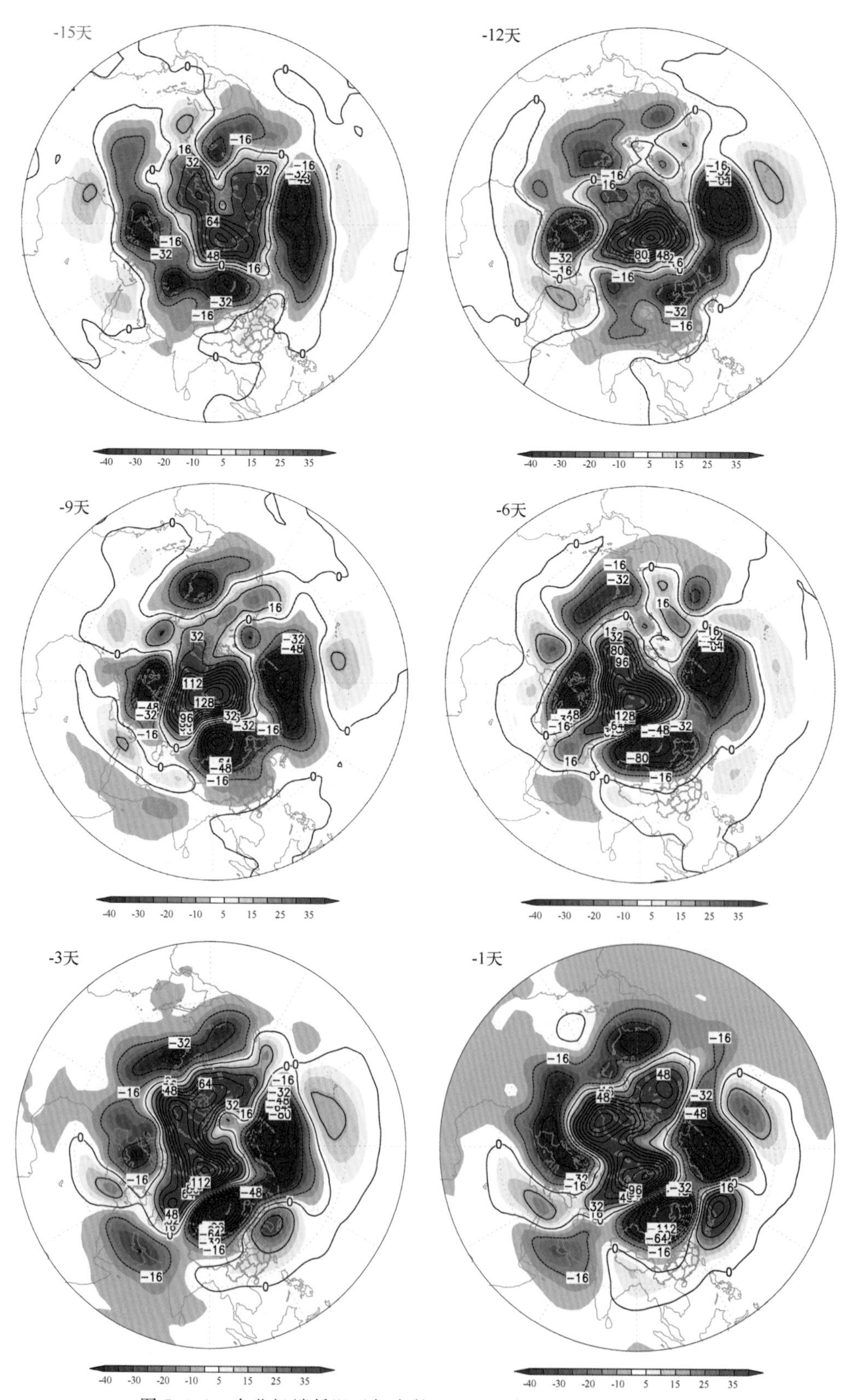

图 5.3.1 东北极端低温天气事件 500 hPa 高度距平场逐日演变图

5.4　小结

东北地区气温变化有其独特性。本章对东北地区极端低温事件进行单独界定，并分析其环流演变特征。发现，偏于东亚地区的极涡、斯堪的纳维亚半岛低压、贝加尔湖低涡和阿留申低压呈北“＋”南“－”的这一波列是东北地区发生极端低温事件的主要环流特征。当上述环流异常同时存在且维持10～15天的情况下，东北地区极端低温事件发生的概率很大。

参考文献

陈月娟，周任君，邓淑梅，等. 2009. 2008年雪灾同平流层环流异常的关系. 中国科学技术大学学报，(1):15-22.

龚志强，王晓娟，崔冬林，等. 2012. 区域性极端低温事件的识别及其变化特征. 应用气象学报，**23**(2):195-204.

李超. 2013. 欧亚中高纬度环流异常对冬季1月我国北方低温事件的影响及机理研究. 中国科学院大气物理所博士论文.

陶诗言. 1959. 十年来我国对东亚寒潮的研究. 气象学报，**30**(3):226-230.

易明建，陈月娟，周任君，等. 2009. 2008年中国南方雪灾与平流层极涡异常的等熵位涡分析. 高原气象，**28**(4): 880-888.

张培忠，陈光明. 1999. 影响中国寒潮冷高压的统计研究. 气象学报，**57**(4): 493-501.

张宗婕，钱维宏. 2012. 中国冬半年区域持续性低温事件的前期信号. 大气科学，**36**(6): 1269-1279.

Bueh C. 2011. Large-scale circulation features typical of wintertime extensive and persistent low temperature events in China, *Atmos. Oceanic. Sci. Lett*, **4**(4):235-241.

Ding Y H, 1990. Build－up, air mass transformation and propagation of Siberian high and its relations to cold surge in East Asia. *Meteor. Atmos. Phys.*, **44**: 281-292.

Peng J B, Bueh C. 2011. The definition and classification of extensive and persistent extreme cold events in China. *Atmos. Oceanic Sci. Lett.*, **4**(5): 281-286.

第6章　冬季中国南方极端降水事件

近年来，冬季我国南方地区极端降水事件常有发生，给国家带来严重的灾害和经济损失。如2008年1月和2013年12月的雨雪冰冻事件。其中“0801”事件持续时间之长、影响范围之广，为历史罕见。因此，冬季南方极端降水事件的成因和如何预测已成为目前一个备受关注的热点问题和重要研究课题。针对“0801”事件，国内外气象学者利用诊断分析和数值模拟等手段对其成因开展了大量富有成效的研究工作（布和朝鲁等，2008；丁一汇等，2008；付建建等，2008；高辉等，2008；纪立人等，2008；施宁等，2008；陶诗言和卫捷，2008；卫捷等，2008；赵思雄和孙建华，2008；李崇银和顾薇，2010），研究结果均显示了“0801”事件的发生与亚洲上空出现一定流型的大气环流异常有密切联系，尤其是中高纬和副热带地区流型的相互配置和稳定性。有关这方面的研究不仅对冬季极端降水形成机理研究具有重要的科学意义，而且对冬季极端降水的预测也具有重要的实际应用价值。目前，关于冬季我国南方极端降水事件的成因问题还有待于进一步深入分析。如，其发生的有利环流背景如何？后者又是如何演变形成的？它与MJO活动的关系怎样？为弄清这些问题，本章将在界定冬季我国南方极端降水事件的基础上，分析其发生的环流背景和类型，各关键环流系统和冷暖空气活动的中期演变过程，以及探讨极端降水过程与低频Rossby波和MJO活动的关系及前兆信号。此外，还对2013年12月发生在我国南方的极端降水事件进行个例分析与讨论。

6.1　极端降水事件的定义

考虑到极端降水事件危害性的大小不仅与降水强度有关而且还与强降水发生的范围、持续时间有关，本节中极端降水事件的条件规定如下：(1)日降水强度大，达到或超过1979/1980—2010/2011冬季日降水序列第90百分位的阈值；(2)极端降水发生的面积广，达到极端降水标准的台站数大于或等于其第90百分位的阈值(45站)；(3)满足条件(1)和(2)的同时，还必须持续3天或以上不中断。如果以上3个条件都满足，界定为一次极端降水事件。当两个相邻的极端事件之间的时间间隔小于3天，我们把它们看作是同一次事件，否则视它们为两次独立事件。因此，极端降水事件与过程性的强降水不同，不仅降水强度大、范围广，而且持续的时间也长。

根据以上定义，在1979/1980—2010/2011年的32个冬季中共发生了21次极端降水事件（表6.1.1），约占冬季总数的65%左右，而非每年冬季都有发生。从表6.1.1可以发现，1979/1980—1983/1984年连续5个冬季，1998/1999—1999/2000年连续两个冬季一次也没有出现，而有的冬季极端降水事件却接连发生，如1985年2月就出现了2次，1989年1—2月出现了3次，1993年1—2月出现了2次。表明冬季极端降水事件存在明显的年际变化。图6.1.1给出的是21个极端降水事件开始前第1天、第0天（开始当天）、后第1天和后第2天平均降水距平及气候平均的冬季日降水量分布。可以看出，极端降水事件发生前第 1 天(图 6.1.1a)，我国南方降水距平很小。而在极端降水事件维持期间(图 6.1.1b－d)，雨量大幅增加，距平值甚至超过气候平均日降水量(图 6.1.1e)的 3～5 倍，局地甚至超过 8 倍。这说明所定义的极端降水事件降水强度是很强的。另外，可以看到，主要雨区开始是出现在我国西南地区，而后很快向东扩展到长江下游和华南沿海。主要雨带呈东西向徘徊在江南北部地区。

表 6.1.1　21 个极端事件开始和结束日期、持续天数及其对应的环流型。(Ⅰ型：阻塞高压型；Ⅱ型：两槽一脊型)

序号	开始日期	结束日期	持续天数	环流型
1	1985 年 2 月 5 日	1985 年 2 月 8 日	4	Ⅱ型
2	1985 年 2 月 25 日	1985 年 2 月 27 日	3	Ⅰ型
3	1988 年 2 月 25 日	1988 年 2 月 28 日	4	Ⅰ型
4	1989 年 1 月 5 日	1989 年 1 月 8 日	4	Ⅱ型
5	1989 年 1 月 17 日	1989 年 1 月 19 日	3	Ⅱ型
6	1989 年 2 月 15 日	1989 年 2 月 17 日	3	Ⅰ型
7	1990 年 2 月 15 日	1990 年 2 月 28 日	14	Ⅰ型
8	1991 年 2 月 12 日	1991 年 2 月 14 日	3	Ⅱ型
9	1991 年 12 月 26 日	1991 年 12 月 28 日	3	Ⅰ型
10	1993 年 1 月 13 日	1993 年 1 月 15 日	3	Ⅰ型
11	1993 年 2 月 18 日	1993 年 2 月 20 日	3	Ⅱ型
12	1994 年 12 月 10 日	1994 年 12 月 12 日	3	Ⅱ型
13	1997 年 2 月 1 日	1997 年 2 月 7 日	7	Ⅱ型
14	1998 年 2 月 16 日	1998 年 2 月 19 日	4	Ⅱ型
15	2001 年 1 月 22 日	2001 年 1 月 25 日	4	Ⅰ型
16	2001 年 12 月 10 日	2001 年 12 月 12 日	3	Ⅰ型
17	2002 年 12 月 17 日	2002 年 12 月 20 日	4	Ⅰ型
18	2005 年 2 月 14 日	2005 年 2 月 17 日	4	Ⅰ型
19	2006 年 1 月 17 日	2006 年 1 月 20 日	4	Ⅱ型
20	2008 年 1 月 26 日	2008 年 2 月 2 日	8	Ⅰ型
21	2009 年 2 月 25 日	2009 年 2 月 27 日	3	Ⅰ型

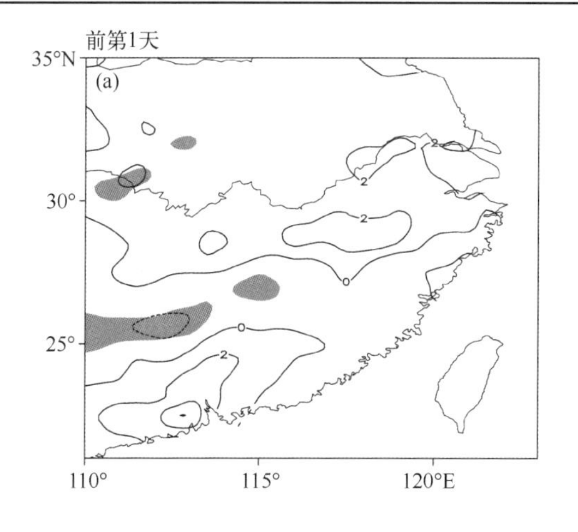

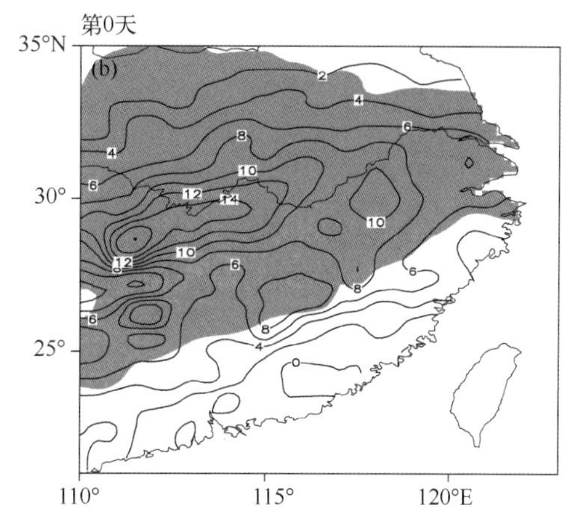

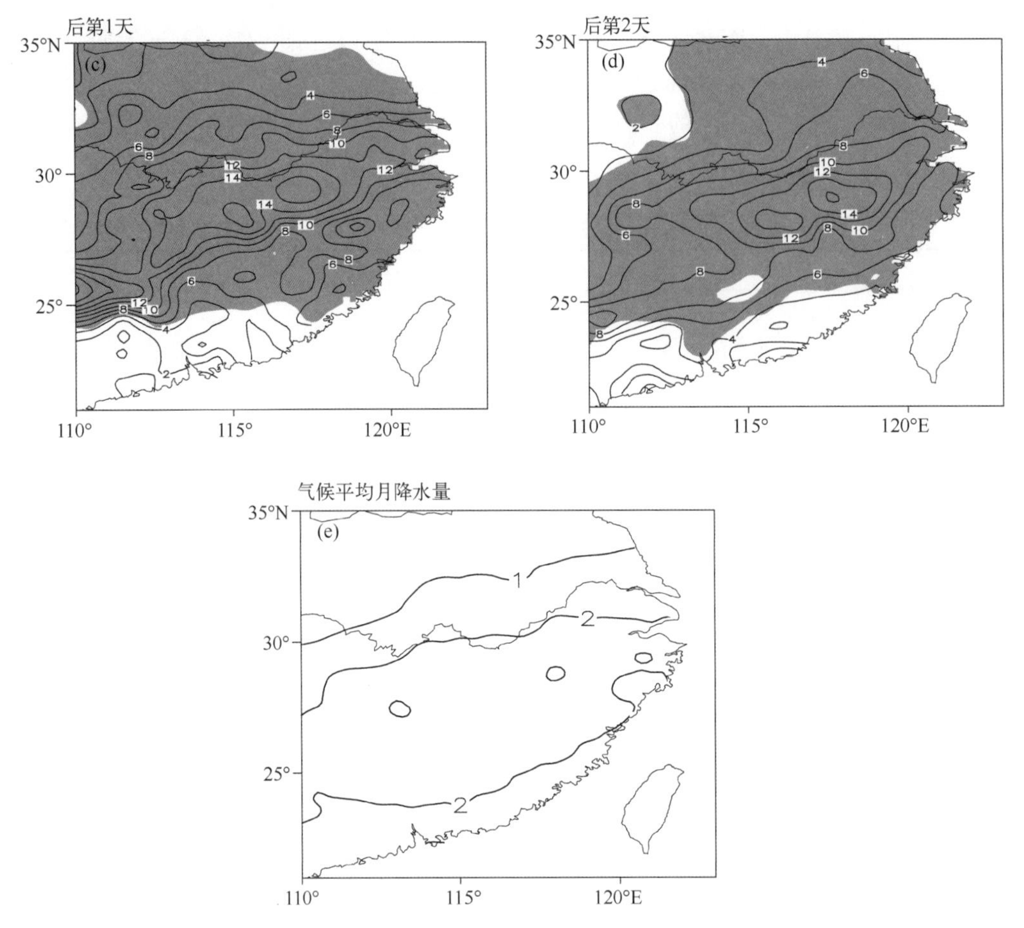

图 6.1.1　21 个极端事件开始前第 1 天、当天、后第 1 天和后第 2 天平均降水距平和气候平均的冬季日降水分布
(a)前第 1 天，(b)第 0 天，(c)后第 1 天，(d)后第 2 天，
(e) 气候平均的冬季日降水量。阴影区为超过 0.05 显著性检验的区域

6.2　极端降水天气发生的环流背景和类型

6.2.1　环流的基本特点

图 6.2.1a 给出 21 个极端降水事件开始日平均的 300 hPa 位势高度及其距平场。可以看出，北半球中高纬地区环流呈冬季的三波结构。美洲大槽和东亚大槽，受美洲大湖区和东亚沿岸有高压脊发展(高度正距平)的影响，两者的位置都明显偏北、偏东，强度偏弱。大西洋东部为阻塞高压控制，欧亚中纬度环流呈两槽一脊的分布。里海以东地区维持一个长波槽(高度负距平)，冬季在贝加尔湖以西的高压脊线东移到贝加尔湖附近，原位置成了短波槽区。因此，极端降水事件发生时，北半球中高纬地区的环流虽然也呈三波的结构，但其槽脊的强度和位置与

冬季多年平均的情况有明显不同。在低纬地区，里海长波槽向南一直伸展到 30°N 以南，阿拉伯海高压偏强（高度正距平），南支槽偏深（高度负距平），西太平洋副热带高压西伸北抬（西北侧高度正距平），呈明显的两高一槽的环流形势。它与中高纬度的两槽一脊型的环流分布位相基本相反，是我国南方冬季出现强降水的典型环流形势。在这种环流系统配置下，欧亚明显存在三支锋区，并在日本中南部汇合。北支锋区呈西北一东南走向从大西洋东部阻塞高压的北侧经贝加尔湖一直伸展到日本中部附近。沿此锋区的冷空气路径偏东、偏北，对我国的影响较小。中纬度锋区为平直的西风气流，由于我国北方受贝加尔湖高压脊控制，影响我国的冷空气势力不强。南支锋区沿 20°—35°N 从大西洋经非洲、青藏高原伸向日本南部。南支槽异常活跃。这里值得注意的是，在 30°—50°N 纬度带从黑海到青藏高原东侧有大范围的高度负距平区，表明青藏高原上有多次从里海长波槽分裂出来的低压扰动东移，引导冷空气南下，与来自孟加拉湾和南海的大量暖湿空气在江南地区交绥，产生极端降水天气。

为了进一步考察上述的环流特点是否是 21 个极端降水事件共同的特征，以及哪些环流系统是产生极端降水事件的关键环流系统，我们给出了每个网格点上出现 300 hPa 位势高度正距平＞10 gpm 和负距平＜－10 gpm 的个例数占总个例数的百分比（图 6.2.1b）。可以看出，在中高纬地区，大西洋东部阻塞高压高度正距平个例数的百分比中心值达到 80％以上。也就是说，在 21 个极端降水事件中有 17 个个例发生时这里为阻塞高压所盘踞，它对欧亚环流的稳定性具有重要的作用。后面我们还将指出它是产生极端降水天气的一个具有前兆性的关键环流系统。其下游从里海以东到我国西部的长波槽区大部分地区为高度负距平的个例百分比超过 80％。这反映了绝大部分个例中存在里海长波槽，它是高原短波槽和冷空气活动活跃的重要原因。我国东北到日本一带高度正距平和堪察加半岛附近高度负距平个例的百分比中心值分别为 90％和 80％以上，其范围也很大。表明在绝大多数个例中，贝加尔湖高压脊的位置都比常年偏东，东亚大槽也比常年偏东偏弱，中纬度呈“西低—东高”的环流形势，使冷空气活动的势力都不是很强。里海长波槽和东亚大槽是中高纬地区产生我国南方极端降水事件的两个关键环流系统。在低纬地区，阿拉伯海高压高度正距平、南支槽高度负距平和西太平洋副热带高压西北侧高度正距平个例的百分比分别为 70％、90％和 90％。说明几乎在所有个例中，南支锋区上的南支槽都异常偏强，西太平洋副热带高压明显西伸北抬，使得来自孟加拉湾和南海地区的暖湿空气异常充沛。南支槽和西太平洋副热带高压是低纬地区产生我国南方极端降水事件的两个关键环流系统。

图 6.2.1c 是 21 个极端降水事件开始日平均的 700 hPa 位势高度场、温度场和水汽通量矢量。从高度场看出，对流层中低层亚洲地区有南北两支急流，北支急流经贝加尔湖至我国东北地区，呈西北—东南走向。南支急流从北非向东经印度北部和我国西南到长江以北地区，并与北支急流汇合。南支的强度比北支要强得多。其上南支槽异常活跃，槽前从孟加拉湾经中南半岛北部到长江流域一带盛行一支中空西南风急流。另外，西太平洋副热带高压明显西伸北抬，在其西侧还有一支由东南风转来的西南风气流。江南和华南受这两支西南气流的控制。在北支和南支急流的共同作用下，在长江与黄河之间出现东西走向的等温线密集区，这是中低空锋区之所在。1000 hPa 等温线密集区出现在江南地区（图略）。江淮地区和日本南部也是水汽辐合最强的地区。在海平面气压场上（图 6.2.1d），源自蒙古高原较强的冷高压沿贝加尔湖高压脊前东移南下，经东北、华北北部入海，在长江流域附近

停滞。江淮流域盛行强东风，并与来自孟加拉湾的西南风和南海北上的东南风在江南北部形成一条切变线。中低层各层温度零线位置随高度向南倾斜，表明在江南上空低层暖高层冷，空气层结极不稳定，容易形成对流天气造成冬季强降水出现。这是我国冬季强降水的典型的中低空环流形势。

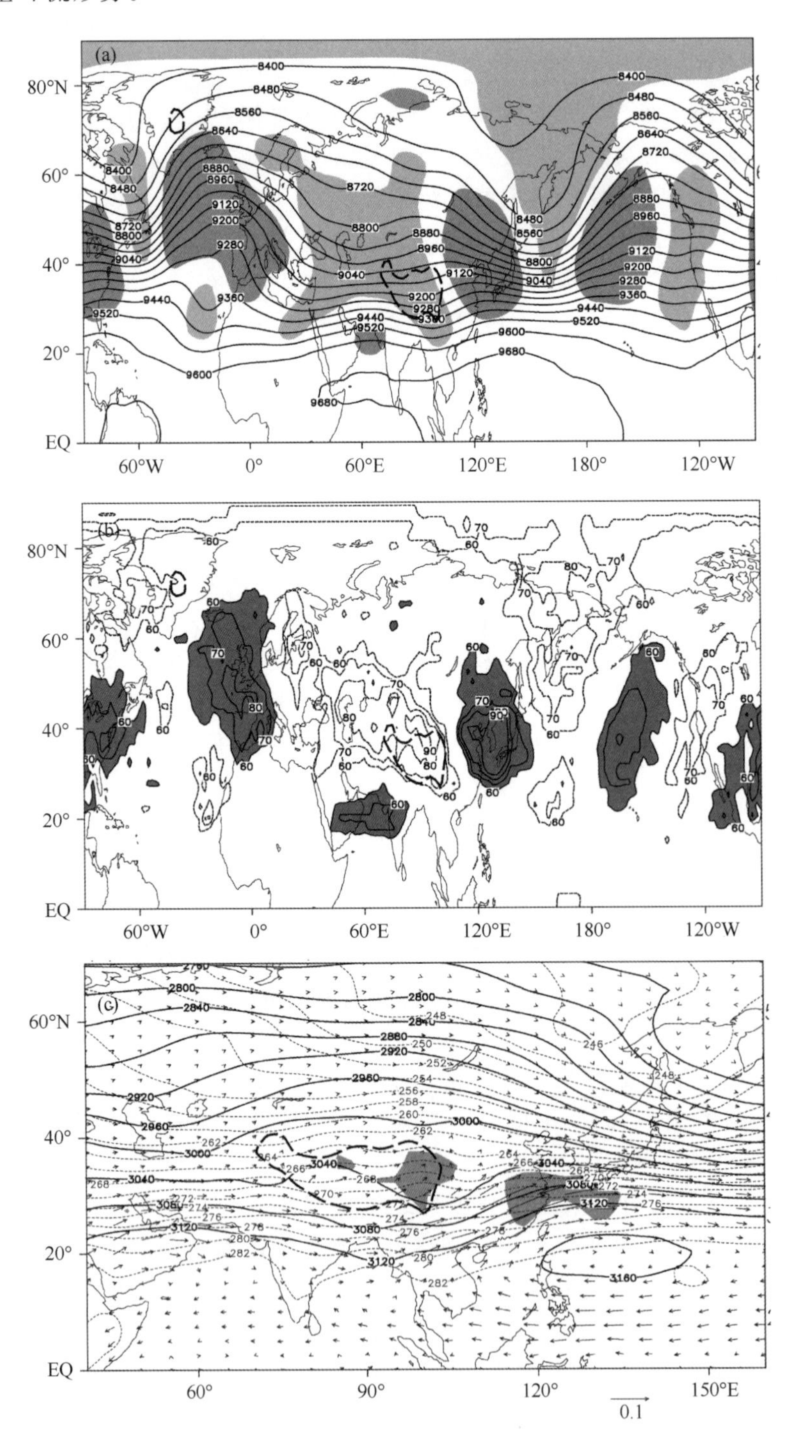

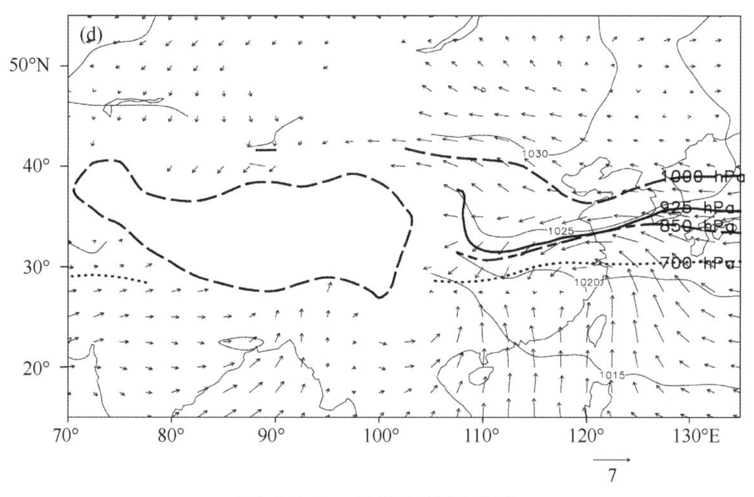

图 6.2.1 极端事件开始日

(a)300 hPa 位势高度及其距平(单位:gpm,其中等值线为位势高度,深、浅阴影区分别为距平>30 gpm 和距平<−30 gpm 的区域);(b) 每个网格点出现 300 hPa 位势高度正距平>10 gpm 和负距平<−10 gpm 的个例数占总个例数的百分比(阴影及实线:正异常百分比超过 60%的区域;虚线:负异常百分比超过 60%的区域);(c)700 hPa 位势高度场(实线,单位 gpm)、温度场(虚线,单位:K)、水汽水平通量(矢量,单位:kg/(hPa·m·s))及其强辐合区(阴影,单位:kg/(hPa·m^2·s));(d)海平面气压(细等值线,单位:hPa)、1000 hPa 水平风(矢量图,单位:m/s)以及对流层低层(1000 hPa、925 hPa、850 hPa 和 700 hPa)的 0℃等温线。图中粗虚线为 3000 gpm 等高度线,以下类同

6.2.2 环流的主要类型

上面讨论的是 21 个极端降水事件平均的环流特征,虽然它们之间具有许多共同的特点,但有些地区的环流也存在明显的不同。根据我们对每个事件开始日环流的分析,主要有两种环流形式:阻塞高压型和两槽一脊型。各极端降水事件所属类型见表 6.1.1。

(1)阻塞高压型(Ⅰ型)。图 6.2.2a 是表 6.1.1 中 12 个阻塞高压型个例开始日平均的 300 hPa 位势高度及其距平。若把它同 21 个个例平均的图 6.2.1a 比较,则可发现它们之间最大的差别在于亚洲西西伯利亚为一很强的阻塞高压控制,阻高东南侧从贝加尔湖到巴尔喀什湖有一明显的横槽。这两个系统分别都有很强的大片高度正、负距平相互配合。我国北方受横槽前浅脊控制。由于阻塞形势的作用,亚洲地区有三支锋区,北支锋区从新地岛向东南经贝加尔湖一直伸展到日本中部。中纬度锋区呈平直的西风气流,其上在黑海有一长波槽,从贝加尔湖至巴尔喀什湖附近有一横槽,其位置明显偏北。南支锋区从大西洋向东经印度北部和我国西南,再伸向日本南部与北支锋区汇合。其上沿 90°E 有一明显的南支槽,西太平洋副热带高压明显西伸北抬。我国南方受西南气流控制。在 1000 hPa 温度及其距平图上(图 6.2.2b),冷气团主要堆积在西西伯利亚阻塞高压两侧的黑海长波槽和巴尔喀什湖横槽一带。长江与黄河之间有一很强的冷中心,这反映从西伯利亚冷高压经常有小股冷空气分裂出来东移到江南锋区上空,与来自孟加拉湾和南海的西南暖湿空气交绥,出现极端降水天气。

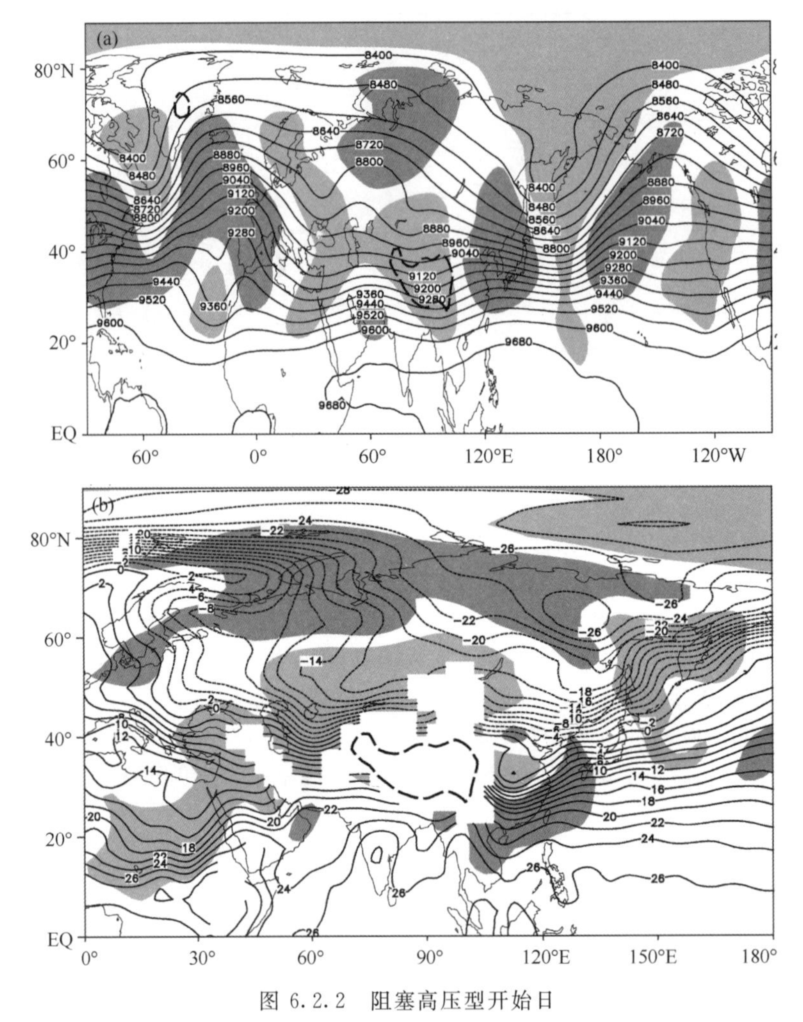

图 6.2.2　阻塞高压型开始日

(a) 300 hPa 位势高度及其距平(单位:gpm,其中等值线为位势高度,深、浅阴影区分别为距平＞30 gpm 和距平＜－30 gpm 的区域);(b)1000 hPa 温度及其距平(单位:℃,深、浅阴影为距平＞1 ℃和距平＜－1 ℃的区域)

(2)两槽一脊型(Ⅱ型)。图 6.2.3a 是表 6.1.1 中 9 个两槽一脊型个例开始日平均的 300 hPa 位势高度及其距平图。同阻塞高压型(图 6.2.2a)比较,它们最大的差别主要是出现在亚洲中高纬地区。西西伯利亚北部由阻塞高压变成由低压中心控制。该低压中心与位于里海的低槽合并成一很强的南北向的长波槽。贝加尔湖地区为一很强的高压脊,东亚大槽较弱。欧亚地区呈典型的两槽一脊的环流形势。由于乌拉尔山附近这一南北向的长波槽向南一直伸展到 35°N 以南,在青藏高原西侧,西风带在高原分成南北两支。北支向东北方向,有利于贝加尔湖高压脊的发展。南支向东南方向,有助于南支槽的加深。在这一环流形势下,从 1000 hPa 温度及其距平图(图 6.2.3b)可以看出,冷气团主要堆积在欧洲北部和里海低槽中。另外,在长江与黄河之间有一冷温度槽。这表明里海长波槽经常有短波槽分裂出来越过贝加尔湖高压脊,引导小股冷空气东移到江南冷锋上空与南支槽前的暖湿空气交绥,产生极端降水天气。

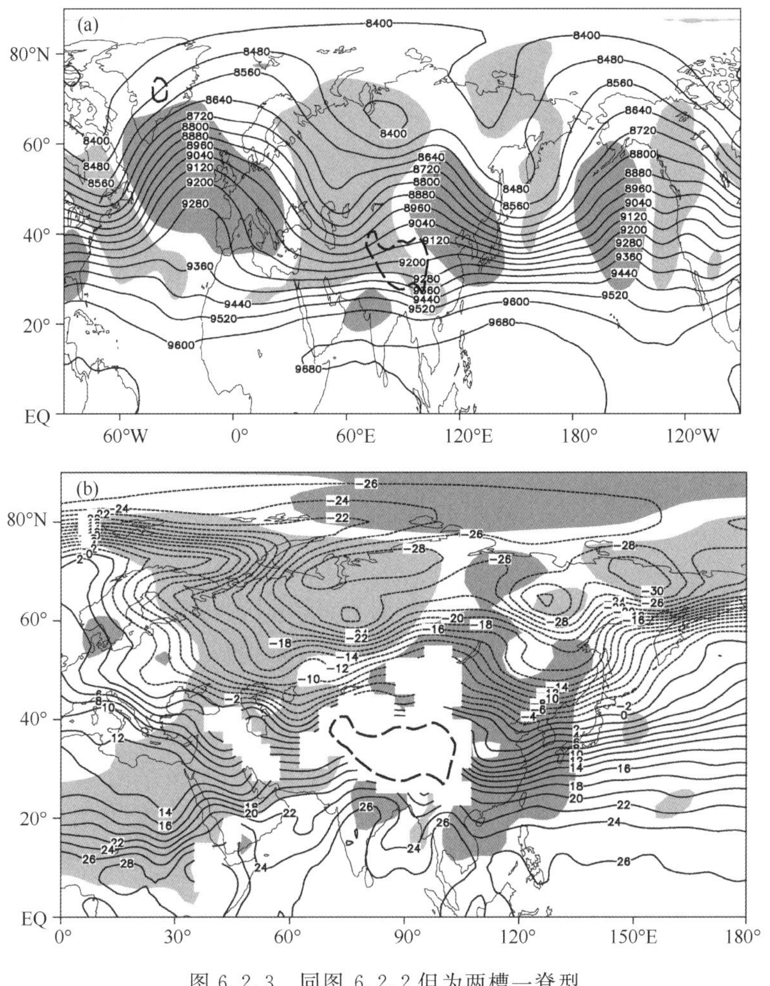

图 6.2.3　同图 6.2.2 但为两槽一脊型

从本节分析可以认为，欧亚存在三支锋区是冬季我国南方产生极端降水天气的一个重要环流背景。中高纬度的黑海(阻塞型)或里海(两槽一脊型)低槽和东亚大槽，及低纬度的南支槽和西太平洋副热带高压是其最关键的环流系统。中高纬度的两槽一脊型和低纬的两高一槽型之间的反相配置，使冷暖空气在江南交绥是形成冬季我国南方极端降水的直接原因。阻塞高压型和两槽一脊型环流特征有明显不同，特别是在西西伯利亚地区。前者为阻塞高压控制，后者为长波槽盘踞。但值得指出的是，它们之间也有一些共同的特点：(1)亚洲南北两支急流槽脊的位相均基本上为反相，都有利于北方冷空气与南方暖湿空气在江南交汇；(2)亚洲中纬度地区的高度距平均为“西低一东高”的分布，影响我国的冷空气势力都不是很强；(3)大西洋东部均为阻塞高压控制，后面我们将谈到它通过低频 Rossby 波活动有助于南支槽的加深和西太平洋副热带高压的西伸北抬，为江南极端降水天气的产生提供了充足的暖湿空气条件。

6.3 极端降水天气形成的过程

6.3.1 关键环流系统演变的过程

上一节我们讨论了冬季我国南方极端降水天气产生的大尺度环流背景条件，其中包括关键环流系统强度和位置异常的特点，及其相互配置对产生极端降水天气所起的重要作用，为其产生提供了环流解释。现在的问题是这些环流系统的异常是如何形成的，特别是它们是如何从前期环流发展演变来的，是否存在前兆信号。为此，我们作出了21个极端降水事件平均的从发生前第10天到第0天每天的500 hPa位势高度和距平图。为节省篇幅，这里我们只给出每隔1天的图(图6.3.1)。可以看出，在极端降水开始前第10天时(图6.3.1a)，北半球环流与冬季多年平均的情况基本相似，中高纬呈三波的结构。其中值得注意的是欧洲沿岸的阻塞高压及其西侧的格陵兰低槽，它们都有很强的高度正、负距平配合。亚洲中高纬地区为两槽一脊的环流形势，低槽分别位于黑海和东亚地区，高压脊在贝加尔湖以西地区。低纬地区，南支急流上的波动不是很活跃。到前第8天(图6.3.1b)，随着格陵兰低槽的加深和欧洲沿岸阻塞高压的向北伸展，新地岛附近的低槽沿脊前西北气流南伸，并与黑海低槽打通。欧洲形成大型的斜脊斜槽的环流形势。另外，由于黑海低槽加深，亚洲两槽一脊型的环流经向度加大，有较强的冷空气沿东亚大槽槽后西北气流南侵，影响我国中东部地区。低纬地区，南支槽和西太平洋副热带高压的强度仍比较弱。到前第6～4天(图6.3.1c－d)，欧洲沿岸阻塞高压进一步向东北扩展，西西伯利亚的低槽加深并开始东移，东北亚有高度正距平发展，东亚大槽北缩。中纬地区，黑海低槽也加深，一方面开始形成“西低－东高”的环流形势，出现由经向环流向纬向环流的过渡；另一方面导致阿拉伯海高压发展、南支槽加深和西太平洋副热带高压西伸北抬。到前第2天至第0天，欧洲沿岸阻塞高压明显减弱，欧亚中纬地区“西低－东高”的形势更加明显。低纬地区南支槽位于95°E附近，强度达到最强，西太平洋副热带高压强度也达最强。亚洲南北两支急流上的槽脊位相基本相反；北支为两槽一脊型、南支为两脊一槽型，有利于北方冷空气与南方暖湿空气在江南交绥，产生极端降水天气。

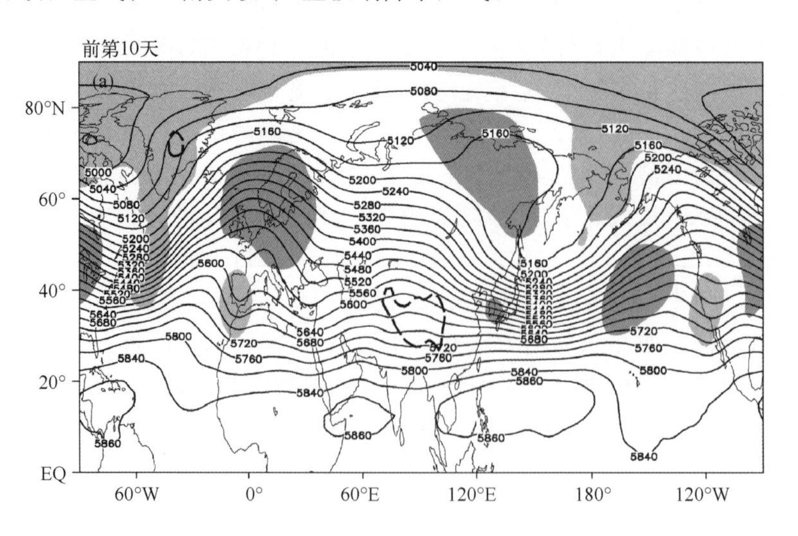

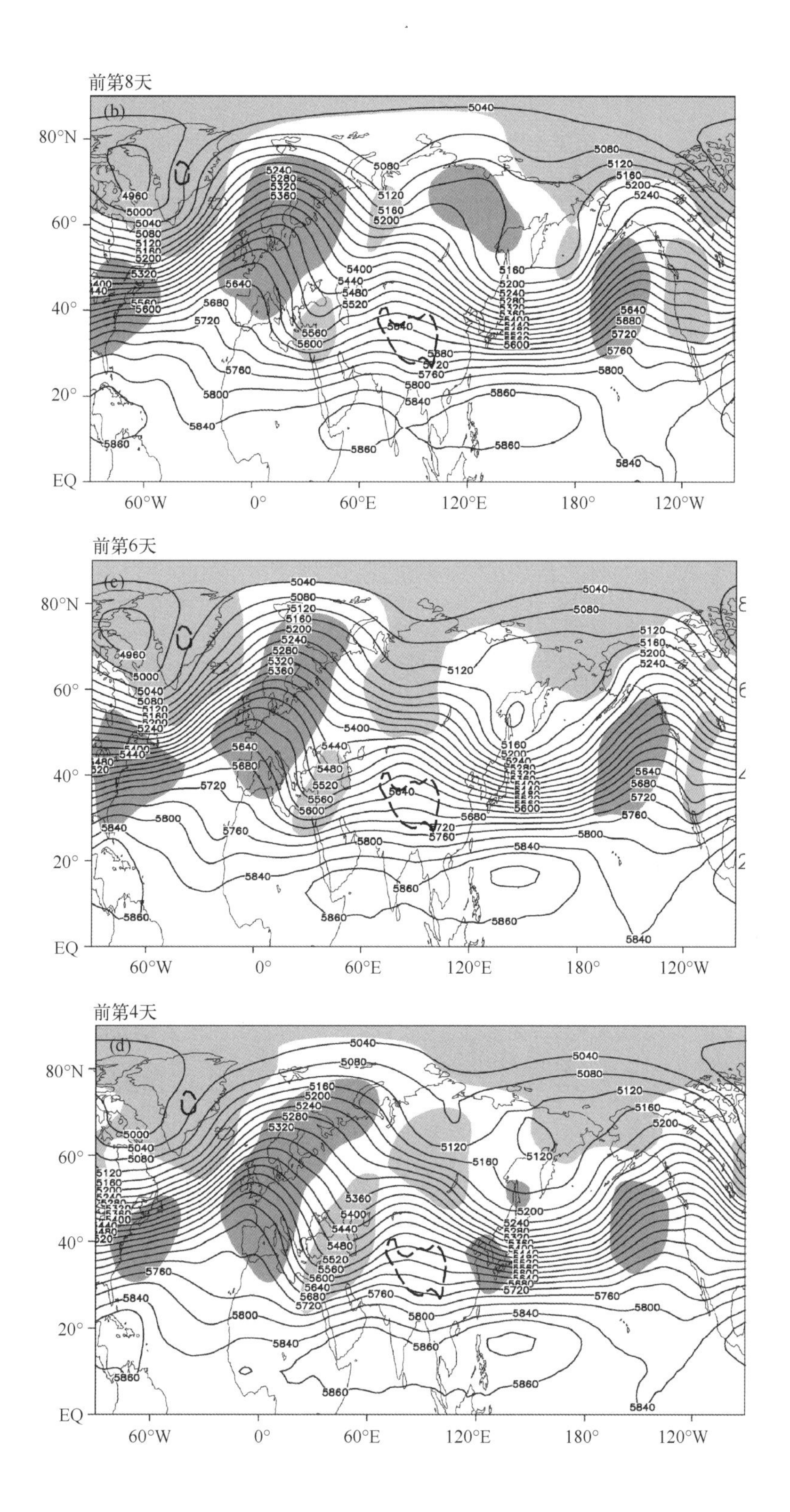
前第8天
(b)
80°N
60°
40°
20°
EQ
60°W
0°
60°E
120°E
180°
120°W
前第6天
(c)
80°N
60°
40°
20°
EQ
60°W
0°
60°E
120°E
180°
120°W
前第4天
(d)
80°N
60°
40°
20°
EQ
60°W
0°
60°E
120°E
180°
120°W

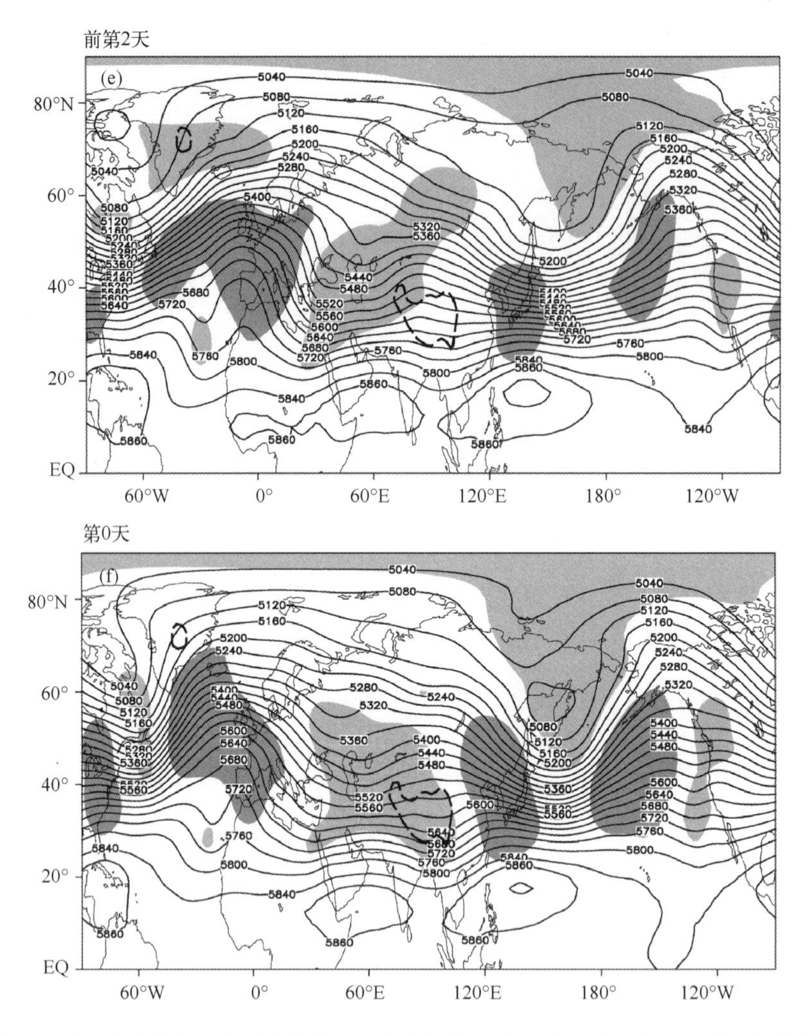

图 6.3.1　极端降水事件开始前第 10 天(a)至第 0 天(f)500 hPa 位势高度及其距平
（单位:gpm,深、浅阴影区分别为距平>30 gpm 和距平<−30 gpm 的区域）

为进一步考察上述各主要环流系统及其演变过程是否具有代表性,我们给出了每个网格点 500 hPa 高度正距平>10 gpm 和负距平<−10 gpm 的个例数占总个例的百分比(图 6.3.2)。可以看出,早在极端降水开始前第 10 天(图 6.3.2a)时,欧洲沿岸阻塞高压及其西侧的格陵兰低槽区出现高度正、负距平个例的百分比分别达到 80%和 70%以上,即在 16 个以上的个例中,以上地区已经为它们所盘踞。到前第 8 天(图 6.3.2b),格陵兰低槽高度负距平个例的百分比也达到 80%以上,且范围明显扩大。同时,欧洲沿岸阻塞高压高度正距平个例的百分比达到 80%的范围大大向东北方向扩展。且随着上游这两个环流系统强度的加强,其下游黑海低压槽高度负距平和阿拉伯海高压高度正距平个例的百分比也可开始达到 70%以上。到前第 6—4 天(图 6.3.2c-d),北大西洋/欧洲地区的这两个环流系统的强度开始逐渐减弱。值得注意的是,此时其下游黑海低压槽高度负距平、阿拉伯海高压高度正距平和西太平洋副热带高压西北侧高度正距平个例的百分比却开始增加。到极端降水发生第 0 天(图 6.3.2f),黑

海低槽高度负距平和阿拉伯海高压高度正距平个例的百分比开始减少，而南支槽高度负距平和西太平洋副热带高压西北侧高度正距平个例的百分比达到90%以上。另外，在欧亚中高纬地区也可看到存在类似过程。在前第8天(图6.3.2b)，随着格陵兰低槽的加深和欧洲沿岸阻塞高压的向东北方向伸展，在西西伯利亚北部有低槽的加深。同样值得注意的是，到前第6天(图6.3.2c)，尽管欧洲沿岸阻塞高压减弱，但西西伯利亚低槽高度负距平个例百分比却有所增加，达70%。在前第4天(图6.3.2d)，鄂霍次克海西侧和堪察加半岛北侧分别出现个例的百分比达到70%以上的正、负中心。到极端降水发生第0天，西西伯利亚北部和鄂霍次克海西侧的个例百分比中心减弱消失，而堪察加半岛附近高度负距平个例百分比达80%以上。这反映此时东亚大槽位置为偏北和偏东。

以上分析表明，造成冬季我国江南极端降水的各主要环流系统存在一定的持续性，其中期演变过程也具有一定的规律性，并对冬季我国江南降水事件都有很好的代表性。特别值得指出的是各主要环流系统的演变过程可能与亚洲急流中Rossby波的活动有关。这将在6.4节中作进一步的分析。

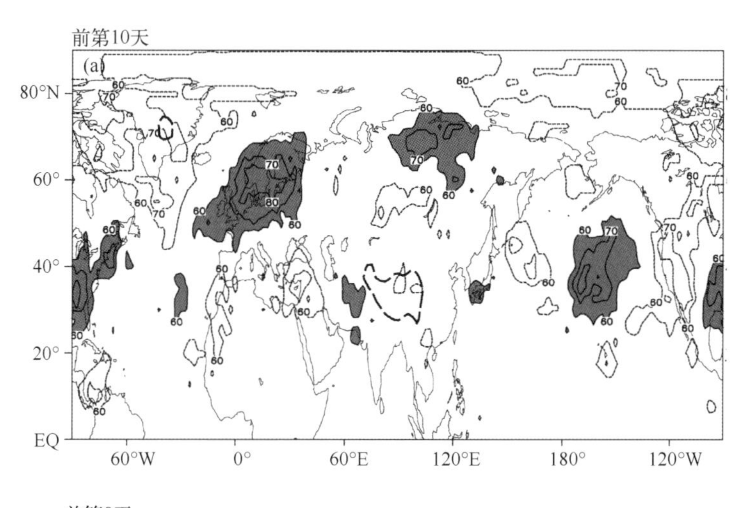

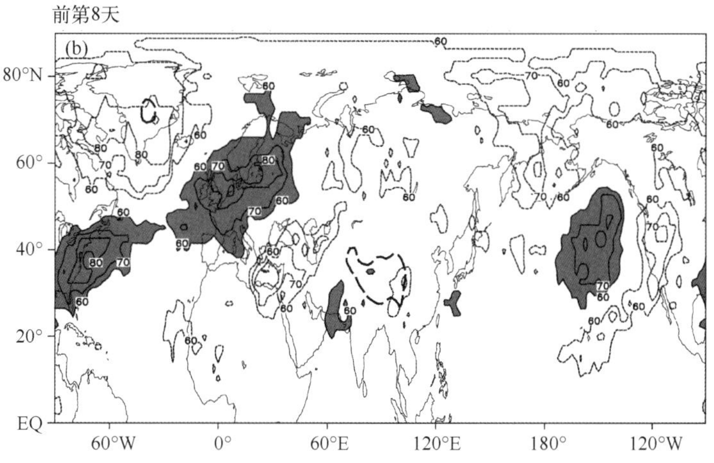

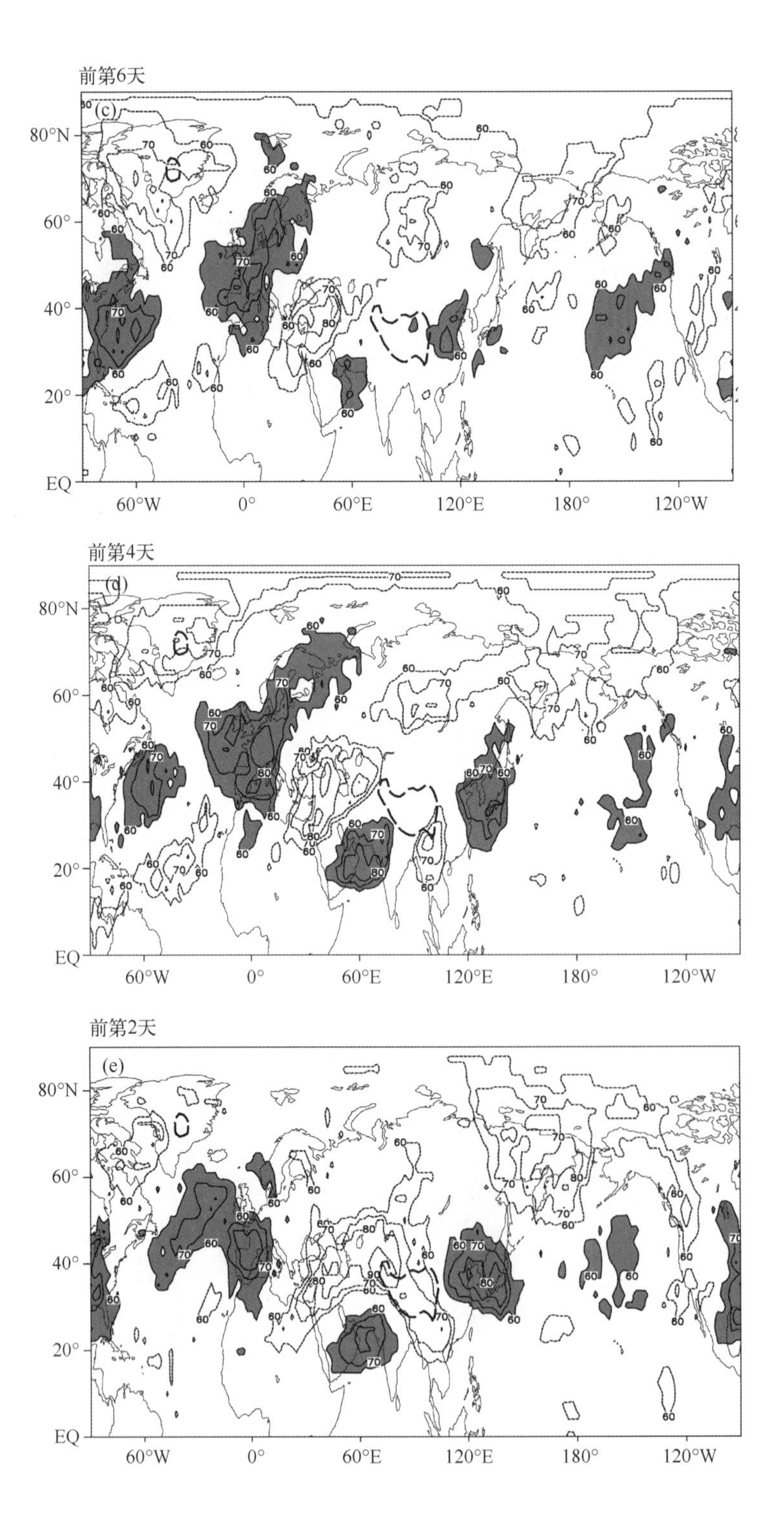

前第6天
(c)
80°N
60°
40°
20°
EQ
60°W
0°
60°E
120°E
180°
120°W
前第4天
(d)
80°N
60°
40°
20°
EQ
60°W
0°
60°E
120°E
180°
120°W
前第2天
(e)
80°N
60°
40°
20°
EQ
60°W
0°
60°E
120°E
180°
120°W

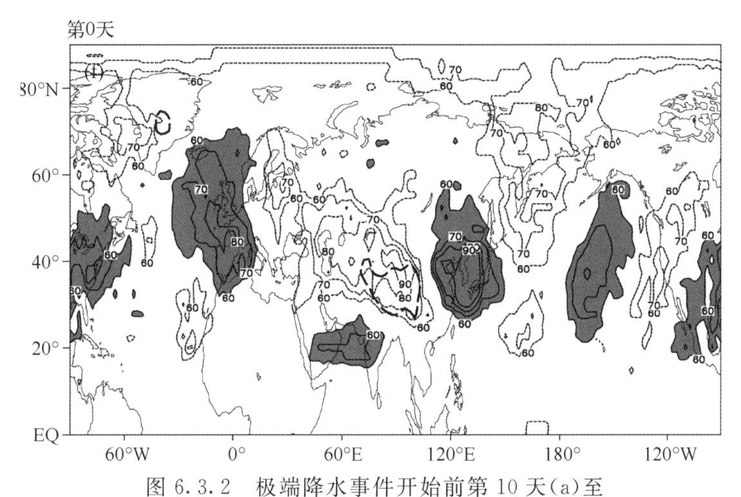

图 6.3.2　极端降水事件开始前第 10 天(a)至第 0 天(f)每个网格点 500 hPa 高度正距平＞10 gpm 和距平＜－10gpm 的个例数占总个例数的百分比(阴影及实线为正异常发生比例超过 60%的区域,虚线为负异常发生比例超过 60%的区域)

6.3.2　冷暖空气活动演变的过程

(1)冷空气强度指数的定义和变化

东亚大槽和乌拉尔山附近的阻塞形势是影响我国冬季气温变化的两个重要环流系统。当乌拉尔山附近和东亚沿岸的大气环流出现“西高－东低”的形势时,表明乌拉尔山阻高发展,东亚大槽加深,经向环流强,入侵我国的冷空气活动强度偏强。反之,当出现“西低－东高”的分布时,纬向环流盛行,入侵我国的冷空气势力相对较弱。因此,为反映冬季亚洲中高纬度冷空气强度的变化,我们定义了如下指数:

$$Ic = \sum_{i=1}^{7}(H_{50} - H_{120})$$

式中 H_{50} 和 H_{120} 为 50°E 和 120°E 的 500 hPa 位势高度距平。i 为 35°—50°N 每隔 2.5°的纬圈,共包含有 7 个纬圈。根据这一公式,我们计算了 1979—2011 年每年从 12 月 1 日到 2 月 28 日逐日的 Ic 指数。Ic 正(负)值表示亚洲中纬度为西高－东低(西低－东高)的环流形势,盛行经向环流(纬向环流),我国大部地区受偏北(偏南)气流控制,影响我国的冷空气强度偏强(偏弱)。

图 6.3.3 为阻塞高压类(实线)和两槽一脊类(虚线)平均的冷空气强度指数从极端降水天气发生前第 9 天至后第 3 天的变化曲线。可以看出,阻塞高压类的指数始终为正值,即为“西高－东低”的环流形势。其变化在前第 9 天至前第 6 天,经向环流异常发展,如第一小节所述,此时有强冷空气入侵我国。从前第 6 天至前第 4 天,经向环流迅速向纬向环流过渡。到前第 2 天,中纬度基本上为平直的西风气流控制,影响我国的冷空气势力不强。在后第 1 天纬向环流达最强,之后向经向环流转变。两槽一脊类冷空气强度指数的变化较大。在前第 7 天之前环流的经向度也很大,有强冷空气入侵我国。但之后有所不同,其环流的经向度是逐渐减小的,且在前第 2 天指数转为负值,出现西低－东高的环流形势。在第 0 天这一形势达到最强,入侵我国的冷空气强度明显偏弱。因此这两类冷空气强度指数的变化与前面分析的关键环流

系统的演变过程非常吻合，这进一步表明与极端降水天气联系的冷空气不是爆发式南下的强冷空气，而是从西伯利亚冷高压源地分裂出来的小股冷空气向南扩散的结果。

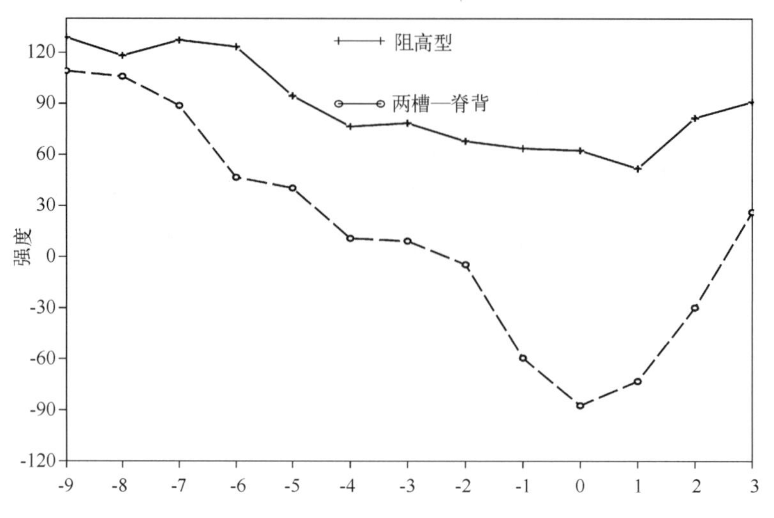

图 6.3.3　冷空气强度指数从极端降水发生前第 9 天至后 3 天的变化曲线

(2)暖湿空气强度指数的定义和变化

南支槽是冬季影响我国降水的一个关键环流系统。早在 20 世纪 50 年代，陶诗言(1952)就发现冬季由印缅来的低压槽会对我国南方降水造成重要影响。后来许多研究证实，其活动异常是造成冬季我国降水异常的一个重要原因(秦剑等，1991；何溪澄等，2006；纪立人等，2008；索渺清，2008；郭荣芬等，2010；Wang，*et al.*，2011；Zong，*et al.*，2012；彭京备，2012)。另外，更多的研究显示，单一的南支槽异常活动，其影响一般具有局地性和短时性。如果南支槽加强的同时有西太平洋副热带高压西伸北抬的配合，在来自孟加拉湾和南海的强暖湿气流的共同作用下，往往能引起大范围、持续性的强降水天气(秦剑等，1991；Zong，*et al.*，2014)。因此，为反映这一副热带地区暖湿空气强度的变化，我们定义了一个指数如下：

$$Iw = \sum_{i=1}^{7}(H_{130} - H_{100})$$

式中 H_{100} 和 H_{130} 为 100°E 和 130°E 的 500 hPa 高度距平。i 为 15°—30°N 范围内每隔 2.5°的纬圈，共包含有 7 个纬圈。同样，根据这一公式，我们计算了 1979—2011 年逐年从 12 月 1 日到 2 月 28 日逐日的 Iw 指数。Iw 正(负)值表示南支槽强(弱)和西太平洋副高西伸北抬(偏东、偏南)，江南和华南受偏南(偏北)气流控制，影响我国的暖湿空气强度偏强(偏弱)。

图 6.3.4 为阻塞高压类(实线)和两槽一脊类(虚线)平均的暖湿空气强度指数从极端降水天气发生前第 9 天到后第 3 天的变化曲线。可以看出，无论是阻塞高压类或是两槽一脊类暖湿空气强度指数的变化始终非常相似。在前第 4 天之前指数正值都很小，表明南支槽和西太平洋副高的强度此时都较弱，暖湿空气向我国南方的输送不强。但从前第 4 天开始指数都有一迅速的增强，并都在第 0 天达到最大值，之后缓慢减弱。这与前面分析的南支急流上波动的演变过程也是非常一致的。即在前第 4 天由于黑海低槽明显加深和阿拉伯海高压的加强。南支槽与西太平洋副高的强度开始明显加强。到第 0 天，暖湿空气的强度达最强，为冬季我国南方极端降水天气的产生提供了必要的暖湿空气条件。

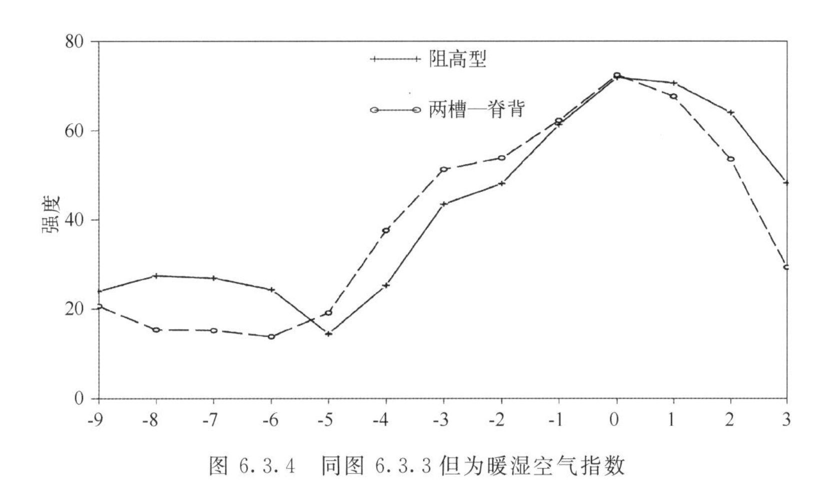

图 6.3.4　同图 6.3.3 但为暖湿空气指数

从本节的分析可以认为，冬季我国南方极端降水事件的关键环流系统和冷暖空气的中期时空演变过程都是有一定规律的。特别值得指出的是：(1)在前第 8 天前后，欧洲地区大型斜脊斜槽的形成和维持。它一方面对冷空气堆积的地区和移动路径有制约作用，另一方面也是引起南支急流的波动形成和变化的重要因素。(2)在前第 4 天前后，黑海以东地区长波槽的进一步加深。它一方面，有助于亚洲中高纬地区“西低一东高”形势的加强；另一方面，也有利于低纬地区南支槽的加深和西太平洋副热带高压的西伸北抬。也就是说，在前期欧洲斜脊斜槽的发展，致使东亚经向环流发展，影响我国的冷空气强度较强，也使南方暖湿空气的强度偏弱。而在近期转变为东亚纬向“西低一东高”的环流形势，冷空气活动的势力不是很强，而南方暖湿空气的供应非常充足。因此，这两个时段环流异常的特征对极端降水的产生是有很强的指示意义的，是极端降水发生的前兆信号，可为其中期预报提供思路和依据。

6.4　极端降水事件与低频罗斯贝波活动的关系

以上揭示了冬季我国南方极端降水天气发生的大尺度环流特征，关键环流系统及其中期的演变过程。现在进一步通过分析 Rossby 波活动来探讨它们形成和演变的原因及前兆信号。

图 6.4.1 为极端降水天气发生前第 9 天至前第 1 天平均的 300 hPa 位势高度距平分布。可以看出，极端降水事件发生前期，由格陵兰岛，经欧洲、西亚、阿拉伯海北岸、孟加拉湾至日本海有一个明显的距平波列。该波列的异常中心分别位于格陵兰岛(负)、欧洲沿岸(正)、里海附近(负)、阿拉伯海北岸(正)、孟加拉湾(负)和日本海(正)。它们的位置与前面分析的各环流系统的位置非常一致，且中心的距平值都很大。这进一步表明这些环流系统从前第 9 天一直持续到前第 1 天，均有一定的稳定性。为了进一步验证它们演变的特点，我们沿图 6.4.1 中异常中心点的连线及其延伸线做了一个 300 hPa 位势高度距平的时间一经度剖面图(图 6.4.2)。图 6.4.2 显示，早在极端降水开始之前第 9 天，北大西洋一欧洲上空的波状异常环流型就已经建立了。大致在前第 7 天该波状异常环流型强度达到最强，之后逐渐减弱。到前第 2 天时，该波状异常流型已经变得不显著了。值得注意的是，随着上游北大西洋一欧洲部分波状异常流型强度的减弱，其下游的异常中心的强度明显增加。里海上空的异常负距平中心强度在极端

降水天气发生前第 4 天时达到鼎盛，之后开始减弱。随后其下游阿拉伯海北岸的正距平中心强度开始加强，并在前第 2 天时达到最强，之后也开始逐渐减弱。而其下游位于孟加拉湾附近的负异常中心强度开始加强，并在极端降水开始前第 1 天达到最强。之后日本海上空的正距平加强。可以发现，沿图 6.4.1 中异常中心连线的 300 hPa 位势高度距平的这种演变特征与 Rossby 能量向下游频散的特征极为相似。由于该波列正好处于西风带上，这从一个侧面表明了影响冬季我国南方极端降水天气的环流系统的形成和演变很可能与 Rossby 波列的下游发展效应有密切联系。北大西洋—欧洲的波状异常流型可以作为我国南方极端降水事件发生的一个前兆信号。

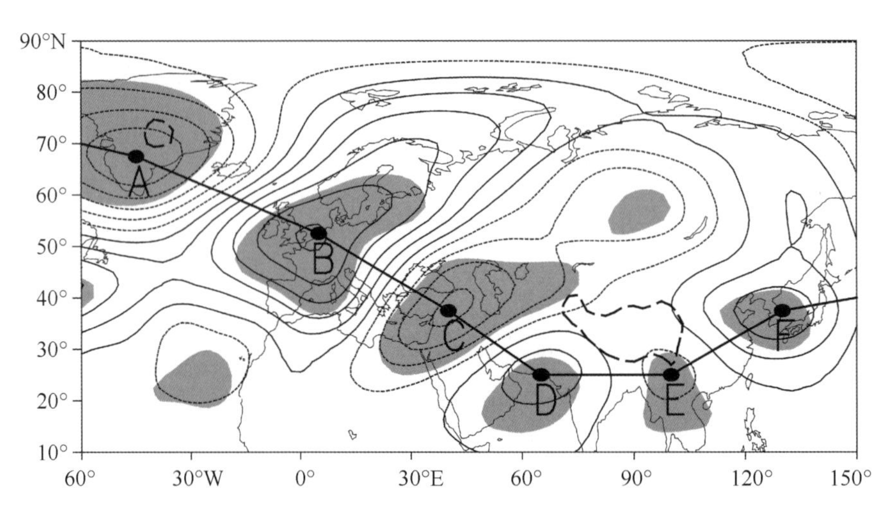

图 6.4.1　极端降水事件开始前第 9 天至前第 1 天平均的 300 hPa 位势高度距平分布

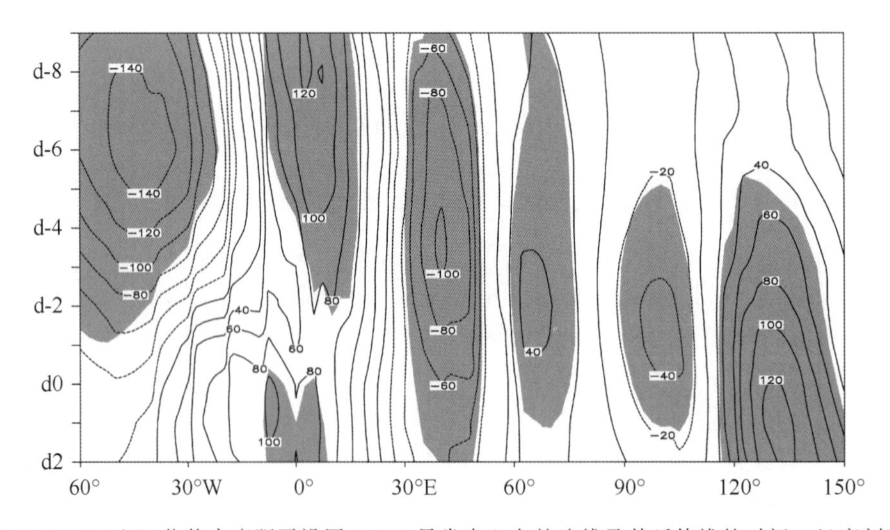

图 6.4.2　300 hPa 位势高度距平沿图 6.4.1 异常中心点的连线及其延伸线的时间—经度剖面图

为了进一步揭示我国南方极端降水事件发生前期源自上游 Rossby 波活动的特征及其与东亚异常环流系统的联系。我们接着来做一个简单的理论分析。参照(Takaya and Nakamura,1997;Takaya and Nakamura,2001;布和朝鲁等,2008;Shi *et al.*,2009)等人的工作,我们用公式(6.4.1)计算了我国南方极端降水事件开始前第9天至开始后第2天的逐日300 hPa水平波活动通量。公式(6.4.1)中 ψ' 为扰动地转流函数,$u'=(u',v')$ 为地转风扰动,$U=(U,V)$ 基本流水平风速,p 为实际气压与1000 hPa的比值,R_a 干空气气体常数,H_0 标准大气厚度常数,N_2 浮力频率,T' 为扰动温度,而 f_0 为43°N处的科里奥利力常数。这里的扰动地转流函数是由极端降水事件合成得到的300 hPa位势高度距平除以所在纬度的地转科氏奥利力参数的得到的,而地转风扰动则由扰动地转流函数推导而得到。基本流水平风速取多年冬季平均的水平风速。

$$W=\frac{p}{2\mid U\mid}\begin{pmatrix} U(v'-\psi'v'_x)+V(-u'v'+\psi'u'_x) \\ U(-u'v'+\psi'u'_x)+V(u'2+\psi'u'_y) \\ \dfrac{f_0^2R_a}{N^2H_0}[U(v'T'-\psi'T'_x)+V(-u'T'-\psi'T'_y)] \end{pmatrix} \tag{6.4.1}$$

图6.4.3给出了极端降水开始前第8天至开始后第2天的Rossby波作用通量及300 hPa位势高度距平。300 hPa位势高度距平显示,我国南方极端降水事件开始前第8天时(图6.4.3a),北大西洋—欧洲上空的波状异常环流型已经建立。Rossby波作用通量在欧洲上空的正异常中心东南侧有明显的辐散发生。由Rossby波频散理论可知,欧洲上空正异常中心的东南侧存在一个Rossby波的波源。而扰动能量由波源区向其下游频散并在北非—西亚—南欧一带辐合,进而导致了北非—西亚—南欧一带的高度负异常加强,使附近的低压槽加深。沿北非—亚洲副热带西风急流的距平波列已经开始建立(纪立人等,2008),只是其下游的几个异常中心的强度还很弱。极端降水事件开始前第6天(图6.4.3b),由欧洲向西亚、阿拉伯海北岸的Rossby波传播进一步加强,并经过孟加拉湾传播到东亚地区,这一传播路径正好对应于北非—亚洲副热带西风急流波导(纪立人等,2008)。开始前第4天(图6.4.3c),北大西洋—欧洲上空的波状异常流型的强度减弱,同时波作用通量也明显减弱。但随着由欧洲一带Rossby波能量向下游的频散,其下游西亚、阿拉伯海北岸、孟加拉湾和东亚的位势异常明显加强。开始前第2天(图6.4.3d),格陵兰岛上空的高度负异常进一步减弱。而沿北非—亚洲西风急流波导的Rossby波活动显著增强,同时伴随着沿途的异常环流中心强度进一步加强。到开始第0天(图6.4.3e),北大西洋—欧洲上空的波状异常环流型几乎完全消失。由于来自孟加拉湾和青藏高原上空的Rossby波能量继续向下游频散,日本海地区的正异常中心强度还在继续加强。通过前面分析可知,这时的东亚大槽北缩,而同时西太平洋副热带高压西伸北抬。这正是极端降水事件发生的一个极为有利的环流条件。开始后第2天(图6.4.3f),由于来自青藏高原的Rossby波能量的注入,日本海地区的正异常中心继续维持,进而导致西太平洋副热带高压位置依然偏北,为极端降水事件的持续提供了有利条件。

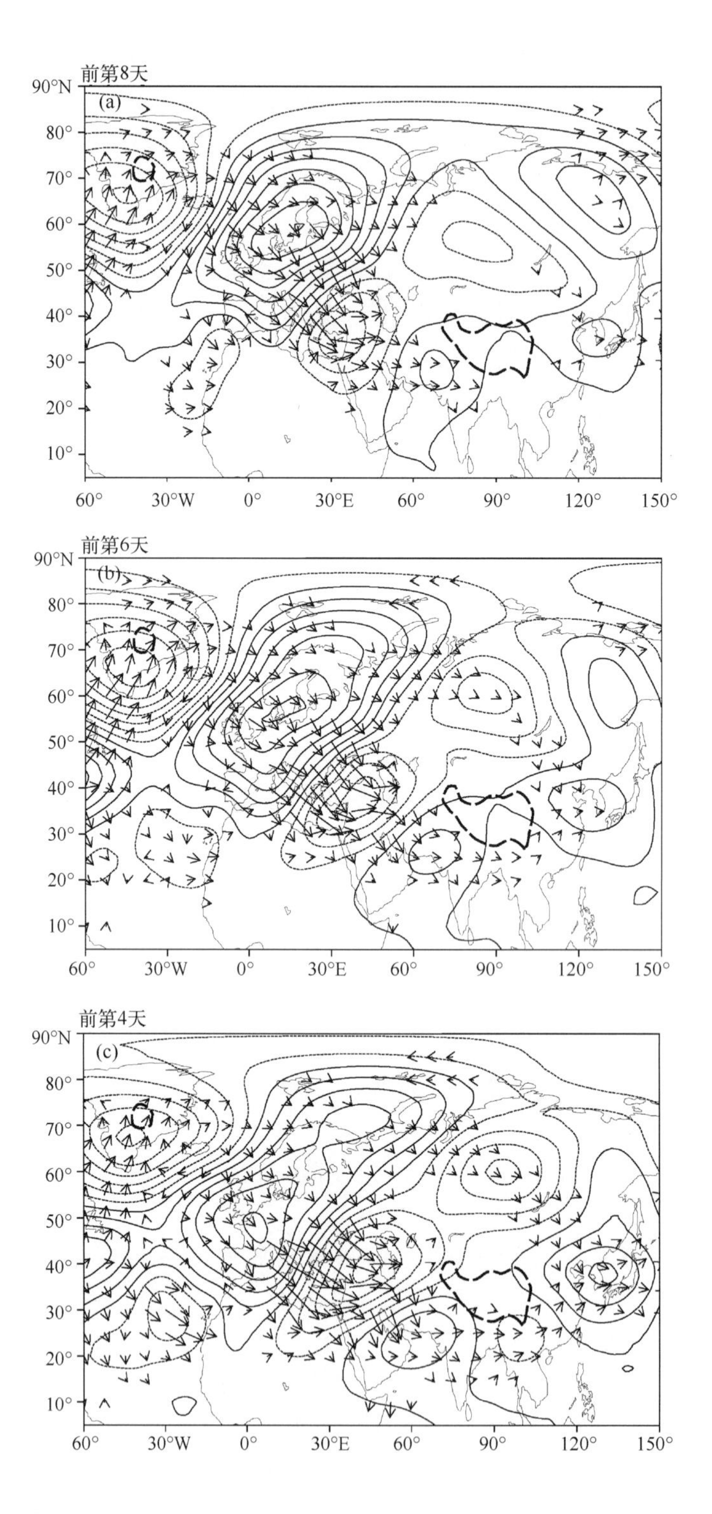

前第8天
(a)
前第6天
(b)
前第4天
(c)
90°N
80°
70°
60°
50°
40°
30°
20°
10°
60°
30°W
0°
30°E
60°
90°
120°
150°

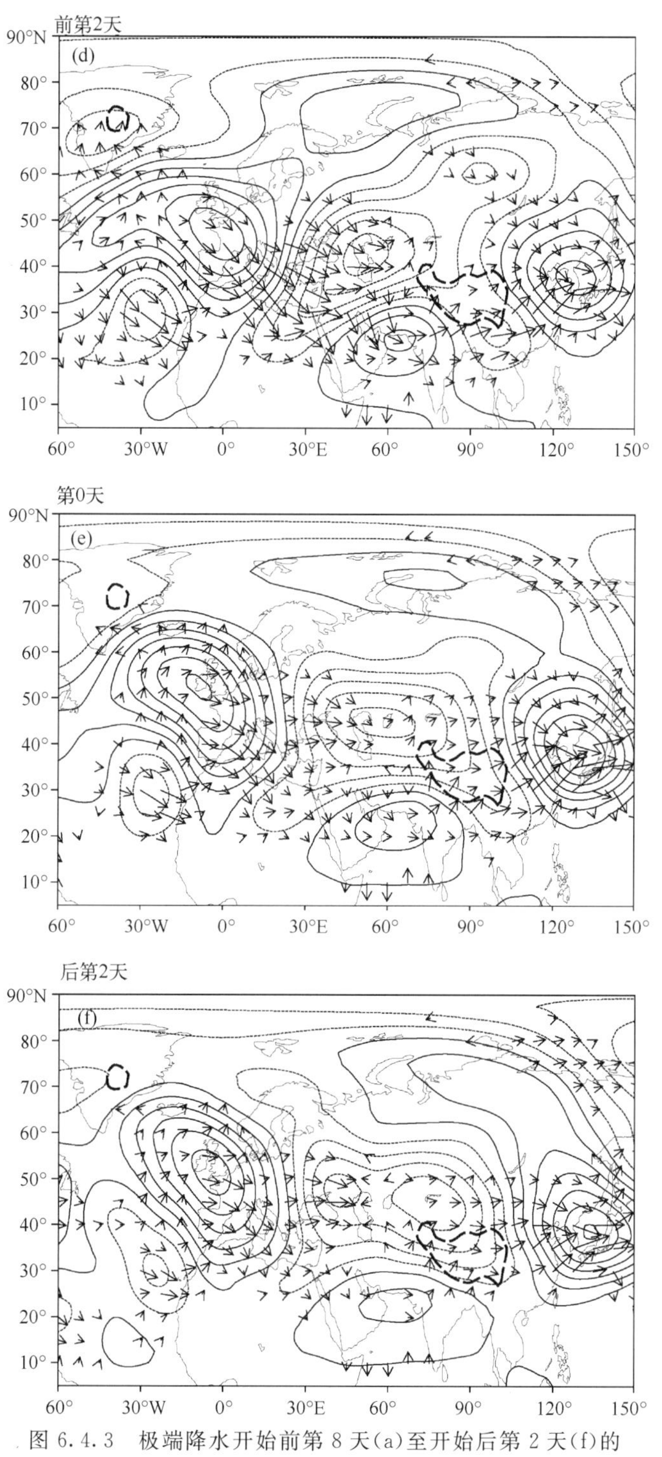

图 6.4.3 极端降水开始前第 8 天(a)至开始后第 2 天(f)的 Rossby 波作用通量(矢量图,单位:m^2/s^2;幅度小于 0.8 m^2/s^2 的矢量线去除)及 300 hPa 位势高度距平(等值线,单位:gpm;间隔 20 gpm,零线去除)

上述分析表明，与夏季降水需要冷空气促发不同，冬季极端降水的发生主要需要充沛的暖湿空气的供给。南支槽的加深和西太平洋副热带高压的西伸北抬，使得二者之间的偏南风分量异常偏强，进而使得输送到我国南方的水汽增多，为极端降水提供了充沛的水汽条件。东亚大槽的减弱使得我国南方的冷空气活动减弱，从而保证了冷暖空气对峙出现并维持在我国南方。而高原西侧低压槽的出现使得冷空气在高原西侧堆积，保证了小股冷空气侵入高原东侧与来自低纬的暖湿空气交汇，促发降水发生。正是以上这些副热带和中高纬异常环流系统的协同配合导致了我国南方极端降水事件的出现。北大西洋一欧洲地区波状异常环流型的建立和发展以及欧洲及其附近地区 Rossby 波能量向下游的能量频散，使得东亚异常环流系统得以建立并发展，并最终导致了我国南方极端降水事件的出现。另外，从中期延伸期预报的角度，北大西洋一欧洲波状异常环流型可以看作是我国南方极端降水发生的一个前兆信号，该前兆信号能够提前 1 周左右对极端降水事件给出预警。

6.5 极端降水事件与周期振荡(MJO)活动的关系

6.5.1 极端降水事件期间 MJO 位相活动特征

20 世纪 70 年代，Madden 和 Julian(1971)发现热带地区大气环流存在明显的 40～50 天周期振荡(即 Madden－Julian Oscillation，简称 MJO)。之后，气象学者对它的天气影响、监测和预测做了大量的研究(Jones，2000；Jones *et al.*，2004；Wheeler 和 Hendon，2004；Lorenz and Hartmann，2006；Lin and Brunet，2009；Wheeler *et al.*，2009)。Wheeler 和 Hendon(2004)利用将实际观测资料投影到由热带平均的 OLR、850 hPa 和 200 hPa 纬向风组成的组合场的两个 EOF 主模态上的方法，建立了两个实时 MJO 指数(RMM1 和 RMM2)及其幅度指数($\sqrt{RMM1^2+RMM2^2}$)，同时根据两个实时 MJO 指数在相空间的分布特征将 MJO 活动划分成 8 个位相。很多研究发现当 MJO 处于第 2 或第 3 位相(即主要对流中心位于印度洋上空)时，我国南方(或东部)降水偏多(王允等，2008；吴俊杰等，2009；Jia *et al.*，2011；贾小龙和梁萧云，2011)，而当 MJO 处于其他位相尤其是第 6、7 位相(即主要对流中心位于太平洋上空)，我国南方(或东部)降水往往减少(琚建华等，2011；牛法宝等，2013)。这是一般情况下，MJO 位相演变与我国降水关系特征。那么，我国南方冬季极端降水事件与 MJO 位相演变的对应情况如何呢？这一问题过去讨论的还比较少。为进一步了解我国南方冬季极端降水事件与 MJO 位相演变之间的联系，我们首先统计了极端降水持续期间(极端降水事件开始第 0 天-第 2 天)MJO 所处的位相及其幅度。表 6.5.1 为 21 个极端降水事件持续期间(共 63 天)MJO 位相和幅度。由于弱 MJO(幅度＜1.0)的影响相对较弱，过去研究工作一般不考虑弱 MJO(Jia 等，2011)。若只考虑强 MJO(幅度≥1.0)，MJO 各位相在 21 个极端降水事件的第 0 天-第 2 天出现总天数由多到少分别是 3 位相(19 天)、第 2 位相(9 天)、第 5 位相(7 天)、第 1 位相(7 天)、第 8 位相(5 天)、第 6 位相(5 天)、第 7 位相(2 天)、第 4 位相(2 天)。可见，MJO 第 2 和第 3 位相出现天数最多，为 28 天，占总天数的 44%，这和过去的研究 MJO 第 2、3 位相往往对应我国南方多雨的结论也是一致的。而 MJO 其他位相在极端降水事件的第 0 天至第 2 天出现的比例则相对小的多，其中 MJO 第 5 和第 1 位相分别约为 11%，MJO 第 6 和第 8 位相分别约为 8%，而 MJO 第 4 位相和第 7 位相则分别仅为 3%。

由上可见，极端降水事件在 MJO 处在第 2 和第 3 位相时发生的概率要远高于其他位相时发生的概率。MJO 第 2 和第 3 位相的出现可以看作极端降水事件发生的有利信号。这可能说明 MJO 第 2 和第 3 位相的对流活动是导致极端降水事件的一个重要原因，但并不是唯一的原因。在 MJO 其他位相时受其他因素的影响也可能发生极端降水事件。这下面将作进一步讨论。

表 6.5.1　21 个极端事件开始第 0 天—第 2 天 MJO 位相及其幅度(括号内数值)

序号	第 0 天	第 1 天	第 2 天
1	3(3.3)	3(3.1)	3(3.1)
2	6(1.4)	6(1.4)	6(1.2)
3	8(3.6)	8(3.4)	8(3.1)
4	1(1.3)	1(1.5)	1(1.6)
5	3(2.4)	3(2.1)	3(2.1)
6	7(0.9)	7(0.9)	8(0.6)
7	1(1.5)	1(1.7)	1(1.7)
8	5(0.8)	5(0.7)	5(1.0)
9	3(1.8)	3(1.4)	3(1.0)
10	2(3.2)	2(3.2)	2(3.2)
11	5(0.1)	5(0.6)	5(1.0)
12	5(2.0)	5(1.8)	5(1.8)
13	3(1.1)	3(1.1)	3(1.4)
14	3(1.7)	3(1.6)	3(1.4)
15	2(2.8)	3(2.8)	3(2.5)
16	6(2.2)	6(2.3)	7(1.9)
17	1(2.2)	2(2.1)	2(2.1)
18	7(1.7)	8(1.2)	8(1.0)
19	4(1.4)	5(1.8)	5(2.2)
20	2(1.7)	2(1.4)	2(1.2)
21	3(1.4)	3(1.2)	4(1.3)

6.5.2　MJO 与我国南方冬季降水

上节显示，MJO 第 2 和第 3 位相最有利于我国南方冬季极端降水事件发生。但除 MJO 第 2 和第 3 位相外，MJO 其他位相以及弱 MJO 位相也对应有我国南方极端降水事件的出现(见表 6.5.1)。为进一步弄清 MJO 各位相对我国南方极端降水事件的可能影响以及影响的大小，我们将 1979/1980—2010/2011 年冬季期间 MJO 活动分为强(幅度≥1.0)和弱(幅度<1.0)两组，再合成得到对应的降水距平分布(图 6.5.1)。由图 6.5.1 可见，对应强 MJO，在 MJO 第 1 位相时，主要多雨中心出现在华南西部和长江北部；第 2 和第 3 位相时，江南大部至华南一带大范围降水偏多。这一结果和(袁为和杨海军，2010；Jia 等，2011；贾小龙和梁萧云，2011)等的

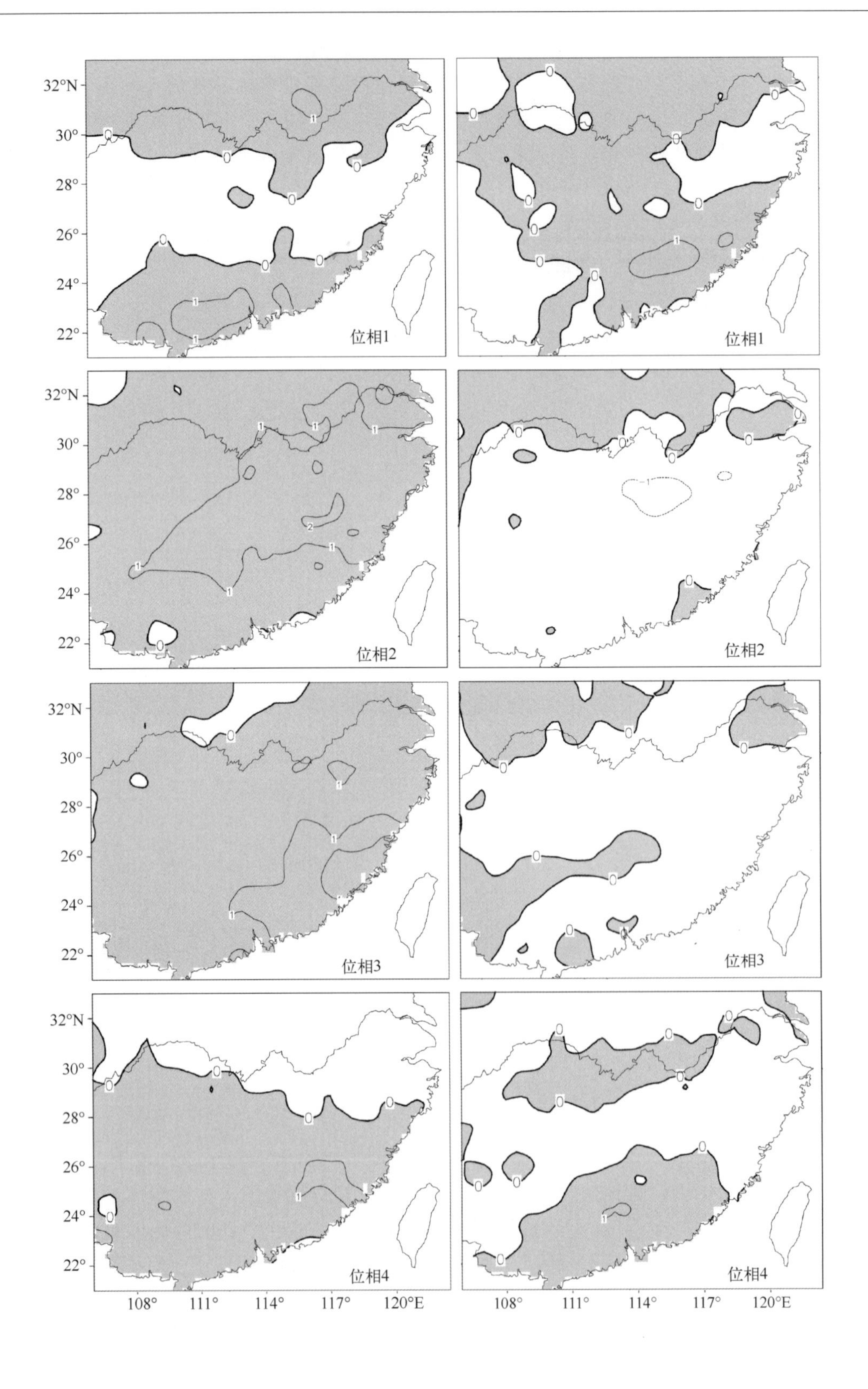
32°N
30°
28°
26°
24°
22°
位相1
位相1
位相2
位相2
位相3
位相3
位相4
位相4
108°
111°
114°
117°
120°E
108°
111°
114°
117°
120°E

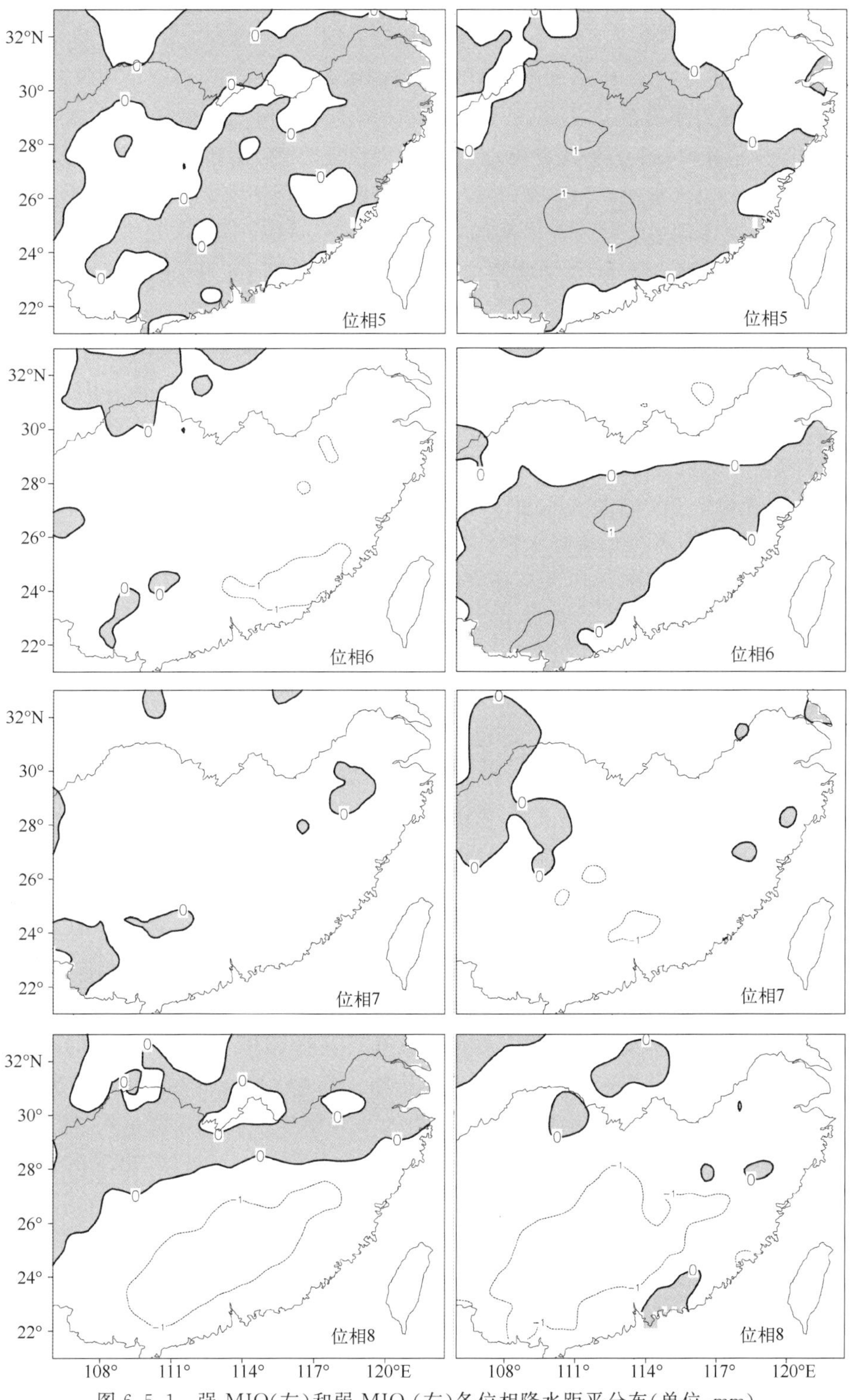

图 6.5.1　强 MJO(左)和弱 MJO (右)各位相降水距平分布(单位:mm)
阴影区为降水距平大于 0 mm 的区域。

研究也是一致的。在 MJO 第 4 位相时，主要多雨中心位于华南东部和江南的东南部一带。而 MJO 第 5 位相时，降水距平明显变弱，找不到明显的多雨中心。MJO 第 6～8 位相时，江南至华南一带以少雨特征为主，显然不利于我国南方极端降水发生。弱 MJO 情况，降水异常的强度比强 MJO 的相对要小得多。在 MJO 第 1 位相时，主要多雨中心位于华南东北部一带；在 MJO 第 2 和第 3 位相时，长江及其以南地区以少雨特征为主，这和强 MJO 情况相反。MJO 第 4 位相，多雨中心位于华南。MJO 第 5 位相时，江南南部至华南北部一带多雨。当 MJO 处于第 6 位相时，主要多雨中心位于江南南部一带，这也和强 MJO 情况相反。而当 MJO 处于第 7 和第 8 位相时，情况则与强 MJO 非常相似，我国南方大部分地区降水受到抑制。

综上所述，强 MJO 第 2 和第 3 位相的对流活动有利于我国南方尤其是江南一带降水增多的，也是有利于我国南方极端降水发生的；而强 MJO 第 6、第 7 和第 8 位相不利于我国南方尤其是江南及其以南地区降水增多，从而也不利于我国南方极端降水出现。因此，发生在强 MJO 第 6、第 7 和第 8 位相下的我国南方极端降水事件可能另有其因。弱 MJO 情况与强 MJO 有一定差异。如弱 MJO 第 5 位相和第 6 位相时，江南南部有明显的多雨中心存在。由于弱 MJO 对热带及热带外的大气环流和天气的影响也较弱(Jia *et al.*，2011)，因此，发生在弱 MJO 位相下的我国南方冬季极端降水事件也可能另有原因。为验证这一猜测，下一节我们将重点通过对 MJO 各位相对应的环流特征来进一步探讨 MJO 与我国南方冬季极端降水事件的关系。

6.5.3　MJO 与 500 hPa 位势高度

图 6.5.2 为强、弱 MJO 各位相对应的 500 hPa 位势高度及其距平。由图 6.5.2 可见，强 MJO 情况，在 MJO 第 1 位相时，日本上空存在一个强的高度正距平中心，东亚大槽北缩。低纬地区，孟加拉湾北部为低槽区，西太平洋副热带高压西伸北抬，造成主要多雨区出现在长江北部和华南南部一带(图 6.5.1)。而在强 MJO 第 2 和第 3 位相时，东亚地区的位势高度距平分布与图 6.2.1a 非常相似，但南支槽活动更活跃，且西太平洋副热带高压有所减弱和南压，造成江南至华南一带多雨(图 6.5.1)，这和图 6.1.1 降水距平分布也是比较相似的，只是强度要远逊于后者。由此可见，强 MJO 第 2 和第 3 位相是有利于我国南方冬季极端降水发生的。当强 MJO 处于第 4 位相时，孟加拉湾北部的高度负距平中心东移出海，江淮一带处在其西侧的异常偏北风的控制之下，不利于这一地区的降水发生。当强 MJO 处于第 5～8 位相时，日本附近转为强的高度负距平区，东亚大槽偏强。但我国南方基本上完全处在高度正距平控制之下，对流活动受到抑制。另外，南支槽活动不活跃，西太平洋副热带高压强度偏弱，导致我国南方大部地区降水偏少(图 6.5.1)，不利于极端降水发生。由第 6.4 节可知，出现在强 MJO 第 1 和第 4～8 位相的极端降水事件主要是北大西洋/欧洲异常环流扰动能量频散至东亚导致的东亚大气环流调整并持续造成的。弱 MJO 各位相，除第 1 和第 8 位相外，东亚大槽区均有很强的高度负距平相配，强度偏强，我国东部地区受单一的偏北风控制。对极端降水的发生极为不利。尽管在弱 MJO 第 1 和第 8 位相时，朝鲜半岛－日本上空出现了正的高度距平，北方冷空气的势力不强，但由于南支槽位置偏西(位相 1)或者南支槽非常平直(位相 8)，造成南方的水汽输送弱(图略)。该环流形式下，形成极端降水天气也是非常困难的。由此可以推断，我国南方冬季极端降水事件的出现与弱 MJO 也基本上没有关系，它的出现更主要的还是第 6.4 节提到的源自北大西洋/欧洲的异常环流型扰动能量的向下游传播影响所致。

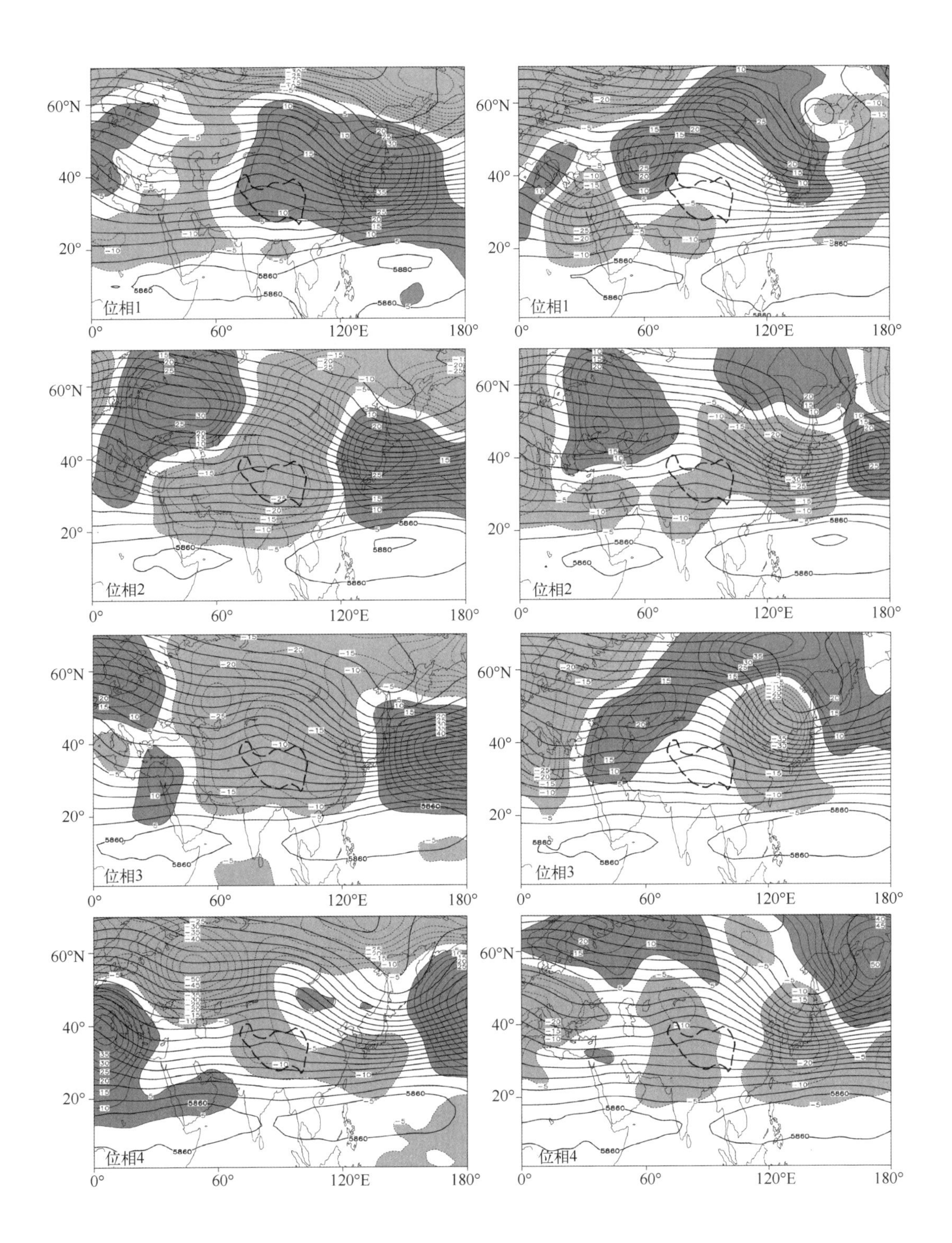
60°N
40°
20°
0°
60°
120°E
180°
位相1
位相2
位相3
位相4

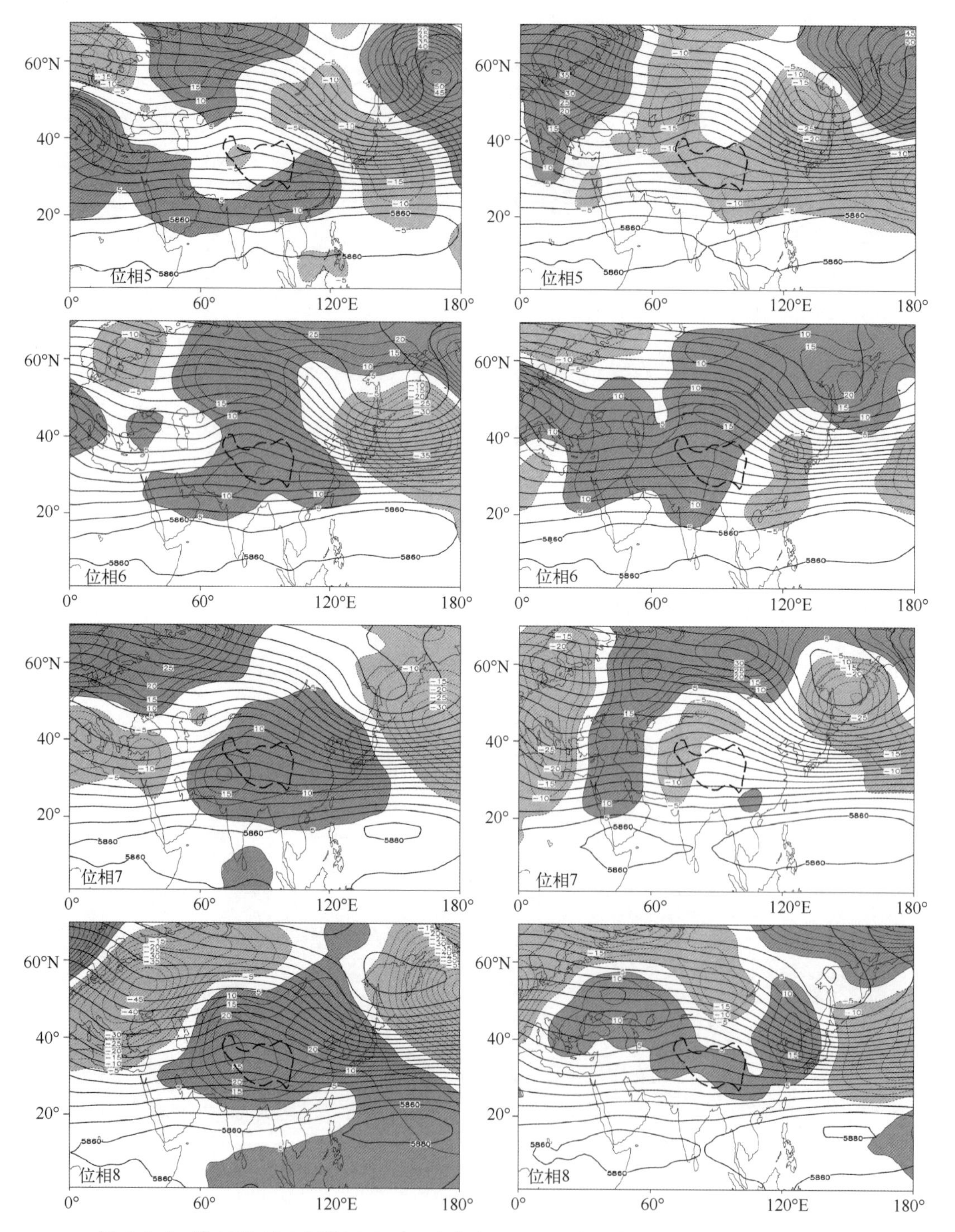

图 6.5.2　强 MJO(左)和弱 MJO(右) 各位相 500 hPa 位势高度及其距平(单位:gpm),深、浅阴影区分别为正距平>5 gpm 和负距平<−5 gpm 的区域

以上分析显示，只有强MJO第2和第3位相才会产生与极端降水发生时期相似的异常环流形式，而强MJO其他位相以及弱MJO则没有出现类似与后者相类似的异常环流形式，有的甚至相反。这从另一个侧面再次证实了强MJO第2和第3位相是极端降水事件发生的有利的位相，而其他MJO位相是极端降水事件发生的非有利甚至不利位相。另外，弱MJO也不利于极端降水事件出现。

6.5.4 MJO活动与极端降水事件的联系过程

以上主要从降水和环流的异常分布特征分析了MJO不同位相与极端降水事件之间的对应关系。那么，它们之间的这种对应关系是通过怎样的过程实现的呢？下面我们拟进一步通过分析与强MJO活动相关的OLR以及850 hPa风场特征来探讨这一问题。

图6.5.3为强MJO各位相对应的OLR距平场和850 hPa距平风场合成图。位相8～1，OLR负距平主要出现在热带非洲和热带西印度洋，正距平在东热带印度洋以及海洋性大陆及邻近地区。与此OLR距平分布对应，可以清楚地看到，OLR负距平北侧在北非附近有一气旋性异常环流，而正距平北侧在西北太平洋有一反气旋性异常环流。位相2～3，随着热带非洲和热带西印度洋的OLR负距平东移到热带中东印度洋，OLR正距平东移到热带海洋性大陆东部和西太平洋。北非的气旋性异常环流也很快东移到孟加拉湾附近。而西太平洋的反气旋性异常环流向西南伸展，主体北抬。到位相4～5，OLR距平呈与位相8～1相反的分布，北非和西太平洋转变为反气旋性和气旋性异常环流。位相6～7，OLR正、负距平继续东移，其北侧，南亚和日本南侧出现反气旋性异常环流，而西太平洋的气旋性异常环流向西南伸展，主体偏东。

通过以上分析可以看到，在热带印度洋和海洋性大陆地区的对流活动中心几乎一直存在偶极子型的结构，在位相8～3(4～7)OLR距平的分布为西负(正)东正(负)，可以称之为负(正)偶极子时期。并在OLR正(负)距平北侧有反气旋性(气旋性)环流加强。这一事实与Gill(1980)的理论研究结果一致。Gill(1980)指出，赤道附近的大气热源可以在对流层低层强迫出大气Rossby波的响应，在热源北侧产生气旋性的异常环流。与此相反，如图6.5.3显示，大气的热汇(对流抑制区)的北侧会产生反气旋性的异常环流。因此，上述孟加拉湾和西太平洋地区气旋性、反气旋性异常环流的形成可以认为是赤道印度洋和海洋性大陆对流活动偶极子共同对大气产生直接加热和冷却的结果。

综上所述，强MJO第2和第3位相的对流活动也是影响我国南方冬季极端降水出现的一个重要因子，而强MJO其他位相以及弱MJO对我国南方冬季极端降水的发生无直接贡献或影响很小。MJO与极端降水事件之间的联系主要通过印度洋—海洋性大陆对流活动偶极子共同对大气环流的加热和冷却造成其北侧南支槽和西太平洋副热带高压的调整来完成的。

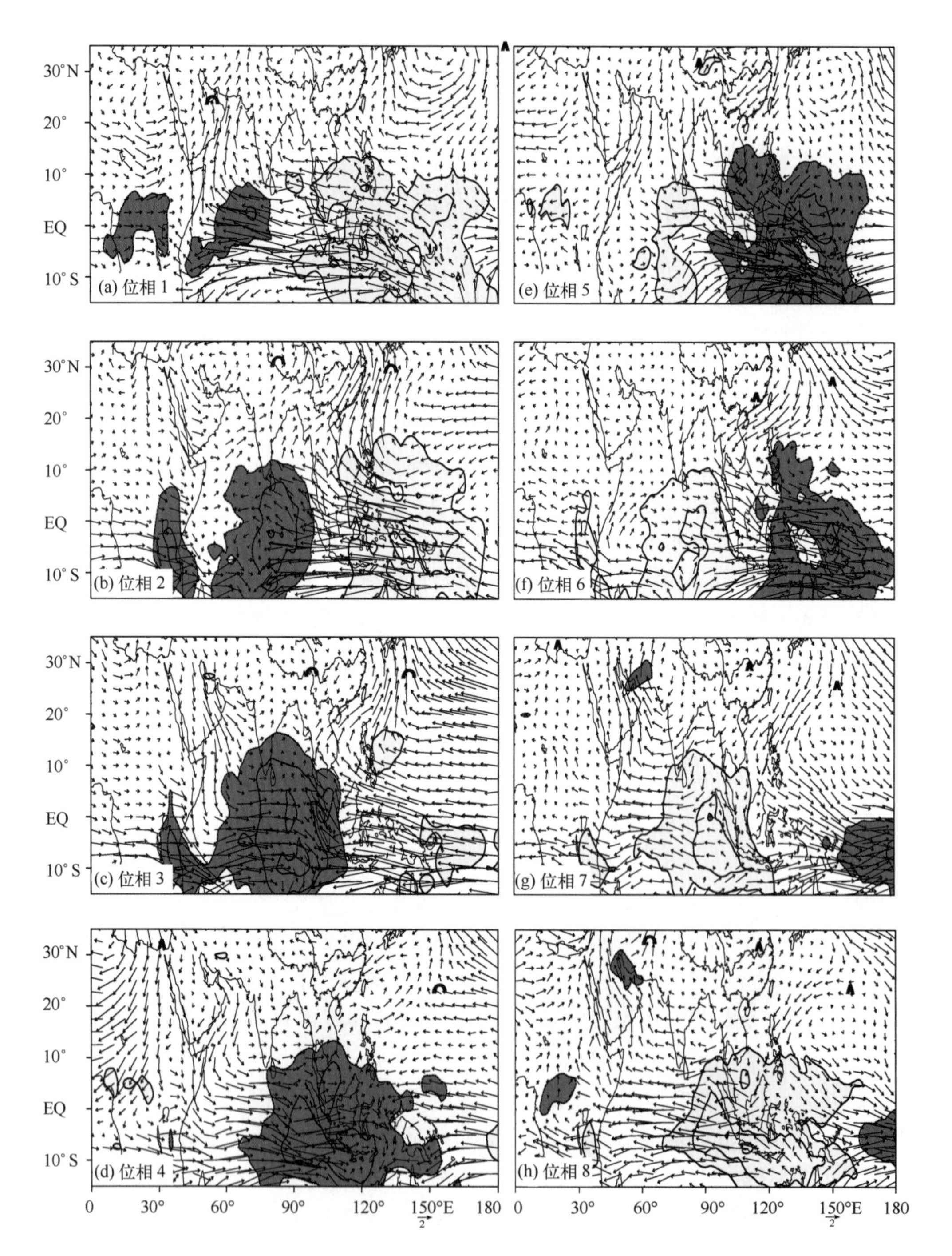

图 6.5.3　强 MJO 各位相 OLR 距平(阴影和等值线,单位:W/m²;
深、浅阴影分别表示负距平≤−10 W/m² 和正距平≥10 W/m²,
等值线间隔为 10 W/m²,零线已去掉)和 850 hPa 距平风场(矢量图,单位:m/s)。

6.6 2013年12月极端降水天气个例分析与讨论

2013年12月中旬我国南方又发生了一次持续性、大范围强降水事件，江南至华南一带地区降水甚至达到暴雨级别（吕梦瑶和何立富，2014），由于气温偏低，部分地区还出现了冻雨，是2008年1月以来发生的又一次严重的持续性、大范围极端降水事件。下面我们将主要分析此次事件发生时和发生前期环流特点并探讨它们与第6.2节主要环流形式的共同之处。

6.6.1 环流的基本特点

图6.6.1a给出了2013年12月14日（极端降水天气发生当日）300 hPa位势高度及其距平场。北半球主要环流系统是欧洲沿岸的阻塞高压，其两侧在格陵兰岛南部和新地岛附近各有一极涡中心。后者与里海低槽打通，形成一南北向的长波槽。根据前期的300 hPa环流演变特征（图略），可以发现东亚大槽被从太平洋东北部向西北部伸展的高压脊切断形成。切断低涡在日本中部。贝加尔湖以西为高压脊控制。亚洲中纬度地区呈两槽一脊型的环流形势。我国北方受贝加尔湖高压脊控制，脊上东移小槽的冷空气势力不强。低纬地区，南支槽在95°E附近，强度明显偏强，其前后在西太平洋和阿拉伯海各有一副热带高压系统，呈两高一槽型的环流分布。在这种环流形势下，在1000 hPa温度场上（图6.6.1b），亚洲高纬度地区温度偏高，影响我国南方的冷空气强度偏弱；南支槽前温度偏高，孟加拉湾北部向我国南方暖湿空气输送偏强。这是冬季我国南方发生强降水的典型环流形势。贝加尔湖高压脊前的偏北气流与南支槽前面的偏南气流交汇于江南南部至华南北部，致使江南、华南和西南地区降水强度增强，范围扩大。

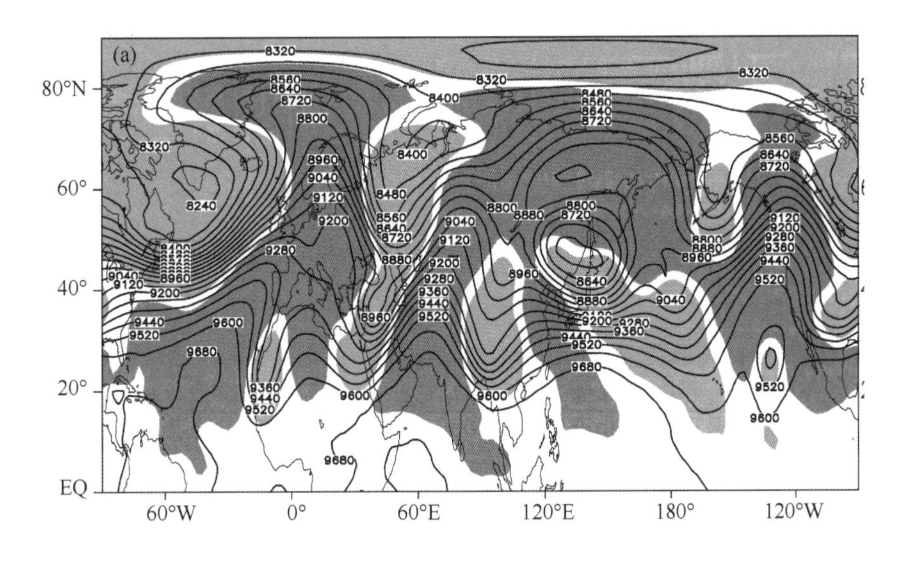

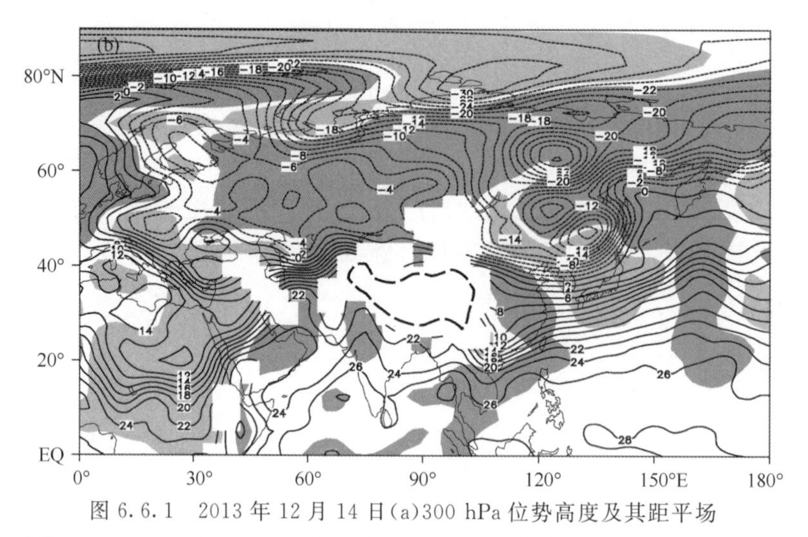

图 6.6.1　2013 年 12 月 14 日(a)300 hPa 位势高度及其距平场
(单位:gpm,深、浅阴影区分别为正距平＞30 gpm 和负距平＜－30 gpm 的区域);
(b)1000 hPa 温度及其距平(单位:℃,深、浅阴影区分别为正距平＞1 ℃和负距平＜－1 ℃的区域)。

6.6.2　环流的演变过程

为进一步了解导致 2013 年 12 月 4 日极端降水事件的异常环流的形成过程,我们考察了极端降水事件发生前期的环流以及 Iw 和 Ic 的时间演变特征。图 6.6.2 为极端降水开始前第 10 天(12 月 4 日)—开始第 0 天(12 月 14 日)500 hPa 位势高度及其距平场。

前第 10 天(12 月 4 日,图 6.6.2a),北半球由于大西洋东部和太平洋东北部两个高压脊同时向西北方向伸展,后者甚至一直伸到东西伯利亚,极涡主体主要偏向欧洲北部的海洋上。欧亚中高纬度为两槽一脊型的环流形势,低槽分别位于里海和东亚地区,高压脊位于贝加尔湖西侧。脊前从我国东北到河套一线有一横槽,位置偏南。低纬地区南支槽位于印度洋西北部,强度明显偏弱,西太平洋副热带高压偏东。我国东部沿海地区受偏北气流控制,不利于暖湿空气向我国陆地输送。冷空气主要沿西北路径侵入我国,强度偏弱影响位置偏北。

前第 8 天(12 月 6 日,图 6.6.2b),由于格陵兰西侧有低槽的加深,大西洋东部的阻塞高压向北伸展,脊前有短波槽沿西北气流移向里海低压槽区。东亚大槽由于原在贝加尔湖弱高压脊前的短波槽的并入,略有加强。我国中东部受槽后的西北气流控制。同时在贝加尔湖高压脊上又另有一短波槽东移。低纬地区南支槽略有东移,强度仍偏弱。西太平洋副热带高压位置仍然偏东。同样,冷空气也是沿西北路径侵入我国,强度偏弱影响位置偏北。

前 6 天(12 月 8 日,图 6.6.2c),随着格陵兰低槽的东移,大西洋东部的阻塞高压向东北方向伸展,欧洲南北向的长波槽进一步加深。欧亚地区两槽一脊型环流的经向度开始加大。贝加尔湖弱高压脊上的第 2 个短波槽已移到我国东北至青藏高原东北部一带,原东亚大槽减弱东移,并在贝加尔湖北侧出现第 3 个短波槽。但由于我国北方受贝加尔湖高压脊的控制,影响我国的冷空气势力仍不是很强。低纬地区南支槽移至 90°E 附近,但强度不强。

前第 4 天(12 月 10 日,图 6.6.2d),大西洋阻塞高压进一步向东北方向伸展,欧洲长波槽也进一步加深,呈东北－西南走向,形成稳定的大型斜脊斜槽形势。贝加尔湖高压脊东移加强，脊上的第 3 个短波槽再次并入东亚大槽，使东亚大槽再次加深。东亚地区环流的经向度明显加强。我国北方处于槽后西北气流中，有利于冷空气南下影响我国。同时，由于里海低压槽的加深，导致阿拉伯海高压脊开始发展，南支槽在 90°E 附近稍有加深。但我国江南、华南地区西南暖湿空气仍然较弱。

前第 2 天(12 月 12 日，图 6.6.2e)，欧洲大型斜脊斜槽形势进一步加强，脊前的低压中心向西南方向移到黑海以南地区，其槽线向西南一直伸展到 20°N 左右。使南支槽急流上的波动开始活跃，阿拉伯海高压进一步加强，南支槽在 95°E 附近进一步增强，特别是西太平洋副热带高压开始明显西伸北抬。西南暖湿空气开始活跃。同时，在贝加尔湖高压脊上出现了第 4 个短波槽。贝加尔湖高压脊东移加强，东亚大槽槽后偏北气流不断引导冷空南下影响我国中东部。

第 0 天(12 月 14 日，图 6.6.2f)，东亚中纬度地区第 4 个短波槽移至青藏高原东北部，引导小股冷空气南下影响我国南方。低纬地区，南支槽明显加深，西太平洋副热带高压进一步西伸到 120°E 以西并北抬。来自孟加拉湾和南海的暖湿空气也明显增强，与北方南下的冷空气在我国南方地区汇合，造成江南、华南和西南大部地区发生极端降水天气。

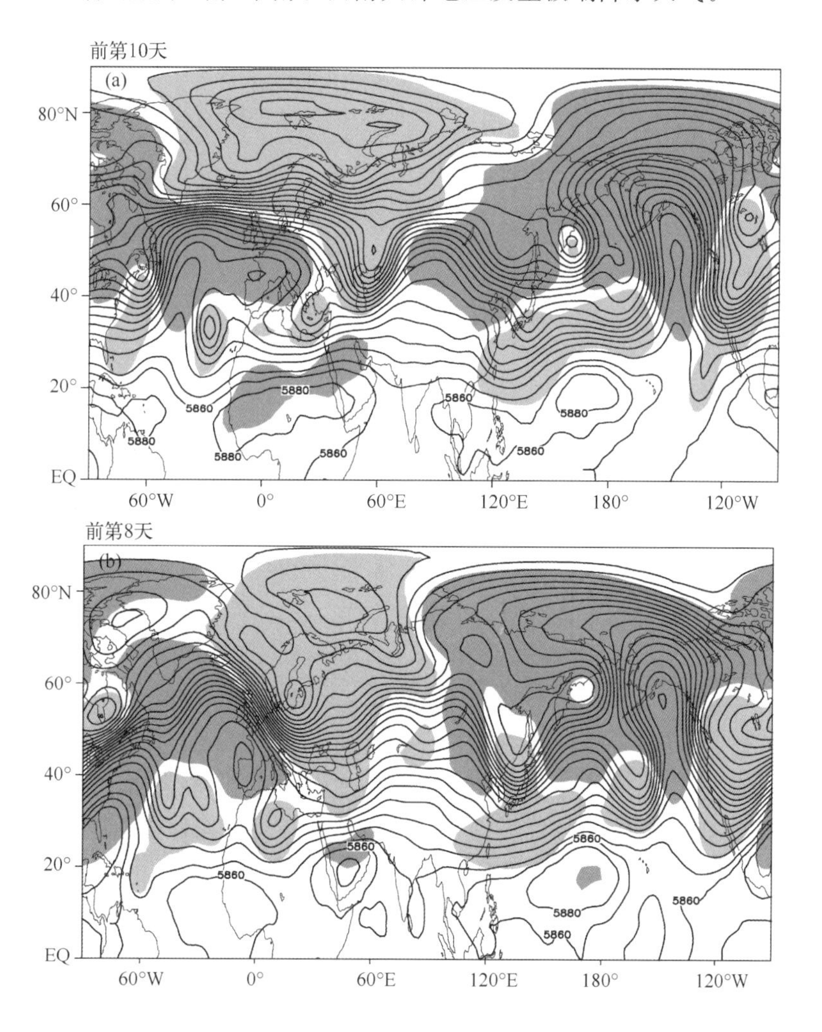

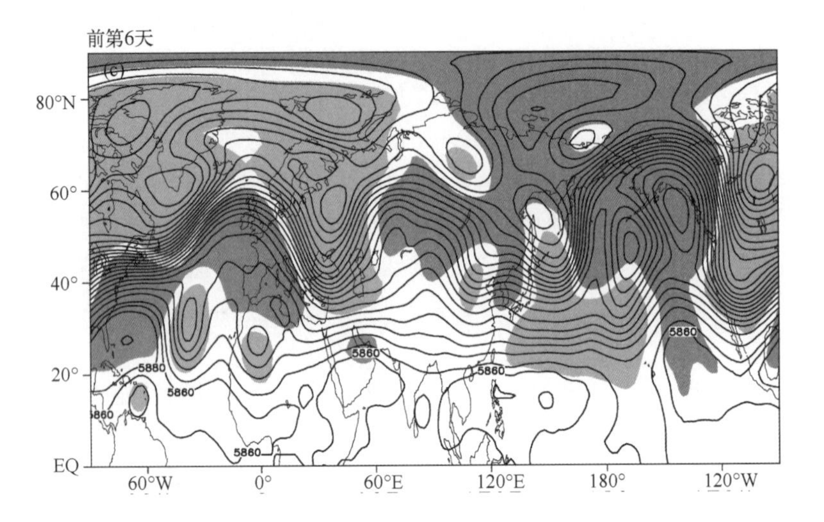
前第6天
(c)
80°N
60°
40°
20°
EQ
60°W
0°
60°E
120°E
180°
120°W
5880
5860
5860
5860
5860
5860
5860

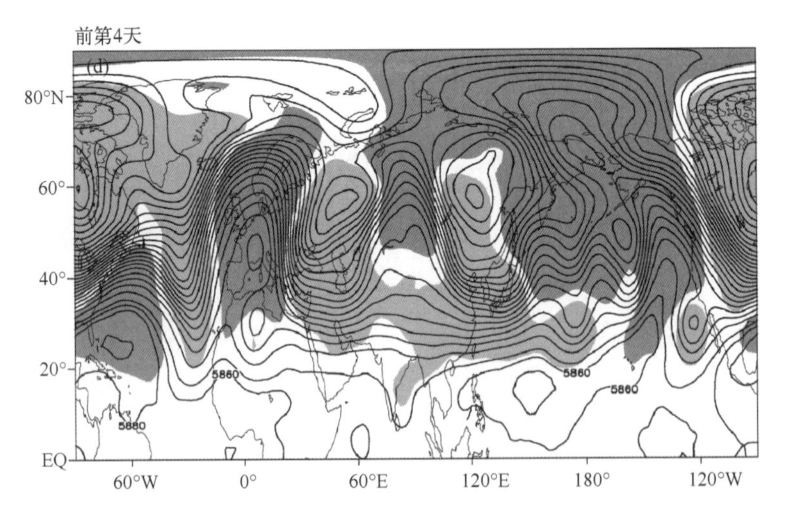
前第4天
(d)
80°N
60°
40°
20°
EQ
60°W
0°
60°E
120°E
180°
120°W
5860
5880
5860
5860

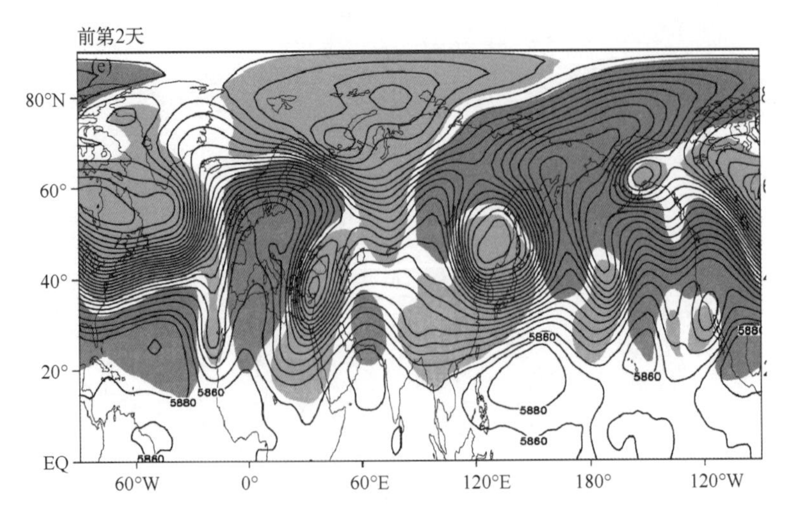
前第2天
(e)
80°N
60°
40°
20°
EQ
60°W
0°
60°E
120°E
180°
120°W
5860
5880
5880
5860
5880
5860
5860

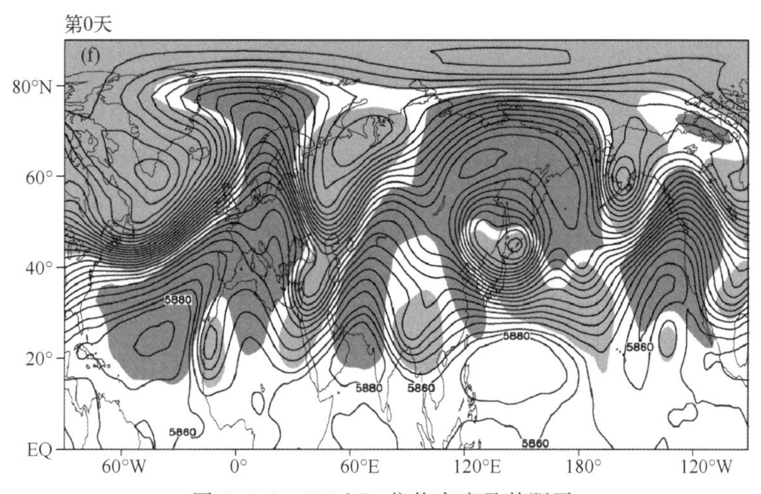

图 6.6.2　500 hPa 位势高度及其距平

（单位：gpm，深、浅阴影区分别为正距平＞30 gpm 和负距平＜－30 gpm 的区域）

(a)前第 10 天；(b)前第 8 天；(c)前第 6 天；(d)前第 4 天；

(e)前第 2 天；(f)第 0 天(即极端降水事件开始当天)

图 6.6.3 为 2013 年 12 月 5—17 日(也即极端降水发生前第 9 天至发生后第 3 天)冷(I_c)、暖(I_w)空气指数的时间变化曲线。由图 6.6.3 可以看出，由于贝加尔湖高压脊前不断有短波槽并入东亚大槽，东亚大槽在极端降水开始前第 4 天以前一直很深，60°E 和 133°E 正处于高压脊两侧(图 6.6.2)，所以期间 $I_c \sim 0$。而从极端降水发生前第 3 天开始，$I_c > 0$，中高纬度“西高一东低”环流形势明显加强，影响我国东部的冷空气活动势力加强。I_c 在极端降水发生前第 2 天达最大。此后由于脊上又有小槽东移，I_c 减弱。在第 0 天，$I_c < 0$，并在极端降水发生后第 1 天达最小(图 6.6.3a)，中高纬度“西低一东高” 环流形势发展，影响我国东部的冷空气活动势力减弱。I_w 在极端降水发生前第 2 天(12 月 12 日)开始加强，极端降水开始后第 2 天达最强(图 6.6.3b)。

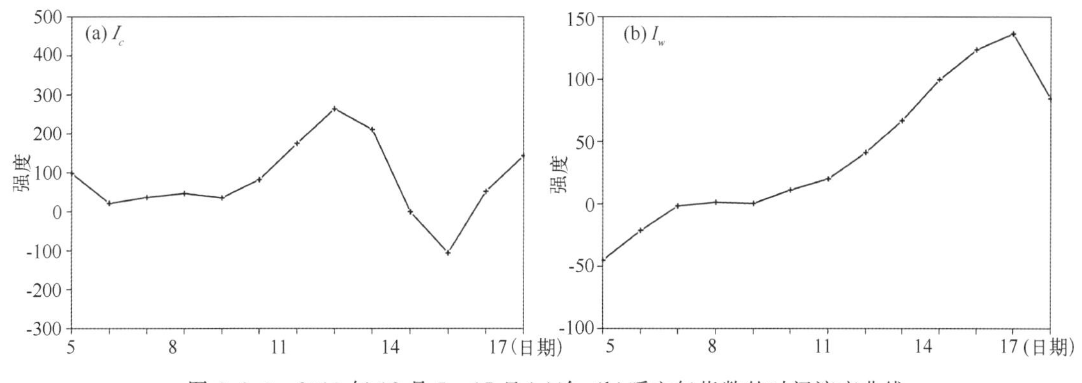

图 6.6.3　2013 年 12 月 5—17 日(a)冷、(b)暖空气指数的时间演变曲线

从 2013 年 12 月这个极端降水事件的例子，看出引起我国极端降水的环流背景、关键环流系统及其演变过程与 21 个极端降水事件合成的两槽一脊型的结果是很相似的。(1)包括大西洋东部的阻塞高压和欧亚地区的两槽一脊型的欧亚大尺度背景场的形势始终异常稳定。(2)我国北方地区受贝加尔湖高压脊控制，脊上不断有波动东移南下，引导冷空气影响我国。前期冷空气活动势力很强，近期不是很强。(3)欧洲大型斜脊斜槽的形成和加强导致南支槽活动异常活跃和西太平洋副热带高压西伸北抬，为极端降水天气的产生提供了充足的暖湿空气条件。同时，也必须注意到，2013 年 12 月极端降水发生前期以及同期的环流特征与前面的合成结果也存在一定的差别。不同极端降水个例的成因及其关键前兆信号的探讨还有待进一步深入。

6.7　小结与讨论

通过对 1979—2011 年冬季我国南方地区 21 个极端降水事件发生的大尺度环流条件和类型、中期演变过程和成因的分析，尤其是与北方冷空气和南方暖湿空气密切联系的环流系统异常的特点、形成的过程及其与低频 Rossby 波的活动和热带大气季节内 30～60 天振荡(MJO)的关系的分析，以及对 2013 年 12 月极端降水事件的个例分析与讨论，得到了以下几点初步结果：

(1)大西洋东部阻塞高压的建立和维持，以及欧亚地区中高纬度的阻塞高压流型或两槽一脊流型与低纬度的两高一槽流型的互相配合是冬季我国南方极端降水天气发生的重要环流条件。中高纬度的流型提供了活动频繁但强度不是很强的冷空气条件，低纬度的流型提供了异常充沛的暖湿空气条件。南北两种流型的槽脊位相基本相反，形成冷暖空气在江南地区交绥，是产生这里极端降水的直接原因。

(2)欧亚中高纬度的黑海(阻塞高压型)或里海(两槽一脊型)低槽和东亚大槽，及低纬度的南支槽和西太平洋副热带高压是造成冬季我国南方极端降水天气最为关键的环流系统。它们的中期演变过程具有一定的规律性。在极端降水天气发生的前第 8 天前后，随着欧洲地区大型斜脊斜槽的形成和维持，黑海或里海低槽和东亚大槽加深，东亚经向环流发展，东亚冬季风强我国东部大部地区受偏北气流控制；南支槽强度明显偏弱，西太平洋副热带高压位置偏东，南支急流波动不活跃，江南地区水汽输送不足。到前第 4 天前后，环流形势发生明显变化，由于黑海以东地区低槽的进一步向南伸展，致使中高纬地区高度场开始出现“西低-东高”的形势，东亚大槽偏北、偏东。东亚盛行纬向环流。低纬地区南支槽加深，西太平洋副热带高压西伸北抬。因此，在前期影响我国的冷空气较强，而在近期冷空气活动的势力不是非常强，暖湿空气的供应异常充足，这种环流是导致我国冬季强降水的典型形势。

(3)源自北大西洋—欧洲地区 Rossby 波列能量向下游的频散效应是导致与冬季我国南方极端降水天气密切联系的环流系统形成和演变的重要原因和机理。在极端降水天气发生前第 8 天，北大西洋—欧洲的波状异常流型就已建立和发展，从欧洲异常中心东南侧 Rossby 波的波源有扰动能量向其下游频散并在西亚一带辐合，导致黑海附近的低压槽加深。值得注意的是，到前第 4 天，虽然北大西洋—欧洲异常中心的强度已开始减弱，但由于 Rossby 波能量的向下游频散，使其下游西亚、阿拉伯海北岸、孟加拉湾和东亚的位势高度异常进一步发展，造成南支槽异常活跃，西太平洋副热带高压西伸北抬和东亚大槽北缩。

(4)综合第6.3和第6.4节的分析,在极端降水天气发生前第8天前后,北大西洋—欧洲Rossby波的波源所在地区大型斜脊斜槽的建立和发展,以及前4天前后里海附近低压槽的进一步加深,对冬季我国南方地区极端降水天气的产生是有指示意义的,可以作为前兆信号提前一周左右给出预警。

(5)强MJO第2和第3位相的对流活动是造成我国南方冬季极端降水出现的一个重要因子。此时期赤道印度洋和海洋大陆地区OLR距平呈西负东正的分布,其北侧孟加拉湾附近有气旋性异常环流加强,西太平洋地区有反气旋性异常环流加强有助于南支槽活动活跃和西太平洋副热带高压偏强,致使我国江南和华南降水异常强盛。强MJO其他位相及弱MJO对我国南方冬季极端降水事件的发生无直接贡献或者影响很小。

(6)2013年12月中旬我国南方极端降水事件发生的环流背景和前期环流的演变过程与两槽一脊型极端降水事件的环流背景和演变过程相吻合,证实了第6.2节两槽一脊型的确是造成我国南方冬季极端降水发生的一种重要环流形式。

本章主要讨论了冬季发生在我国南方的21个极端降水事件及其对应的环流特征。必须注意到,尽管21个例存在很好的一致性,但它们也还是存在一些明显差别,如中高纬环流有的呈现为阻塞高压型,有的为两槽一脊型,它们各自的前期环流演变特征和前兆信号的差异还有待仔细分析。此外,影响我国极端降水的因子是多种多样的,而且不同时期有不同的表现,是个极为复杂的问题。MJO第2、3位相发生的频率远高于极端降水事件出现的频率,而极端降水事件发生时MJO位相幅度也并非最强。这均表明,只靠MJO本身难以完全解释极端降水事件的发生,MJO与极端降水事件之间的联系也还有进一步深入分析的必要。

参考文献

布和朝鲁,纪立人,施宁. 2008. 2008年初我国南方雨雪低温天气的中期过程分析 Ⅰ:亚非副热带急流低频波. 气候与环境研究,**13**(4):419-433.

丁一汇,王遵娅,宋亚芳,等. 2008. 中国南方2008年1月罕见低温雨雪冰冻灾害发生的原因及其与气候变暖的关系. 气象学报,**66**(5):808-825.

付建建,李双林,王彦明. 2008. 前期海洋热状况异常影响2008年1月雪灾形成的初步研究. 气候与环境研究,**13**(4):478-490.

高辉,陈丽娟,贾小龙,等. 2008. 2008年1月我国大范围低温雨雪冰冻灾害分析 Ⅱ.成因分析. 气象,**34**(4):101-106.

郭荣芬,高安生,杨素雨. 2010. 低纬高原两次冬季南支槽强降水的对比分析. 大气科学学报,**33**(1):82-88.

何溪澄,丁一汇,何金海,等. 2006. 中国南方地区冬季风降水异常的分析. 气象学报,**64**(5):594-604.

纪立人,布和朝鲁,施宁,等. 2008. 2008年初我国南方雨雪低温天气的中期过程分析 Ⅲ:青藏高原—孟加拉湾气压槽. 气候与环境研究,**13**(4):446-458.

贾小龙,梁萧云. 2011. 热带MJO对2009年11月我国东部大范围雨雪天气的可能影响. 热带气象学报,**27**(5):639-648.

琚建华,吕俊梅,谢国清,等. 2011. MJO和AO持续异常对云南干旱的影响研究. 干旱气象,**29**(4):401-406.

李崇银,顾薇. 2010. 2008年1月乌拉尔阻塞高压异常活动的分析研究. 大气科学,**34**(5):865-874.

吕梦瑶,何立富. 2014. 2013年12月大气环流和天气分析. 气象,**40**(3):381-388.

牛法宝，杞明辉，杨素雨，等. 2013. MJO不同活动中心位置对云南冬半年降水过程的影响. 气象，**39**(9)：1145-1153.

彭京备. 2012. 东印度洋海温对中国南方冬季降水的影响. 气候与环境研究，**17**(3)：327-338.

秦剑，潘里娜，石鲁平. 1991. 南支槽与强冷空气结合对云南冬季大气的影响. 气象，**17**(3)：39-43.

施宁，布和朝鲁，纪立人，等. 2008. 2008年初我国南方雨雪低温天气的中期过程分析 Ⅱ：西太平洋副热带高压的特征. 气候与环境研究，**13**(4)：434-445.

索渺清. 2008. 南支西风槽建立－传播和演变特征及其对中国天气气候的影响. 博士论文.

陶诗言，卫捷. 2008. 2008年1月我国南方严重冰雪灾害过程分析. 气候与环境研究，**13** (4)：337-350.

陶诗言. 1952. 冬季由印缅来的低槽对于华南天气的影响. 气象学报，**23**(3)：172-192.

王允，张庆云，彭京备. 2008. 东亚冬季环流季节内振荡与2008年初南方大雪关系. 气候与环境研究，**13** (4)：459-467.

卫捷，陶诗言，赵琳娜. 2008. 2008年1月南方冰雪过程的可预报性问题分析. 气候与环境研究，**13** (4)：520-530.

吴俊杰，袁卓建，钱玉坤，等. 2009. 热带季节内振荡对2008年初南方持续性冰冻雨雪天气的影响. 热带气象学报，**25** (增刊)：103-112.

袁为，杨海军. 2010. Madden－Julian振荡对中国东南部冬季降水的调制. 北京大学学报，**46** (2)：207-214.

赵思雄，孙建华. 2008. 2008年初南方雨雪冰冻天气的环流场与多尺度特征. 气候与环境研究，**13** (4)：351-367.

Gill A E. 1980. Some simple solutions for heat－induced tropical circulation. *Quart. J. Roy. Meteor. Soc*, **106**：447-662.

Jia X, Chen L, Ren F, *et al*. 2011. Impacts of the MJO on winter rainfall and circulation in China. *Advances in Atmospheric Sciences*, **28** (3)：521-533.

Jones C, Waliser D E, Lau K M, *et al*. 2004. The Madden-Julian Oscillation and Its Impact on Northern Hemisphere Weather Predictability. *Mon. Wea. Rev*, **132**:1462-1471.

Jones C. 2000. Occurrence of Extreme Precipitation Events in California and Relationships with the Madden-Julian Oscillation. *Journal of Climate*, **13**:3576-3586.

Lin H, Brunet G. 2009. The Influence of the Madden-Julian Oscillation on Canadian Wintertime Surface Air Temperature. *Monthly Weather Review*, **137** (7)：2250-2262.

Lorenz D J, Hartmann D L. 2006. The Effect of the MJO on the North American Monsoon. *Journal of Climate*, **19**:333-343.

Madden R A, Julian P R. 1971. Detection of a 40－50 day oscillation in the zonal wind in the tropical Pacific. *Journal of Atmospheric Sciences*, **28**:702-708.

Shi N, Bueh C, Ji L, *et al*. 2009. The Impact of Mid-and High-Latitude Rossby Wave Activities on the Medium－ Range Evolution of the EAP Pattern During the Pre-Rainy Period of South China. *Acta Meteorologica Sinica*, **23** (3)：300-314.

Takaya K, Nakamura H. 1997. A formulation of a wave-activity flux for stationary Rossby waves on a zonally varying basic flow. *Geophysical Research Letters*, **24** (23)：2985-2988.

Takaya K, Nakamura H. 2001. A formulation of a phase-independent wave-activity flux for stationary and migratory quasigeostrophic eddies on a zonally varying basic flow. *Journal of Atmospheric Sciences*, **58** (6)：608-627.

Wang T, Yang S, Wen Z, *et al*. 2011. Variations of the winter India-Burma Trough and their links to climate anomalies over southern and eastern Asia. *Journal of Geophysical Research*, **116** (D23)：1-13.

Wheeler M C, Hendon H H, Cleland S, *et al*. 2009. Impacts of the Madden-Julian Oscillation on Australian

Rainfall and Circulation. *Journal of Climate*, **22** (6): 1482-1498.

Wheeler M C, Hendon H H. 2004. An all-season real-time multivariate MJO index: Development of an index for monitoring and prediction. *Monthly Weather Review*, **132** (8): 1917-1932.

Zong H, Bueh C, Ji L. 2014. Wintertime extreme precipitation event over southern China and its typical circulation features. *Chinese Sci. Bull*, **59** (10): 1036-1044.

Zong H, Bueh C, Wei J, *et al*. 2012. Intensity of the trough over the Bay of Bengal and its impact on the southern China Precipitation in Winter. *Atmos. Oceanic Sci. Lett*, **5** (3): 246-251.

第7章　极涡活动和北极涛动及其对我国冬季气温的影响

需要说明的是，前面研究的 EPECE 事件多为中期－延伸期的过程，而本章关于极涡和 AO 的讨论则基于月－季平均资料。因此，本章的研究结果，既是 EPECE 的背景环流特征，也为其更长时间尺度（月－季度）的预测提供初步依据。

北半球极涡是贯穿平流层和对流层的深厚系统，是大规模极地冷空气的源地和象征。近百年全球气候总体表现为以变暖为主要特征的变化趋势，但并不排除在个别区域和个别时段出现气温下降的情况，新世纪以来全球就曾多次出现短时期的区域性冷事件。2004 年到 2005 年冬季，我国出现了两次大范围寒潮过程，造成长时期的降温和严寒天气，改变了从 1986 年以来中国大部分地区连续出现 18 个暖冬的局面。2008 年 1 月中国南方发生了大范围持续时间较长的冰冻雨雪天气。2010 年冬季，华北等地寒潮暴雪天气，北方大部地区极端最低气温一般都达到零下 10℃以下，其中东北大部、内蒙古中东部以及北疆东部为零下 30℃至零下 40℃，内蒙古局部地区在零下 45℃以下。因此，关于极涡的研究再次成为人们关注的热点问题之一。

北极涛动(Arctic Oscillation，AO)作为半球尺度的环流异常，通常与很多 EPECE 联系在一起(Thompson and Wallace，2000)。但我们的初步研究表明，52 次 EPECE 并没有一致的平流层 AO 信号。本章将研究极涡活动和 AO 事件的特征，并讨论它们对我国冬季气温的影响。AO 定义为冬季 20°N 以北海平面气压场(SLP)的经验正交函数(EOF)第一模态 (Thompson and Wallace，1998)。它通常呈现出对流层—平流层相耦合的模态。就其演变过程而言，AO 通常先在平流层出现，然后逐渐下传，甚至可以传至地面，进而影响对流层的天气气候(Baldwin and Dunkerton，1999；Christiansen，2005；Baldwin 等，2003)。但是，这种经典的对流层—平流层耦合结构并不存在于所有的 AO 事件(Baldwin and Dunkerton，1999；2001)。据此，Kodera 和 Kuroda (2000)提出了两种类型的 AO，平流层(S)型和对流层(T)型。S 型即经典的 AO 型，呈现出对流层—平流层相耦合的垂直结构特征而 T 型则是与之相反的特征。Zhao 等 (2009)也从理论上证实了这两种类型 AO 的存在。从后文可以看出，两类型 AO 事件对 SAT 异常的影响不同，因此有必要对两类型 AO 事件的环流演变特征及其动力学特征进行深入研究，探讨其异同点，为监测和预测我国冬季 SAT 异常提供一定的依据。

7.1　北半球极涡演变的新特征及其对我国冬季气温的影响

Laseur(1954)第一次测算了极涡大小及位置；Markham(1985)计算了 500 hPa 极涡面积，发现从 1946 年到 20 世纪 60 年代中期极涡大小存在年代际变化；Walsh 等(1996)发现在 1988/1989 年冬季之后，极涡持续增强；Angell(1992)指出 1963—1997 年 300 hPa 极涡年平均大小有下降趋势且位置有东移趋势。我国不少学者从上世纪 80 年代以来也注意到极涡变化的气候特征及其对我国气候的影响。章少卿等(1984,1985)分析了300 hPa、500 hPa极涡面积大小,指出极涡面积有半年左右的振荡以及第二象限极涡面积与我国大部分地区温度呈反相关关系;李小泉和刘宗秀(1986)和刘宗秀(1986)分别计算了1951—1985年极涡的面积指数和强度指数,指出冬季亚洲极涡面积指数与我国气温存在负相关;此后,施能等(1996)发现500 hPa极涡中心强度值在1976年以后有下降趋势;管树轩等(2009)定义了北半球10 hPa极地涡旋环流指数;张恒德和高守亭等(2006)及张恒德和陆维松等(2006)分析了300 hPa北极涡年际及年代际变化特征发现,极涡面积在70年代之前总体趋势扩大,之后总体缩小,期间又都伴有几次较大起伏。他们还研究了500 hPa极涡对我国同期及后期气温的影响,发现二者呈显著负相关,但在不同季节差异很大,冬季最为显著;李峰等(2006)研究发现正是由于北极区和近极区环流的变化,造成中国强冷事件20世纪70年代频发,而后又减弱,到了90年代又有所增加的格局。

综合看来,近年来关于北半球极涡与天气气候关系的研究,或者仅考虑对流层中高层300 hPa及500 hPa北半球极涡对我国各地气温、降水(顾思南和杨修群,2006),或者关注自身时空变化规律(Davis and Benkovic,1992,1994;Burnett,1993;张先恭等,1986;沈柏竹等,2010),或者研究其他环流系统对极涡的影响(邓伟涛和孙照渤,2006;朱智慧和王延凤,2009;陈永仁和李跃清,2007,2008),也有涉及平流层极涡异常变化对2008年我国南方雪灾的影响(易明建等,2009),但总体来说,缺乏对平流层极涡、整层极涡的变化特征,各层极涡间相互关系以及对我国冬季极端气温影响的研究。事实上,北半球冬季极涡是一个深厚系统,垂直范围可从对流层中层一直到达平流层底,因此对平流层以及整层极涡进行系统分析非常有必要。再者,近几年极端天气气候事件、灾害频发,其中极涡的影响也应予以特别关注。

7.1.1　资料与极涡指数的计算

本文所用资料包括NCEP/NCAR月平均再分析资料,包括500 hPa、300 hPa、200 hPa和100 hPa高度场。时间跨度均为1960—2010年,水平分辨率为2.5°×2.5°。

定量表征北半球极涡环流特征的物理量包括:极涡中心位置、极涡强度、极涡面积等。极涡中心位置直接选自中国气象局提供的74项环流指数中相对应指数。其余指数计算时需要确定极涡南界特征等高线,其选取标准是:位于中纬度30°—60°N之间能够较好地贯穿中纬度西风急流的最大风速区(即经向位势高度梯度最大的区域),同时能够体现中纬度大气环流的基本特征。按此标准,参考北半球1960—2010年逐月500 hPa、300 hPa、200 hPa和100 hPa平均位势高度场(图略),这里将以上4层各月等压面上极涡南界特征等高线值分别设置如表7.1.1(张恒德和高守亭等,2006;张恒德和陆维松等,2006;沈柏竹等,2010;邓伟涛和孙照渤,2006;朱智慧和王延凤,2009;陈永仁和李跃清,2007,2008)。根据上述极涡南界特征等高线,可设北半球极涡面积(SI)、强度(I)的计算公式为(张恒德和高守亭等,2006):

$$SI = \frac{R^2\pi}{72}\sum_{i=1}^{n}(1-\sin\varphi_i) \tag{1}$$

$$I = \rho R^2\Delta\varphi\Delta\lambda\sum_i\sum_j[H_0(M)-H_{i,j}]\cos\varphi_i \tag{2}$$

式中 φ_i 为极涡南界特征等高线与经度 λ_i 相交的纬度,R 为地球半径,ρ 为空气密度,$\Delta\varphi=\Delta\lambda=\frac{\pi}{72}$,为了便于计算取 ρR^2 为1,$H_0(M)$ 为极涡南界特征等高线,$i=1,2,3,\cdots,144$ 为沿经圈的

经度序号，分别对应 0°，2.5°E，5.0°E，…，5.0°W，2.5°W。北半球各分区极涡的面积、强度指数也利用(1)式和(2)式在一定范围内得到，Angell(1998)将极涡划分为 0°—90°E，90°E—180°，180°—90°W，90°W—0°四个区域进行讨论。由于我国位于东亚大陆，考虑我国短期气候预测需要，本文采用国内常用的分区方法，即：Ⅰ区(60°—150°E)、Ⅱ区(150°E －120°W)、Ⅲ区(120°—30°W)、Ⅳ区(30°W－60°E)，分别指亚洲大陆区、太平洋区、北美大陆区和大西洋欧洲区(张恒德和高守亭等，2006)。

充分考虑资料的连续性、代表性好，以及空间分布较均匀等的原则，从中国气象局提供的我国 743 个气象站中选取了 541 个气象站(图 7.1.1)，以其 1960 年 12 月—2010 年 2 月的逐日最低、最高和平均温度资料作为本项研究的依据。

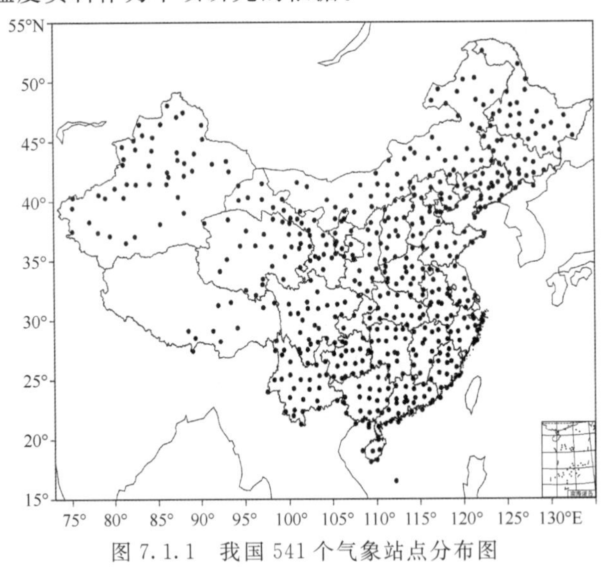

图 7.1.1　我国 541 个气象站点分布图

表 7.1.1　500 hPa、300 hPa、200 hPa 和 100 hPa 北半球各月极涡南界特征等高线

(单位：10 gpm)

月份	1	2	3	4	5	6	7	8	9	10	11	12
500 hPa	556	564	564	564	568	572	576	576	568	564	560	560
300 hPa	910	912	916	920	928	940	944	940	936	928	920	912
200 hPa	1160	1160	1164	1168	1180	1200	1212	1208	1200	1188	1180	1168
100 hPa	1628	1628	1638	1638	1638	1648	1648	1648	1638	1638	1638	1628

7.1.2　北半球极涡特征分析

7.1.2.1　面积变化

1961－2010 年冬季(12 月，1 月，2 月平均)500 hPa、300 hPa、200 hPa 和 100 hPa 平均极涡面积分别为 100.0×10^6 km^2、92.1×10^6 km^2、82.0×10^6 km^2 和 119.0×10^6 km^2(下文统一略去单位 10^6 km^2)。可见 100 hPa 极涡面积最大，500 hPa 次之，200 hPa 最小。各层冬季平均极涡面积的变化特征如图 7.1.2 所示。从图中可见，发现近 50 年来这四层极涡面积总体经历了从扩展到收缩的变化过程，若以 1 个标准差为选取标准，这四层极涡面积偏大值除了 2010 年之外，都出现在1987年以前，分别是1963、1968、1969、1970、1977和1978年；而极涡面积偏小值则出现在1987年之后，分别是1989、1990、1999、2000、2002、2007、2008和2009年。并且从线性趋势线可以发现，位于平流层底100 hPa极涡面积年代际变化要大于对流层中高层500 hPa、300 hPa和200 hPa。利用M－K突变检验发现，500 hPa、300 hPa和200 hPa极涡面积突变发生在1980年代中后期，而100 hPa发生在1980年代初期(图7.1.2)。

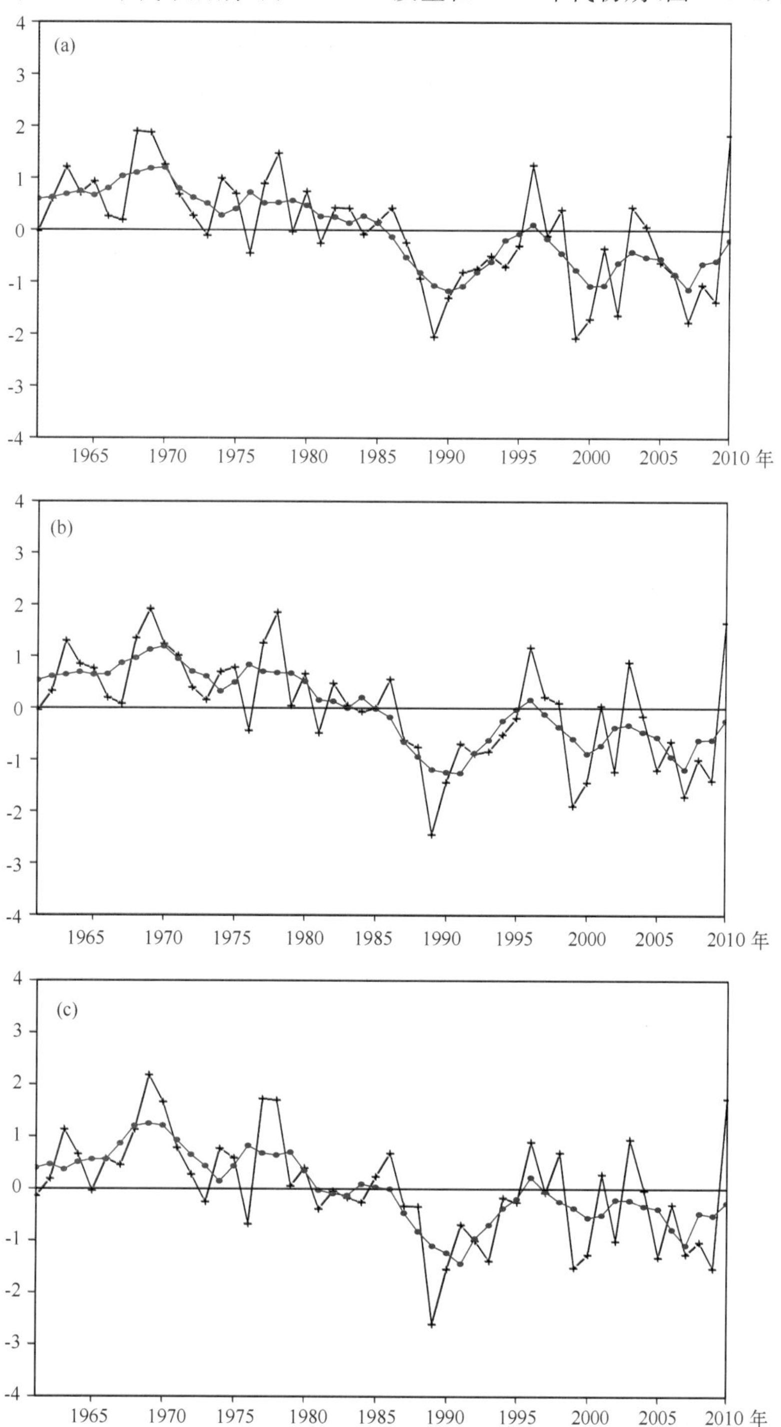

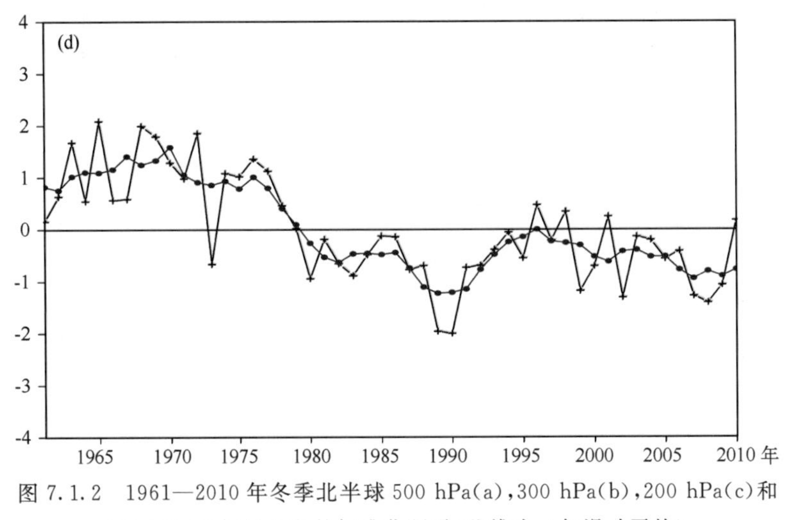

图 7.1.2　1961—2010 年冬季北半球 500 hPa(a),300 hPa(b),200 hPa(c)和 100 hPa(d)极涡面积的标准化距平(蓝线为 5 年滑动平均)

图 7.1.3 给出了各层极涡面积逐月演变特征。在冬季(12 月、1 月、2 月)和初春(3 月)是这 4 层极涡面积相对大值期,而在夏季(6 月、7 月、8 月)和初秋(9 月)极涡面积最小。综合来看,极涡在 100 hPa 上季节性变化最为强烈,且极大值的出现落后于其他各层,而极小值的出现又早于其他各层(图 7.1.3)。

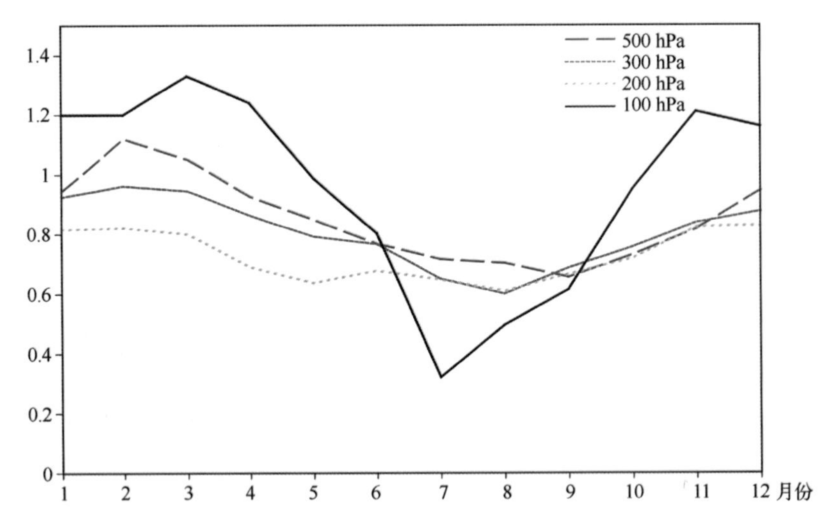

图 7.1.3　500 hPa(红色虚线)、300 hPa(蓝色虚线)、200 hPa(绿色虚线)和 100 hPa(黑色直线)北半球各月年平均极涡面积(单位:10^8 km^2)

下面进一步讨论了 4 个分区极涡面积的逐月演变特征(图 7.1.4)。可以看出Ⅰ(图 7.1.4a)、Ⅳ区(图 7.1.4d)的面积随季节变化最大,尤以 100 hPa 最为突出,Ⅱ(图 7.1.4b)、Ⅲ区(图 7.1.4c)随季节变化相对小一些;500 hPa 上 4 个区极涡面积都是在 2 月份最大;300 hPa Ⅰ、Ⅱ区的大值均出现在 2 月;Ⅲ、Ⅳ区的大值出现在 3 月;200 hPa Ⅰ、Ⅲ、Ⅳ区极大值出现在 12 月,Ⅱ区极大值出现在 2 月;100 hPa 上 4 个区都表现为 3 月份最大。极小值 500 hPa 四个区都出现在 9 月;300 hPa 都出现在 8 月;200 hPa Ⅰ、Ⅱ区出现在 8 月,Ⅲ、Ⅳ区出现在 5 月;100 hPa 四个区都出现在 7 月。各区也表现为 100 hPa 极涡面积极大值出现都落后于其他各层,极小值出现超前于其他各层,且随季节变化幅度最大,这与全区极涡面积变化特征是一致的。

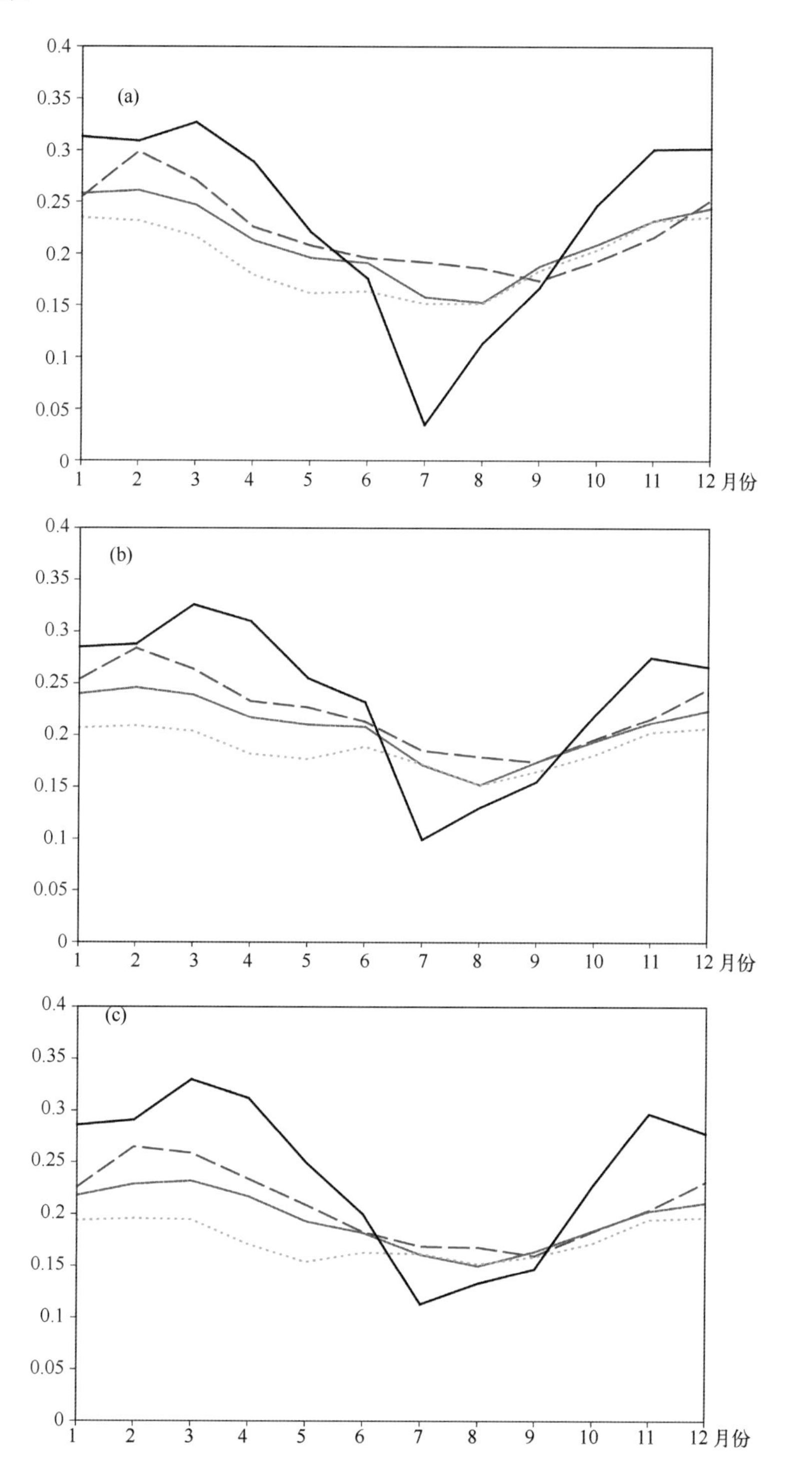

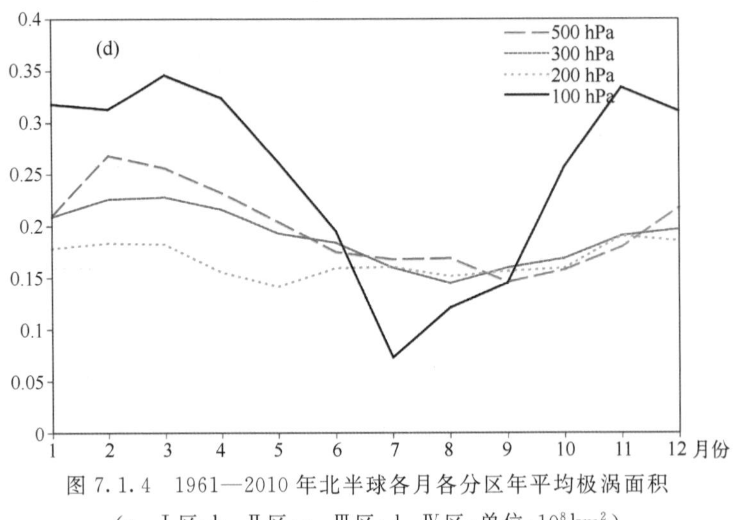

图 7.1.4　1961—2010 年北半球各月各分区年平均极涡面积

（a. Ⅰ区；b. Ⅱ区；c. Ⅲ区；d. Ⅳ区；单位：$10^8\ km^2$）

500 hPa（红线）、300 hPa（蓝线）、200 hPa（绿线）和 100 hPa（黑线）

7.1.2.2　强度变化

近 50 年来冬季，从各层极涡强度线性趋势线发现，其年代际减小没有面积那么显著，均通不过统计检验，各等压面来看，对流层中高层 500 hPa、300 hPa 和 200 hPa 下降明显而 100 hPa 相对平缓。并利用 M—K 突变检验发现在 1990 年代中期之前强度增强，随后强度处于减弱趋势(图 7.1.5)。若以 1 个标准差为选取标准，可以发现，这 4 层极涡强度偏大值分别出现在 1964、1966、1976 和 1992 年；而极涡强度偏小值分别出现在 1998、2004、2006、2009 和 2010 年。气候变暖同样使得北半球极涡强度减弱。

分析极涡面积与强度指数的相关系数发现，冬季各层的相关系数都没有通过 0.05 显著性水平，说明二者在年际尺度上线性关系不明显，可以相互独立地来描述极涡变化特征。但是值得注意的是，虽然这二者整体相关性没有通过检验，可是冬季在 500 hPa、300 hPa、200 hPa 的Ⅰ、Ⅱ区以及 100 hPa 的Ⅳ区，极涡面积和强度的相关系数都通过 0.05 显著性水平。对极涡面积和强度序列做了 10 年滑动平均，发现二者各层以及各分区相关很显著，都通过 0.05 显著性水平。说明二者在年际变化上相关不显著，但是在年代际上相关显著。

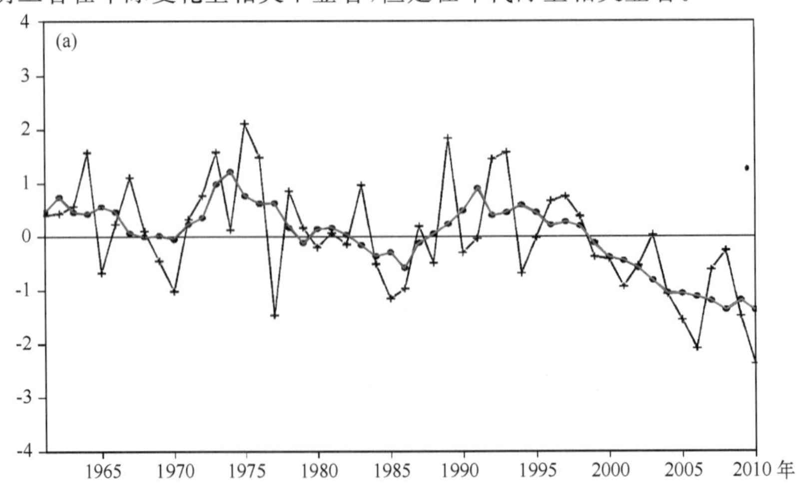

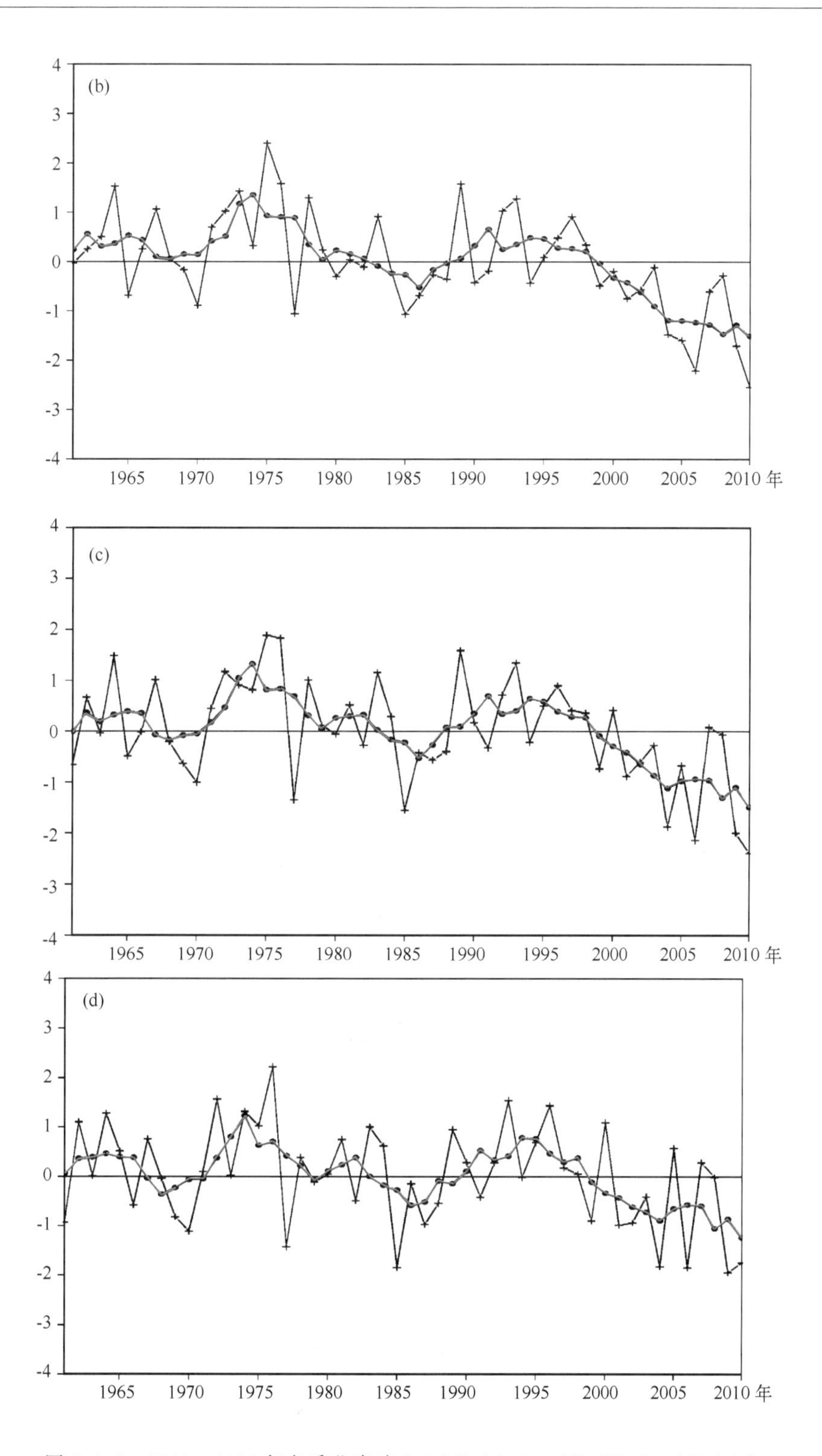

图 7.1.5　1961—2010 年冬季北半球 500 hPa(a);300 hPa(b);200 hPa(c)和 100 hPa(d)极涡强度的标准化距平(蓝线为 5 年滑动平均)

7.1.2.3　不同区域极涡面积比例的变化

北半球极涡是以极地为活动中心的气旋式涡旋，但并不总是对称的绕极环流，各个分区极涡面积分布存在较大差异。为了更好地说明极涡面积所处位置偏离程度，我们将各等压面上各分区面积除以总面积的百分比(图 7.1.6)，以表示其位置变化年际和年代际变化特征，这个值越大，则表示极涡越偏向于该区。发现近 50 年来，冬季 500 hPa 极涡Ⅰ区、Ⅳ区面积减少，Ⅱ区、Ⅲ区面积有所增加，Ⅱ区增加的更为显著，极涡偏向Ⅱ、Ⅲ区(太平洋和北美大陆区)，即极涡在此伸展幅度较大，偏离亚洲大陆和大西洋欧洲区，即极涡在此地区收缩较大。并且在 2008 年 500 hPaⅠ区面积出现极大值，引起了东亚副热带冬季风南边缘带的异常偏南(杨绚和李栋梁，2012)。300 hPa、200 hPa 和 100 hPa 极涡Ⅰ、Ⅱ区面积呈增加趋势，Ⅲ、Ⅳ区面积呈减小趋势，说明其主体位置越来越偏向Ⅰ、Ⅱ区(亚洲大陆和太平洋地区)，远离Ⅲ、Ⅳ区(北美大陆和大西洋欧洲区)。

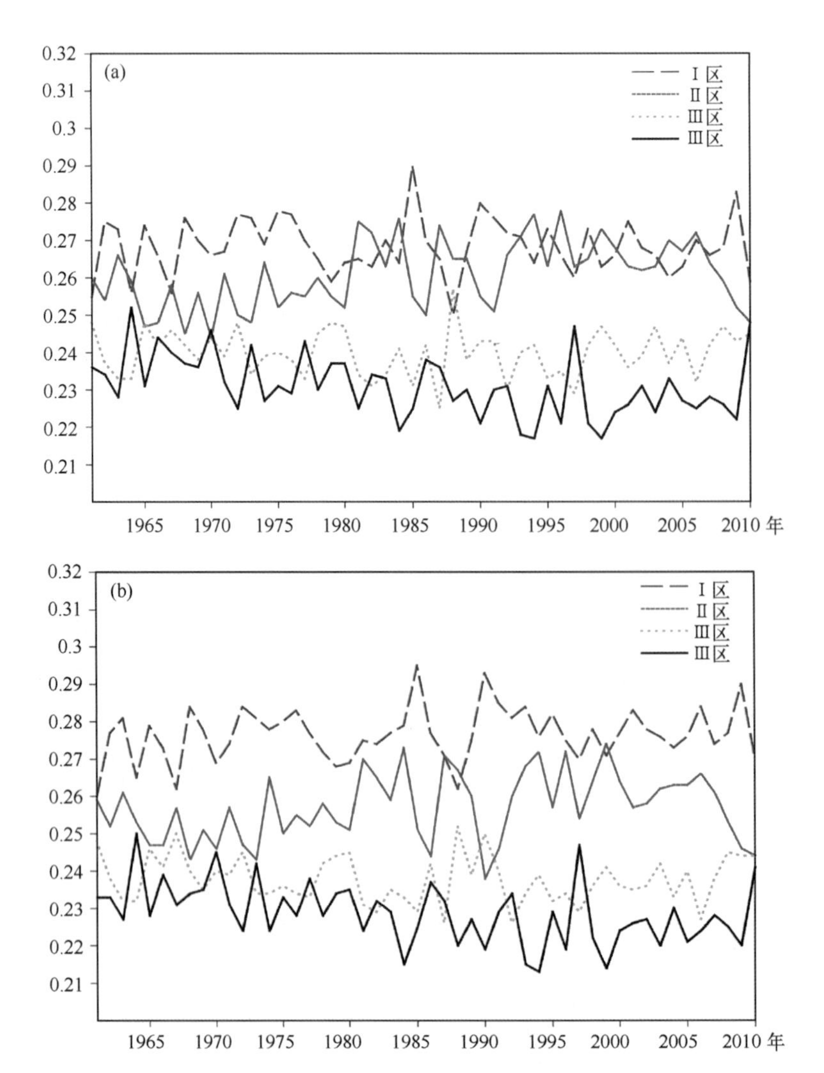

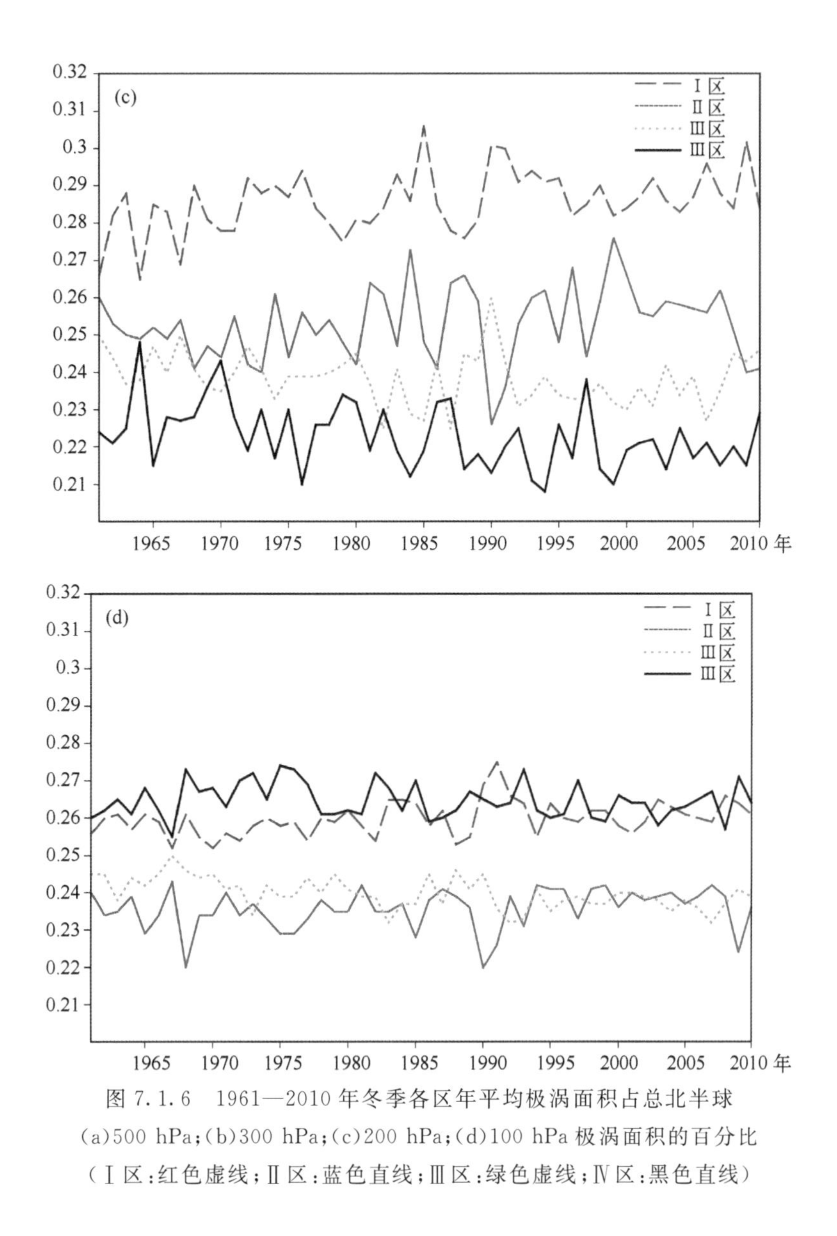

图 7.1.6　1961—2010 年冬季各区年平均极涡面积占总北半球
(a)500 hPa;(b)300 hPa;(c)200 hPa;(d)100 hPa 极涡面积的百分比
（Ⅰ区:红色虚线;Ⅱ区:蓝色直线;Ⅲ区:绿色虚线;Ⅳ区:黑色直线）

7.1.2.4　极涡中心位置变化

为了更好地说明极涡位置的变化,下面分析了 1961－2010 年冬季 500 hPa 极涡中心位置的变化(图 7.1.7),如图所示近 50 年来,极涡中心多位于Ⅱ区或Ⅲ区、Ⅰ区次之,Ⅳ区没有,所占比例分别为:52%、38%、10%和 0%,并且极涡中心位置位于Ⅰ区都出现在 1980 年代之前,在极涡面积发生突变的 1980 年代中期前后,极涡中心位置位于Ⅱ区的百分比都大于Ⅲ区。说明极涡中心更加偏向于Ⅱ区(太平洋区),在此区极涡更加强盛。这与前一节所分析结论 500 hPaⅡ区、Ⅲ区面积有所增加,Ⅰ区、Ⅳ区面积减少相一致,说明不同区域极涡面积比例变化是极涡中心位置变化的一种反应。

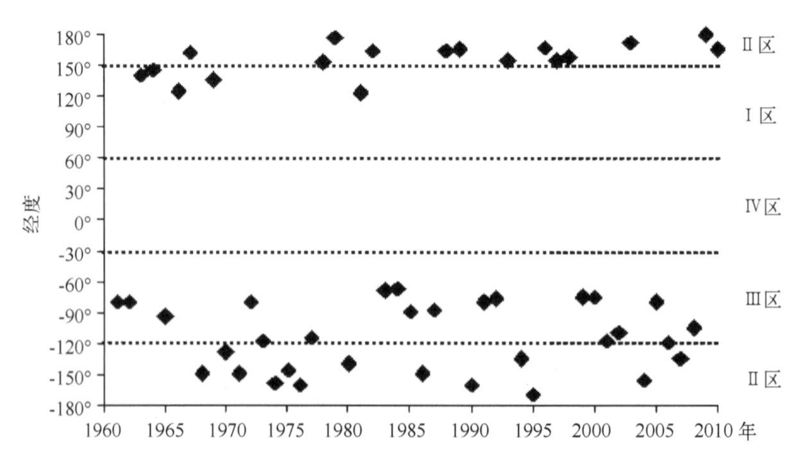

图 7.1.7　1961—2010 年冬季 500 hPa 极涡中心位置(正值:东经;负值:西经)

7.1.3　冬季北半球极涡面积与我国气温的关系

极涡是大规模极寒冷空气的象征,并且在冬季表现最为强盛,极涡活动与我国冬季气温关系密切。近 50 年来,我国温度是呈现明显的上升趋势,M－K 突变检验发现其突变发生在 1980 年代中期。这与极涡面积在年代际变化的突变发生时间上有很好的对应关系。冷日、冷夜呈现减小趋势,暖日、暖夜呈现增加趋势,其突变同样发生在 1980 年代中期(图略)。

7.1.3.1　极涡面积与我国冬季气温的关系

充分考虑资料的连续性、代表性好,并且空间分布较均匀的原则,从中国气象局提供的我国 743 个气象站中选取了 541 个气象站(图 7.1.1),以其 1960 年 12 月—2010 年 2 月的逐日平均温度计算的从我国冬季平均气温与各层各分区极涡面积相关系数可以看出(表 7.1.2),整体而言,500 hPa 和 100 hPa 上二者相关性比较好;分区域来看,最好相关系数为与 500 hPa Ⅰ区极涡面积相关系数达－0.71,另外每一层来看 300 hPa Ⅰ区、200 hPa Ⅳ区、100 hPa Ⅳ区相关性较好。结果表明极涡从平流层低层 100 hPa 到对流层中层 500 hPa,极涡面积是从欧洲大陆区到亚洲大陆区逐渐影响我国冬季气温的。

通过分析 500 hPa、300 hPa、200 hPa 和 100 hPa 极涡面积与我国冬季平均气温的相关,总体有很好的负相关,除了青藏高原和西南部分地区,与我国大部分地区的相关都通过 0.05 显著性水平。西南地区的相关不好可能是由于青藏高原东南侧常年偏南风作用影响大于极涡的影响。分区讨论二者相关发现,相对于全区和其他分区极涡,500 hPa Ⅰ区和 100 hPa Ⅳ区极涡是影响的关键区域(如图 7.1.8a、6.8b),500 hPa Ⅰ区对东北地区冬季气温,100 hPa Ⅳ区对我国黄河流域以及长江以北地区气温影响更为显著。这也与前面分析的冬季 100 hPa Ⅳ区极涡面积近 50a 来呈减小趋势和 500 hPa Ⅰ区极涡面积在 1970 年代中期以后有所减弱,并且二者都在 2008 年面积出现极大值,有很好的对应关系。

表 7.1.2 1961—2010 年冬季我国平均气温与各层各区极涡面积的相关系数

极涡面积\层次	500 hPa	300 hPa	200 hPa	100 hPa
全区	-0.4**	-0.36**	-0.35**	-0.29**
Ⅰ区	-0.71**	-0.69**	-0.68**	-0.3**
Ⅱ区	-0.19	-0.15	-0.17	-0.18
Ⅲ区	-0.02	-0.02	-0.03*	-0.25
Ⅳ区	-0.2	-0.22	-0.29**	-0.33**

注：* 为通过 0.10 显著性水平；** 为通过 0.05 显著性水平。

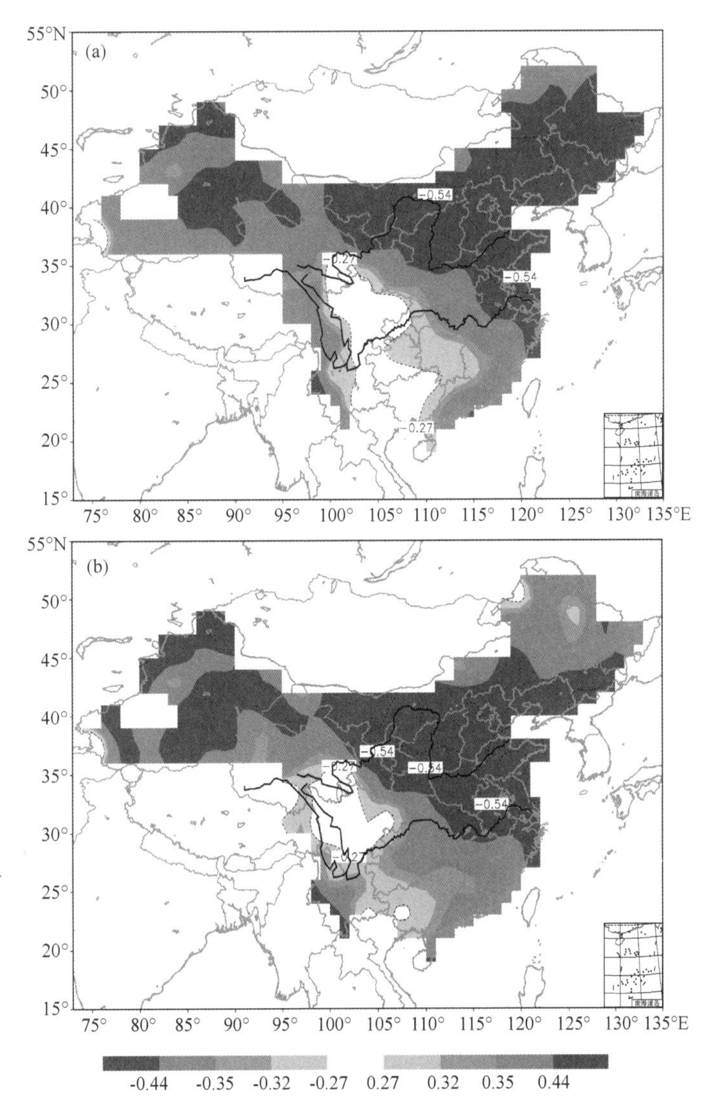

图 7.1.8 1961—2010 年冬季我国平均气温与北半球 500 hPa Ⅰ区(a)和 100 hPa Ⅳ区(b)极涡面积的相关系数分布(阴影部分表示最低通过 0.05 显著性水平)

7.1.3.2　极涡面积与我国冬季极端气温指数的关系

本文选取 WMO－CCCL/CLIVAR 发布的四种相对极端气温指数冷日、冷夜、暖日、暖夜，表示极端低、高温事件的频次（见表 7.1.3）。具体计算方法为，将 1961—2010 年冬季同日的最低（最高）气温按升序排列，得到该日最低（最高）气温第 10、90 个百分位值，这样分别得到冬季 90 个最低（最高）气温的第 10、90 个百分位值，将之作为逐日的极端低、高温事件的温度阈值。如果某日的最低（最高）气温低（高）于该日极端低（高）温事件的阈值，则认为该日出现了夜间（白天）极端低（高）温事件，冬季所有的夜间（白天）极端低（高）温事件天数定义为冷（暖）夜（日）。

表 7.1.3　四种极端气温指数

指数名称	指数定义
冷夜（TN10P）	日最低气温＜10%分位数的天数
冷日（TX10P）	日最高气温＜10%分位数的天数
暖夜（TN90P）	日最低气温＞90%分位数的天数
暖日（TX90P）	日最高气温＞90%分位数的天数

通过分析我国四种极端温度指数与极涡面积的相关系数（表 7.1.4），300 hPa、200 hPa 与 500 hPa 关系类似，这里就不再给出。我们发现，对冷日（夜）而言：500 hPa Ⅰ区、100 hPa Ⅲ区相关更显著一些；对暖日（夜）而言对流层中层 500 hPa Ⅰ区相关更显著一些。另外，极涡面积与冷（暖）夜的相关系数要高于与冷（暖）日的；与冷日（夜）的相关要好于暖日（夜）的。

表 7.1.4　1961—2010 年我国冬季极端气温指数与各层各区极涡面积的相关系数（ 通过 0.05 显著性水平）**

	冷日	冷夜	暖日	暖夜		冷日	冷夜	暖日	暖夜
100 hPa	0.28**	0.42**	−0.11	−0.15	500 hPa	0.38**	0.42**	−0.2	−0.21
Ⅰ区	0.22	0.35**	−0.18	−0.21	Ⅰ区	0.52**	0.45**	−0.66**	−0.61**
Ⅱ区	0.15	0.31**	−0.03	−0.06	Ⅱ区	0.02	0.07	−0.36**	−0.37**
Ⅲ区	0.33**	0.45**	−0.1	−0.03	Ⅲ区	0.31**	0.22	0.28**	0.35**
Ⅳ区	0.28**	0.36**	−0.12	−0.19	Ⅳ区	0.27**	0.37**	−0.14	−0.04

从四层极涡面积与我国冬季极端气温指数的相关系数的空间分布看，极涡面积与我国冬季四种极端温度指数冷日/夜（暖日/夜）分别呈正/负相关关系，总体上都以 500 hPa 相关性更好。对于冷日（夜）而言，整体在除西南地区以外我国北方以及东南沿海大部分地区呈现显著正相关，尤以 500 hPa Ⅰ区面积的扩大有利于我国河套和东南沿海地区冷日次数的增加（图 7.1.9a）；100 hPa Ⅲ区（图 7.1.9b）、500 hPa Ⅳ区面积的扩大则主要使得北方和东部沿海大部分地区冷夜次数增加；对暖日（夜）而言，在我国北方大部分地区呈现一定负相关，尤以 500 hPa Ⅰ区（图 7.1.9c）面积的扩大有利于我国除黑龙江以外大部分地区暖日夜次数的减少；100 hPa Ⅳ区（图 7.1.9d）面积的扩大则主要使得长江以北大部分地区暖夜次数减少。

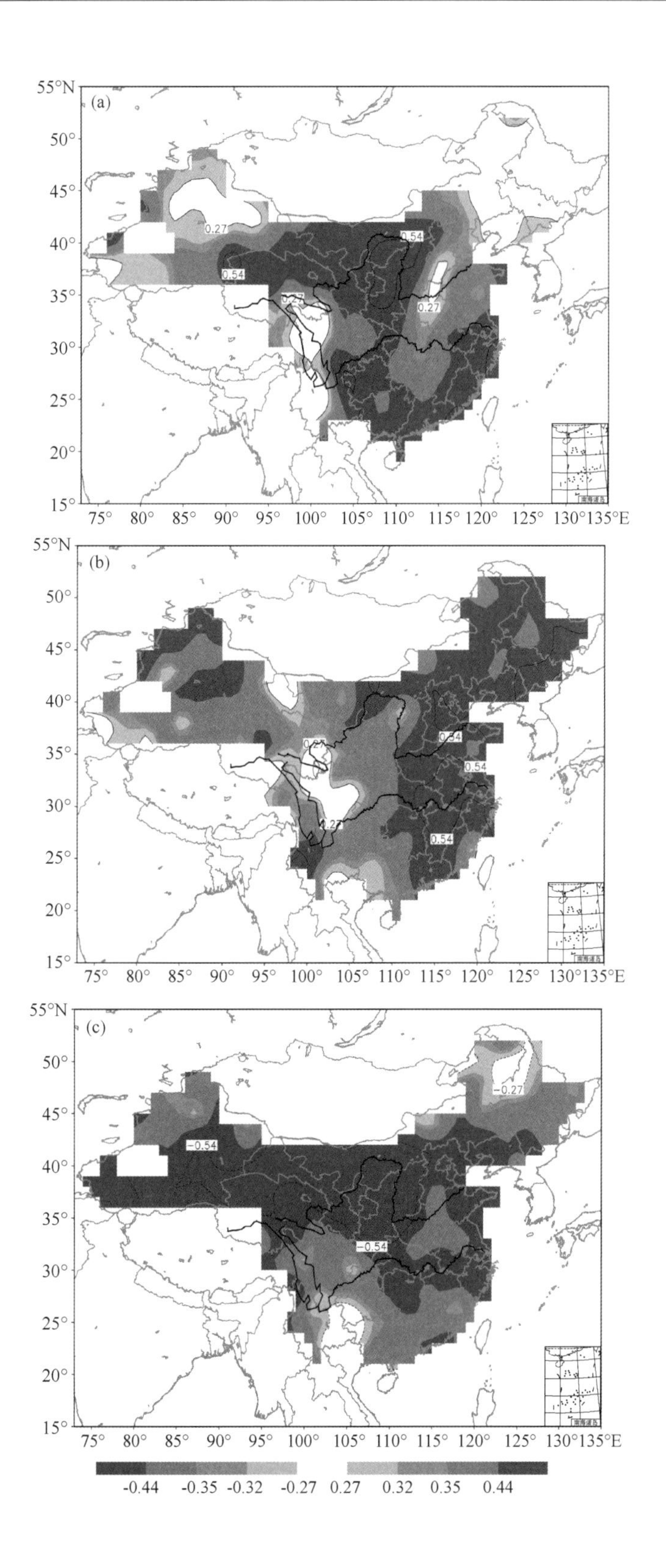
(a)
55°N
50°
45°
40°
35°
30°
25°
20°
15°
75° 80° 85° 90° 95° 100° 105° 110° 115° 120° 125° 130° 135°E
0.27
0.54
0.54
0.27
0.27
(b)
0.54
0.54
0.54
(c)
-0.27
-0.54
-0.54
-0.44 -0.35 -0.32 -0.27 0.27 0.32 0.35 0.44

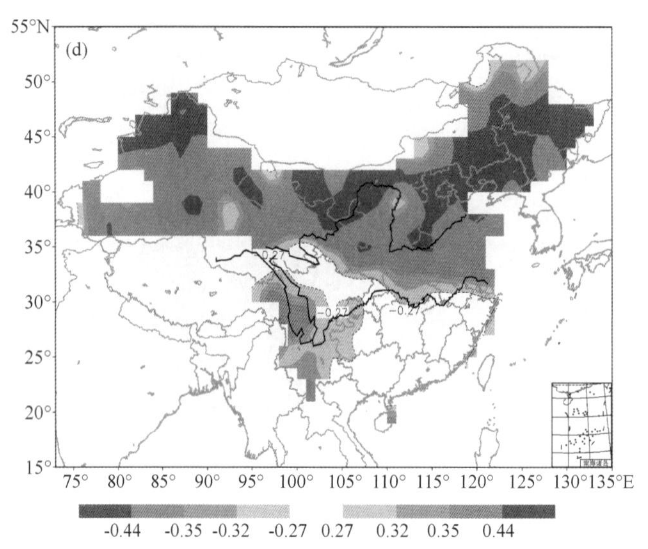

图 7.1.9　1961—2010 年冬季我国极端气温指数冷日/夜(暖日/夜)与北半球极涡面积的相关系数分布
(a)冷日与 500 hPa Ⅰ区,(b)冷夜与 100 hPa Ⅲ区,(c)暖日与 500 hPa Ⅰ区,
(d)暖夜与 100 hPa Ⅳ区(阴影部分表示最低通过 0.05 显著性水平)

7.1.4　结论与讨论

(1)近 50 年来,冬季北半球极涡面积(强度)整体经历了先扩张(增强)后收缩(减弱)的变化。面积突变发生在气候明显变暖的 1980 年代中期,强度突变则发生在 1990 年代中期且线性变化不显著。

(2)与其他各层相比,位于平流层低层 100 hPa 极涡年平均面积、强度都是最大,且其随季节变化幅度也是最大,尤以Ⅰ区、Ⅳ区更为明显。而其上极涡面积、强度极大值的出现落后于其他各层,极小值的出现则早于其他各层。同期各层极涡面积之间都存在很好的正相关关系,整层极涡表现为一个深厚系统。在冬季前期 12、1 月位于平流层低层 100 hPa 极涡面积指数对后期 1、2 月 500 hPa、300 hPa 和 200 hPa 极涡面积指数变化有一定影响。

(3)近 50 年来,冬季 500 hPa 极涡Ⅰ区、Ⅳ区面积减少,Ⅱ区、Ⅲ区面积有所增加,300 hPa、200 hPa 和 100 hPa 极涡Ⅰ区、Ⅱ区面积减少,Ⅲ区、Ⅳ区面积有所增加;四层极涡中心位置都偏离Ⅳ区(大西洋欧洲大陆区),500 hPa 极涡基本偏向Ⅱ、Ⅲ区(太平洋和北美大陆区),300 hPa、200 hPa 和 100 hPa 偏向Ⅰ、Ⅱ区(亚洲和太平洋区)。500 hPa 极涡中心多位于Ⅱ或Ⅲ区。

(4)我国冬季平均气温、极端气温指数与极涡面积相关关系以 500 hPa 最为显著。从分区来看与 500 hPaⅠ区相关最为明显,300 hPaⅠ区、200 hPaⅠ区和 100 hPaⅣ区次之。冬季极涡变化对我国的影响,往往从欧洲大陆的平流层低层(100 hPa)开始,然后至亚洲大陆的对流层中层(500 hPa),进而逐渐影响到我国气温的变化。500 hPaⅠ区极涡面积的扩大有利于我国除东北以外大部分地区冷日/夜(暖日/夜)次数的增加(减少),而 100 hPaⅢ区、Ⅳ区、500 hPa Ⅳ区面积的扩大有利于北方大部分地区冷日/夜(暖日/夜)次数增加(减少),且极涡面积与冷(暖)夜的相关系数要高于与冷(暖)日的。

7.2　不同类型北极涛动事件的特征及其对我国冬季气温的影响

7.2.1　两类 AO 事件的定义

本节首先对 1999 年至 1908 年冬季(每年的 11 月至次年 3 月)共 5×30＝150 个月的 1000 hPa 上的 20°N 以北地区的位势高度场做 EOF 分析,其第一模态(EOF1)被定义为 AO。为消除季节循环的影响,在计算前已将月平均资料减去对应月份的气候平均值。将 1000 hPa 上逐日低频(8 天以上)位势高度异常场投影至 EOF1 上,再用对应日期的标准差进行标准化,则将标准化的投影系数成为 AO 指数(AOI)。

如果某日的 AOI 极值满足|AOI|≥1.0,则认为发生了一次 AO 事件,我们将该日期定义为该事件的盛期日期。最终挑出的 AO 事件还需满足以下几个条件。首先,一次 AO 事件的持续时间必须大于等于 8 天,这与前文定义 EPECE 事件的持续时间的标准一致。其开始(结束)日期定义为|AOI|≥0.5 的第一天(最后一天)。其次,为保证所有 AO 事件之间相互独立,我们设定两次相邻的同位相的 AO 事件的盛期必须间隔 30 天以上。若小于 30 天,则仅保留盛期|AOI|值较大的事件。按上述标准,共挑选出 40 个正 AO 事件和 39 个负 AO 事件。AO 事件成熟阶段(|AOI|≥1.0)是以 9 天左右为其特征时间尺度(图 7.2.1a,图 7.2.1b)。据此,我们将 AO 事件的平均持续阶段定义为第－4 天至 4 天(0 天为其盛期时期),共 9 天。实际上,AO 在次季节时间尺度上的主要特征周期为准 1 周和准 2 周(李晓峰和李建平,2009)。该时间周期与 9 天基本一致。此外值得注意的是,本文 9 天的长度略小于 McDaniel 和 Black (2005)所给出 10～12 天。这种差异应该源自 AOI 定义的层次不同,McDaniel 和 Black (2005)是在 150 hPa 上定义的 AOI,而不是本文中的 1000 hPa。从 Baldwin 等(2003)的研究可以看出,对流层上层/平流层下层的 AO 事件通常会比对流层中具有更长的持续时间。所以不难理解我们定义出的 AO 事件平均持续事件要略短于 McDaniel 和 Black (2005)。此外,需要注意的是,本书中所定义的 AO 事件也有别于 Kodera 和 Kuroda (2000)。Kodera 和 Kuroda (2000) 主要是根据相隔 6 候的 AO 指数之差的绝对值大于 2.2 个标准差。可见,该方法将一个正在发展的正位相 AO 事件和一个正在减弱的负位相 AO 事件当成同类事件。

为表征平流层极涡变率,我们定义了一个标准化平流层极涡指数(简称 SPVI)。具体定义如下,50 hPa 上 65°N 以北地区的位势高度异常的面积平均值,最后乘－1.0,以使得正(负)SPVI 值对应着加强(减弱)的极涡。如图 7.2.1c 和图 7.2.1d 所示,SPVI 有很大的变率,它的值在第－20 天至第 20 天内始终在[－2,2]区间内变化。图 7.2.1c,d 和图 7.2.1a,b 明显不同的是,它不存在围绕 0 天左右的大值区。这表明存在着在垂直方向上不耦合的 AO 事件,它们应当有别于经典的 AO 所具有的对流层—平流层相耦合的结构。

本节将引用 Kodera 和 Kuroda (2000)所用的两个名词:“S 型事件”和“T 型事件”。S 型是平流层型,即该类型 AO 的环流异常在平流层与对流层中呈现出耦合或同位相的特征,而 T 型指对流层型,即环流异常在平流层和对流层中呈现反位相的特征。两类型的 AO 事件定义如下:(1)对每次 AO 事件中的 SPVI 做盛期前后 7 天共 15 天平均得到指数 C。这里的 15 天时间长度要长于 1000 hPa 上 AO 约 9 天的持续时间，这是考虑到平流层环流异常具有更长的持续性特征(Baldwin *et al*.，2003)。(2)对于一个正位相 AO 事件而言，如果其 C 指数大于等于 0.3，则该事件被定义为一个 S 型 AO 事件，若其 C 指数小于等于－0.3，则该事件为一个 T 型 AO 事件，其余事件被定义为 M 型事件。若用其他 0.3 左右的阈值，AO 事件的分类结果不会被定性改变。如表 7.2.1 所示，无论正位相还是负位相的 AO 事件，都有约 1/3 的事件属于 T 型事件。由于 M 型事件中的一些特征类似于 S 型或 T 型事件，本文将重点讨论 S 型和 T 型事件。为简便起见，后文将把正位相的 S 型事件和 T 型事件称之为 PS 和 PT 事件。同样，负位相的 S 型和 T 型事件称之为 NS 和 NT 事件。为在中期事件尺度上进行讨论，逐日低频异常场还减去了其前后共 125 天的平均值。

表 7.2.1　不同类型 AO 事件的个数

	S	M	T
正位相	22	8	10
负位相	25	3	11

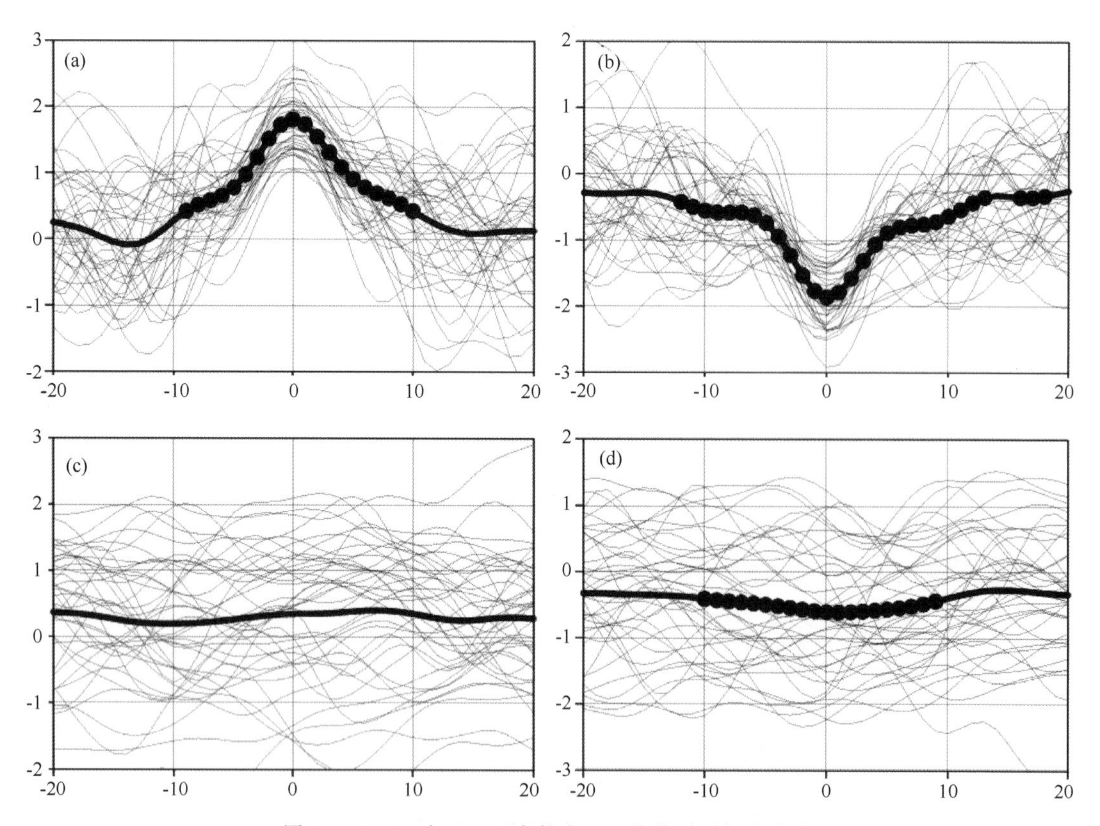

图 7.2.1　40 个正 AO 事件中 AO 指数随时间的演变
(a)及对应的 SPVI 随时间演变(c)；横坐标上的 0 为 AO 事件的
盛期日期，负(正)值为盛期之前(之后)的天数。点代表合成指数
(粗黑实线)超过 0.01%显著性的日期。(b)和(d)同(a)和(c)，但为 39 个负 AO 事件

7.2.2 两类 AO 事件的三维空间结构及其对地表温度的影响

图 7.2.2 给出了正位相 AO 事件在其持续阶段(－4 天至＋4 天)的合成异常环流场。PS 事件(图 7.2.2 第一列)在平流层—对流层间显示出北极—中纬度地区跷跷板式的相当正压结构,这与前人得出的结论一致(Thompson and Wallace,1998;Baldwin and Thompson,2009)。而与此形成鲜明对比的是,PT 事件呈现出一种斜压结构(图 7.2.2 第二列)。在平流层中(50 hPa,图 7.2.2b)显著的正高度距平出现在极区周围,而显著的负异常出现在贝加尔湖附近。而在 PS 事件中,贝加尔湖地区则是维持着正异常。两种类型的 AO 事件对 SAT 异常的影响也有所不同。PS 事件出现典型的环状 SAT 异常分布 。需要注意的是,PS 事件中南方地区出现的显著负异常。实际上,施宁和张乐英(2013)的研究表明平流层 AO 可通过贝加尔湖附近的正异常环流显著地影响江南地区的地表气温。这与本章结论一致。由于其在对流层底层上位于极区的负高度距平向南伸向了贝加尔湖的北侧,PT 事件中,正 SAT 异常出现在贝加尔湖至中国东北地区(图 7.2.2h)。

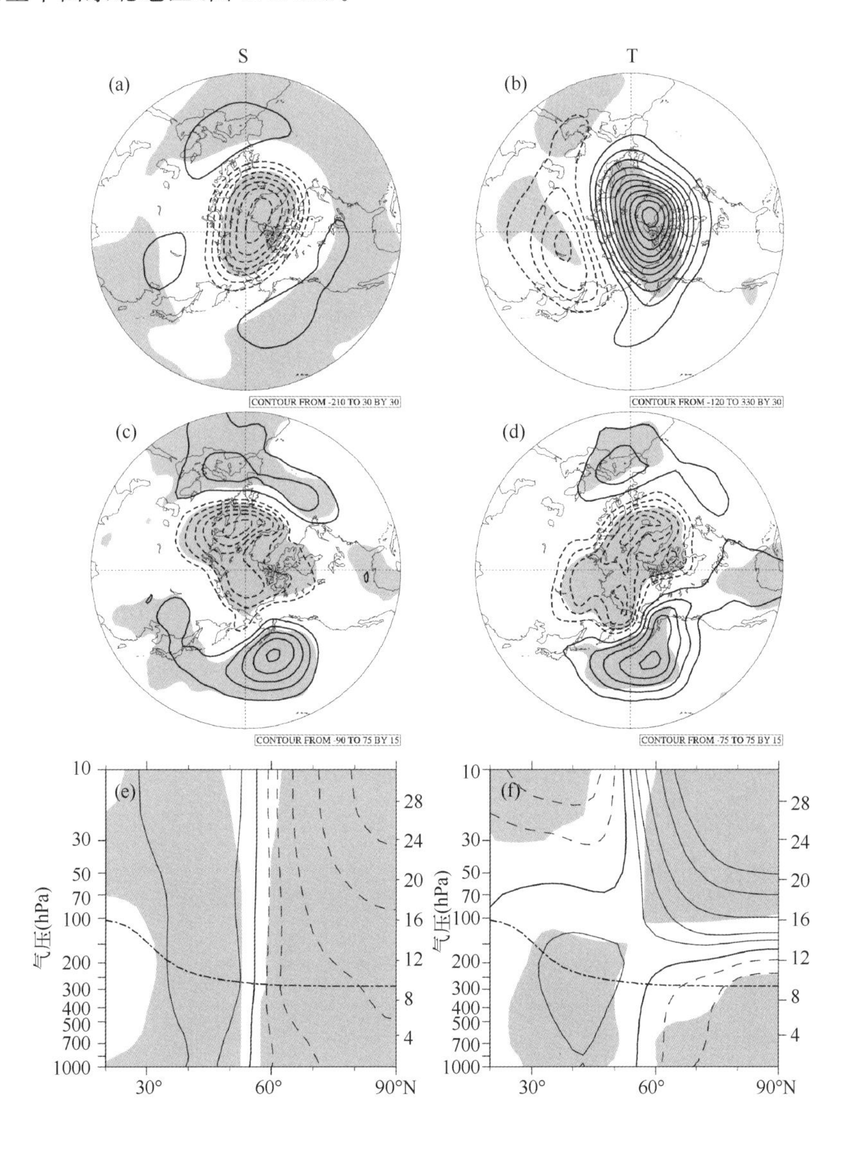

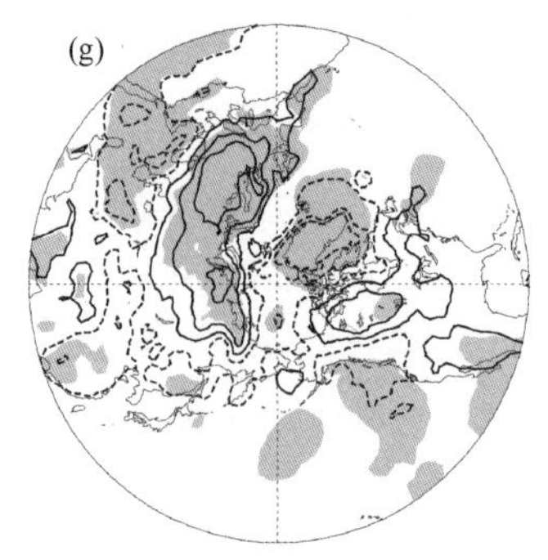

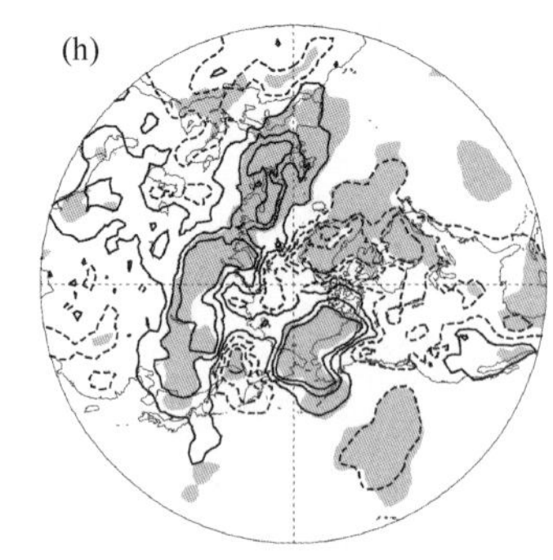

图 7.2.2　(a) 50 hPa 上正位相 S 型 AO 事件的盛期前后 4 天共 9 天平均的位势高度异常场(m)
(c) 同(a),但为 1000 hPa。(e)同(a),但为纬向平均的高度－纬度剖面图。(g)同(a),但为 SAT 异常。
a),(c)和(e)中等值线间隔分别为 30 m,15 m 和 40 m,(d)中分别等值线为±0.5℃,±1.5℃,±2.5℃。
(e)—(h)同(a)—(d),但为 T 型 AO 事件。实(虚)线代表正(负)异常。阴影表示通过 0.10 显著性
检验的地区。(c)和(g)中的点划线代表 11 月至次年 3 月共 5 月平均的气候平均对流层顶高度

至于负位相的 AO 事件(图 7.2.3),其整体特征与正事件类似。S 型事件呈现出典型的对流层—平流层相耦合的结构,而 T 事件则是反耦合的结构。值得注意的是,NT 事件中没有出现 AO 典型的半球尺度环流特征,尤其是在对流层底层上(1000 hPa),它更像是一个负位相的 NAO 型。典型的环状 SAT 异常分布同样出现在 NS 事件中(图 7.2.3g)。至于 NT 事件,其 SAT 异常(图 7.2.3h)与 PT 事件中有很多相似之处(图 7.2.2h)。一方面,北美地区几乎没有显著的 SAT 异常信号,表明 AO 事件的环状影响有所削弱。另一方面,相比 NS 事件,NT 事件中,位于欧亚大陆上的 SAT 异常更明显地向东扩展。与正事件类似,我国南方地区在 NS 型事件、东北地区在 NT 事件中出现了显著的 SAT 异常。这表明两类 AO 事件会影响我国不同地区的 SAT 异常。由于本节挑选出的 AO 事件的持续时间较长,AO 造成的温度异常可能会达到极端和持续的标准(Peng and Bueh,2011),从而成为 EPECE。但这需要我们今后进一步深入研究和分析。

通过以上的初步的分析可以看出,T 型 AO 事件对北半球冬季 SAT 异常的影响不同于经典的 AO 事件(即本文中的 S 型)的影响。就我国而言,S 型和 T 型两类 AO 事件会导致不同地区的 SAT 异常。因此,有必要进一步分析两类 AO 事件的环流演变特征及其动力学特征,抓住异同点,以为今后业务部门的监测和预测提供一定的依据。

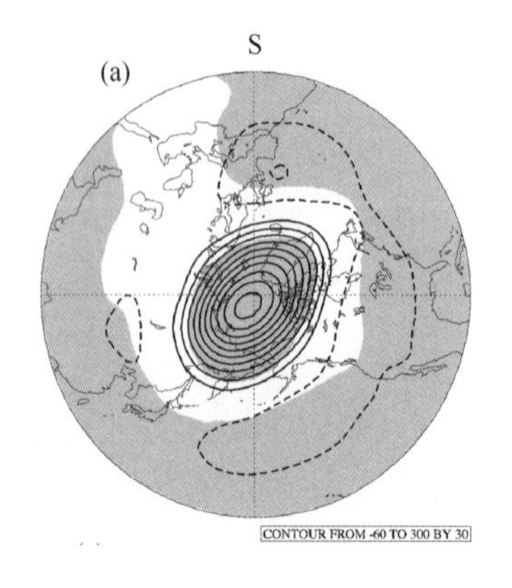

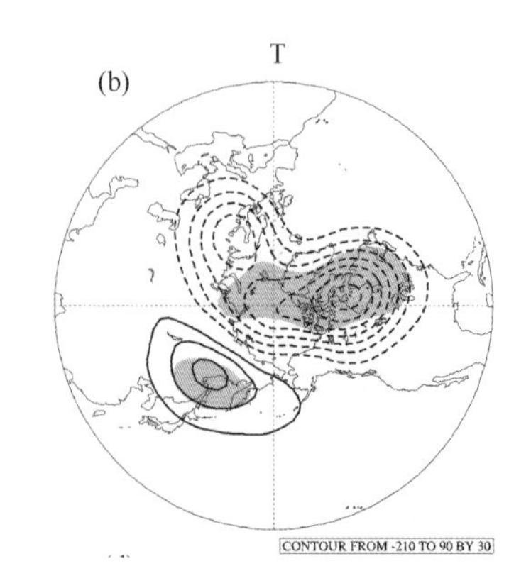

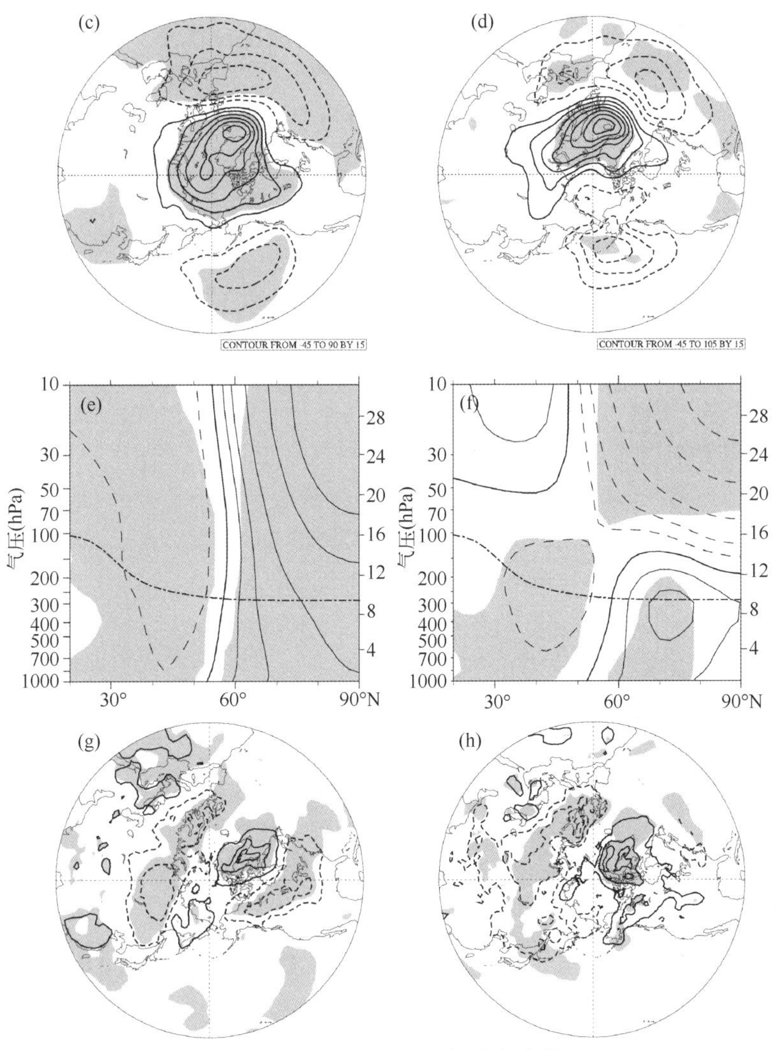

图 7.2.3　同图 7.2.2,但为负事件

7.2.3　低频 Rossby 波及行星波在两类 AO 事件中的传播特征

本节各图的计算,如不另加说明,均基于候(5天)平均资料。为简便起见,将盛期(0天)前2天至后2天的5天平均成为0候;前7天一前3天的5天平均为一1候,依次类推。图7.2.4给出了PS事件的演变过程及其动力学特征。第一3候(图7.2.4a)的平流层上,显著的负高度距平出现在北美地区,表明平流层极涡在该地区的加强。从65°N的经度一高度剖面图(图7.2.4d)上可以看出,该负异常中心主要位于平流层中。第一3候后(图7.2.4e和图7.2.4i),该平流层异常中心逐渐向东北方向移动,第0候时,其中心已位于北极地区,呈现出明显的环状特征。值得注意的是,从第一3候到第2候(图7.2.4左列),平流层中位于欧洲地区的正高度距平的形成与源自北极地区负高度异常的Rossby波传播密切相关。

在对流层中,异常的高频瞬变波反馈强迫作用(TEFF)在第一1候和第0候中均呈现出北极区—中纬度地区跷跷板式的形态(图7.2.4g和图7.2.4k),其中位于格陵兰岛的中心强度约为−12 m/d,欧洲地区的约为 6 m/d,北太平洋地区的为 16 m/d。在这期间,上述三个地区的高度场距平大约以−70 m/d,35 m/d,and 70 m/d 的强度在加强。因此,TEFF 能够分别解释上述三地区高度距平的大约 80%,80%和 86%的增强部分(图 7.2.4f 和图 7.2.4j)。因此,TEFF 是 PS 事件在对流层中形成的主要因子。值得注意的是,与第−1 候(图 7.2.4g)相比,在第 0 候(图 7.2.4k)时,TEFF 在西欧地区相对较弱,但是该地区的正高度距平的强度却得以加强。这个现象应当与上游北极地区偏向北大西洋一侧的负异常环流向下游频散 Rossby 波能量有关。在第 2 候(图 7.2.4n 和图 7.2.4o),无论是 TEFF 还是 Rossby 波传播都减弱了很多,这对应着 S 型 AO 事件的结束。因此,S 型事件在对流层中的演变过程主要受异常的 TEFF 影响,Rossby 波能量频散的作用次之。

此外,在第−3 候,平流层中位于北美的负位势高度距平伴随着 Rossby 波的垂直传播(图 7.2.4d)。随后在第−1 候,该平流层异常向下伸展至对流层(图 7.2.4h),并在第 0 候加强(图 7.2.4l)。然而,需要指出的是,在该阶段中,中高纬地区没有明显的 Rossby 波垂直传播。这种负高度距平向下传播至对流层的现象应该是由行星波异常下传导致(Kodera and Kuroda,2000;Kuroda,2002;Limpasuvan and Hartmann,1999,2000;Chen and Takahashi,2003;Lorenz and Hartmann,2003;Vallis *et al.*,2004;McDaniel and Black,2005)。该问题将在后文详细讨论。

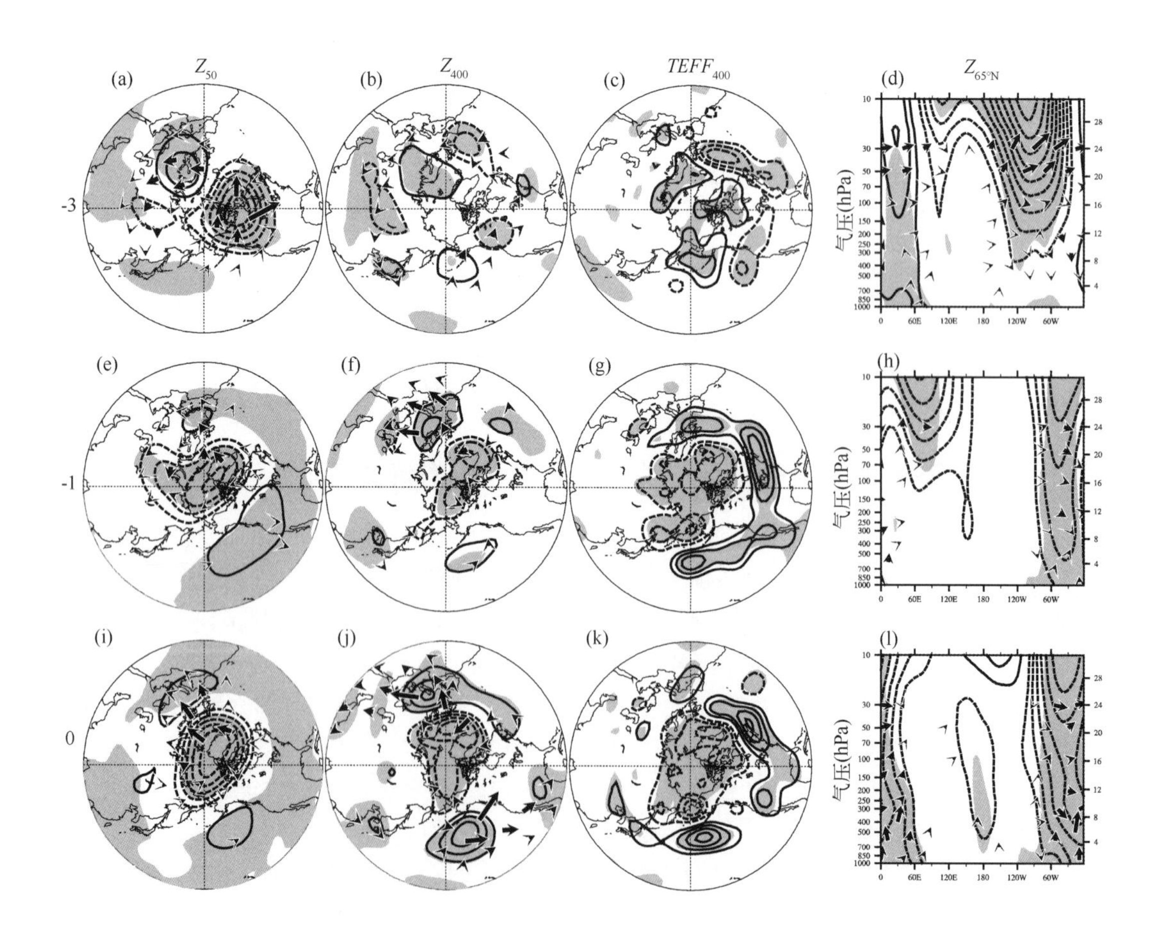

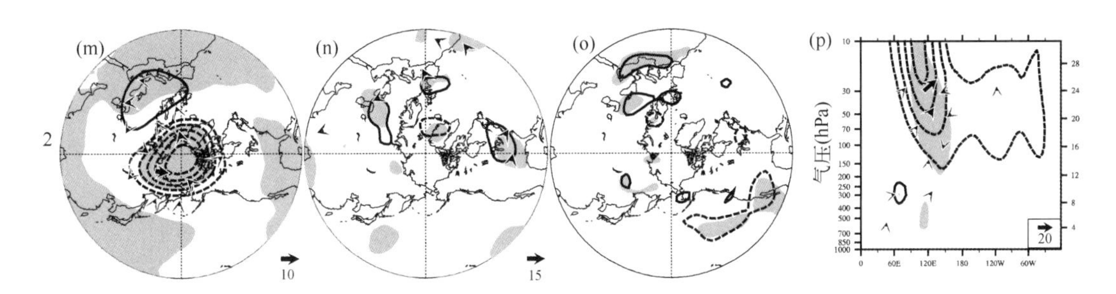

图 7.2.4　22个S型正AO事件在50 hPa(Z_{50})、400 hPa(Z_{400})上的位势高度合成距平场，400 hPa上瞬变涡动反馈强迫($TEFF_{400}$)以及65°N上纬向平均的位势高度距平合成场($Z_{65°N}$)。等值线间隔分别为40 m/d，35 m/d，4 m/d和40 m/d。箭头(m^2/s^2)是波作用通量，它们已用气压场进行了标准化。阴影区为通过0.10显著性的区域。波作用通量的计算见Takaya和Nakamura (1997)；TEFF的计算见Lau和Holopainen (1984)

图7.2.5给出了PT事件的演变特征。在第−3候，与PS事件形成鲜明对比的是，显著的正异常出现在平流层北美地区(图7.2.5a)，该异常一直持续至第0候(图7.2.5a，图7.2.5e，图7.2.5i)。在第2候时(图7.2.5m)，位于极区的正高度异常有所减弱并移向120°E左右。

在对流层中(400 hPa)，和PS事件相比，异常TEFF的环状结构有所减弱(图7.2.5c，图7.2.5g和k)。另一方面，Rossby波的水平传播十分明显(图7.2.5b，f和j)。最终，PT事件的环状结构被破坏。在第−3候(图7.2.5b)，欧亚大陆上出现了正负交替的波列异常。在TEFF和上游Rossby波能量频散的共同影响下，北大西洋地区的负异常逐渐向北移动并和东北亚地区的负异常打通。在第0候(图7.2.5j)，该负异常中心已位于格陵兰岛，中心强度达到−140 m。需要指出的是，该负异常强度增加的70%部分可归因于TEFF(图7.2.5g，k)。北太平洋活动中心的形成也和TEFF联系在一起，它可解释该活动中心从第−1候到第0候增强部分的43%。但是在PT事件中，其北太平洋活动中心的形成，从东北亚地区频散而来的Rossby波也起着一个重要的作用。这一点与PS事件有明显差异。在第2候(图7.2.5n)，PT型事件以西欧地区的正异常消失和其他两个活动中心移出它们原来的位置而结束。沿65°N的高度—经度剖面图上(图7.2.5d)，位于北美地区的正异常在第−3候时主要位于平流层，和PS事件类似。与此同时，在上游的东亚地区，一个显著的负异常中心维持在平流层底层/对流层上层。Rossby波能量从该上游的负异常中心向上、向东频散，这有利于位于北极区的平流层正异常在从第−3候到第0候的形成和维持(图7.2.5d，h，l)。此外，在第−1候(图7.2.5h)和第0候(图7.2.5l)，位于平流层北美地区的正异常环流开始向下、向东频散波能量，这有利于位于格陵兰岛负异常的发展和维持。

由此可见，PT事件中三个活动中心在对流层中的形成主要与TEFF有关。与PS事件不同，Rossby波的向上向下传播是PT事件的另一个典型特征。波的垂直传播将在后文中进一步讨论。

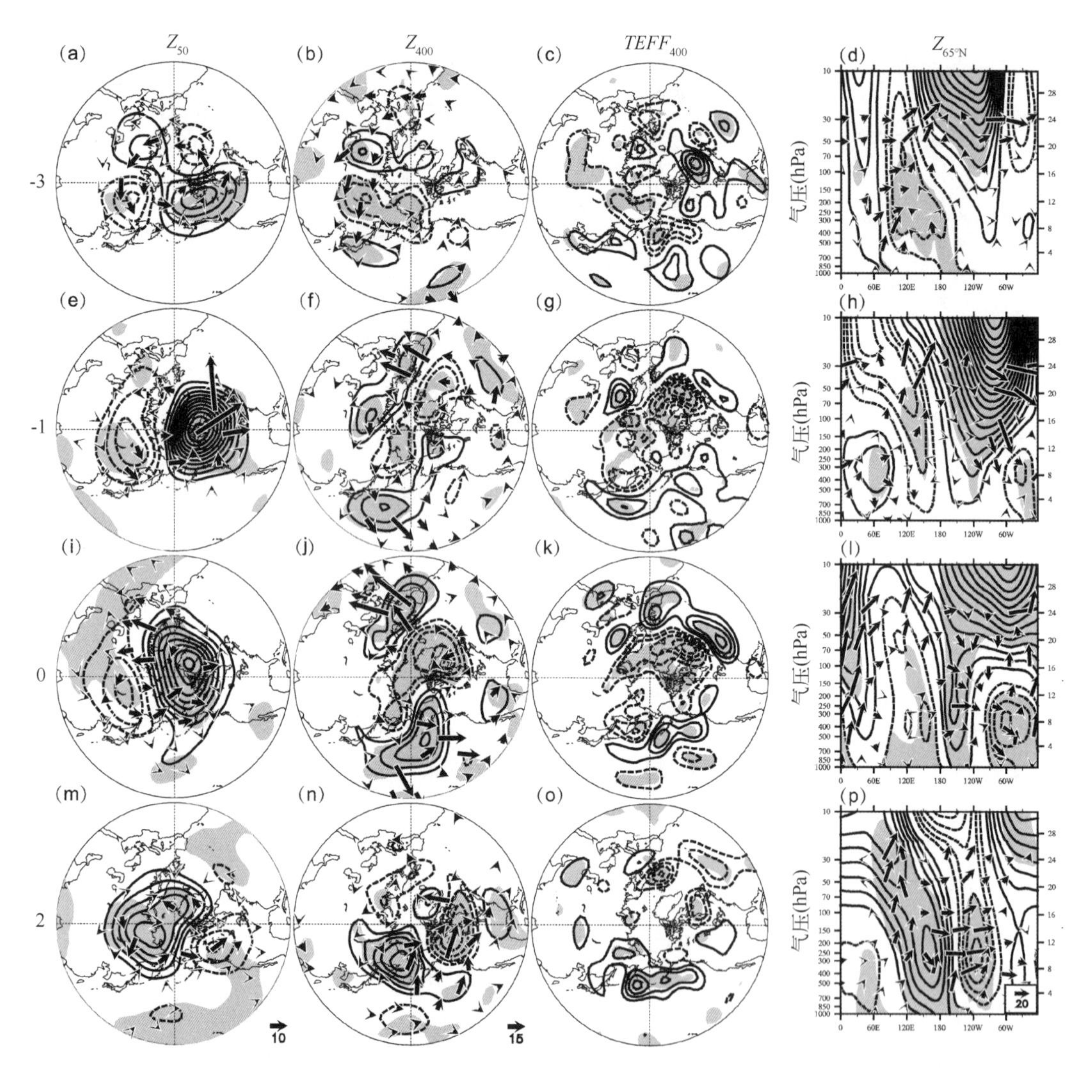

图 7.2.5　同图 7.2.4,但为 T 型负位相 AO 事件

图 7.2.6 给出了 NS 和 NT 事件的演变过程及动力学特征。类似地 TEFF 对该两类事件中的对流层部分的演变产生了重要影响。比如,在 NS 事件中,从第－1 候(图略)到第 0 候(图 7.2.6b),位于北大西洋和格陵兰岛的异常均以 14 m/d 的强度增强。与此同时,这两地区的异常 TEFF 约为－8 m/d 和 12 m/d。因此,TEFF 可以分别解释它们增强部分的 57％和 86％。剩余的增强部分可能与上游传播而来的 Rossby 波有关(图 7.2.6b)。至于太平洋活动中心,TEFF 同样起着重要作用,它强度大于 10 m/d(图 7.2.6c),相当于在 1 天以内就可强迫产生出北太平洋地区的异常。

相比于 NS 事件(图 7.2.6b),尽管 NT 事件中显著的环流异常退缩至更小的地区范围内(图 7.2.7e),NT 事件和 NS 事件在对流层中的主要动力学特征仍是十分类似。AO 事件的三个活动中心的形成和维持仍主要和 TEFF 联系在一起。

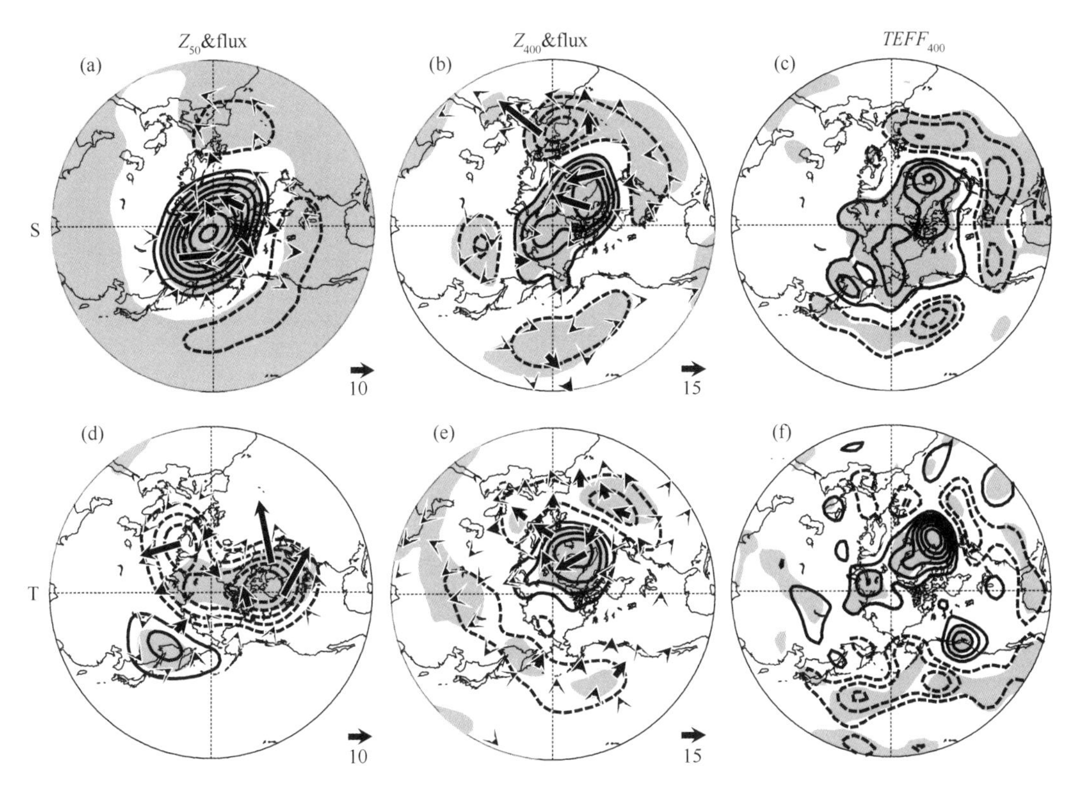

图 7.2.6　25 个 S 型负位相 AO 事件在第 0 候时，异常的 Z_{50}，Z_{400} 和 $TEFF_{400}$ 的合成场。第一行为 NS 事件，第二行为 NT 事件。Z_{50}，Z_{400} 和 $TEFF_{400}$ 的等值线间隔分别为 40 m/d，35 m/d 和 4 m/d。箭头（m^2/s^2）为波作用通量，它们用气压值进行了标准化。阴影区为通过 0.10 显著性的区域

和正位相事件类似，负位相事件中从对流层向平流层中频散 Rossby 波能量主要发生在 T 事件中。上传至平流层的 Rossby 波（深阴影）从第－3 候（图 7.2.7a）到第－2 候（图略）一直存在。Rossby 波从位于东北亚的显著正高度距平处频散，它向上、向东传播，有利于－1 候之前位于下游的平流层北美地区负异常的加强。随后，这种上传的特征几乎消失，对应着平流层上该负异常开始减弱，其中心振幅在第 0 候减弱至－100 m（图 7.2.6d）。值得注意的是，Rossby 波从平流层负异常处向对流层格陵兰岛出频散的特征出现在第－1 候（图 7.2.7c）和第 0 候，该特征十分类似于 PT 事件（图 7.2.5h 和 l）。

从前面的讨论中可以看出，在 T 型事件中，Rossby 波的垂直传播具有一定的地区倾向性特征。为进一步研究该倾向性特征，我们计算了基于纬向不对称气候平均流场上的局地定常 Rossby 波全波数 k_s（Nishii and Nakamura，2004）。从理论上讲，波包易于折向 k_s 较大的地区（Karoly and Hoskins，1982）。因此，k_s 较大值区会起着波导的作用，有利于波的传播。

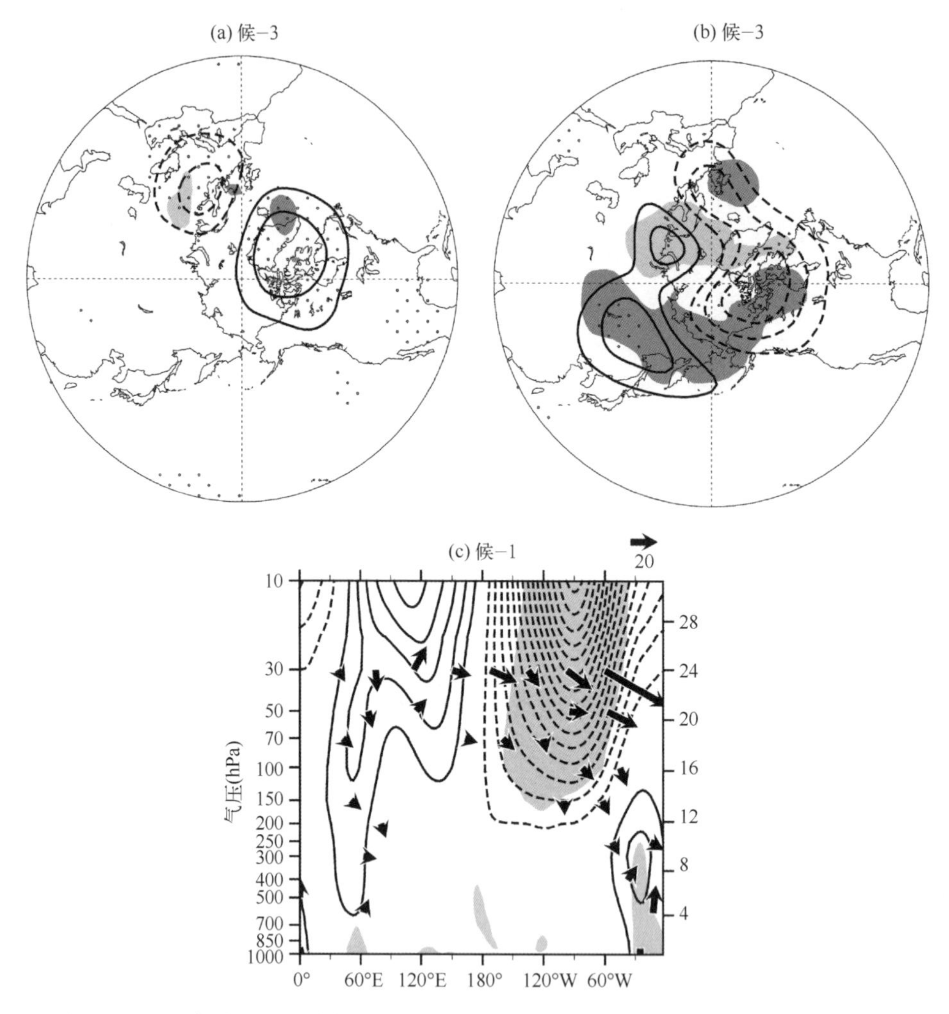

图 7.2.7　(a)负位相 S 型事件在第一3 候时的 Z_{100} 合成场。(b)同(a)，但为 T 型事件。等值线间隔为 20 m。加点区域表示通过 0.10% 显著性检验的区域。深(浅)色阴影表示在 100 hPa 上大于 0.002 $m^2 \cdot s^{-2}$(小于 -0.002 $m^2 \cdot s^{-2}$)的向上(下)作用通量分量。(c)同图 7.2.5h，但为一1 候的 NT 事件

从图 7.2.8 中可以清楚地看出，在亚洲北部/北太平洋地区和北大西洋地区，分别存在着贯穿平流层低层和整个对流层的波导。前者呈现出随高度向西倾斜的结构。因此，一旦有环流异常在东北亚地区的对流层上层/平流层底层上发展和维持，Rossby 波波包易于从该地区频散，并向上、向东传播进入平流层。事实上如前所述，在 PT 和 NT 事件中，平流层上的环流异常在形成过程中均存在这种现象。在 T 型事件达到盛期之前，东北亚地区的环流异常通常已经形成，它有利于 Rossby 波向上传播，这有利于平流层上位于北美地区的环流异常的形成且其符号会与对流层东北亚地区异常相反(图 7.2.5d，图 7.2.5h，图 7.2.5l 和图 7.2.7b)。北大西洋地区的 k_s 在对流层中值较大。因此，如果有环流异常在平流层北美地区持续维持，Rossby 波则可沿着该波导结构不断地折射到对流层中。由此可见，北大西洋地区的垂直波导结构应当是 Rossby 波在 PT(图 7.2.5 h 和图 7.2.5l)和 NT 事件(图 7.2.7c)中均向对流层中

频散的主要原因。

由于平流层主要是由 $k = 1$ 和(或)$k = 2$ 的行星波构成,我们认为 Rossby 波上传后应当会影响到平流层的行星波。我们注意到,Takaya 和 Nakamura(2001)推导出的波作用通量仅能代表一部分的整个行星波波活动通量。因此,有必要进一步研究整个波活动的垂直传播情况。为此,后文主要采用 Nishii 等(2009)提出的诊断方法。

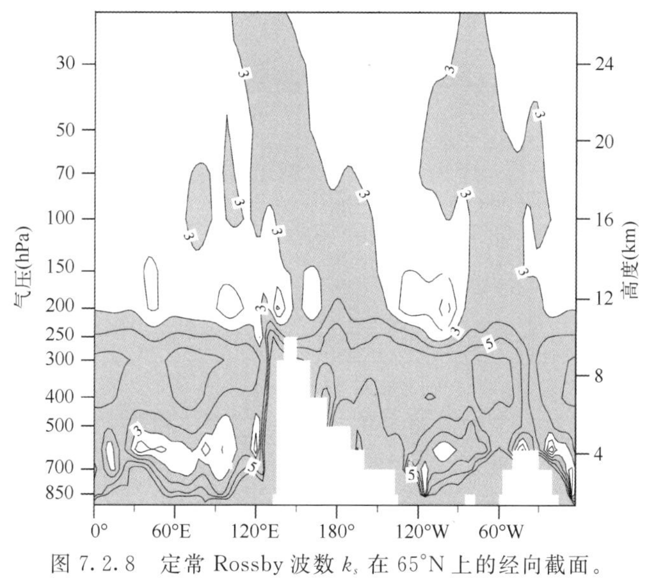

图 7.2.8　定常 Rossby 波数 k_s 在 65°N 上的经向截面。k_s 是根据扩展冬季的气候平均态计算而来,已表示为相当纬向波数。阴影表示 k_s 大于等于 3 的区域

图 7.2.9 是 100 hPa 上异常的涡动热量通量($[V^* \ T^*]_a$)的时间演变图。$[V^* \ T^*]_a$ 的正(负)值对应着加强(减弱)的上传行星波。从理论上讲,负(正)异常上传的行星波会导致平均西风的加速(减速),进而有利于极区负(正)高度距平的形成和维持。从图中可以看出,行星波上传存在着明显的季节内时间尺度的变率。在 S 型事件的持续阶段内(−4 天～4 天),100 hPa 上 $[V^* \ T^*]_a$(粗实线)在 PS 事件中为负值(图 7.2.9a),而在 NS 事件中为正值(图 7.2.9b)。因此,在中期时间尺度上,行星波垂直传播的异常也是经典的 AO 事件或 S 型 AO 事件的典型动力学特征。和 S 型相比,T 型事件中的 $[V^* \ T^*]_a$ 则在一个更大的区间范围内变化(图 7.2.9c 和图 7.2.9d)。对于 PT 事件而言(图 7.2.9c),$[V^* \ T^*]_a$ 在第 5 天前基本保持了正值,其最大值 14 K · m/s 出现在第−11 天。这对应着中心位于北美地区的平流层正高度距平的形成和维持(图 7.2.5a,图 7.2.5e 和图 7.2.5i)。对于 NT 事件(图 7.2.9d)而言,$[V^* \ T^*]_a$ 从−3 天以后其符号由负变正。因此,第−3 天前受到抑制的上传行星波有利于如图 7.2.7b 中所示在第−1 候时位于北美的负位势高度距平的加强。

值得注意的是,从图 7.2.9a 中可以看出,在 PS 事件持续阶段中 $[V_a^* \ T_c^*]$ 项对 $[V^* \ T^*]_a$ 的贡献最大,而 NS 事件中则是 $[V_c^* \ T_a^*]$ 的贡献最大(图 7.2.9b)。因此,气候平均的行星波和异常行星波的相互作用、相互配合是 T 型事件中行星波异常垂直传播的主要因子。为更加深入理解 $[V_a^* \ T_c^*]$ 和 $[V_c^* \ T_a^*]$,图 7.2.10 给出了 100 hPa 上的 V^* 和 T^* 分布图。在 PS 事件的合成中(图 7.2.10a),$[V_a^* \ T_c^*]$ 的负贡献主要来自于位于欧洲北部及其北

部海域的相对较强的南风异常(实线)和气候平均上较冷的温度(浅阴影)。而在阿拉斯加地区则是异常北风叠加在暖的温度上,形成了正值 $[V_a^* \ T_c^*]$。但该正值数值较小,仅能抵消一部分来自欧洲北部地区的负贡献。对于 NS 事件而言(图 7.2.10b),在东北亚和格陵兰岛地区均是受气候平均的南风控制。其中东北亚地区的南风相对而言要更强,它叠加在暖的温度距平上,从而形成对异常热通量的正贡献。而在格陵兰岛地区的南风叠加在冷得温度距平上,产生了负贡献。因此,两者之和为一较弱的正值(~1 K · m/s,图 7.2.9 b)。

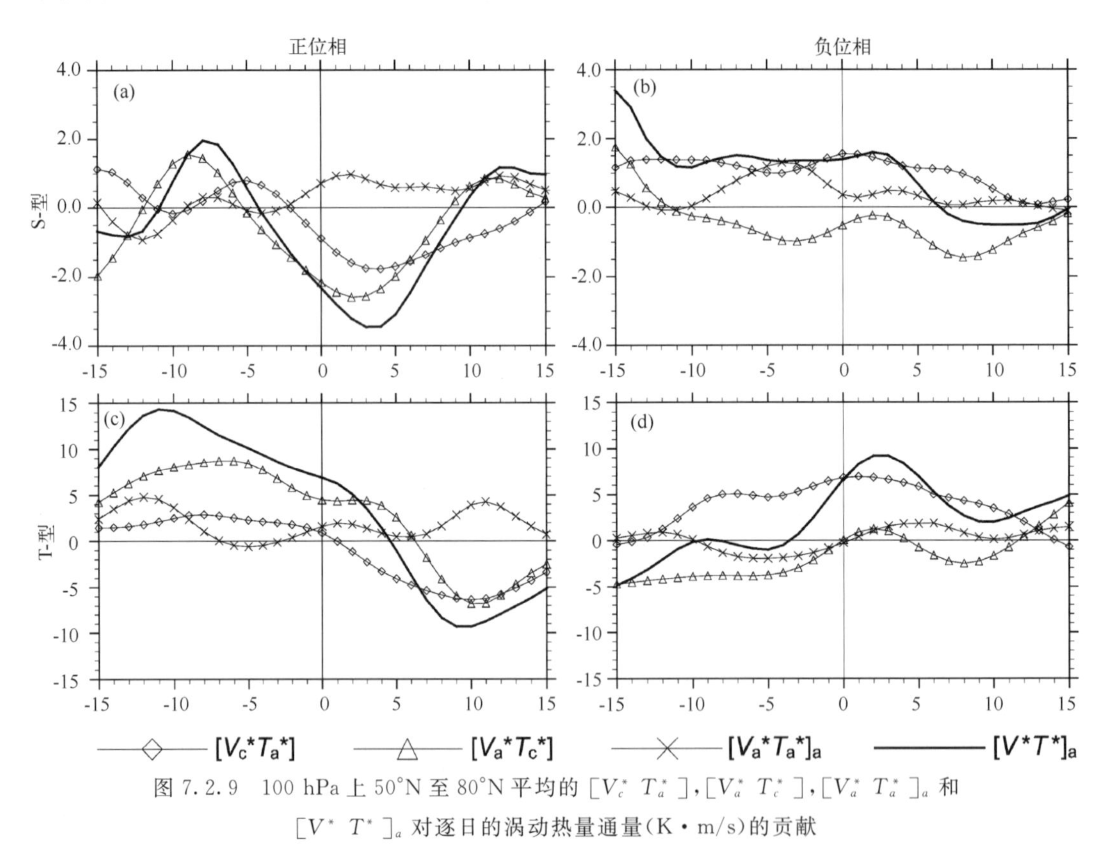

图 7.2.9 100 hPa 上 50°N 至 80°N 平均的 $[V_c^* \ T_a^*]$, $[V_a^* \ T_c^*]$, $[V_a^* \ T_a^*]_a$ 和 $[V^* \ T^*]_a$ 对逐日的涡动热量通量(K · m/s)的贡献

在 T 型事件中,由于上传至平流层的 Rossby 波主要发生在盛期之前,图 7.2.10 c 和图 7.2.10 天给出了第−15 天至第−5 天平均的 V_a^* 和 T_c^*。在这个阶段中,$[V_a^* \ T_c^*]$ 是异常热通量的主要因子(图 7.2.9c 和 d)。实际上,在平流层中(图 7.2.5a,e 和 i),北美地区的显著正高度异常和东北亚地区的负异常几乎位于气候平均的脊和槽的位置上(图略),因此 $k=1$ 的行星波得以加强。与之对应的是,从东北亚至阿拉斯加地区,南风距平盛行;而在西伯利亚西部和格陵兰,则是北风盛行。在这种 V_a^* 和 T_c^* 同号的配置下,$[V_a^* \ T_c^*]$ 数值较大(图 7.2.9c)。相比于 PT 事件,NT 事件中位于北美地区的平流层环流异常符号相反,这对应着 $k=2$ 的行星波的加强(图略),与之对应的是,很多地区的异常南风和北风也发生了改变(图 7.2.9d)。比如,北风距平在东北亚及阿拉斯加一带盛行,而南风距平则出现在格陵兰岛以东地区。在这样一种经向风距平和气候平均温度场上的行星波的配置下,产生了负值的 $[V_a^* \ T_c^*]$。在北美地区的南风距平叠加在暖的温度距平上以及俄罗斯北部北风距平叠加在冷的温度距平上,均可产生正值的 $[V_a^* \ T_c^*]$。但该正值较小,因此整体而言 100 hPa 上的

$[V_a^* \ T_c^*]$ 及 $[V^* \ T^*]_a$ 仍为负值(图 7.2.9d)。

综上所述,本小节在中期时间尺度上重点研究了两类 AO 事件——S 型和 T 型——的三维演变特征及其动力学特征。S 型 AO 事件与经典的 AO 事件类似,呈现出对流层—平流层耦合的垂直结构;而 T 型则具有反耦合(或斜压)特征。大约 1/3 的 AO 事件属于 T 型 AO 事件。两类 AO 事件对我国 SAT 异常的影响有所不同,S 型事件易在我国南方地区造成温度异常,而 T 型事件易在我国东北地区造成影响。经分析,对流层—平流层之间的动力链接特征在两类 AO 事件中呈现出较大的差异。就 S 型事件而言,行星波的垂直传播起着十分重要的作用;而 T 型事件中,Rossby 波的垂直传播十分明显,这对应着 T 型事件中出现的平流层—对流层反耦合特征,当平流层行星波被调节后,可进一步引起行星波的异常垂直传播。T 型事件中 Rossby 波的垂直传播特征由其局地波导结构决定。

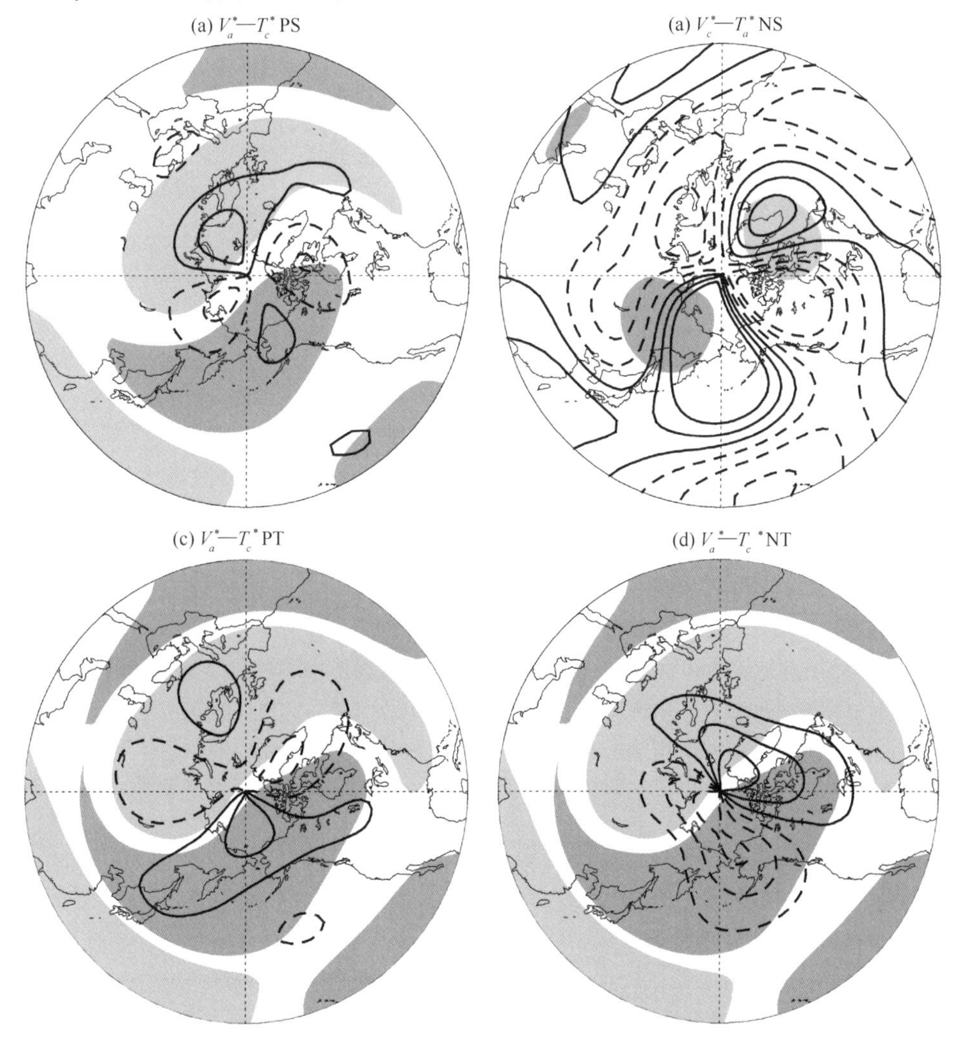

图 7.2.10 PS 事件中 100 hPa 上 −4 天至 4 天共 9 天平均的异常经向风的行星波(等值线)和气候平均的温度场行星波(阴影)。这里的行星波是指由 1~3 波构成。(b)同(a),但为 NS 事件。等值线为经向风的气候平均行星波,阴影为异常温度场的行星波。(c)同(a),但为 NS 事件,时间为 −15 天至 −5 天。(d)同(c),但为 NT 事件。所有图中的经向风速为 ±1,±3,±5 m/s,虚线为北风异常。深(浅)阴影表示温度场高(低)于纬向平均温度达 1 K 的地区

7.3 小结

研究结果表明，近 50 a 来，冬季北半球极涡面积(强度)具有整体经历了先扩张(增强)后收缩(减弱)的变化，面积突变发生在气候明显变暖的 20 世纪 80 年代中期，强度则发生在 20 世纪 90 年代中期且线性变化不显著。极涡对我国冬季气温影响很大。极涡的影响往往从欧洲大陆区的平流层低层(100 hPa)开始，向东向下至亚洲大陆区的对流层中层(500 hPa)，进而逐渐影响我国冬季气温。

以半球尺度的 AO 为出发点，研究了两类 AO 在垂直方向上的动力学特征及其对我国 SAT 异常的影响。结果表明，S 型和 T 型分别易造成我国南方和东北地区的 SAT 异常。这也为我们今后进一步利用 AO 来监测和预测 EPECE 的影响区域提供了依据。该方面的研究仍需继续深入。

参考文献

陈永仁，李跃清. 2007. 夏季北半球极涡与南亚高压东西振荡的关系. 高原气象，**26**(5)：1067-1076.

陈永仁，李跃清. 2008. 100 hPa 极涡、南亚高压的变化及大气环流分布特征. 热带气象学报，**24**(5)：519-526.

邓伟涛，孙照渤. 2006. 冬季北极涛动与极涡的变化分析. 南京气象学院学报，**29**(5)：613-619.

顾思南，杨修群. 2006. 北半球绕极涡的变异及其与我国气候异常的关系. 气象科学，**26**(2)：135-142.

管树轩，王盘兴，麻巨慧，等. 2009. 北半球 10 hPa 极地涡旋环流指数定义及分析. 高原气象，**28**(4)：777-785.

李峰，矫海燕，丁一汇，等. 2006. 北极区近 30 年环流的变化对中国强冷事件的影响. 高原气象，**25**(2)：209-219.

李晓峰，李建平. 2009. 南、北半球环状模月内活动的主要时间尺度. 大气科学，**33**：215-231.

李小泉，刘宗秀. 1986. 北半球及分区的 500 hPa 极涡面积指数. 气象，**12**(增刊)：4-8.

刘宗秀. 1986. 北半球极涡强度指数的计算及其与我国温度变化的关系. 气象，**12**(增刊)：4-8.

沈柏竹，廉毅，李尚锋，等. 2010. 北半球对流中、上层及平流层极涡特征初步分析. 吉林大学学报，**40**(增刊)：140-145.

施能，朱乾根. 1996. 北半球大气环流特征量的长期趋势及年代际变化. 南京气象学院学报，**19**(3)：283-289.

施宁，张乐英. 2013. 冬季平流层北极涛动对江南气温的影响. 大气科学学报，**36**：604-610.

杨绚，李栋梁. 2012. 东亚副热带冬季风南边缘的确定及其变化特征. 高原气象，**31**(3)：668-675.

易明建，陈月娟，周仁君，等. 2009. 2008 年中国南方雪灾与平流层极涡异常的等熵位分析. 高原气象，**28**(4)：880-888.

张恒德，高守亭，张友姝. 2006. 300 hPa 北极涡年际及年代际变化特征的研究. 高原气象，**25**(40)：583-592.

张恒德，陆维松，高守亭，等. 2006. 北极涡活动对我国同期及后期气温的影响. 南京气象学院学报，**29**(4)：507-516.

张先恭，魏凤英，董敏. 1986. 北半球 500 hPa 环流的气候振荡. 气象科学研究院院刊，**1**(2)：149-157.

章少卿，邬为民. 1984. 关于几种求极涡面积方法的比较. 吉林气象，(4)：3-5.

章少卿，于通红，李方友，等. 1985. 北半球极涡面积、强度的季节变化及其与中国东北地区气温的关系. 大气科学，**9**(2)：178-185.

朱智慧，王延凤. 2009. 冬季北大西洋涛动与极涡的变化研究. 中国海洋大学学报，**39**(增刊)：281-296.

Angell J K. 1998. Contraction of the 300mb north circumpolar vortex during 1963-1997 and its movement into the eastern hemisphere. *Journal of Geophysical Research*，**103**(D20)：25887-25893.

Angell J K. 1992. Relation between 300mb north polar vortex and equatorial SST, QBO, and sunspot number and the record cont raction of the vortex in1988—1989. *J Climate*, **5**:22-29.

Baldwin M P, Dunkerton T J. 1999. Propagation of the Arctic Oscillation from the stratosphere to the troposphere. *Journal of Geophysical Research*, **104**(D24): 30937-30946.

Baldwin M P, Dunkerton T J. 2001. Stratospheric Harbingers of Anomalous Weather Regimes. *Science*, **294** (5542): doi: 10.1126/science.1063315.

Baldwin M P, Stephenson D B, Thompson D W J, *et al*. 2003. Stratospheric memory and skill of extended-range weather forecasts. *Science*, **301**(5633): 636-640.

Baldwin M P, Thompson D W J. 2009. A critical comparison of stratosphere-troposphere coupling indices. *Quarterly Journal of the Royal Meteorological Society*, **135**(644): doi: 10.1002/qj.479.

Burnett A W. 1993. Size variations and long-wave circulation within the January Northern Hemisphere circumpolar vortex:1946—1989. *J. Climate*, **6**(10):1914-1920.

Chen W, Takahashi M. 2003. Interannual variations of stationary planetary wave activity in the northern winter troposphere and stratosphere and their relations to NAM and SST. *Journal of Geophysical Research*,108: doi: 10.1029/2003JD003834.

Christiansen B. 2005. Downward propagation and statistical forecast of the near-surface weather. *Journal of Geophysical Research*, **110**: 2156-2202.

Davis R E, Benkovic S R. 1992. Climatological variations in the Northern Hemisphere circumpolar vortex in January[J]. *Theore Appl Climatology*, **46**(2—3):63-73.

Davis R E, Benkovic S R. 1994. Spatial and temporal variations of the January circumpolar vortex over the Northern Hemisphere. *Inter J. Cli.*, **14** (4):415-428.

Karoly D J, Hoskins B J. 1982. Three dimensional propagation of planetary waves. *Journal of the Meteorological Society of Japan*, **60**: 109-123.

Kodera K, Kuroda Y. 2000. Tropospheric and stratospheric aspects of the Arctic Oscillation. *Geophysical Research Letters*, **27**: 3349-3352.

Kuroda Y. 2002. Relationship between the Polar—Night Jet Oscillation and the Annular Mode. *Geophysical Research Letters*, **29**(8): doi: 10.1029/2001gl013933.

Laseur N E. 1954. On asymmetry of the middle—latitude circumpolar current *J. Meteor.*, **11**(1):43-57.

Lau N—C, Holopainen E O. 1984. Transient eddy forcing of the time—mean flow as identified by geopotential tendencies. *Journal of the Atmospheric Sciences*, **41**(3): 313-328.

Limpasuvan V, Hartmann D L. 1999. Eddies and the annular modes of climate variability. *Geophysical Research Letters*, **26**(20): doi: 10.1029/1999gl010478.

Limpasuvan V, Hartmann D L. 2000. Wave—Maintained Annular Modes of Climate Variability. *Journal of Climate*, **13**(24): doi: 10.1175/1520—0442(2000)013<4414;WMAMOC>2.0.CO;2.

Lorenz D J, Hartmann D L. 2003. Eddy-Zonal Flow Feedback in the Northern Hemisphere Winter. *Journal of Climate*, **16**: 1212-1227.

Markham C G. 1985. A quick and direct method for estimating mean monthly global temperature from 500mb data. *Prof. Geogr*, **37**:72-74.

McDaniel B A, Black R X. 2005. Intraseasonal Dynamical Evolution of the Northern Annular Mode. *Journal of Climate*, **18**(18): doi:10.1175/JCLI3467.1.

Nishii K, Nakamura H, Miyasaka T. 2009. Modulations in the planetary wave field induced by upward-propagating Rossby wave packets prior to stratospheric sudden warming events: A case-study. *Quarterly Journal of the Royal Meteorological Society*, **135**: 39-52.

Nishii K, Nakamura H. 2004. Lower—stratospheric Rossby wave trains in the southern hemisphere: A case-study for late winter of1997. *Quarterly Journal of the Royal Meteorological Society*, **130** (596): 325-345.

Peng J—B, Bueh C. 2011. The definition and classification of extensive and persistent extreme cold events in China. *Atmospheric and Oceanic Science Letters*, **4**(5): 281-286.

Takaya K, Nakamura H. 1997. A formulation of a wave-activity flux for stationary Rossby waves on a zonally varying basic flow. *Geophysical Research Letters*, **24**(23): 2985-2988.

Takaya K, Nakamura H. 2001. A formulation of a phase-Independent wave-activity flux for stationary and migratory quasigeostrophic eddies on a zonally varying basic flow. *Journal of the Atmospheric Sciences*, **58**(6): 608-627.

Thompson D W J, Wallace J M. 1998. The Arctic Oscillation signature in the wintertime geopotential height and temperature fields. *Geophysical Research Letters*; **25**: 1297-1300.

Thompson D W J, Wallace J M. 2000. Annular Modes in the extratropical circulation. Part I: month-to-month variability. *Journal of Climate*; **13**(5): 1000-1016.

Vallis G K, Gerber E P, Kushner P J, *et al*. 2004. A mechanism and simple dynamical model of the North Atlantic Oscillation and annular modes. *Journal of the Atmospheric Sciences*; **61**(3): 264-280.

Walsh J E, Chapman W L, Shy T L. 1996. Recent decrease of sea level pressure jin the Central Arctic. *J Climate*, **9**(2):480-486.

Zhao N, Shen X, Li Y, *et al*. 2009. Modal aspects of the Northern Hemisphere annular mode as identified from the results of a GCM run. *Theoretical and Applied Climatology*; 101: doi: 10. 1007/s00704—009—0210—1.

第8章　冬季低温气候及其背景

前面几章重点探讨了中期尺度或延伸期尺度我国冬季极端持续低温事件的基本特征及形成机理，实际上我国低温事件还常常呈现月时间尺度的异常特征，本章以月尺度作为研究对象，探讨月平均时间尺度我国区域性低温事件发生发展的环流特征及成因。

冬季我国气温变化有明显的区域性和多时间尺度变化特点，如我国东北地区气温的年代际增暖出现在1980s中期(Li *et al.*，2013)，而我国西北地区气温的年代际增暖始于20世纪70年代末，西北地区气温的年代际增暖早于东部地区。冬季我国区域性气温异常事件的发生发展不但有显著的年代际变化，还有显著的季节内变化，即前冬(12月)与后冬(2月)存在显著差别。为了使研究结果能较好地反映实际情况，本章重点探讨隆冬1月我国气温异常型特征及成因。冬季我国低温事件的发生发展与北半球中高纬异常环流型的建立、维持与转型密切相关，由于中高纬度环流有较强的非线性作用及与低纬热带环流之间存在相互作用，中高纬度环流演变趋势存在较大不确定性，因此深入探讨冬季月时间尺度北半球中高纬度环流异常成因机理及其对冬季我国气温的影响，有重要理论意义和应用价值。

8.1　冬季中国气温异常特征

为了了解冬季中国气温区域性变化特点，我们将冬季(DJF)季节平均以及1月平均的站点均一化气温(Li等，2009)分别进行EOF分析。图8.1.1—8.1.3分别是冬季(DJF)季节平均以及1月平均气温的EOF前三个模态的空间和时间变化。冬季(DJF)季节平均气温EOF的前三个模态分别解释了54.6%，15.4%和7.1%的年际变化方差，而1月平均气温EOF的前三个模态则分别解释了41.5%，20.9%和8.8%的年际变化方差，1月气温与冬季(DJF)季节平均的EOF结果较为一致，说明1月平均气温较好地代表了冬季(DJF)情况。根据North等(1982)的标准，冬季(DJF)季节平均以及1月气温的EOF1，EOF2和EOF3都能很好地与其他的模态相区分。其中EOF1表现为全国气温变化一致型的空间模态，呈现为纬向带状分布，其中中南地区、华北北部地区为较弱的中心(图8.1.1)。EOF1模态的空间特点与Peng等(2011)定义的第一类持续性低温事件的全国型一致，这说明由EOF得到的结果具有很好的代表性。EOF1的时间序列分布特征与全球变暖趋势一致，即20世纪80年代中期全国气温处于显著偏暖阶段，但北方地区增暖趋势比南方明显，故导致斜压性减弱，由于热成风关系，使1987年后东亚高空急流明显减弱，急流南侧纬向风增强，因而，江南地区降水增加(Liang *et al.*，1998)。

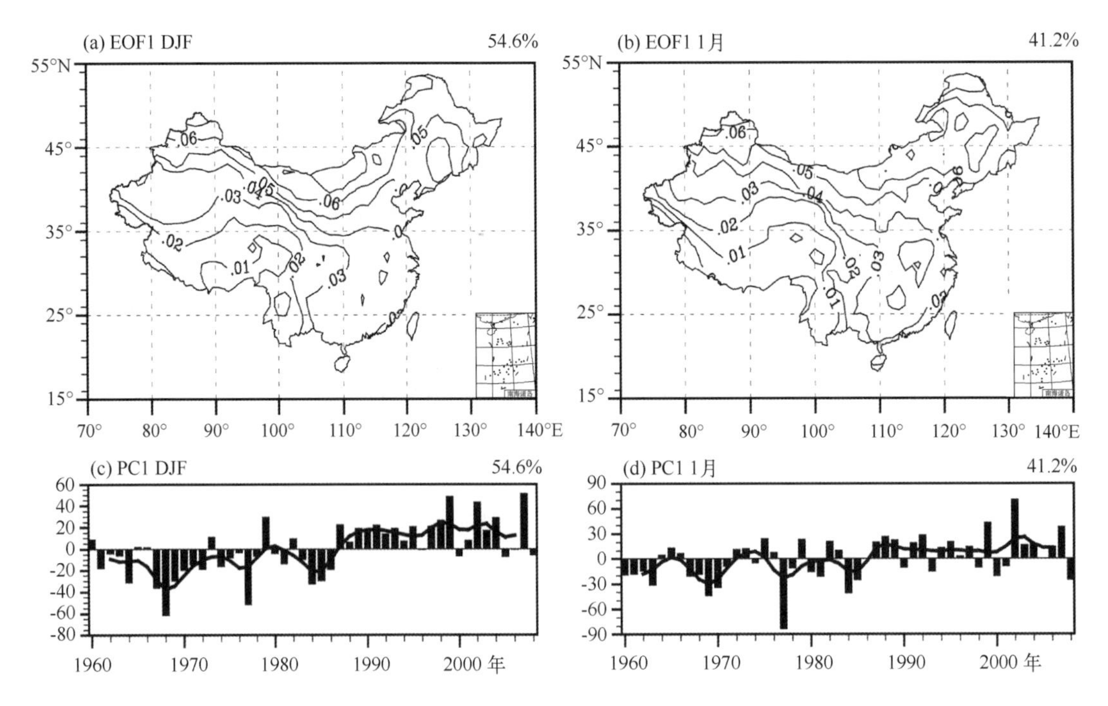

图 8.1.1　(a)冬季(DJF)平均,(b)1 月气温的 EOF1 分析空间模态,(c)和(d)分别为冬季平均,1 月气温 EOF1 分析的时间序列,(c)和(d)中黑线为利用 Lanczos 滤波器滤去 10 年以下部分,图(a)和(b)中等值线间隔为 0.01

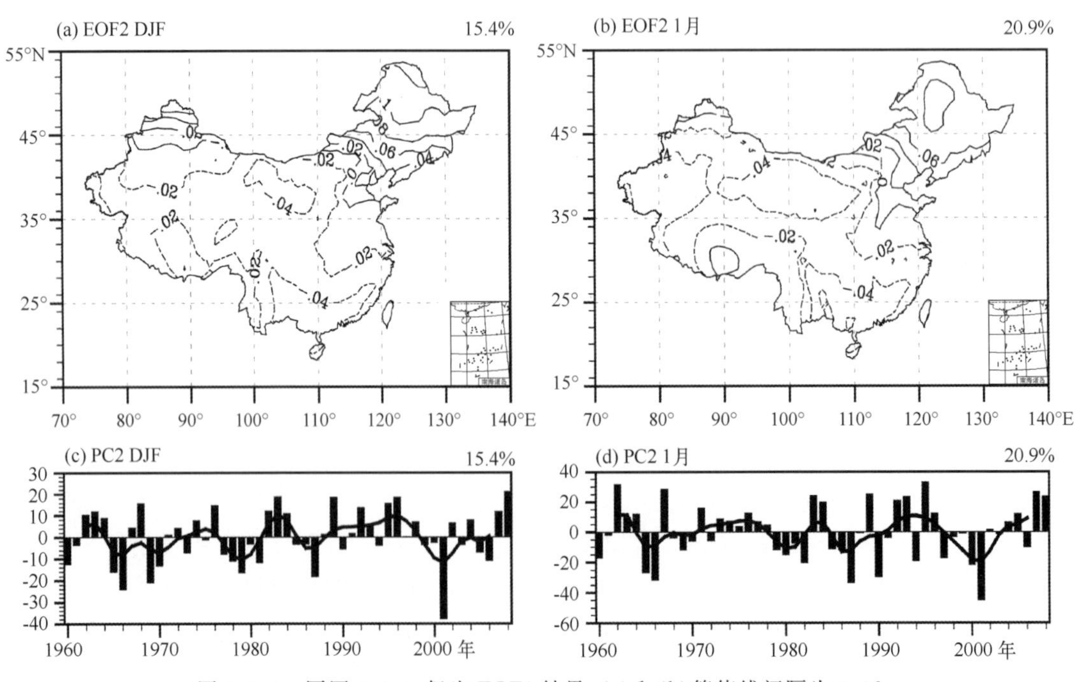

图 8.1.2　同图 8.1.1,但为 EOF2 结果,(a)和(b)等值线间隔为 0.02

EOF2表现为东北地区与我国其他地区气温变化趋势相反(图8.1.2),EOF2模态的负位相与Peng等(2011)定义的东北一华北类持续性低温事件较为一致。从图8.1.2可见,冬季季节平均气温表现为正或负异常的东北地区包含东北三省,内蒙古东北部、华北的东北部以及东北的大兴安岭地区;我国其他地区温度表现为负或正异常则分别是以河套、华南地区为中心。冬季(12月—次年2月)季节平均气温EOF分析的结果表明,新疆北部为正异常,和东北地区一致,但1月气温的EOF分析结果表明,新疆的正异常不明显。相比于EOF1非常明显的年代际变化,EOF2的年代际变化较弱,主要表现为年际变化。从EOF2的时间序列分布特征可见,在2000年左右,冬季全国主要大部地区气温偏高,而东北地区气温则是偏低;但在近几年,东北地区气温则是显著偏高的,其可能的原因在8.2节中将进一步讨论。

EOF3显示的是西北气温异常比全国其他地区气温异常更突出型(图8.1.3)。EOF3模态的负位相和Peng等(2011)定义的西北一江南型持续低温事件较为一致。在EOF3模态中,西北地区为最大负异常中心,在中南地区也有一个弱的负异常中心,这可能是冷空气由西北路径入侵,引起中南地区气温偏低;东北地区也存在弱的负异常。西北地区气温的成因机理将在下面详细讨论。

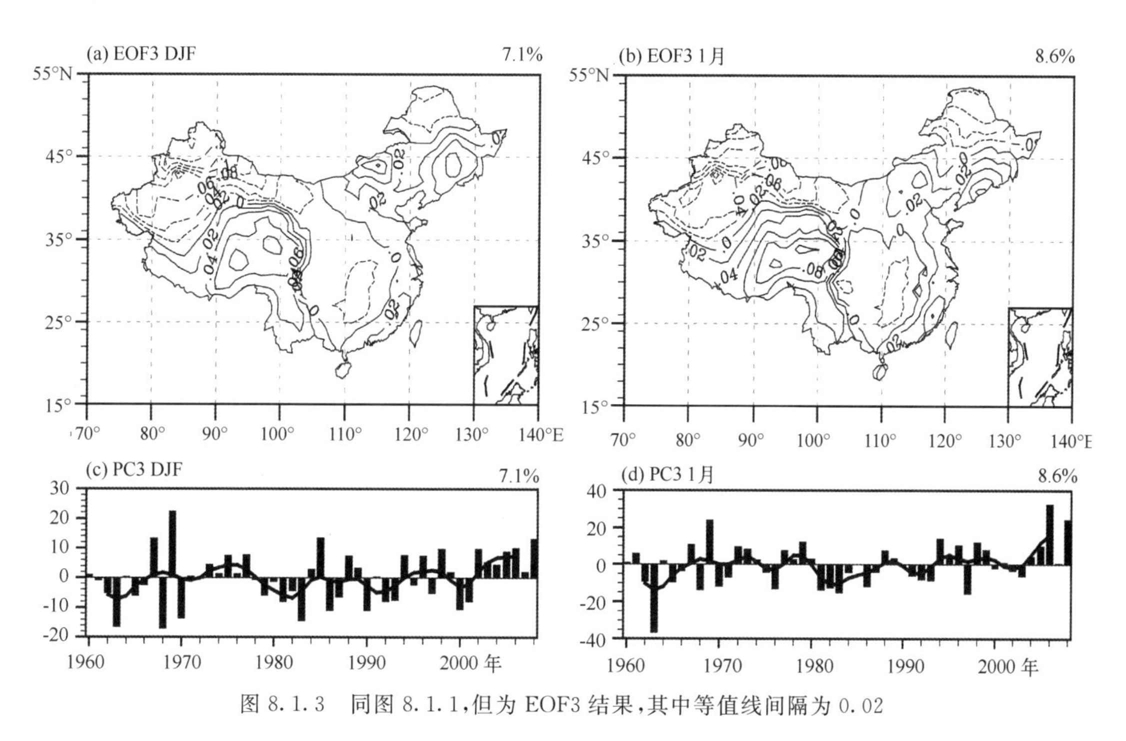

图8.1.3 同图8.1.1,但为EOF3结果,其中等值线间隔为0.02

上述分析表明,利用EOF分析得到的冬季我国气温变化的三种类型和Peng等(2011)利用聚类分析得到的持续低温类型较为一致,我们还利用NCEP/NCAR再分析资料进行了EOF分析,其结果和利用中国台站的均一化资料的结果基本一致,这充分说明冬季气温变化的这三种类型是我国冬季气温变化的主要和稳定模态。此外,1月气温的EOF模态与冬季(12月—次年2月)平均气温的模态基本一致,说明1月气温变化能较好地反映冬季平均的情况。对冬季(12月—次年2月)平均气温和1月平均气温EOF结果进行比较发现,EOF1的解释方差由54.6%降低到41.2%,但1月EOF的第二、三模态的解释方差变大，这说明冬季（12—2 月）平均气温变化以全国一致型占主导地位，1 月平均气温的变化更好地反映出区域性特点。由于本研究强调冬季气温变化的区域性特点，同时用月平均资料更接近中期、延伸期的时间尺度，本文的分析根据 1 月平均气温的变化，探讨冬季低温事件。

根据不同区域气候态的特点，我们定义 1 月全国低温事件的标准为平均气温低于 -4.5℃，对应于 -0.8σ；东北地区 1 月低温事件的标准为区域平均气温小于 -19.4℃，对应于 -0.9σ；西北地区 1 月低温事件的标准为区域平均气温小于 -14.3℃，对应于 -1.0σ。

8.2　中国不同类型的区域性低温事件形成机理

冬季南下冷空气的强度和入侵路径受中高纬度与低纬，上游与下游环流系统配置的影响，从而造成区域性低温事件发生发展以及物理过程差异。20 世纪 80 年代以来，全球气候变暖趋势十分明显，我国气温增暖趋势也非常显著，但气温变化仍有显著的区域性特征。全国气温存在一致性的变化特征是冬季气温变化最主要模态；北大西洋和北太平洋是瞬变波以及急流等活动中心，瞬变波、准定常行星波和基本气流相互作用可以强迫出大尺度异常环流（如阻塞、遥相关型等），从而导致大范围气候异常（Luo，2005；Luo *et al.*，2007）。我国上游是欧洲大陆，而下游地区是北太平洋，区域性的天气过程与不同的天气波、准定常行星波等系统异常变化有关。因此本文在探讨全国气温变化一致型的环流特征与机理的基础上，重点探讨东北、西北地区低温事件发生发展的环流特征和物理过程。

8.2.1　全国气温异常一致型

上面分析已指出，冬季全国气温异常一致型是最主要的模态（图 8.1.1），本节分析冬季全国气温异常一致型的偏暖、偏冷年的主要环流特征成因与可能机理。

图 8.2.1a 给出的是 1960—2008 年 1 月全国平均气温时间序列，图 8.2.1b 给出的是 1960—2008 年逐年 1 月日平均气温小于 -1σ（标准差）的天数，我们对全国 549 站 1 月气温距平以及低温持续时间（图 8.2.1）进行分析，计算表明，两者相关系数达 -0.81，超过 99%的置信度水平，这说明月平均气温高低受该月低温持续天数多少影响。从 1 月全国平均气温时间序列演变特征可见（见图 8.2.1a），年代际变化最显著，在 1986 年以前气温呈现为偏低阶段（低温天数多），1986 年以后呈现为显著偏暖阶段（低温天数少），这和图 8.1.1 给出 EOF1 的时间序列是一致的，1 月全国平均气温距平的时间序列（图 8.2.1a）与 EOF1 时间序列（图 8.1.1）的相关达到 0.97，超过 99.9%的置信度水平，这说明全国 549 站平均气温距平的变化可反映全国气温异常一致型（EOF1）的模态变化。

根据图 8.2.1a，我们选出全国气温异常一致型的个例年（见表 8.2.1），两组异常个例年各有 10 个个例，并将两组异常个例进行合成（见图 8.2.2）。由于 20 世纪 80 年代中期后全球气候变暖，选取的气温偏低年的个例多为 1986 年以前，只有 1993 年和 2008 年除外；气温偏高个例多为 1986 年之后，因而对两组异常年合成的讨论在一定程度上也反映了气温年代际的变化特点。

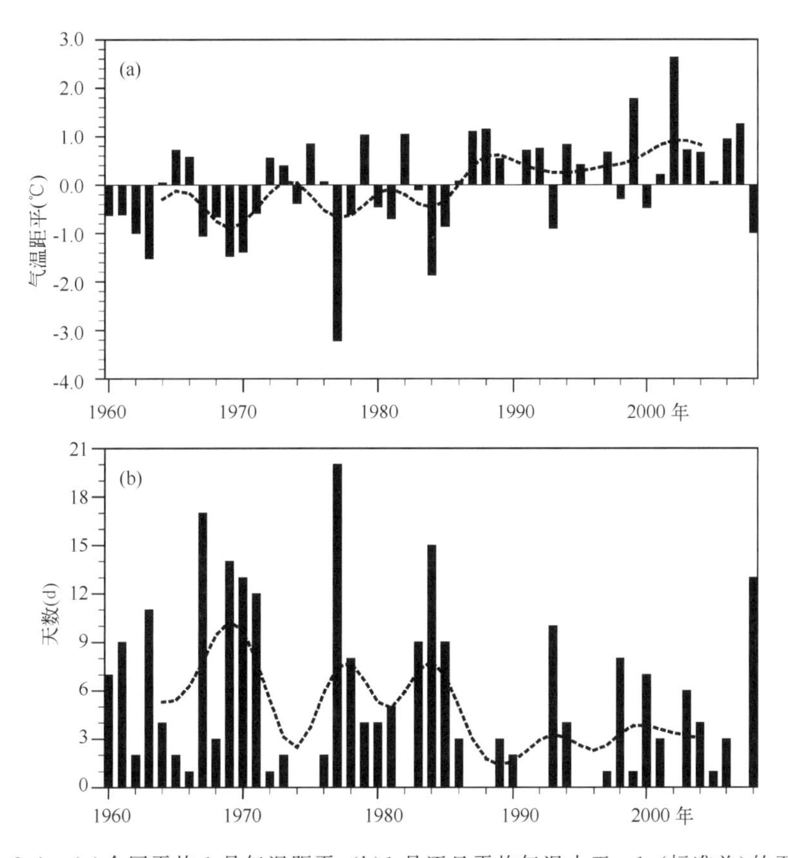

图 8.2.1　(a)全国平均 1 月气温距平,(b)1 月逐日平均气温小于－1σ(标准差)的天数
图中虚线为利用 Lanczos 滤波器滤去 10 年周期以下部分

表 8.2.1　1 月全国气温异常一致型的正负异常年(定义:气温异常的绝对值大于 0.8σ 标准差)

气温偏低年(小于－0.8σ)	1962,1963,1967,1969,1970,1977,1984,1985,1993,2008 年
气温偏高年(大于 0.8σ)	1975,1979,1982,1987,1988,1994,1999,2002,2006,2007 年

8.2.1.1　环流特征

图 8.2.2 给出 1 月全国气温异常一致型偏冷、偏暖年的高、中、低层的环流合成,从图可见,月平均气温偏低年,对流层高层的中高纬度纬向西风减弱,东亚低纬度纬向西风增强(图 8.2.2a),说明东亚副热带西风急流增强,这和前面分析结果一致。月平均气温偏低年,对流层中层的东亚地区为负高度距平(图 8.2.2c),地面气温偏低与对流层中层位势高度偏低一致,东亚中层负高度距平可能对气温偏低有重要影响。我们注意到中高纬度的乌拉尔山(60°E,60°N 附近)、鄂霍次克海(140°E,60°N)地区为正高度距平,乌拉尔山的正高度距平中心强度为 20 gpm,略大于鄂霍次克海地区(10 gpm)。受中高纬度环流的影响,入侵我国的偏北气流主要来自西北、东北两条路径(图 8.2.2e)。全国气温偏高的环流特点(图 8.2.2b,d,f)基本相反,这里不再赘述。

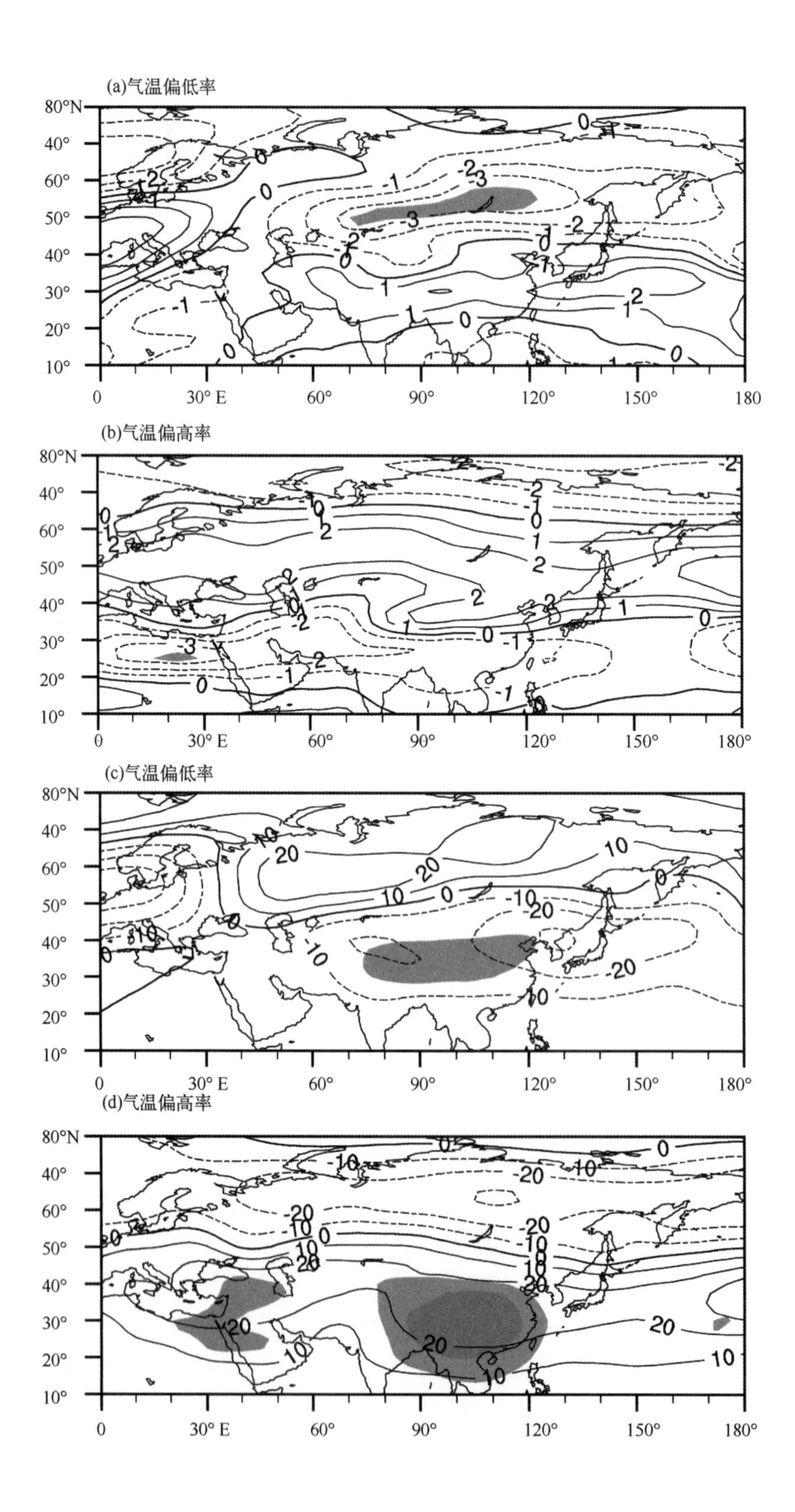
(a)气温偏低率
(b)气温偏高率
(c)气温偏低率
(d)气温偏高率
80°N
40°
60°
50°
40°
30°
20°
10°
0
30° E
60°
90°
120°
150°
180°

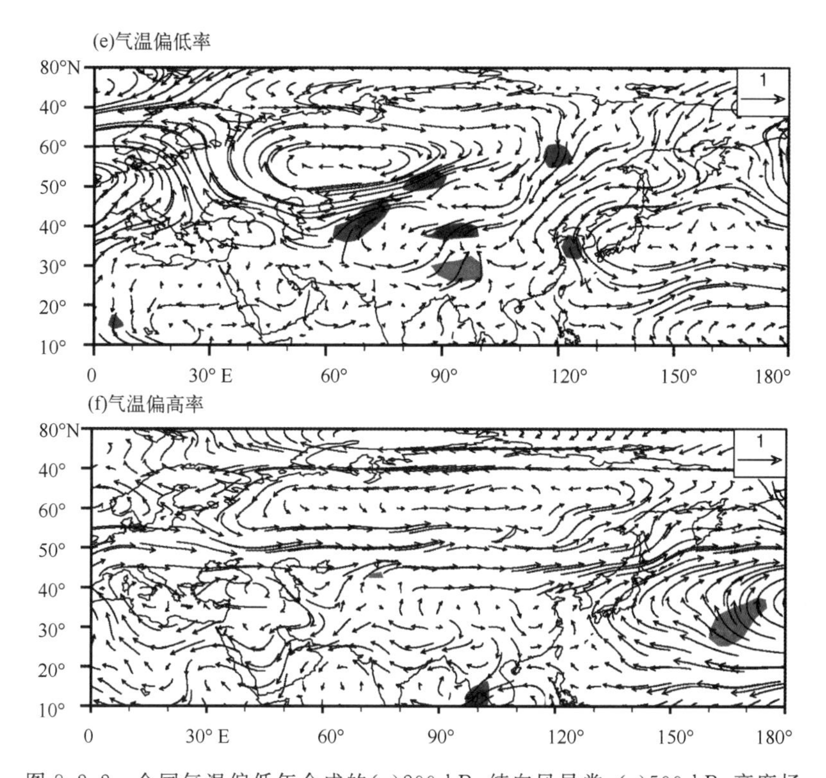

图 8.2.2　全国气温偏低年合成的(a)200 hPa 纬向风异常,(c)500 hPa 高度场,(e)850 hPa 风场异常,(b),(d),(f)同(a),(c),(e),但为气温偏高年合成,图中浅色和深色阴影分别表示超过 95%和 99%的置信度水平,(a)和(b)中等值线间隔为 1 m/s,(c)和(d)中等值线间隔为 10 gpm

8.2.1.2　外强迫因子

冬季全国气温异常一致型的主要外强迫海温异常为西太平洋副热带海温(图 8.2.3)。当西太平洋副热带为冷异常时,全国气温偏低,当西北太平洋地区为暖海温异常时,全国气温偏高。

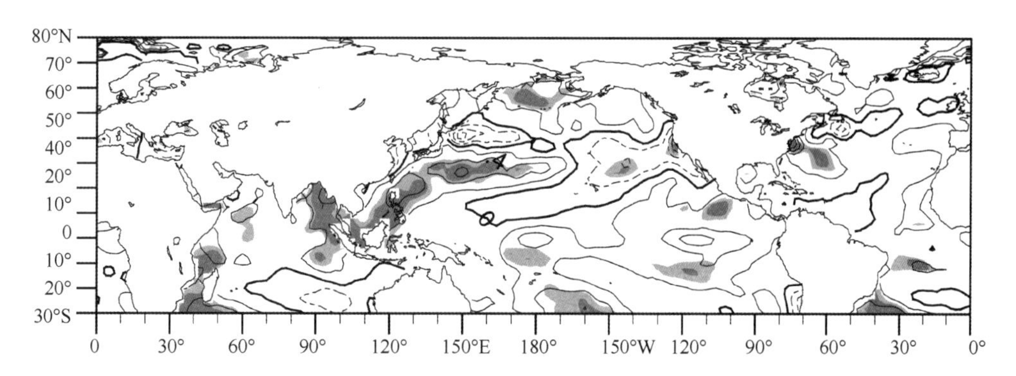

图 8.2.3　1 月气温异常前期 12 月海温的差值分布(气温偏高年与气温偏低年差),图中浅色和深色的阴影为超过 95%和 99%的置信度水平,等值线间隔为 0.2 K

8.2.2　东北气温异常型

东北地区是冬季我国气温最低的地区，冬季东北气温和全国其他地区呈现反相变化是冬季我国气温变化的第二模态(康丽华等，2009)，这可能与冬季冷空气入侵东北与全国其他地区有着显著不同有关，东北路径入侵的冷空气更多地受鄂霍次克海地区的大气环流或阻塞流形的影响。入侵东北的冷空气路径及其对东北地区气温的影响以及与全国气温异常变化的关系需要做深入分析。

为了了解冬季东北地区气温的变化特征。图 8.2.4 给出了东北地区 94 个观测站的分布，这 94 站均匀分布在东北三省辽宁、吉林、黑龙江和内蒙古东北部，94 站覆盖的区域和 8.1 节中 EOF2 模态中正距平范围是基本一致的，因此用 94 站的温度可代表 EOF2 模态中东北地区气温变化。选取的 94 站大约占 147 万 km^2，约占全国总面积的 15%，这说明研究东北温度的异常及成因同样需要关注大尺度环流特点。

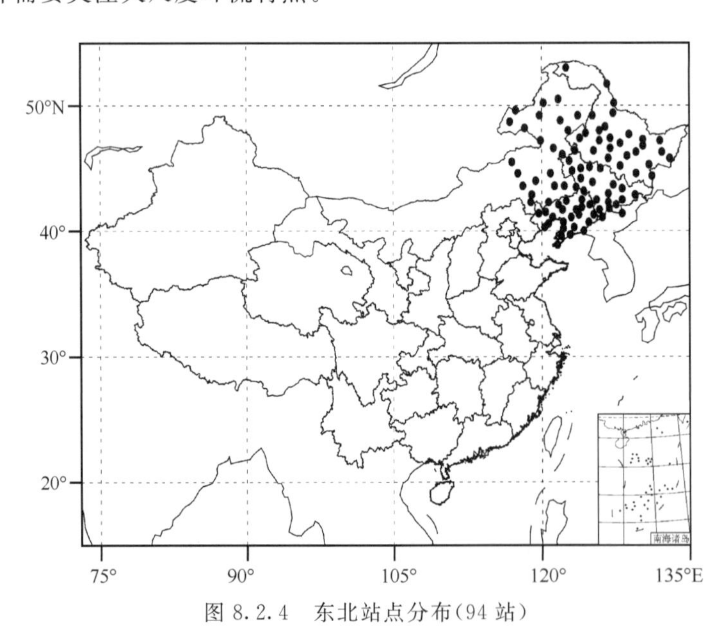

图 8.2.4　东北站点分布(94 站)

利用东北地区 94 站资料，我们计算分析了 1960－2008 年 1 月东北地区平均气温变化的时间序列(图 8.2.5a)。根据东北地区 1 月平均的气温距平变化特征，定义平均气温小于－0.9 或大于 0.8 个标准差的年为气温异常偏低(高)年(见表 8.2.2)。1960－2008 年东北 1 月平均气温异常偏低(偏高)年的平均气温为－19.4(－13.4℃)，偏低与偏高年的平均气温的差异超过 99%的置信度水平。以上说明我们的选择标准既保证了足够的样本，同时也尽量不失去样本的一般代表性。

表 8.2.2　1 月东北气温异常年(定义:异常的标准大于－0.9/0.8σ 标准差)

气温偏低年(小于－0.9σ)	1960,1963,1969,1970,1977,1980,1985,1990,2000,2001 年
气温偏高年(大于 0.8σ)	1983,1988,1989,1992,1995,1999,2002,2007 年

正如上面分析所述，冬季月平均气温异常与低温持续时间的长短有关，因此我们把逐日平均气温低于－1.0个标准差的天数定义为低温日，图8.2.5b给出了1960－2008年逐年1月东北地区低温持续时间的时间序列。东北地区1月平均气温距平与低温持续天数的相关达到－0.86，超过99％的置信度水平，这说明东北地区气温的异常与低温持续天数有关，也就是说，月平均气温的异常与低温天数持续长短有关。此外我们还对气温偏低/高年(见表8.2.2)的低温天数进行了计算，发现气温偏低/高年的低温天数分别平均为11.9天/0.5天，差异超过99％的置信度水平；低温的持续与较为稳定的大气环流形势有关，Barriopedro等(2010)研究发现：与维持时间大于4天的阻塞高压有关，因此我们重点研究中高纬度阻塞环流异常特征对东北地区低温的影响。

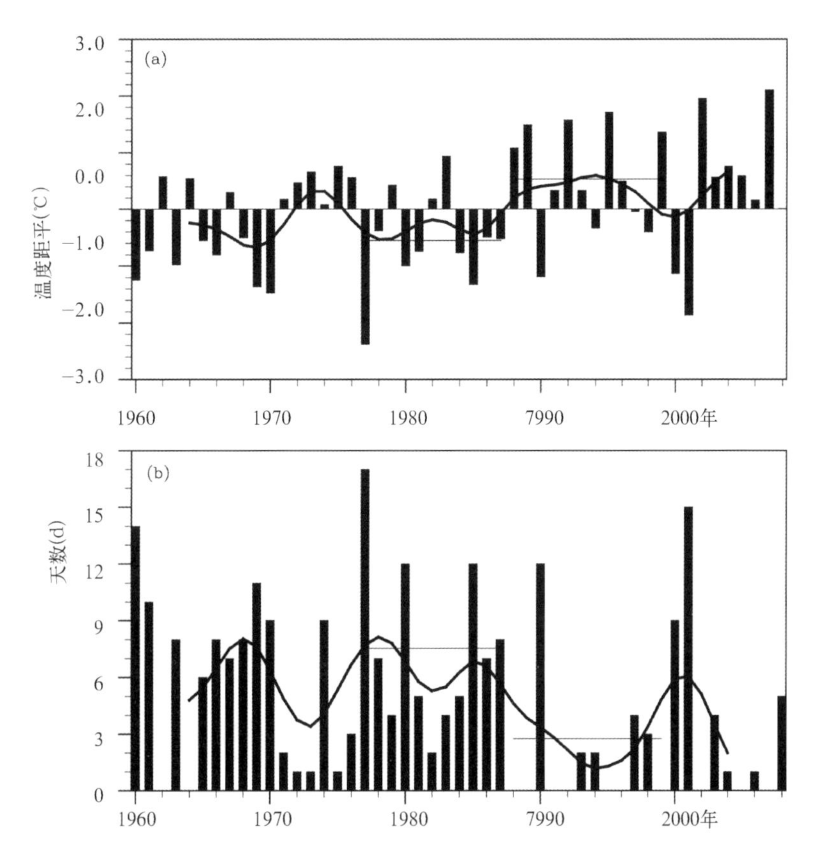

图8.2.5　1960—2008年1月东北(a)气温距平和(b)低温天数的时间序列，图中黑色曲线为利用Lanczos滤波器滤去10年以下部分，水平线分别表示1976—1987，1988—1999年平均

从图8.2.5可见，冬季东北气温及低温天数不仅存在明显的年际变率，同时也有显著的年代际变化。从图8.2.5看到，东北地区1960—1970年气温显著偏低，1970年代东北地区气温偏高，1976年到1980年代末气温显著偏低，1980年代末东北地区气温开始显著偏高，东北地区在1980年代末的年代际增暖和全国的年代际变化是一致的。我们选取1976—1987年作为东北气温年代际偏冷阶段，1988—1999年作为东北气温年代际偏暖阶段。1976—1987年阶段的平均温度为－17.6℃，低温持续时间为7.55天；1988—1999年阶段的平均气温为－15.4℃，低温持续时间为2.76天，两阶段气温距平的差异超过95％的置信度水平，低温的持

续时间的差异也是超过 95％的置信度水平。我们对 1 月东北低温天数做了 MTM 频谱分析，结果表明，冬季东北地区低温持续日数的显著频率分别为 0.37，0.3 和 0.09，对应的周期 2.7 年，3.3 年和 11.1 年(图略)，这说明冬季东北地区气温及低温天数最显著的变化表现为年际和年代际变化。

8.2.2.1　环流特征

东北地区气温异常受什么样大气环流影响，我们首先探讨东北地区气温年际异常变化的环流特征。根据表 8.2.2 给出的异常年，我们对东北地区 1 月气温异常年环流场进行合成(图 8.2.6)。东北地区气温偏低年，500 hPa 高度场上东北亚上空为负高度距平控制，中心强度超过－40 gpm，负高度距平范围出现在 35°—60°N(图 8.2.6a)，高纬度地区为显著的正高度距平，与 500 hPa 环流形势场相匹配，东北地区低层出现东北风距平(图 8.2.6c)，说明东北地区气温偏低年其东北地区上空的东北风气流比气候态加强，有利东北地区气温显著偏低(图 8.2.6e)。

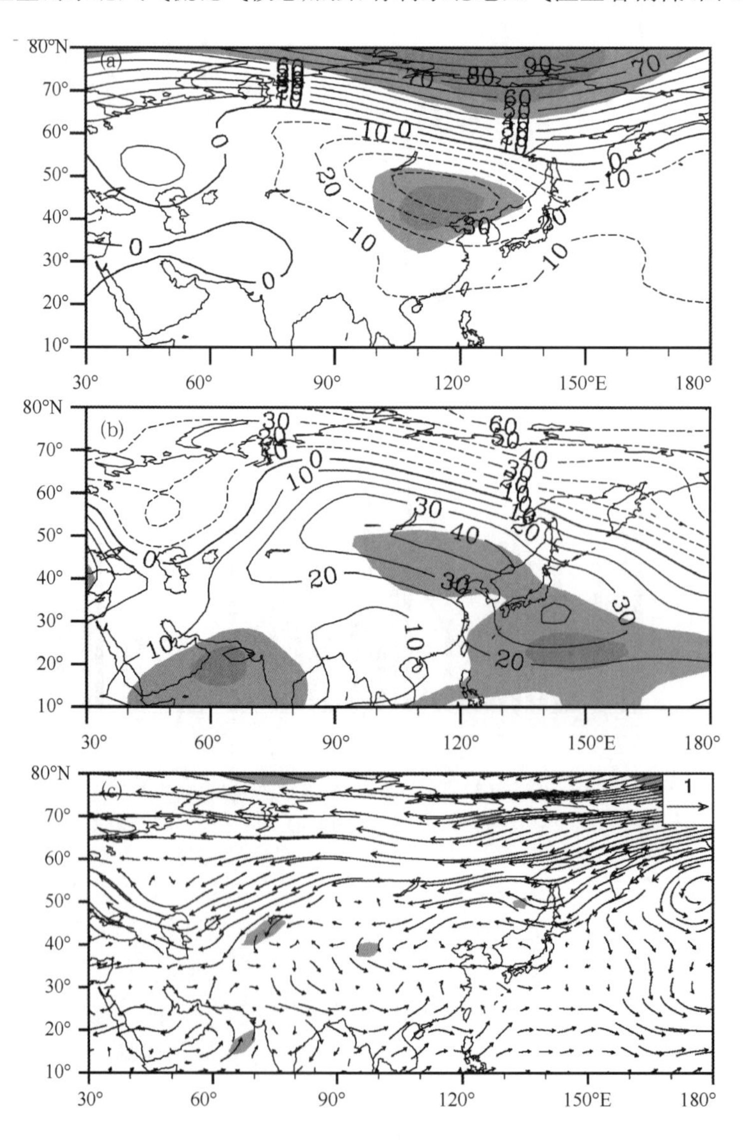

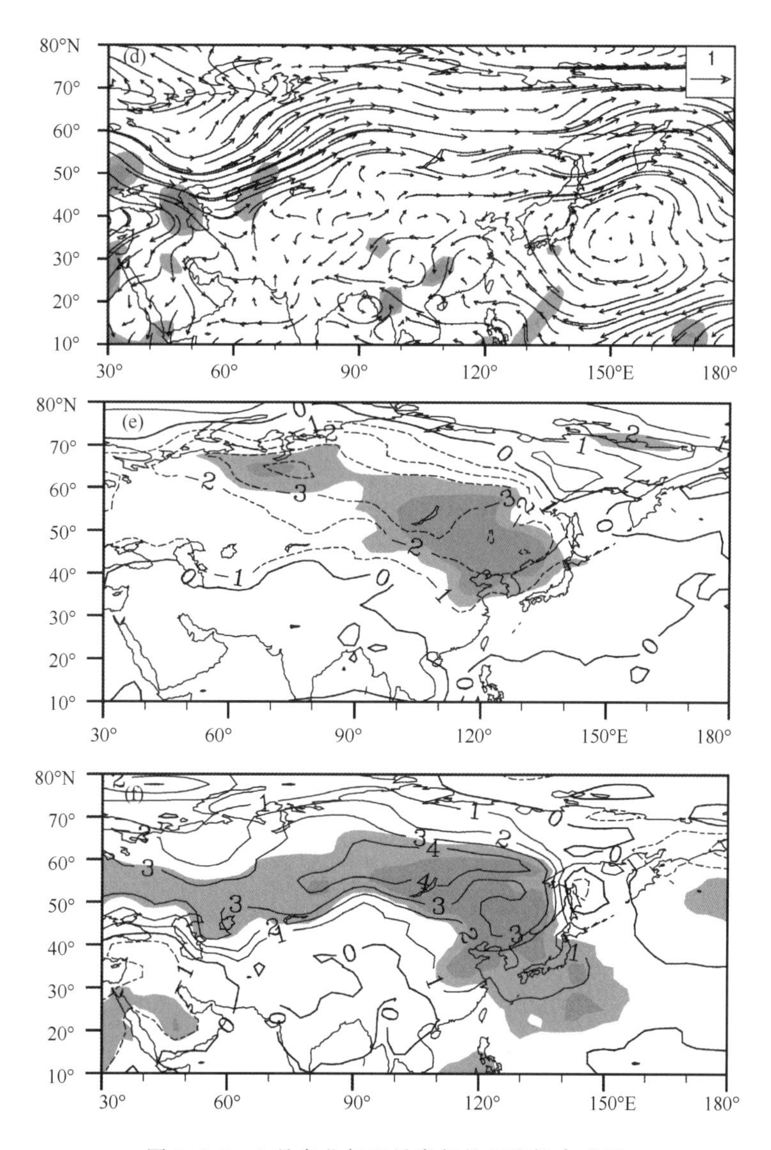

图 8.2.6　1 月东北气温异常年的环流场合成图

a、c、e 为气温偏低年。(a)500 hPa 高度距平场；

(c)850 hPa 风场；(e)地表温度；(b)，(d)和(f)同(a)，(c)，(e)，但为气温偏高年。

图中浅色和深色阴影分别表示通过 95%和 99%置信度水平，(a)和(b)

等值线间隔为 10gpm，(e)和(f)等值线间隔 1K

东北地区气温偏高年的环流场特点与气温偏低年基本相反，对流层中层 500 hPa 高度场上，东北亚上空为正高度距平控制，显著的正高度距平延伸到西北太平洋上空，低层 850 hPa 风场上，东北亚地区为西南风距平控制，说明东北地区气温偏高年其东北地区上空的东北风气流比气候态减弱，有利东北地区气温偏高。

为什么东北气温异常偏低(高)年，东北亚上空对应异常气旋性(反气旋性)环流？我们进一步分析异常环流和东北亚—鄂霍次克海地区的阻塞高压关系以及东北亚阻塞环流在东北地区气温异常中的作用。冬季东亚太平洋沿岸地区的西风急流以及瞬变波活动中心较夏季偏南

(Pelly *et al.*, 2003; Barriopedro *et al.*, 2010)，对应于东北亚地区阻塞发生的纬度较低(Barriopedro *et al.*, 2010)，因而阻塞高压识别方法中使用的参考纬度也应当较低。Barriopedro 等(2010)定义的阻塞指数(以下简称 BI2010)使用参考纬度充分考虑到阻塞发生的纬度不同。我们使用 BI2010 阻塞指数计算东北地区气温异常年的阻塞发生频率(图 8.2.7)。可以看到，1 月东北地区气温偏低年，东北亚(50°N 以北)阻塞发生频率较高，阻塞活动极大值中心位于鄂霍次克海(160°E)并向西延伸至贝加尔湖地区(110°E)，东北亚阻塞发生频率较高，中心频率超过 0.21(～6.5 天)，高于气候态频率 0.15；东北气温偏高年，东北亚阻塞发生频率则较低，大约 0.09。当东北亚(50°N 以北)阻塞频率较高年，东北亚高纬度地区(60°N 以北)易出现正高度距平，阻塞活动极大值中心位于鄂霍次克海附近，位于阻塞高压南侧的东北上空受低槽控制，500 hPa 高度场上东北上空为负高度距平(见图 8.2.6a)，850 hPa 风场上东北上空出现异常气旋性环流(见图 8.2.6c)，偏北风加强，有利东北气温偏低；反之东北亚阻塞发生频率较低年，东北亚高纬度地区(60°N 以北)易出现负高度距平，500 hPa 高度场上东北上空为正高度距平(图 8.2.6b)，850 hPa 风场上东北上空出现异常反气旋性环流(图 8.2.6d)，偏北风减弱，有利东北气温偏高；这说明东北亚高纬度地区(鄂霍次克海附近)阻塞高压频率对我国东北地区温度异常有重要作用。

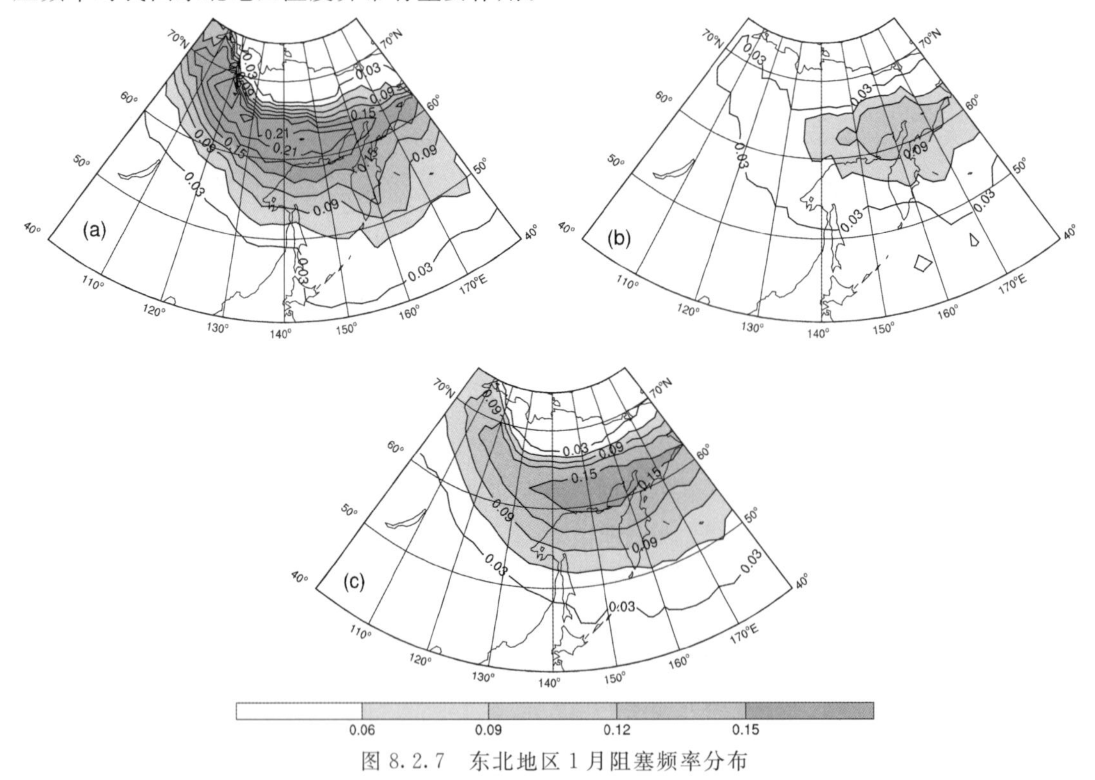

图 8.2.7　东北地区 1 月阻塞频率分布

(a)气温偏低年；(b)气温偏高年；(c)气候平均态，图中阴影表示频率超过 0.06，等值线间隔为 0.03

前面分析已指出：东北地区气温有显著的年代际变化，1987 年后东北地区气温显著增暖(见图 8.2.5)。根据 BI2010 公式，计算分析发现，东北亚—鄂霍次克海地区阻塞高压发生频率也存在着显著的年代际变化，图 8.2.8a 给出的 1976—1987 年阻塞发生频率大约 0.18(5.6 天)，图 8.2.8b 给出东北地区年代际增暖的 1988—1999 年，阻塞发生频率明显减少(大约

4.7 天)，阻塞频率的年代际变化特点与年代际环流场的异常分布是一致的。从图 8.2.9a 可见，1976—1987 年东北亚高纬度地区(65°N)为正高度距平，东北地区上空 500 hPa 呈现显著负高度距平(对应气旋性环流)，负距平中心强度大约－15 gpm；从图 8.2.9b 可见，1988—1999 年东北亚高纬度地区(55°N 以北)为负高度距平，东北地区(50°N 以南)地区为正高度距平(对应反气旋性环流)，中心强度大约 5 gpm，图 8.2.9a、b 的分布表明，年代际的变化与年际变化的环流特征相似，但年代际变化表明东北地区上空的正/负距平中心强度比年际变化偏弱。

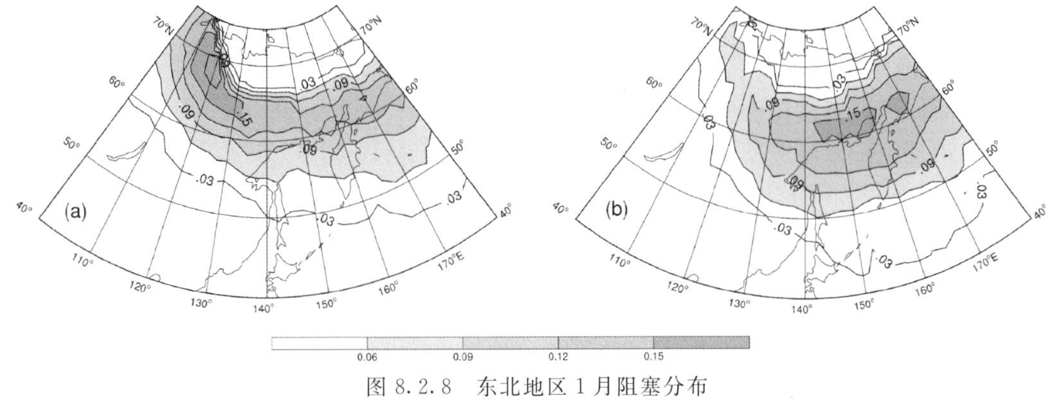

图 8.2.8　东北地区 1 月阻塞分布

(a)1976—1987 年；(b)1988—1999 年

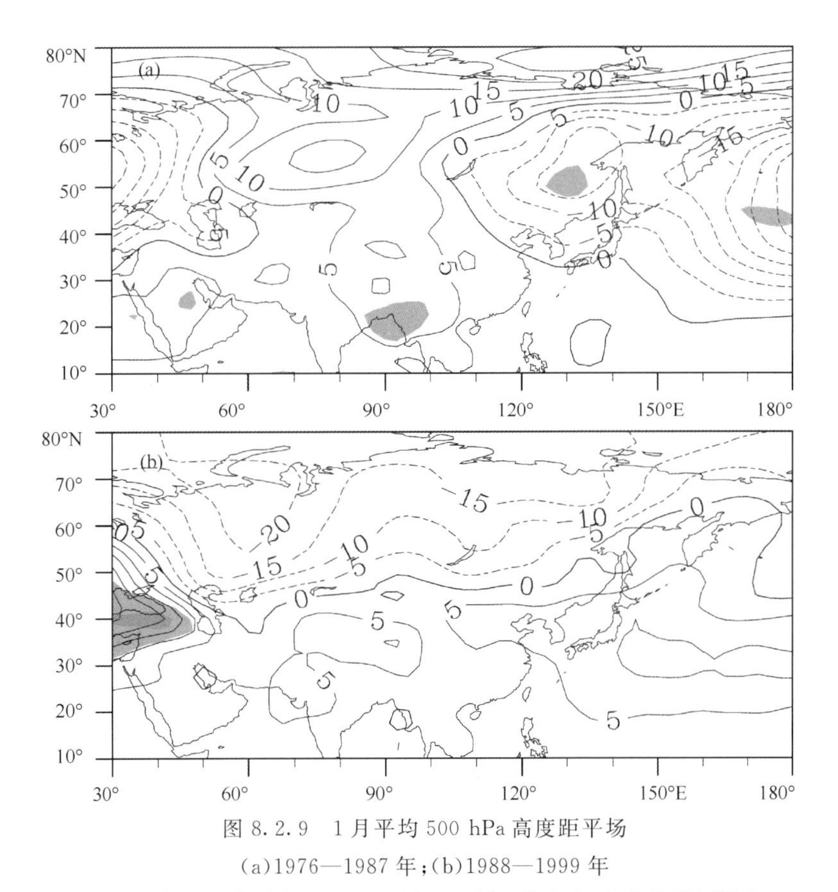

图 8.2.9　1 月平均 500 hPa 高度距平场

(a)1976—1987 年；(b)1988—1999 年

图中浅色和深色阴影分别表示通过 95%和 99%置信度水平，等值线间隔为 5 gpm

8.2.2.2 外强迫因子

上面分析说明，东北地区气温异常与环流场异常密切相关，异常环流往往受外强迫因子异常变化的影响。Ferreira 等(2008)研究指出：大气对海温等外强迫因子响应时间大约 1～2 个月，因此我们重点探讨 1 月东北气温异常年前期 12 月海温、海冰外强迫因子的异常变化对东北地区气温异常年的环流变化的影响。

图 8.2.10 分别给出 1 月气温偏高年与偏低年的前期 12 月海温以及海冰差值分布，图中浅色和深色阴影分别表示通过 95％和 99％置信度水平，图 8.2.10a 中等值线间隔为 0.2 K。图 8.2.10a 分布说明，1 月东北地区气温偏高年前期 12 月西北太平洋(30°—40°N)为暖海温距平，而东北地区气温偏低年前期 12 月西北太平洋海温(30°—40°N)为负距平。Wu 等(2011)研究发现，前期极地海冰对冬季我国气候有着重要的影响。图 8.2.10b 给出 1 月东北地区气温偏高年与偏低年前期 12 月海冰差值分布，可以看到前期 12 月海冰异常主要出现在巴伦支海一喀拉海(Barents-Kara seas，以下简称 B—K)地区。这表明 1 月东北地区气温偏低年前期 12 月 B—K 地区海冰偏多；反之，1 月东北地区气温偏高年前期 12 月 B—K 地区海冰偏少。那么前期 12 月西北太平洋(30°—40°N)以及极地海冰异常是通过什么样的物理过程影响 1 月东北地区气温？

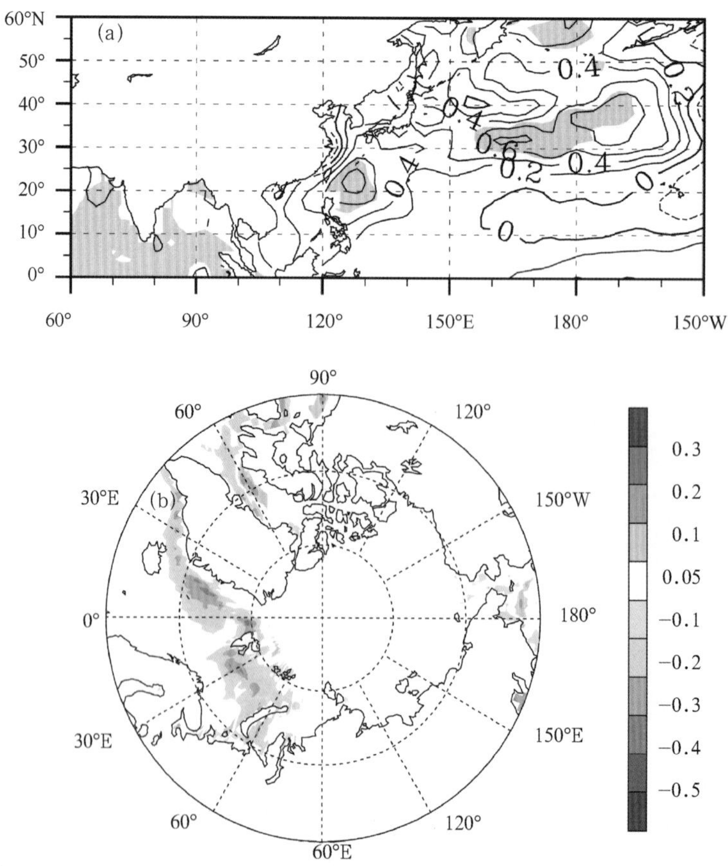

图 8.2.10 1 月气温偏高年与偏低年前期(12 月)差值图

(a)海温，(b)海冰，图中浅色和深色阴影分别表示通过 95％和 99％置信度水平，

图(a)中等值线间隔为 0.2 K

为了探讨前期 12 月海温、海冰对后期 1 月环流的影响,我们进一步分析了前期 12 月西北太平洋海温及 B－K 地区海冰对后期 1 月 500 hPa 高度场、850 hPa 风场的回归。从图 8.2.11a 可以看出:前期 12 月西北太平洋海温与后期 1 月东北亚上空 500 hPa 高度回归场上最显著的正相关区出现在 40°—60°N 的东亚区域 ;图 8.2.11c 清楚地表明:前期 12 月西北太平洋海温与后期 1 月 850 hPa 风场上西北太平洋－东北地区呈现为异常反气旋环流,受异常反气旋环流的影响,东北地区上空为西南风距平,回归结果清楚地说明前期 12 月西北太平洋为正(负)海温距平时,有利于东北上空出现反气旋性(气旋性)环流异常,说明冬季东北地区偏北风减弱(加强),造成东北地区气温偏高(低)。西北太平洋海温影响东北亚高空环流可能的物理过程是,当西北太平洋为正海温异常时,对局地大气加热,正海温北侧温度梯度增大,南侧温度梯度减弱,在对流层低层(如 850 hPa)响应出反气旋环流异常。由于瞬变波活动作用,反气旋环流异常随高度向北侧倾斜,这和 Li(2004)结果一致。

图 8.2.11b、d 是用前期 12 月 B－K 地区海冰对后期 1 月环流的回归,从图可见,B－K 地区海冰和亚洲大陆地区 500 hPa 高度场呈反相关,最大的负中心位于贝加尔湖南侧,鄂霍次克海以北为正高度距平,这说明极地海冰偏多年,鄂霍次克海阻塞发生频率偏高;用 12 月海冰回归的 1 月 850 hPa 风场,鄂霍次克海地区为气旋性环流异常,东北地区为偏北风距平。回归结果表明,1 月东北地区气温偏低年与前期 12 月 B－K 地区海冰增加造成气旋性环流异常有关,1 月东北地区气温偏高年与前期 12 月 B－K 地区海冰减少造成反气旋性环流异常有关。

上述诊断和统计结果都表明,东北亚地区环流异常与前期(12 月)关键区的海温、海冰的异常有关。12 月西北太平洋正(负)海温以及 12 月 B－K 地区海冰减少(增加)分别有利东北地区上空出现异常的反气旋性(气旋性)环流。

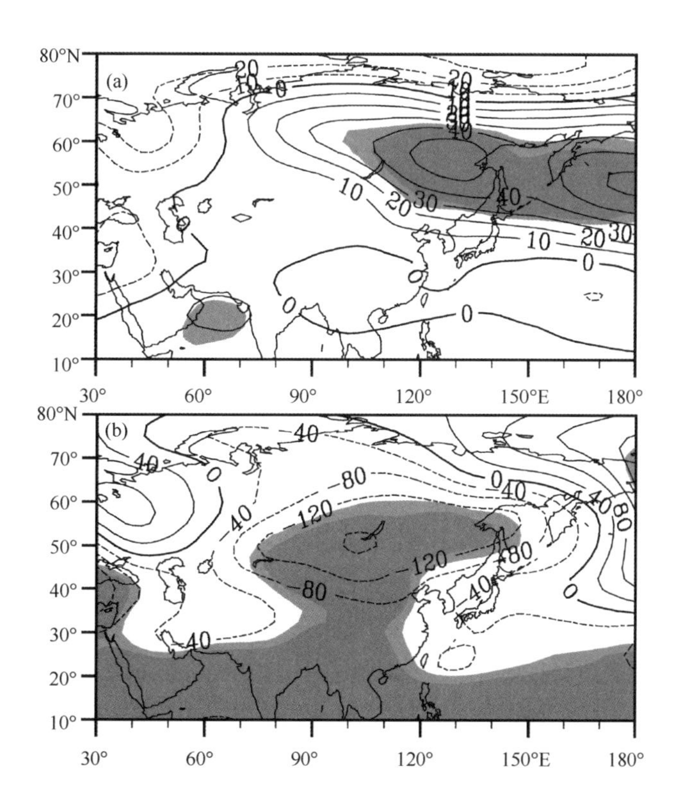

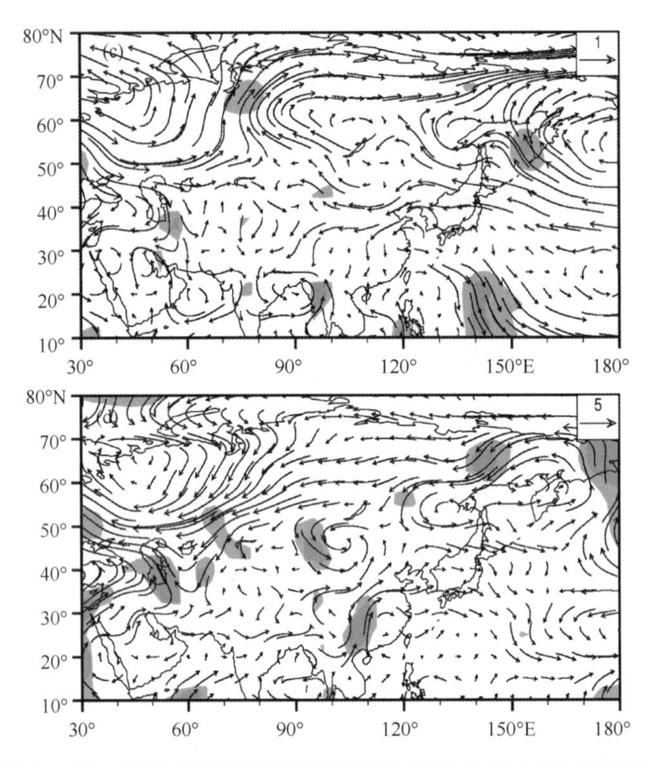

图 8.2.11　前期 12 月西北太平洋海温回归的(a)500 hPa 高度场，
(c)850 hPa 风场；(b)，(d)同(a)和(c)，但为前期极地海冰回归结果，
图中浅色和深色阴影分别表示通过 95%和 99%置信度水平，(a)和(b)中等值线间隔为 10 gpm

8.2.2.3　数值试验

在上述物理量诊断和统计分析的基础上，我们利用 ECHAM 模式进行了数值实验，进一步验证前期(12 月)关键区海温、海冰异常对 1 月东亚大气环流异常影响。图 8.2.12 给出的是根据东北气温异常年的关键区海温定义的敏感性试验的海温位置和强度。

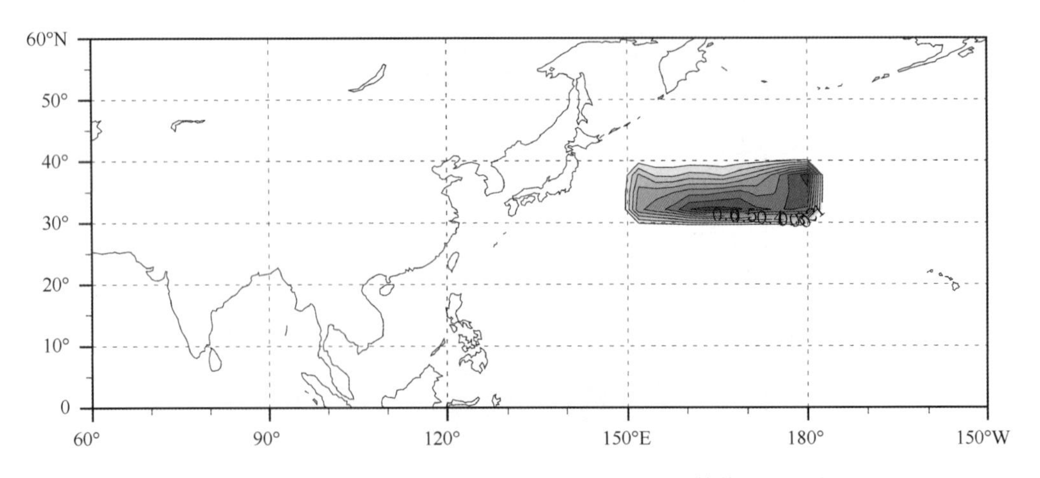

图 8.2.12　敏感试验中所加的海温异常的强度和位置，等值线间隔为 0.1 K

ECHAM 模式的敏感性试验结果表明，当西北太平洋为正海温距平时，西北太平洋－东北亚地区响应出反气旋环流异常(图 8.2.13)，东北地区受偏南风距平的影响，有利东北地区气温偏高，这与利用观测数据进行回归分析得到的结果一致(图 8.2.11)。模式中响应的反气旋环流异常较观测中位置略为偏南，这可能是 ECHAM 模拟的北太平洋的急流和天气扰动等活动模拟和实际存在着差异有关(Li,2004)，我们的结果和 Peng 等(1999)也是一致的。

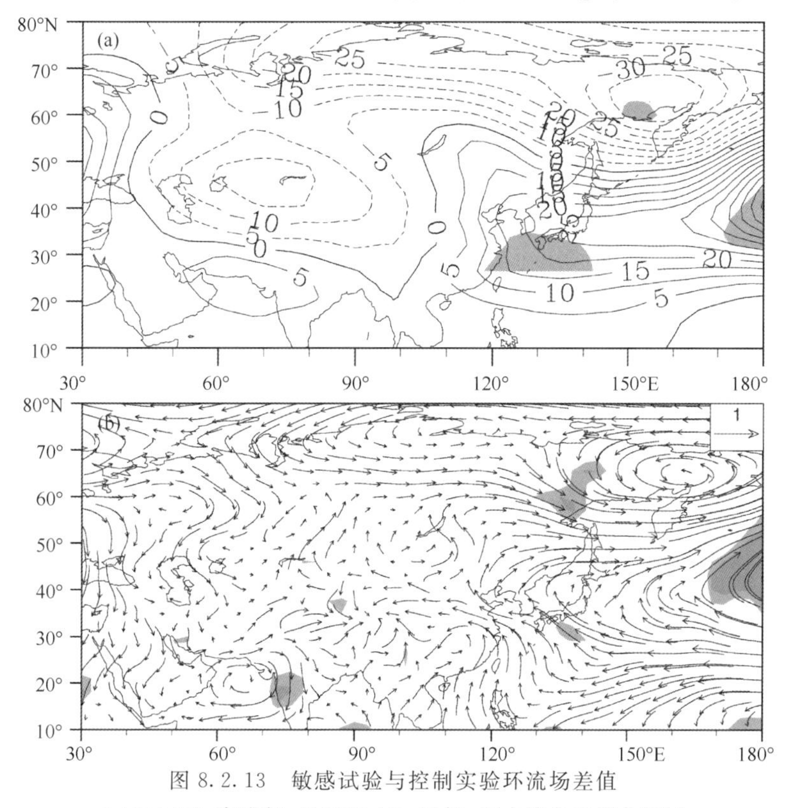

图 8.2.13　敏感试验与控制实验环流场差值

(a)500 hPa 高度场，(b)850 hPa 风场，图中浅色和深色阴影分别表示通过 95％和 99％置信度水平，(a)中等值线间隔为 5 gpm

从图 8.2.11a 可以看到，对流层 500 hPa 位势高度场上东北地区高度距平对西北太平洋海温响应强度约为 50 gpm/℃，也就是说北太平洋海温距平大约出现 0.5℃异常，500 hPa 高度场上东北地区高度距平的响应大约 25 gpm；在东北气温异常年中，东北地区的高度距平场大约为 40 gpm(见图 8.2.11a)，这说明除外强迫因子海温异常外，其他外强迫(如海冰)异常可能对东北地区气温异常有一定影响。

Petoukhov 等(2010)分析了一组 ECHAM 模式结果，指出后期大气环流响应依赖于极地海冰的密集度。当海冰密集度为 40％～80％，B－K 海冰减少时，局地环流响应出反气旋环流异常，下游东北亚地区为负高度距平。当海冰密集度大于 80％，或者小于 40％，B－K 海冰减少时，局地环流响应为气旋性环流异常，下游东北亚地区为正高度距平。在东北气温异常年(见表 8.2.2)，只有 1960，1969 和 1989 年三年，前期 12 月 B－K 的海冰密集度大于 40％，分别为 40.9％，63.0％，41.2％。表 8.2.2 中气温偏低年，海冰的平均密集度为 33.5％，气温偏高年，海冰的平均密集度为 26.3％，因而对 B－K 海冰减少的局地环流响应为气旋性环流异常，下游东北亚地区受上游 Rossby 波频散影响，为反气旋环流异常，这和我们的观测结果是一致的，因而 Petoukhov 等(2010)的模式试验结果支持我们海冰异常影响东北亚地区环流异常的结论。上述诊断、统计及数值模拟结果都说明，前期 12 月西北太平洋关键区海温对 1 月东北气温异常有重要作用，这说明前期 12 月西北太平洋关键区海温变化可作为预测 1 月东北地区气温异常变化的有物理意义的预测因子。

8.2.2.4　交叉谱分析

研究已指出：东北地区气温不仅存在显著的年际变化，还存在显著的年代际变化。因此我们进一步分析与东北气温年代际变化与外强迫因子海温、海冰的关系。图 8.2.14 和图 8.2.15 分别给出 1960—2010 年 12 月西北太平洋关键区海温和 B—K 海冰的时间序列。从图清楚可见，西北太平洋海温也存在显著的年代际变化(见图 8.2.14)；1988 年之前，西北太平洋地区海温为负距平，1988 年之后，西北太平洋海温由冷异常转变为暖异常，这一年代际变化与东北地区气温在 1980 年末的年代际变化一致(见图 8.2.1)。从图 8.2.15 的 B—K 地区海冰的变化可见，在 1980 年末，海冰变化也由偏多转为偏少(图 8.2.15)，这也与东北地区气温在 1980 年末的变化一致。年代际尺度上西北太平洋海温和东北气温的相关系数为 0.51，年代际尺度上 B—K 海冰和东北气温的相关系数为－0.68，均超过 99%的置信度水平，统计结果说明 1 月东北气温的年际变化受前期 12 月关键区海温、海冰年代际变化影响。

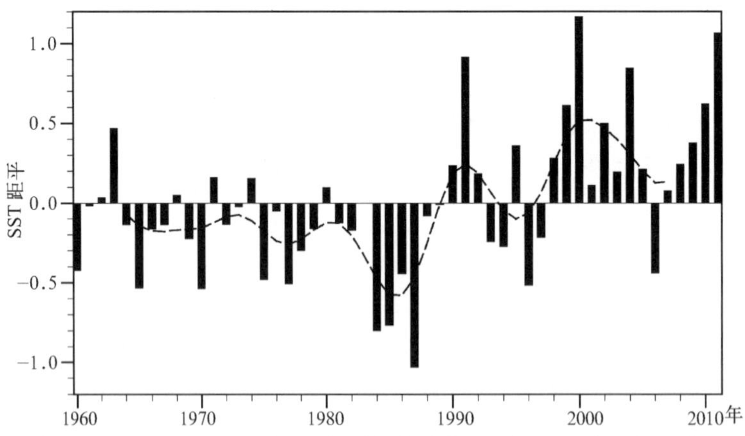

图 8.2.14　1959—2010 年 12 月西北太平洋(150°E—180°，30°—40°N)海温距平时间序列，图中虚线为利用 Lanczos 滤波器滤去 10 年以下部分

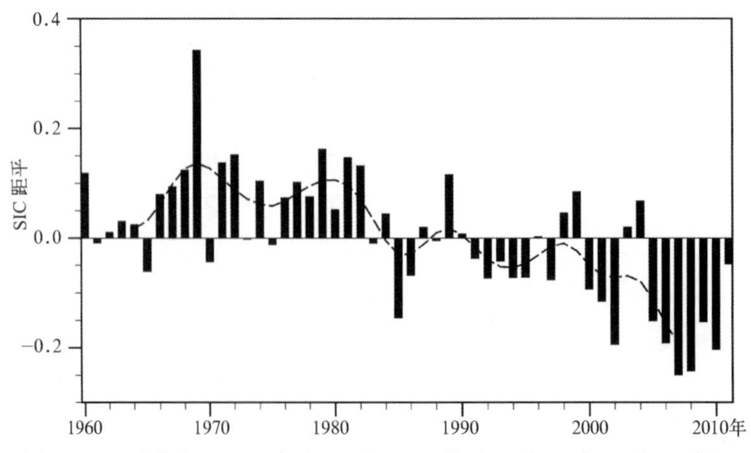

图 8.2.15　同图 8.2.14，但为 12 月 B—K 海冰(30°—60°E，65°—80°E)

为了进一步探讨海温、海冰的年代际、年际变化对东北气温的影响，我们对前期(12月)关键区海温、海冰的变化与东北气温变化进行交叉谱分析。交叉谱分析结果表明：12月西北太平洋海温和1月东北气温的交叉谱的峰值主要出现在2.5 a，3.3 a，10 a的周期上(图8.2.16a)，交叉谱更多地集中分布在年际尺度上；12月B－K海冰和1月东北气温交叉谱的峰值主要在2.7 a，10 a周期上(图8.2.16b)，交叉谱更多地分布在年代际尺度上。东北气温的异常受海温、海冰年际、年代际变化共同影响。为此我们进一步计算了海温、海冰年际、年代际谱能量与总能量的关系，计算表明：海温的年际变化对东北气温异常的贡献占总方差的65.5%，海冰的年际变化对东北气温异常的贡献占总方差的12.7%；海温的年代际变化对东北气温异常的贡献占总方差的24.8%，海冰的年代际变化对东北气温异常的贡献占总方差44.0%。由此可见，东北气温的年际变化可能更多地受西北太平洋关键区海温异常变化影响，而东北气温的年代际变化则更多地受B－K地区海冰异常变化的影响。

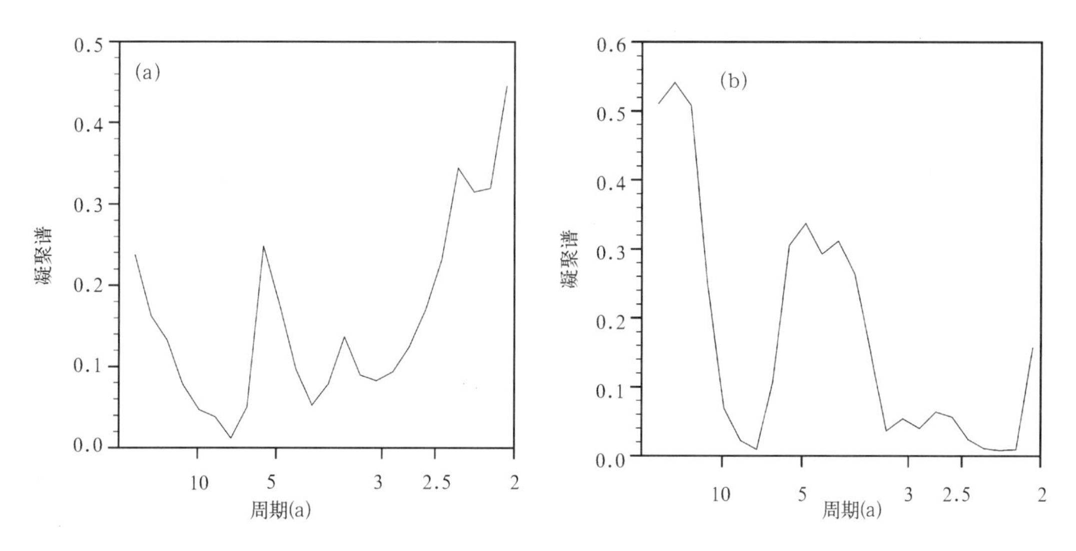

图8.2.16　前期12月外强迫因子和1月东北气温的交叉谱

(a)西北太平洋海温；(b)B－K海冰，横坐标为周期(单位：a)

8.2.2.5　结果检验

上面我们分析了前期12月外强迫因子多时间尺度异常变化对东北气温的影响，指出前期12月外强迫因子异常特征可作为预测1月东北气温异常变化的重要前兆性信号。由于我们在研究中使用的均一化气温资料时间范围是从1960—2008年(Li *et al.*，2009)，并未包含2009—2011近3 a的气温资料，因此我们利用2009—2011年再分析资料进一步检查近3 a东北气温和前期外强迫因子的关系。

图8.2.17给出最近3 a(2009、2010、2011年1月)的再分析资料的气温距平场。可以看到，2009、2010，2011年1月，东北亚地区(东北地区气温)为显著的正距平区，我国其他大部分地区为负距平区，这说明我国东北地区温度异常变化趋势与全国大部分地区呈反位相变化。进一步分析了这3 a前期(即2008、2009、2010年)12月海温、海冰的变化，分析发现2008、2009、2010年12月西北太平洋海温为正距平(请见图8.2.14)、B－K地区海冰偏少(见图8.2.15)，这表明2009—2011年1月东北地区气温偏高与前期关键区的海温正异常以及B－K地区海冰偏少有关。

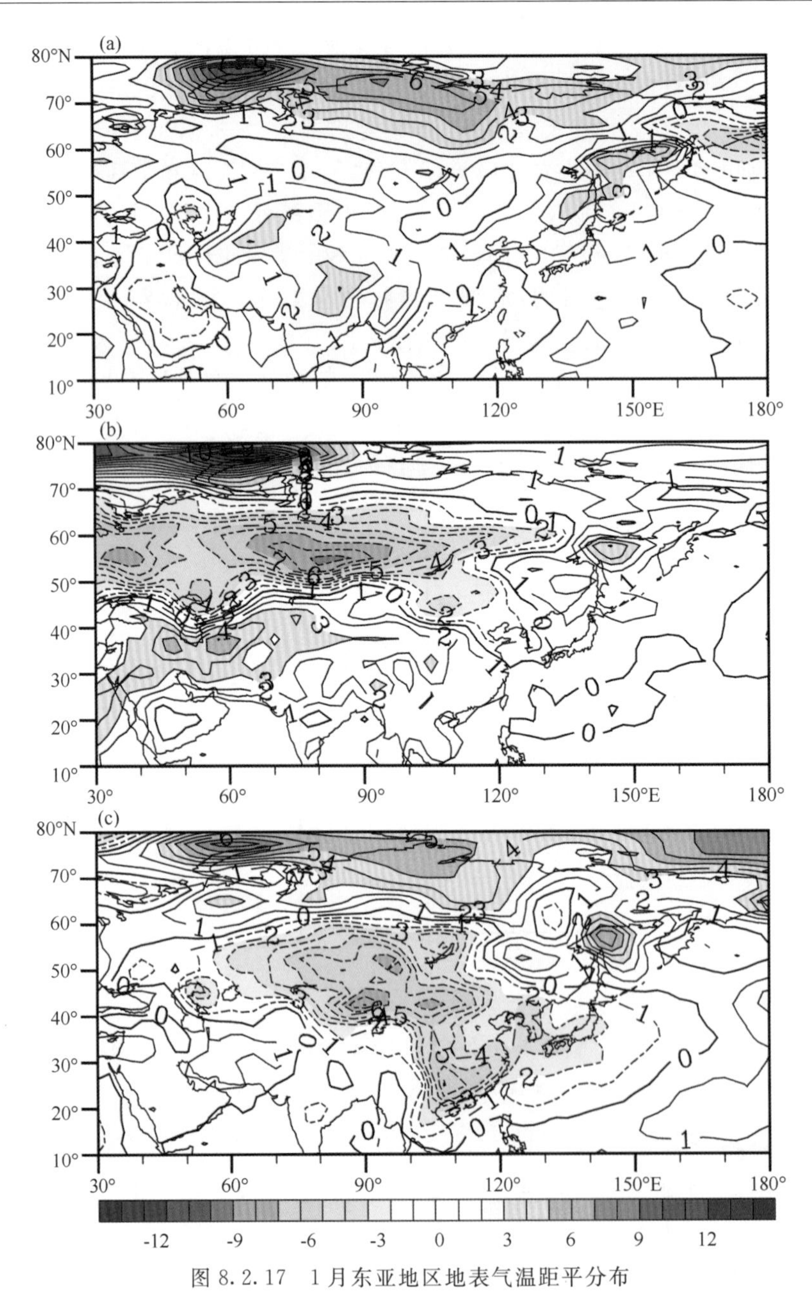

图 8.2.17 1 月东亚地区地表气温距平分布

(a)2009,(b)2010,(c)2011 年。红色、蓝色等值线分别表示正/负温度距平,等值线间隔为 1 K

8.2.3 西北型

我国西北位于欧亚内陆地区,降水较少,属于干旱地区。西北地区生态环境脆弱,降水、温度条件变化对西北地区的生态环境有重要影响。研究西北地区的降水、温度变化特征,有利于正确区分自然变率和人为变率对西北地区气候变化的影响,因而有着重要科学意义和应用价值。冬季我国西北地区气温变化受大陆气候影响,由西北路径入侵的冷空气往往导致西北和江南等地区先后出现降温,统计分析发现;西北一江南型是冬季全国气温 EOF 的第三主要模态(见图 8.1.3),其变化也存在显著的年际、年代际变化趋势。探讨西北地区气温变化的成因不仅对预测西北地区气温变化、同时可为我国东部地区冬季气候预测提供有物理意义的预测指示。西北地区位于北大西洋天气扰动(风暴路径)活动中心的下游,因此我们重点关注上游的阻塞环流、北大西洋流型对冬季西北地区气候的影响。

根据1月全国气温 EOF 的第三模态(见图 8.1.3),我们选取西北地区 45 个观测站(图 8.2.18),这 45 个站点分布和 EOF3 模态中负异常(见图 8.1.3)的区域是基本一致的。西北地区 45 站大约覆盖 166.5 万 km^2,约占全国陆地总面积的 1/6,这表明影响西北地区气温异常变化的环流特征具有大尺度的环流特征。

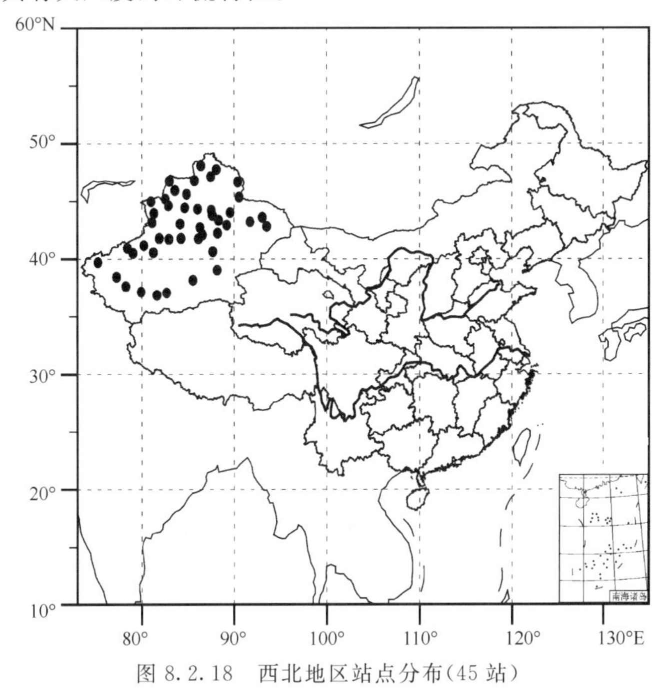

图 8.2.18　西北地区站点分布(45 站)

利用 1960—2008 年 1 月西北地区 45 站的月平均和逐日温度资料,计算了西北地区 1 月平均气温变化(图 8.2.19)以及 1 月低温持续日数(定义同东北地区)。分析表明:西北地区月平均气温距平和低温持续时间密切相关,两者相关系数为－0.88,超过了 99.9%的置信度水平,略高于东北地区的相关。同时,我们注意到西北地区气温显著增暖的年代际变化出现在 1970 年代末(或 1980 年代初),在显著增暖期,低温持续时间显著偏少。西北地区的年代际增暖发生在 1980 年初,超前于 1980 年中后期的全国及东北地区气温的年代际增暖现象。

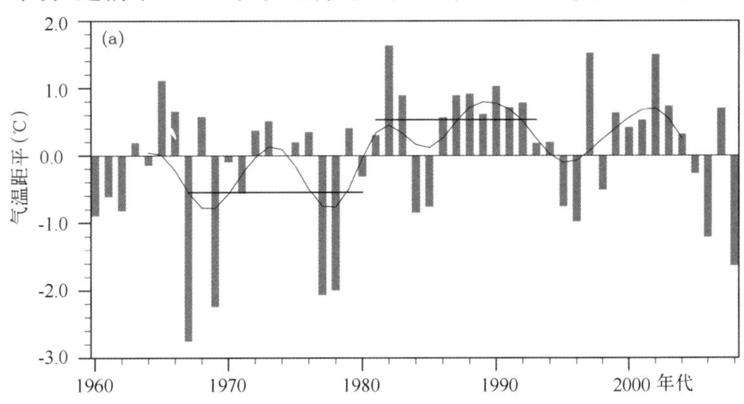

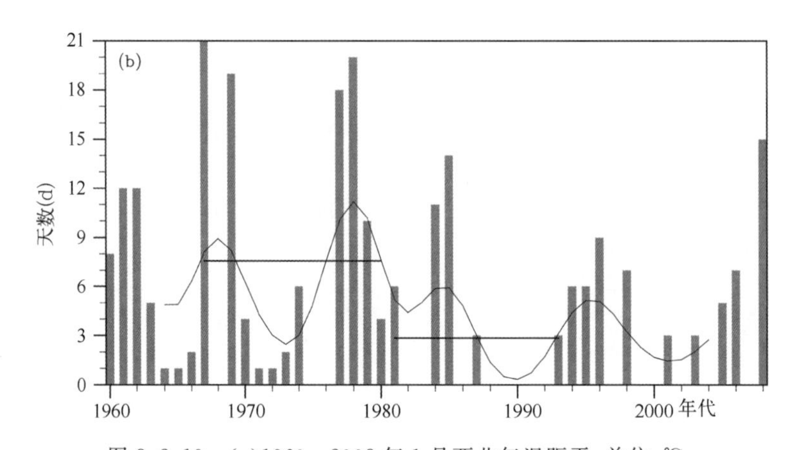

图 8.2.19 (a)1960—2008 年 1 月西北气温距平，单位：℃；
(b)1960—2008 年 1 月西北低温持续时间，单位：天，图中黑色曲线为
利用 Lanczos 滤波器滤去 10 年以下部分，水平线分别表示 1967—1980，1981—1993 年平均

8.2.3.1 环流特征

为了深入探讨西北地区气温正负异常年的大气环流特征，表 8.2.3 给出（根据图 8.2.19 选取）1 月西北地区气温异常年（标准差小于/大于－1.0/0.9σ）；1 月温度偏低（高）年，分析表明：西北地区 1 月气温偏低年平均气温为－14.3℃，低温持续时间平均为 14 天；1 月气温偏高年平均气温为－9.6℃，低温持续时间平均为 0.4 天；气温偏低年和偏高年的平均气温和低温持续时间的差都超过 99％的置信度水平。

表 8.2.3 1 月西北气温异常年（气温异常的标准小于/大于－1.0/0.9σ 标准差）

气温偏低年（小于－1.0σ）	1967，1969，1977，1978，1984，1985，1995，1996，2006，2008 年
气温偏高年（大于 0.9σ）	1965，1982，1983，1987，1988，1990，1991，1992，1997，2002 年

图 8.2.20 给出的是 1 月西北气温偏高（低）年的环流场合成。西北地区 1 月气温偏低年，对流层上层（图 8.2.20a）西亚副热带西风急流和东亚副热带西风急流加强，低纬和高纬度地区的纬向风减弱，这有利于上游 Rossby 波能量沿中纬度急流向下游传播，对下游地区的环流异常起维持作用。在对流层中层 500 hPa 上（图 8.2.20c），西北地区上空为负高度距平，上游乌拉尔山附近（40°—70°E）为显著正高度距平，正距平中心强度超过 50 gpm，低层 850 hPa 的西北上游地区出现异常反气旋环流（图 8.2.20e），西北地区受异常偏北风气流影响，导致我国西北地区气温显著偏低。此外，上游北大西洋中纬度地区为负高度距平，高纬度地区为显著正高度距平（图 8.2.20c），这对应于 NAO 的负位相。

西北地区 1 月气温偏高年环流场特点与偏低年基本相反，对流层高层 200 hPa 西亚－东亚副热带急流显著减弱，低纬和高纬度地区纬向风加强，中纬度单支急流转变为双支急流（图 8.2.20b）。对流层中层 500 hPa 西北地区上空为正高度距平，乌拉尔山地区为负高度距平，低层西北地区受偏南风距平影响，有利于暖平流，造成西北地区气温偏高。

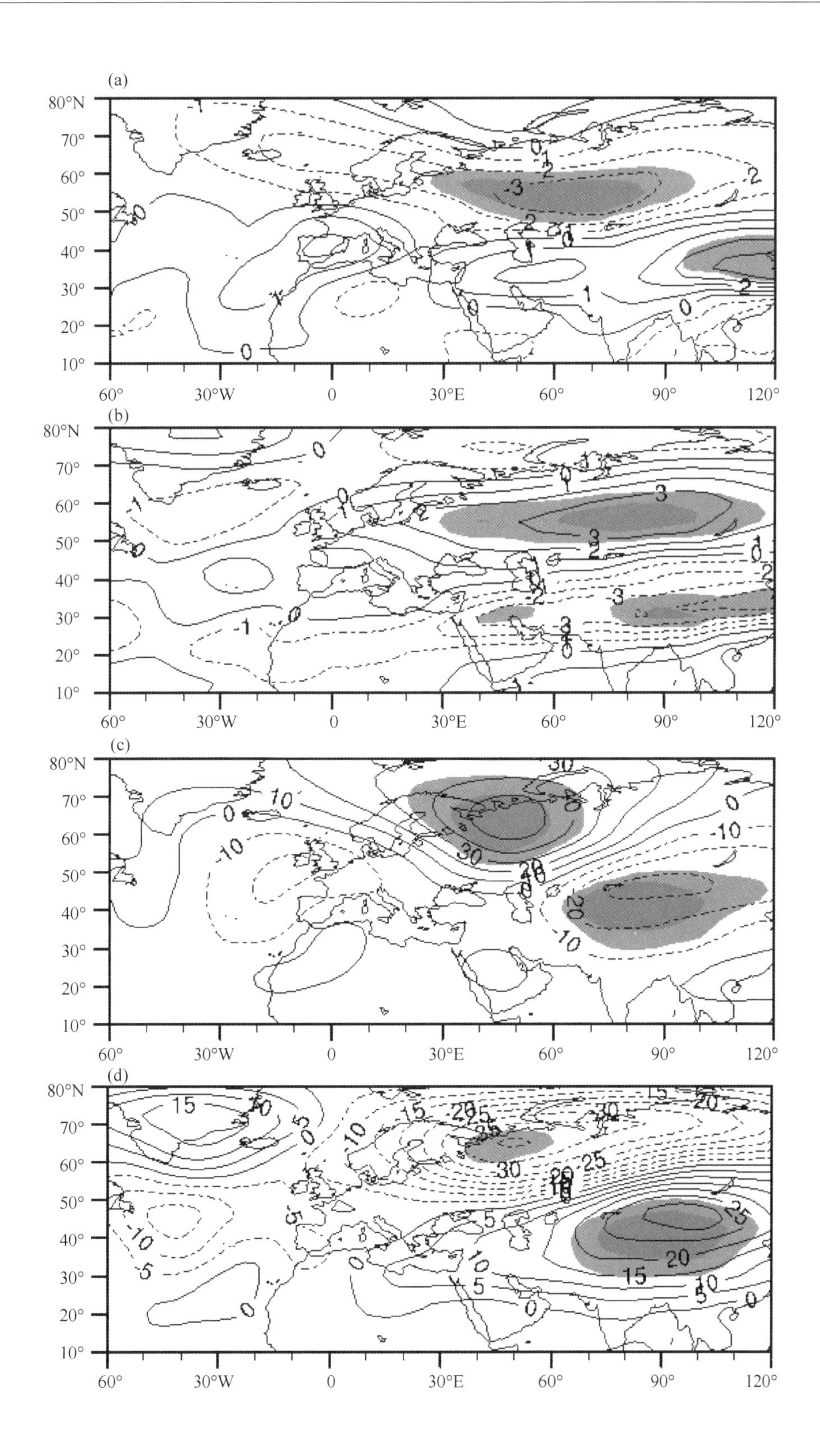
(a)
80°N
70°
60°
50°
40°
30°
20°
10°
60°
30°W
0
30°E
60°
90°
120°
(b)
(c)
(d)

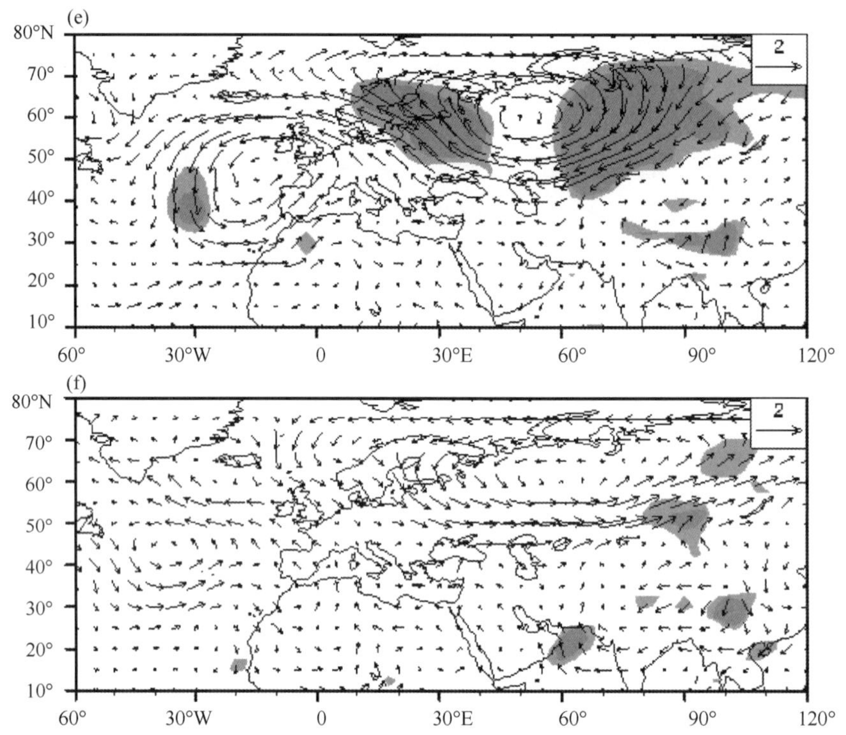

图 8.2.20　1 月西北气温异常年的环流场合成，(a)，(c)，(e)气温负异常年
(a)200 hPa 纬向风距平分布，(c)500 hPa 高度距平场；(e)850 hPa 风场距平，(b)，(d)和(f)同(a)，(c)，(e)，但为气温正异常年，浅色和深色阴影表示通过 95%和 99%置信度水平，(a)和(b)等值线间隔为 1 m/s，(c)和(d)等值线间隔为 10 gpm

Luo 等(2010)和 Wang 等(2010)研究指出：我国西北地区上游的乌拉尔山阻塞和 NAO 遥相关型在 1970s 末有一次显著的年代际变化，乌拉尔山阻塞、NAO 异常与冬季西北地区气温的年代际变化可能有一定关系。

为了探讨乌拉尔山环流(阻塞活动)、NAO 异常与西北地区温度异常关系，我们首先利用 BI2010 指数计算的西北气温正、负异常年的阻塞发生频率，从图 8.2.21 可见，西北气温正、负异常年，阻塞发生频率差异最大的区域在上游乌拉尔山地区，西北气温异常偏低年对应乌拉尔山阻塞频率偏多，说明西北气温偏低时，乌拉尔山阻塞发生频率较高，有利月时间尺度上乌山地区出现正高度距平，在阻塞高压的东侧，出现了低压或低槽，表明月时间尺度上西北地区上空受负高度距平控制(图 8.2.20c)。

我们进一步分析了 NAO 异常与西北气温异常关系。由于区域性低温事件的发生发展与阻塞高压及 NAO 的时间尺度主要是天气尺度(比月平均时间尺度短)，为了探讨西北气温异常和北大西洋上空(NAO)环流异常关系，我们根据西北气温异常的标准(见 8.1 节)，即 1 月温度偏低(偏高)事件为逐日气温低于－14.3℃(高于－5.0℃)，并维持 4 天以上的个例，进一步从天气角度分析西北低温和北大西洋环流关系，我们计算了西北气温异常事件中 NAO 指数(图 8.2.22)变化特点，可以看到，NAO 指数和西北气温有很好的对应关系，NAO 转入负位相时有利于西北低温发生，而 NAO 转变为正位相时则有利于西北气温偏高。

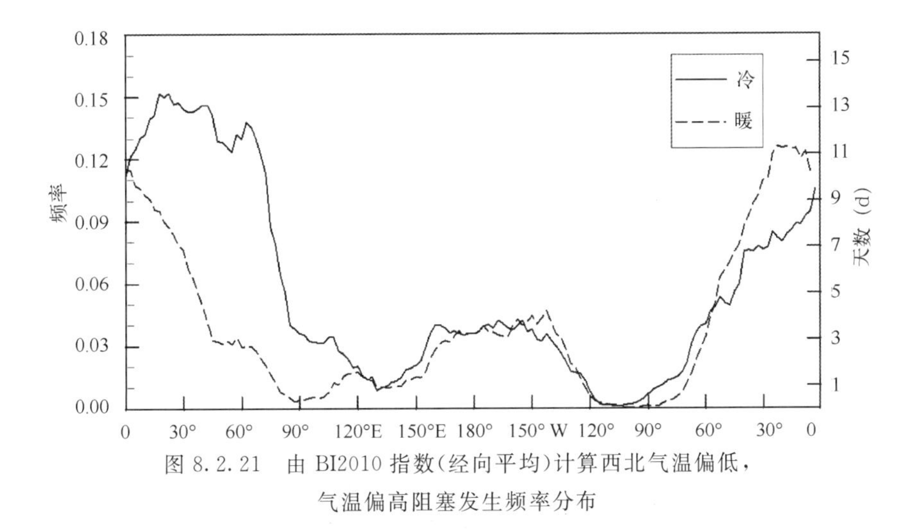

图 8.2.21　由 BI2010 指数(经向平均)计算西北气温偏低,
气温偏高阻塞发生频率分布

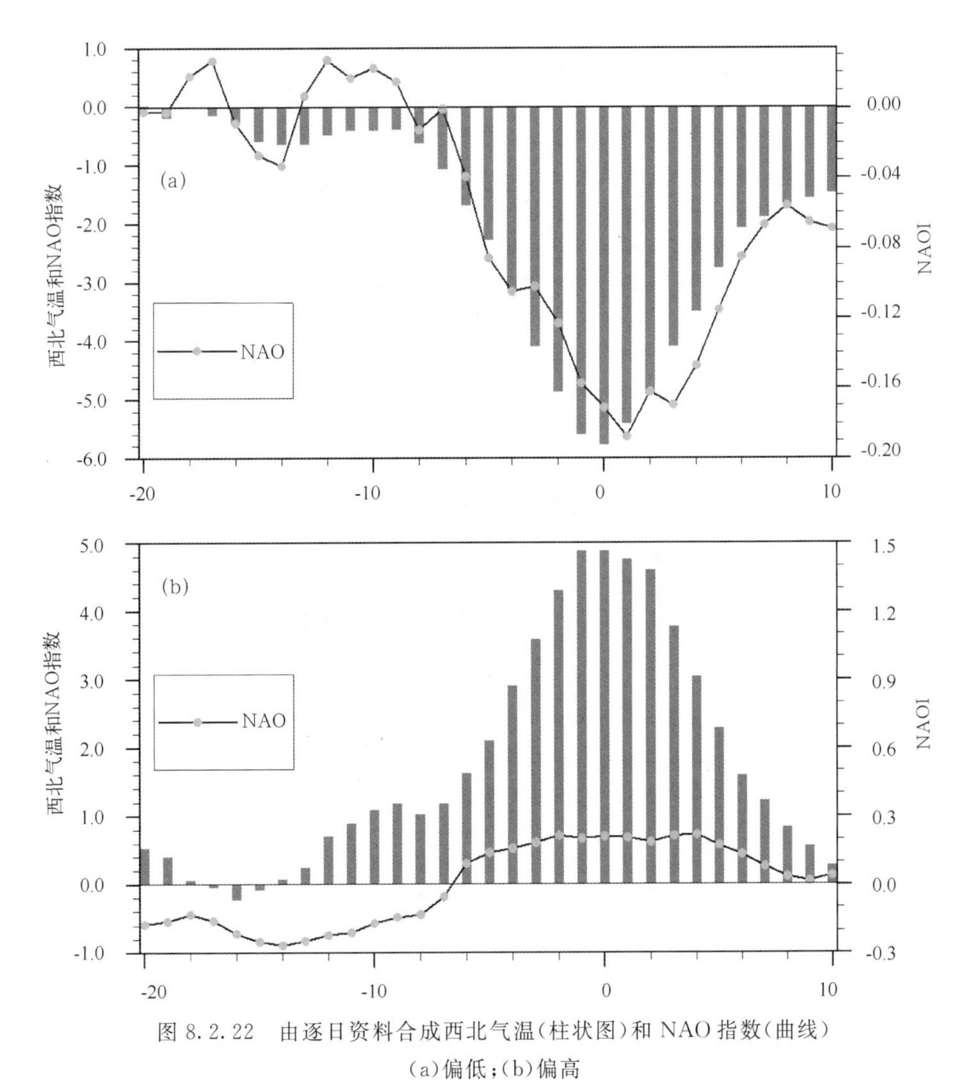

图 8.2.22　由逐日资料合成西北气温(柱状图)和 NAO 指数(曲线)
(a)偏低;(b)偏高

从上面分析可以看到，冬季西北地区气温异常与上游乌拉尔山阻塞及NAO异常有关。那么NAO与乌拉尔山阻塞有什么样的联系？由逐日资料合成的西北气温异常个例的环流场(图8.2.23)可以看到，在西北地区气温偏低年(图8.2.23a)，冰岛低压附近位势高度呈现为正异常，表明冰岛低压减弱，使得北大西洋急流减弱，这对应NAO负位相。在西北地区气温偏高年，冰岛低压附近位势高度呈现为负异常，表明冰岛低压加强，有利北大西洋上空急流加强，这对应于NAO正位相。从图8.2.23还清楚可见，无论是西北地区气温偏低还是偏高年，乌拉尔山地区环流异常受上游冰岛地区向下游传播的Rossby波能量变化影响(见图的箭头)，这说明上游冰岛低压强(弱)与NAO正(负)位相密切相关，并直接影响乌拉尔山位势高度(阻塞型)异常，进而影响西北地区气温异常变化。

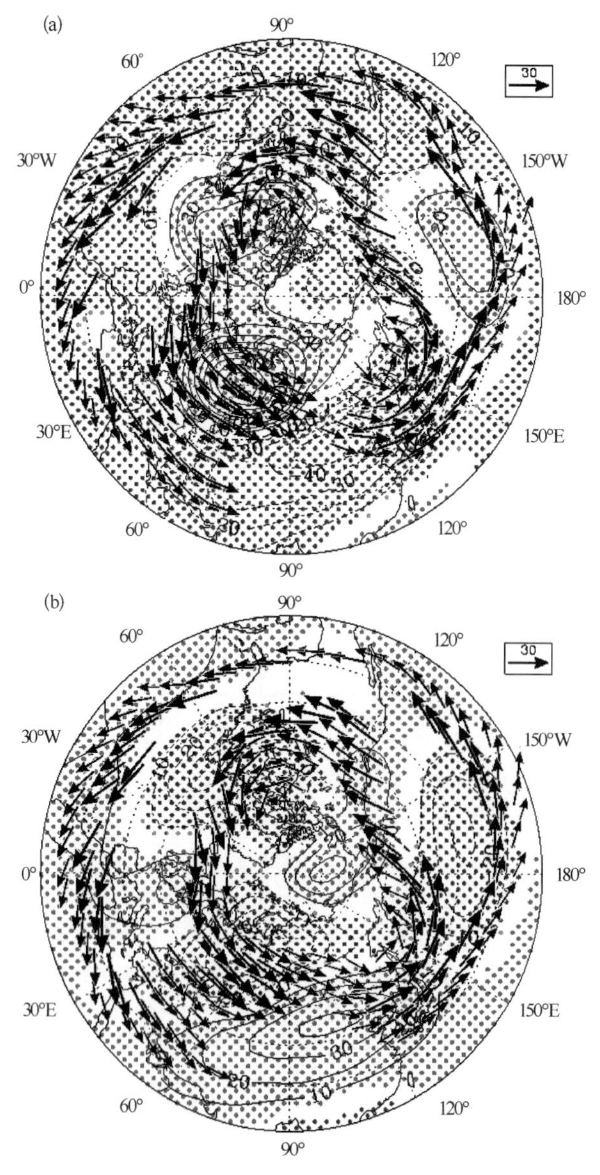

图8.2.23　由逐日资料合成500 hPa高度距平场(等值线)和对应的TN通量(箭头)
(a)西北气温偏低，(b)西北气温偏高，图中填点区表示500 hPa高度距平场通过95%置信度水平

8.2.3.2　外强迫因子

在分析了西北气温异常年环流特点基础上，我们需进一步分析西北气温异常年前期外强迫因子异常特征。图 8.2.24 是 1 月西北气温偏低年与偏高年的前期 12 月海温的差值分布，可以看到前期海温主要显著区在赤道外中太平洋地区。

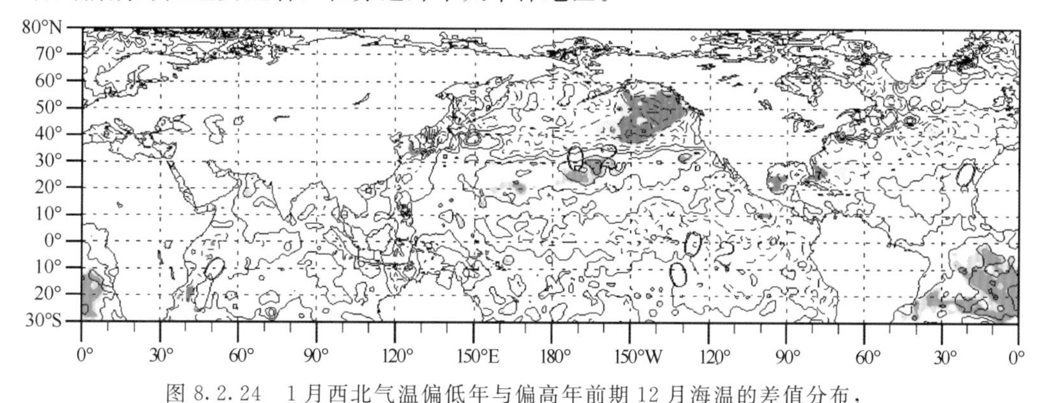

图 8.2.24　1 月西北气温偏低年与偏高年前期 12 月海温的差值分布，图中浅色和深色阴影分别表示通过 95%和 99%置信度水平

为了探讨赤道外中太平洋海温影响西北气温异常变化的物理过程？我们进一步分析赤道外中太平洋海温与 NAO 位相变化的关系，图 8.2.25 给出赤道外中太平洋海温（气候态、正、负海温）异常年逐日 NAO 指数的概率分布。从图可见，对于概率分布值较大的情况（见纵坐标），在 NAO 负位相（见横坐标），赤道外中太平洋海温偏高年的概率大于偏低年的概率（NAO 负位相有利于西北气温偏低）；反之，在 NAO 正位相（见横坐标），赤道外中太平洋海温偏低年的概率大于偏高年的概率（NAO 正位相有利于西北气温偏高）。这说明赤道外中太平洋海温偏高（低）年有利于 NAO 呈现负（正）位相。

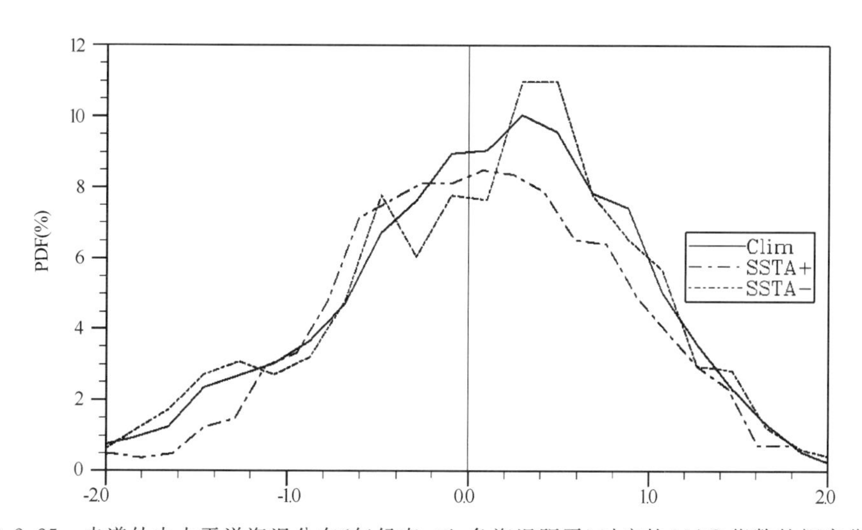

图 8.2.25　赤道外中太平洋海温分布（气候态、正、负海温距平）对应的 NAO 指数的概率分布

图 8.2.26 给出的是赤道外中太平洋海温对 300 hPa 纬向风和瞬变波活动能量（TEKE）的回归场。从回归场清楚可见，当赤道外中太平洋为正（负）海温距平时，北大西洋上空 300 hPa 纬向风的分布表明冰岛低压减弱（加强），NAO 呈现负（正）位相，北大西洋高纬上空

瞬变波活动加强(减弱),NAO通过向下游传播Rossby波能量造成乌拉尔山阻塞加强(减弱),有利西北气温偏低(高),这是赤道外中太平海温影响西北气温可能的物理过程。

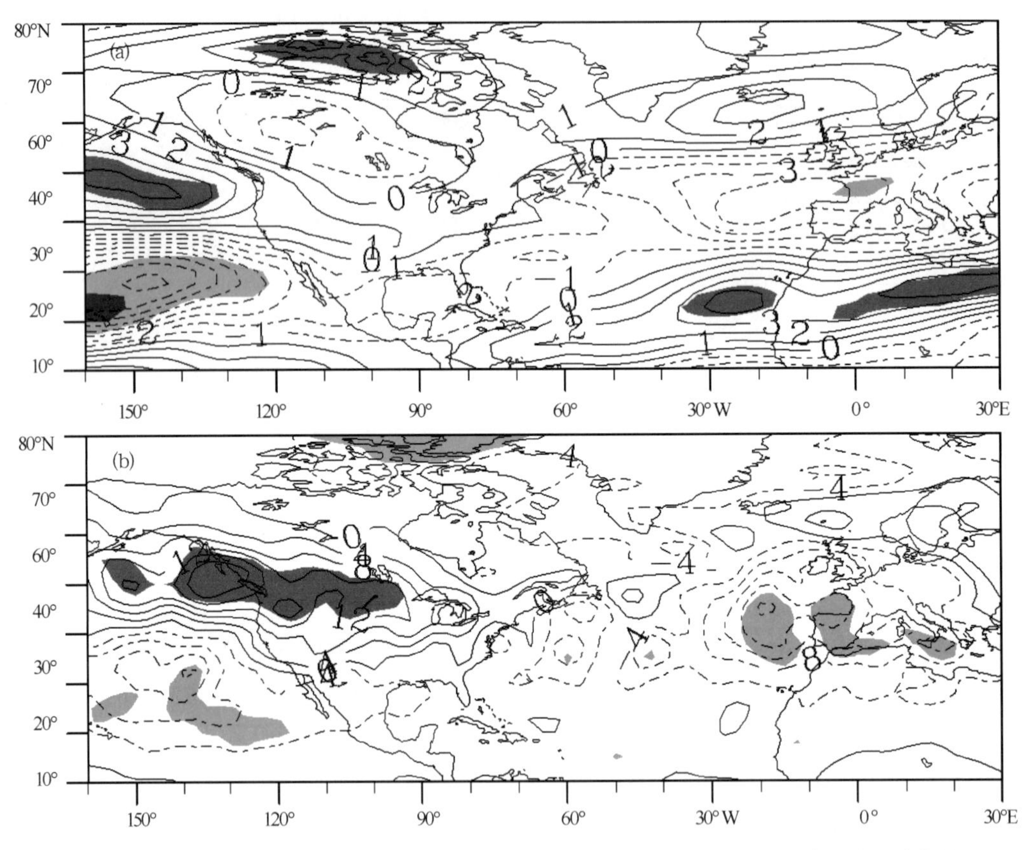

图 8.2.26　赤道外中太平洋海温回归的(a)300 hPa 纬向风和(b)300 hPa 瞬变波活动能量

8.3　小结与讨论

全球气候变暖背景下,冬季区域性极端低温事件仍频繁发生,然而区域性低温事件发生发展的环流特征及成因机理的研究却相对较少。根据我国均一化气温资料、再分析资料,利用现代统计学、物理量诊断和数值模拟等方法,围绕冬季我国区域性气温异常特征,重点分析全国一致型、东北、西北区域性低温事件发生发展的亚洲一太平洋中高纬度环流及异常机理,本章对以下三个方面工作进行了研究:(1)冬季我国气温变化的区域性特征;(2)冬季我国北方不同区域(东北、西北)平均气温年际、年代际变化的亚洲一太平洋中高纬度环流特征;(3)关键区海温、海冰异常对冬季亚洲一太平洋中高纬度环流型的影响及数值模拟。主要结论如下:

(1)冬季我国气温变化有明显的区域性特征,我国冬季气温变化的前三个主要模态表现为全国气温一致型,东北气温与全国其他地区气温反位相变化(东北型),西北气温异常比全国其他地区气温异常更显著(西北型)。在较长的时间尺度上,气温变化更多地表现为全国一致型变化;随着时间尺度缩短,气温变化的区域性特点愈加显著。

全国气温变化一致型与大尺度遥相关型AO变化密切相关，AO为负位相时，经向环流加强，全国气温偏低；AO为正位相时，纬向环流偏强，全国气温偏高。全国气温一致偏冷型，受西北、东北两条冷空气路径影响。中国区域气温一致偏冷（暖）的主要环流特征为：高层200 hPa上副热带西风急流在东亚45°N以南（中国区域上空）加强（减弱），中层500 hPa上，中国区域为负（正）位势高度距平，低层850 hPa风场上中国区域上空偏北气流加强（减弱），造成中国区域气温偏低（偏高）。全国气温一致型变化的外强迫因子西太平洋副热带冷海温（暖海温）对应于全国气温偏低（偏高）。

（2）冬季我国气温的第二模态（EOF2）是东北和全国其他地区气温变化呈现反相变化。东北区域平均气温异常的时间序列有显著的年际和年代际变化特征，1977—1987年（1988—1999年）东北气温呈现出显著的年代际偏冷期（偏暖期）。东北气温偏冷（暖）的年际和年代际环流特征存在一致性。东北地区气温异常变化受鄂霍次克海阻塞高压影响，鄂霍次克海阻塞高压偏多时，东北上空受切断低压（气旋性）环流影响，偏北风加强，东北地区气温偏低；鄂霍次克海阻塞偏少时，东北地区偏南风加强，气温偏高。

（3）东北地区的气温变化和前期巴伦支海－喀拉海（65°—80°N，30°—60°E）海冰以及西北太平洋（30°—50°N，150°E—180°）海温可能存在一定关系，关键区海冰、海温分别与500 hPa高度场、850 hPa风场的回归分析表明：前期巴伦支海－喀拉海海冰偏多，西北太平洋海温偏低时，东北亚上空为负高度距平，有利东北地区气温偏低；前期巴伦支海－喀拉海海冰偏少，西北太平洋海温偏高时，东北亚上空为正高度距平，有利东北地区气温偏高。ECHAM模式较好地模拟出东北地区气温异常年的大气环流对前期海温、海冰异常的响应。进一步分析发现，海温和海冰对东北地区气温的影响在不同时间尺度上存在着较大的差异，东北气温和西北太平洋海温的相关中，年际变率贡献了65.5%，年代际变率贡献了24.8%；东北气温和极地海冰的相关中，年际变率贡献了12.7%，年代际变率贡献了44%。这表明东北地区气温的年代际变化更多地受极地海冰异常影响，而东北地区气温的年际变化则更多地受西北太平洋海温异常变化的影响。

（4）我国冬季气温的第三模态（EOF3）表现为西北地区气温异常比全国其他地区气温异常更显著。西北气温异常的时间序列也呈现出显著的年际和年代际变化特征，1967—1980年（1981—1993年）为西北地区年代际变化偏冷期（偏暖期）。西北地区冬季气候异常变化与乌拉尔山环流密切相关，乌拉尔山高压活跃时，西北地区受乌拉尔山高压的偏北风气流影响，气温偏低；相反当乌拉尔山为低压异常控制时，我国西北地区的偏北风气流减弱，气温偏高。西北地区的气温异常、乌拉尔山地区环流受上游北大西洋地区流型影响。当北大西洋为NAO正位相时，西北地区气温偏高；北大西洋为NAO负位相时，西北地区气温偏低。

（5）西北地区气温偏低（高）受前期赤道外中太平洋（10°—20°N，150°E—180°）海温的正（负）异常影响。当前期赤道外中太平洋海温呈现正（负）异常，有利于NAO负（正）位相，对应与我国西北地区气温偏低（高），其响应过程表现为：当赤道外中太平洋呈现暖海温，对应于北美上空纬向西风加强以及下游的瞬变波加强，从而有利于格陵兰岛阻塞的建立和维持，对应NAO的负位相，并通过向下游传播Rossby影响我国西北地区的气温。

参考文献

康丽华，陈文，王林，陈丽娟. 2009. 我国冬季气温的年际变化及其与大气环流和海温异常的关系. 气候与环境研究，**14**(1)：45-53.

Barriopedro D, García-Herrera R, Lupo A R, Hernández E. 2006. A climatology of Northern Hemisphere blocking. *J. Climate*, **19**(6): 1042-1063.

Barriopedro D, García-Herrera R, Trigo R. 2010. Application of blocking diagnosis methods to General Circulation Models. Part I: A novel detection scheme. *Climate Dyn.*, **35**(7): 1373-1391.

Li C, Zhang Q. 2013. January temperature anomalies over Northeast China and precursors. *Chinese Science Bulletin*, 1-7.

Li S. 2004. Impact of Northwest Atlantic SST anomalies on the circulation over the Ural Mountains during early winter. *J. Meteor. Soc. Jpn.*, **82**(4): 971-988.

Li Z, Yan Z W 2009. Homogenized daily mean/maximum/minimum temperature series for China from 1960—2008. *Atmos. Oceanic. Sci. Lett.*, **2**(4): 237-243.

Liang X Z, Wang W C. 1998. Associations between China monsoon rainfall and tropospheric jets. *Quarterly Journal of the Royal Meteorological Society*, **124**(552): 2597-2623.

Luo D. 2005. A barotropic envelope Rossby soliton model for block-eddy interaction. Part I: Effect of topography. *Journal of the atmospheric sciences*, **62**(1): 5-21.

Luo D, Lupo A R, Wan H. 2007. Dynamics of eddy-driven low-frequency dipole modes. Part I: A simple model of North Atlantic Oscillations. *Journal of the Atmospheric Sciences*, **64**(1): 3-28.

Luo D, Zhu Z, Ren R, Zhong L, Wang C. 2010. Spatial pattern and zonal shift of the North Atlantic Oscillation. Part I: A dynamical interpretation. *J. Atmos. Sci.*, **67**(9): 2805-2826.

North G R, Bell T L, Cahalan R F, Moeng F J. 1982. Sampling errors in the estimation of empirical orthogonal functions. *Monthly Weather Review*, **110**(7): 699-706.

Pelly J. Hoskins B. 2003. A new perspective on blocking. *Journal of the atmospheric sciences*, **60**(5): 743-755.

Peng J, Bueh C. 2011. The definition and classification of extensive and persistent extreme cold events in China. *Atmos. Oceanic Sci. Lett.*, **4**: 281-286.

Peng S, Whitaker J S. 1999. Mechanisms determining the atmospheric response to midlatitude SST anomalies. *J. Clim.*, **12**(5): 1393-1408.

Petoukhov V, Semenov V A. 2010. A link between reduced Barents-Kara sea ice and cold winter extremes over northern continents. *J. Geophys. Res.*, **115**(D21): D21111.

Wang L, Chen W, Zhou W, Chan J C, Barriopedro D, Huang R. 2010. Effect of the climate shift around mid1970s on the relationship between wintertime Ural blocking circulation and East Asian climate. *International Journal of Climatology*, **30**(1): 153-158.

Wu B Y, Su J Z, Zhang R H. 2011. Effects of autumn-winter Arctic sea ice on winter Siberian High. *Chin. Sci. Bull.*, **56**(30): 3220-3228.

第 9 章　结语和讨论

本书中，我们从冬季中国大范围持续性极端低温事件（EPECE）的界定和识别入手，探索其关键环流系统特征及其客观识别方法，寻找 EPECE 的对流层和平流层前兆信号，并建立了这些信号的定量化指标。冬季我国南方地区大范围持续性降水是一类突发性天气事件，近年来更受到公众的广泛关注。本书中也以专章加以研究，并探讨了它与 EPECE 的关系。此外，我们还研究了我国冬季低温的气候及季内尺度的环流特征。这既是 EPECE 发生的背景，也可为其月到季度的预测提供初步的依据。这些研究旨在为其中期－延伸期预报提供依据和方法。

利用我国台站观测温度资料，建立了冬季中国大范围持续性极端低温事件的界定方法，并将其分为五种类型，分别是全国类、西北－江南类、中东部类、东部类及东北－华北类。其中，全国类最多，其极端低温分布范围最广。

基于上述 EPECE 的环流分析，发现了 EPECE 的关键影响环流系统，即大型斜脊斜槽、阻塞高压、东亚低涡以及源自北大西洋地区的低频遥相关波列。针对欧亚大陆大型斜脊斜槽系统的监测，建立了大型斜脊斜槽线的客观识别方法。

EPECE 与对流层、平流层的低频变化有密切关系。在对流层，EPECE 发生前 10 天左右，北欧－巴伦支海地区有高压脊发展，脊前有浅槽。当高压脊和低压槽缓慢东移，逐渐发展为斜脊斜槽，对应的冷空气在亚洲北部地区堆积。当冷空气向南入侵时，造成我国大范围持续性极端低温事件。在平流层，EPECE 开始之前，欧亚大陆北部巴伦支海和喀拉海一带有持续的正高度距平。通过 PV 反演分析发现，巴伦支海地区平流层的 PV 异常可解释对流层高度异常强度的约 1/4，即平流层高度场异常信号有利于对流层高压脊发展并形成大型斜脊斜槽。

在季节内尺度上，类 NAO 异常流型及其有关的 Rossby 波的向下游传播，可作为南支槽加深的一个重要前兆信号。南支槽的加深、西太平洋副热带高压的偏强偏北以及高原北侧及东侧弱冷平流的稳定维持，是为我国南方极端降水发生的典型环流特征。就 EPECE 而言，当大型斜脊的纬向尺度相对小且位置偏北时，斜槽位置偏西，南侵冷空气活动相对弱且稳定，有利于中国南方地区降水偏多。这些结果将有助于 2008 年初低温雨雪冰冻事件的认识，并为其预测提供有益的线索。

冬季我国低温气候有明显的区域性特征。不同区域的低温事件对应的主要环流特征和外强迫都有所不同。全国型低温与 AO 变化和西太平洋副热带海温密切相关。东北地区低温受鄂霍次克海阻塞高压影响，与前期的巴伦支海－喀拉海海冰以及西北太平洋海温存在一定的关系。西北地区冬季气温受前期赤道外中太平洋海温异常的影响。当赤道外中太平洋偏暖时，乌拉尔山阻塞高压活动加强，使西北气温偏低。南方地区的冬季气温受北大西洋中纬度地区海温异常的影响。当北大西洋中纬度地区海温偏暖时，冰岛低压和亚速尔高压呈现“东北－西南”向倾斜，向下游传播的 Rossby 波使乌拉尔山阻高发展，引起南方地区的低温。数值模式结果进一步证实了这一结论。

基于上述研究结果，可得到冬季中国大范围持续性极端低温事件的**概念预测模型。在背景环流系统方面**：两周之前，极涡分裂并向北大西洋地区伸入，高纬环流呈2波。10天之前，北欧—巴伦支海斜脊在对流层中上层建立，平流层同性环流异常使其对流层斜脊发展。7天之前，斜脊发展并东移，亚洲北部冷堆形成。**在关键影响环流系统方面**：前一周之内，源于北大西洋地区的低频波和天气尺度波使斜脊维持和发展。斜脊移到乌拉尔山及以东，成为大型斜脊或阻高，大范围冷空气活动开始影响我国北方地区。低温事件期间，来自北大西洋的低频波仍作用于大型斜脊斜槽和阻高活动，使得它们在亚洲地区反复出现。由于其螺旋结构，大型斜脊斜槽系统可从平均气流吸取能量，从而有利于其自身的持续维持。**低温事件的结束**：当没有上游地区波能量的提供，同时由平均流吸取的能量又不足以补充系统的能量耗散时，亚洲环流的大型斜脊斜槽、阻高、低涡活动特征逐渐消失，低温事件逐步结束。该概念模型可用于EPECE的监测和定性预测。

本书中存在诸多不足之处。从延伸期预报的角度看，EPECE发生的两周之前，其相关的大气内动力学及外强迫信息非常重要，这也是衔接天气和短期气候过程的重要环节。本书中并没有给出这些信息。本书中，更多的是从观测事实和技术的角度，探索EPECE的关键环流系统及其前兆信号，对一些关键的科学问题还缺少详细的动力学分析。此外，由于EPECE的多样性，我们的研究主要集中在全国类低温事件，对于其他类型的低温事件，并没有进行系统性的讨论。这些内容希望今后加以补充。